纺织服装高等教育“十四五”部委级规划教材

TEXTILE CHEMISTRY

纺织化学

◎ 卢神州 王建南 张幼珠 主编

東華大學出版社
·上海·

内 容 简 介

本书主要介绍并讨论有关纤维材料及纺织加工过程涉及的化学问题，旨在引导纺织专业技术人员从化学的角度探讨现代纺织技术领域的工艺与现象。全书共分六章，在阐述有机化学、高分子化学基本知识的前提下，首先介绍构成各类纺织纤维、纺织浆料的单体，分析其分子结构与物理、化学性能的关系，并探讨高性能纤维的结构原理；然后介绍表面活性剂及纺织助剂的分子结构及其应用原理；最后介绍纺织工业用水的水质分析、改良及废水处理等方面的知识。

本书为中国纺织服装高等教育"十四五"部委级规划教材，可用作高等工科院校纺织工程、非织造材料、轻化工程等本科、专科的专业基础课教材，也可供从事纺织及其相关专业工作的科研人员和企业技术人员参考。

图书在版编目(CIP)数据

纺织化学 / 卢神州，王建南，张幼珠主编. —上海：东华大学出版社，2021.8
ISBN 978-7-5669-1950-2

Ⅰ.①纺… Ⅱ.①卢…②王…③张… Ⅲ.①化学—应用—纺织工业 Ⅳ.①TS101.3

中国版本图书馆 CIP 数据核字(2021)第 157037 号

责任编辑：张　静
封面设计：魏依东

出　　版：东华大学出版社(上海市延安西路 1882 号，200051)
本 社 网 址：http://dhupress.dhu.edu.cn
天猫旗舰店：http://dhdx.tmall.com
营 销 中 心：021-62193056　62373056　62379558
印　　刷：句容市排印厂
开　　本：787 mm×1092 mm　1/16
印　　张：18
字　　数：450 千字
版　　次：2021 年 8 月第 1 版
印　　次：2025 年 1 月第 2 次印刷
书　　号：ISBN 978-7-5669-1950-2
定　　价：69.00 元

前　言

随着21世纪科学技术的高速发展，化学正越来越多、越来越深入地渗透到诸多科技领域。现代纺织工业大量采用了化学加工方法，化学技术越来越多地渗透到纺织工业领域。作为纺织工程类的专业基础课程，应该怎样将化学知识与现代纺织技术紧密结合？如何从化学的角度看待纺织工艺中应用的一些原理及出现的现象？如何适应纺织工程类专业教学的需要，从杂乱无章、数量庞大的纺织化学品中找出规律性的化学原理？如何从化学原理的角度阐述纤维结构与性能？基于此，我们编写了这本《纺织化学》教材，它已列为纺织服装高等教育“十四五”部委级规划教材。

多年来，“纺织化学”一直是纺织工程的专业基础课程，也是学位必修课程。事实证明，众多的纺织工程专业学生及科研人员从事生产实践和科学研究，从“纺织化学”中受益匪浅。纺织纤维的改性、新型纤维的开发及其在工业、农业、国防、航空航天、医疗卫生领域的应用及纺织加工技术，无不与化学密切相关。因此，将化学的理论和方法与纺织技术相结合，认识、分析并解决纺织工程中的有关化学问题非常必要，这可为推动纺织技术发展及培养基础厚、专业宽的创新人才打下基础。

本书在原教材《纺织应用化学》多年的使用及教学实践的基础上，增加了有机化学部分，介绍有机化学基础知识。第一章对“有机化学基础”作专章介绍，为学习纺织化学提供基础的有机化学知识。第二章对“高分子化学”作专章介绍，提供高分子化学与物理的基本知识和基础理论。第三章“纤维化学”从单体简单、结构单一的合成纤维出发，由简入难，逐渐深入介绍纤维素纤维及复杂多单体的蛋白质纤维等，从化学结构分析纤维结构与性能的关系，并介绍这些纤维进一步改性和再生方面的知识，同时探讨高性能纤维的化学结构与物理组成等新颖知识。第四章“纺织助剂化学”从表界面化学的角度阐述纺织助剂的原理，在介绍表面活性剂的化学结构特点和作用原理的基础上，重点介绍纺织工业中应用的表面活性剂，为开发新型表面活性剂及其在纺织中的选用提供化学理论基础。第五章“浆料化学”在从高分子物理的角度探讨浆料分子的结构特点和上浆性能等理论的基础上，讨论各种浆料的制备、结构、性能及其应用和选配，并探讨纺织助剂在浆料中的应用。纺织工业是用水大户，因此第六章重点介绍水质指标、水质分析、水质改良及其废水处理等方面的知识。将环保与纺织密切结合，也是本书的一个特点。

在本书编写过程中，获得了国家级一流本科专业项目资助，也得到了苏州大学各级领导的大力支持。本书也是众多专家和老师多年教学和科研实践的总结和成果。在此向他们表示衷心的感谢。

限于编者水平，书中可能存在错误及不妥之处。敬请读者批评、指正。

编著者

2021 年 5 月

目　录

第一章　有机化学概论

1.1　有机化合物和有机化学简介

传统的纺织原料都是有机高分子，包含合成高分子和天然高分子。合成高分子是由有机化合物经过化学反应聚合而成的，天然高分子是由有机化合物通过化学键联结而成的。如棉、麻及淀粉等是由葡萄糖通过糖苷键联结而成的高分子，最终降解产物为葡萄糖。再如羊毛、蚕丝及动物胶等是由氨基酸通过酰胺键联结而成的天然高分子，最终降解产物为氨基酸。纺织品加工过程也离不开有机物。如浆料、染料、助剂等都是有机高分子或有机化合物。因此，为了深入理解纺织原料和纺织品的结构、性能、应用及其生产理论与技术，必须首先学习和掌握有机化合物及有机化学的基础知识。有机化合物是指含碳元素的化合物。绝大多数有机化合物都含有氢元素，有的还含有氧、氮、卤、硫或磷等元素。碳元素本身及一些含碳元素的简单化合物，如一氧化碳（CO）、二氧化碳（CO_2）、二硫化碳（CS_2）、碳酸（H_2CO_3）及其盐、氰化氢（HCN）等归类于无机化合物。与无机化合物相比，多数有机化合物具有易燃烧、高温下易分解、沸点和熔点较低、难溶于水、反应速度慢、副反应多等特点。这种性质上的差异取决于其结构组成的差异。有机化合物的结构可以非常复杂，分子中所含的原子数目有的多达数百以上，众多的原子将以什么顺序、什么方式联结，它们又将表现出怎样的物理和化学特性？有机化学就是一门研究有机化合物的来源、组成、结构、性能、制备、应用及有关理论和方法的学科。

1.1.1　共价键的形成

1916 年，科学家科瑟尔（Kossel）和路易斯（Lewis）提出了离子键和共价键两种化学键，离子键由电子转移形成，共价键由电子共享而形成。原子之间以什么键相连，通常是由原子的最外层电子数目和性质决定的。元素周期表中各元素的原子都有失去、接受或共享电子，从而形成稳定电子构型的趋势。碳原子是组成有机化合物的基本原子，其外层有 4 个电子，要达到稳定的电子构型，需要得到 4 个电子或丢失 4 个电子，但这都是很困难的。因此，当碳原子与其他原子结合时，一般采取共享电子对来形成稳定的外层 8 电子构型。如图 1-1 所示。

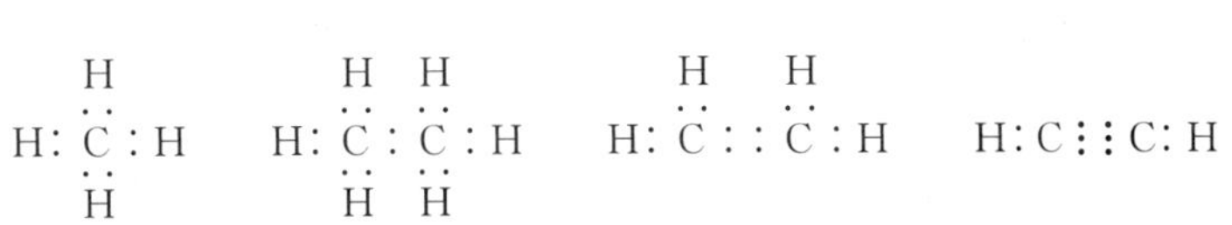

```
   H          H  H          H   H
   ··         ··  ··         ··   ··
H: C :H    H: C : C :H    H: C :: C :H    H:C⋮⋮C:H
   ··         ··  ··
   H          H  H
```

图 1-1　碳外层 8 电子构型

成键电子对为两个原子所共有，这样形成的键称为共价键。有机化合物大多是共价型化合物，上述有机化合物的表示方法称为路易斯结构式。两个原子间共用一对电子形成单键，共用两对电子形成双键，共用三对电子则形成三键(图 1-2)。在实际应用中更多的是将路易斯结构式简化为一短线代替一对成键电子。有时共享的键电子对是由成键原子的单独一方提供，这样形成的共价键称为配位共价键(一种特殊的共价键)，常用符号→表示，箭头指向的原子是电子接受体，提供电子的原子称为给予体。配位共价型化合物的极性比一般共价键型化合物更强。有机化合物分子的共价键理论有两种：一种是价键理论；另一种是分子轨道理论。前者处理的有机化合物分子构型较为形象、直观，易理解，用得较多。后者对电子离域描述更为确切，多用于处理具有明显离域现象的有机化合物分子结构。结合两者可较好地说明有机化合物分子的结构。

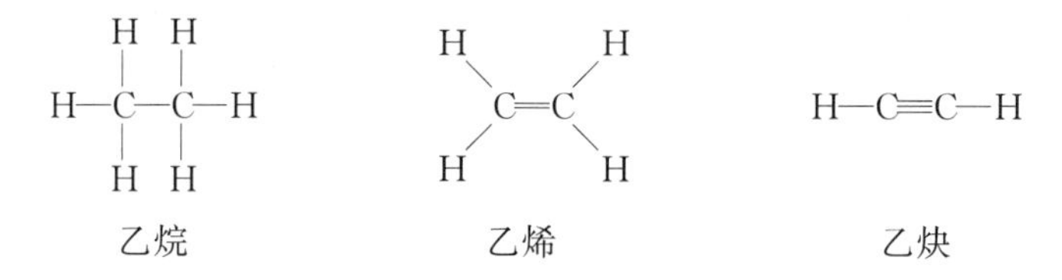

图 1-2　有机化合物中最常见的共价键型

1.1.1.1　价键法

价键理论的观点是形成共价键的电子只处于形成共价键的两原子之间。碳原子的电子构型为 $1s^2 2s^2 2p_x^1 2p_y^1$，2s 和 2p 是价轨道。在形成化学键时，2s 轨道中的一个电子被激发到 $2p_z$ 轨道中，这四个价轨道再以不同的方式进行杂化，形成杂化轨道。杂化轨道有 sp^3 杂化、sp^2 杂化和 sp 杂化三种类型。

(1) sp^3 杂化。2s 轨道与三个 2p 轨道杂化，形成四个相同的 sp^3 杂化轨道，它们互呈 109.5°的夹角，每个 sp^3 轨道中有一个电子(图 1-3)。如甲烷分子，四个氢原子分别沿着 sp^3 杂化轨道的对称轴方向接近碳原子，氢原子的 1s 轨道可与 sp^3 轨道最大限度地重叠，生成四个稳定的彼此间夹角为 109.5°的等同的 C—H σ 键，氢原子处于四面体的四个顶角上，碳原子位于四面体的中心。乙烷分子中一个碳原子的 sp^3 杂化轨道与另一个碳原子的 sp^3 杂化轨道沿着各自的对称轴互相重叠，则形成 C—C σ 键，剩余的六个 sp^3 杂化轨道分别与六个氢原子 1s 轨道重叠。

sp^3 杂化轨道也可以与卤原子如 Cl 原子的 p_x 轨道沿着各自的对称轴重叠，形成 C—Cl σ 键。如一氯甲烷分子的构型与甲烷的相似，属四面体构型。

图 1-3　碳原子的 sp^3 杂化轨道

(2) sp^2杂化。如果碳原子的 2s 轨道与两个 2p 轨道(如 p_x、p_y)杂化,则形成三个相同的 sp^2杂化轨道,三个 sp^2杂化轨道的对称轴在同一平面内,互呈 120°夹角。每个 sp^2杂化轨道中有一个电子。未参与杂化的 p_z轨道中也有一个电子,它与三个 sp^2杂化轨道所在平面垂直(图 1-4)。如乙烯分子,一个碳原子的 sp^2杂化轨道与另一个碳原子的 sp^2杂化轨道沿各自的对称轴方向重叠,形成 C—C σ 键,互相平行的两个 p_z轨道互相靠近重叠,形成 C—C π 键,但键不牢,π 键的两个电子易流动。C—C π 键垂直于四个 C—H σ 键和 C—C σ 键所在平面。

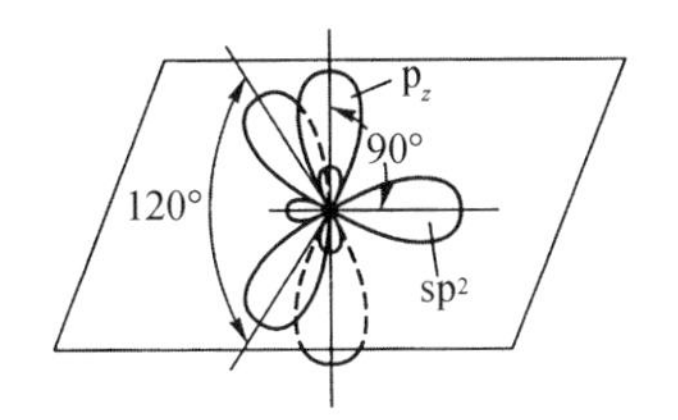

碳原子的 sp^2杂化轨道和 p_z轨道

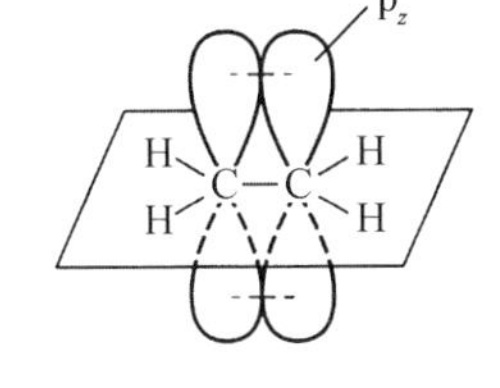

两个 p_z轨道形成 π 键

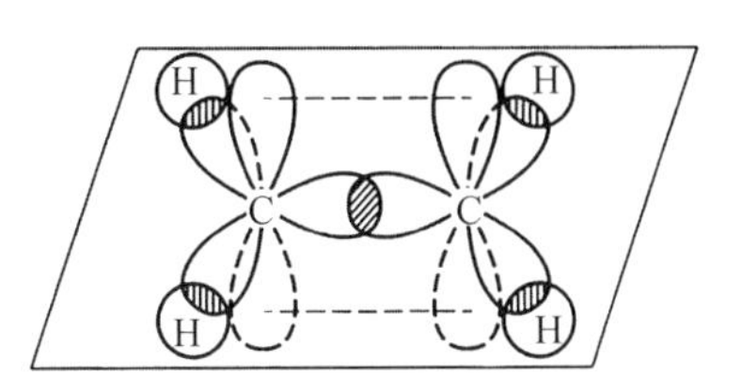

乙烯分子的价键

图 1-4　碳原子的 sp^2杂化轨道

(3) sp 杂化。如果碳原子的 2s 轨道与一个 2p 轨道杂化,则形成两个相同的 sp 杂化轨道,其对称轴间互呈 180°,每个 sp 杂化轨道中有一个电子。两个 sp 杂化轨道都垂直于 p_y和 p_z轨道所在平面,p_y与 p_z轨道仍保持相互垂直(图 1-5)。如乙炔分子,两个碳原子的 sp 杂化轨道沿着各自的对称轴互相重叠,形成 C—C σ 键,与此同时,两个 p_y轨道和两个 p_z轨道也分别从侧面重叠,形成两个互相垂直的 C—C π 键,两个碳原子各剩下的一个 sp 杂化轨道分别与一个氢原子的 s 轨道形成 C—H σ 键。

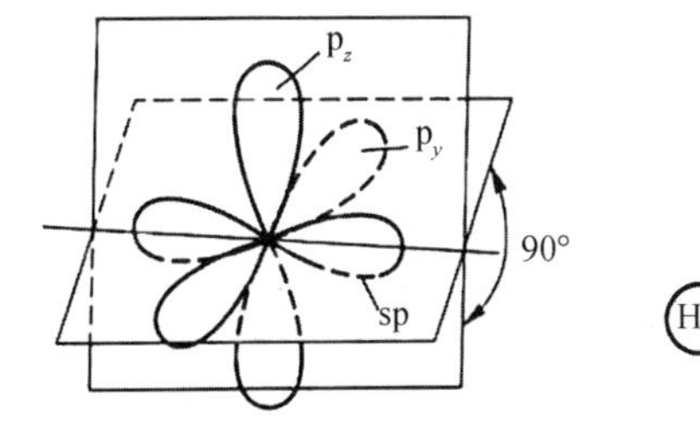

碳原子的 sp 杂化轨道和 p_z、p_y轨道

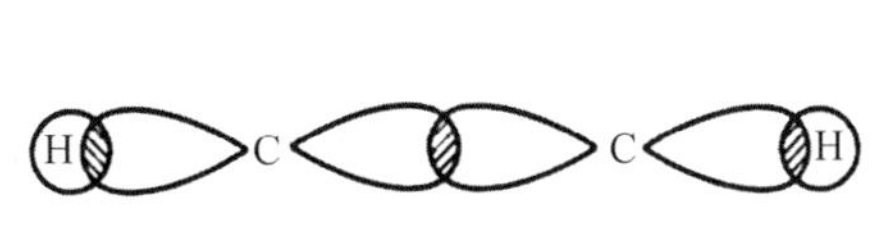

乙炔的三个 σ 键

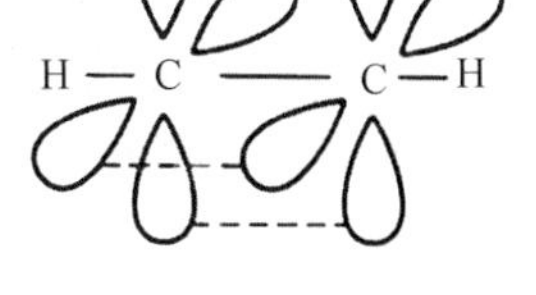

乙炔两个 π 键

图 1-5　碳原子的 sp 杂化轨道

(4) 杂化轨道的比较。碳原子的 sp^3、sp^2、sp 杂化轨道形状相似,但其中 s 轨道的杂化方式不同,能量及电负性均有差别,与其他原子形成 σ 键的稳定程度(即键能)也有差别。s 轨道含量多的杂化轨道,核对轨道中的电子束缚大。这些轨道都是轴对称的。C—C σ 键是构成有机分子碳链或碳环的化学键的基础,当同时形成一个或两个 C—C π 键时,则碳链或碳环中带有双键或三键(统称重键)。如 1-烯-4-戊炔中既含有 C—C 键,又含有 C═C 和 C≡C 重键。

碳的杂化轨道除形成C—C、C—H σ键外，还可以与卤原子(X)、氧原子、氮原子等p轨道或杂化轨道形成C—X、C—O、C—N等σ键。同样，碳原子未杂化的p轨道也可以同氧原子、氮原子等未杂化的p轨道形成π键，如酸、酰卤、胺、肼、腈类等有机化合物中的C═O、C═N、C≡N 等重键中的π键。

1.1.1.2 分子轨道法

分子轨道理论观点是形成共价键的电子分布在整个分子中，分子轨道的数目由组成分子的原子轨道线性组合得到。每个分子轨道遵循能量最低原理、泡利(Pauli)不相容原理和洪德(Hund)规则。用分子轨道法处理电子离域(共轭体系)的有机分子的化学键是较方便的。

(1) π键分子轨道。如乙烯，两个碳原子的2p轨道波函数ψ进行线性组合得到两个能量不等的分子轨道波函数ψ：

$$\psi_2 = \psi_{C_1} - \psi_{C_2} \quad 较高能量分子轨道$$
$$\psi_1 = \psi_{C_1} + \psi_{C_2} \quad 较低能量分子轨道$$

ψ_1称为成键π轨道，用π表示；ψ_2称为反键π轨道，用π^*表示。在ψ_1中电子可离域到两个碳原子的周围；而在ψ_2中，两个碳原子间无电子分布，称为节点。在基态时，两成键电子占据π轨道。

(2) 共轭π键分子轨道。1，3-丁二烯($CH_2═CH—CH═CH_2$)的四个碳原子的四个p轨道波函数线性组合形成四个能量不等的π键分子轨道波函数ψ，ψ_2，ψ_3和ψ_4。在ψ_1中，每相邻两个碳原子的p轨道成键，能量最低；在ψ_2中，C_2和C_3间有节点，能量较低；在ψ_3中，C_1与C_2、C_3与C_4间分别有一节点，能量较高；在ψ_4中，相邻碳原子间都有节点，能量最高。

ψ_1和ψ_2是成键分子轨道，ψ_3和ψ_4是反键分子轨道。在基态时，四个电子中，有两个占据ψ_1轨道，两个占据ψ_2轨道。ψ_2是能级最高电子占据分子轨道(HOMO)，ψ_3是能级最低电子未占据分子轨道(LUMO)。四个成键电子离域分布在四个碳原子周围，即价键法所说的四个碳原子的四个p轨道形成大π键(图1-6)。

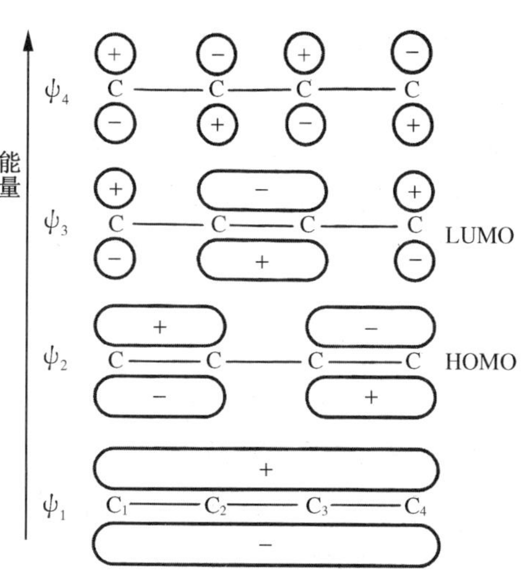

图1-6 共轭π键分子轨道

1.1.2 有机化合物的结构

有机化合物结构复杂，但原子间不是杂乱无序地堆积，而是严格按照一定顺序、一定方式，以一定的作用力联结形成一定的构造和构型。有机化合物中，碳原子是四价的，碳原子不仅可以和其他原子联结成键，也可互相联结成键。不仅可以形成单键，也可形成双键或三键，并由此联结成链或环。分子中原子的种类、数目及相互联结顺序的结构示意图称为构造式，式中短线代表共价键。

组成分子的各原子之间是相互联系、相互影响的，直接相连的原子间的相互作用力是主要的，非直接相连的原子之间也有较弱的相互作用。物质的性质不仅取决于其组成，还取决于原子的排列。各原子或原子团在不同分子中因所受的影响和相互作用不同，其性质各异。如乙醇和甲醚分子式同为 C_2H_6O。在常温下，乙醇是液体，甲醚是气体，它们是不同的物质，乙醇分子式为 $CH_3—CH_2—OH$，甲醚分子式为 $CH_3—O—CH_3$。有机化学中，分子式相同，结构不同，从而具有不同性质的现象称为同分异构现象，因原子间联结方式或排列顺序不同而产生的同分异构体称为构造异构体。同分异构体的存在是导致有机化合物数目巨大的主要原因。

1874 年，荷兰化学家范托夫和法国化学家勒贝尔提出了碳原子的立体概念，并证明了与碳原子相联结的四个原子或原子团不处于同一平面上，而是处在以碳为中心的四面体的四个顶点，从而建立了分子的立体构型。有机分子中，原子在空间上的特定排列方式称为构型。构型的书写有透视式和投影式，透视式可写成具有实/虚楔形键的伞形式和锯架式，平面投影式的书写方式则更为简便(图 1-7)。

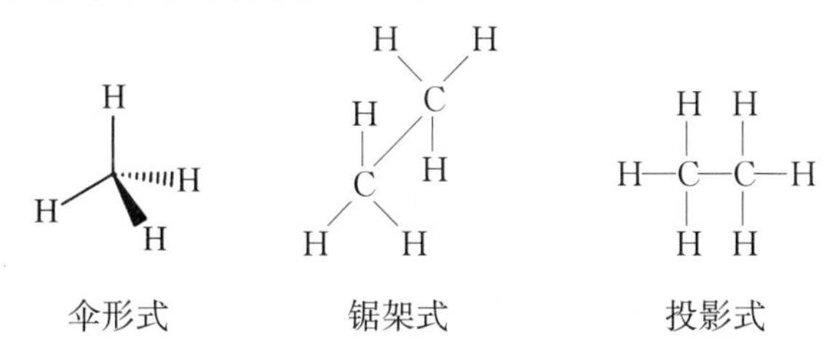

图 1-7　有机化合物构型方式

球棍模型是最常见的用于反映分子立体形象的模型，用各色小球代表各种原子，棍代表价键，如甲烷分子中，四根长度相等的短棍正好指向以碳原子为中心的正四面体的四个顶点。通过球棍模型可以清晰地看出分子的几何对称性(图 1-8)。

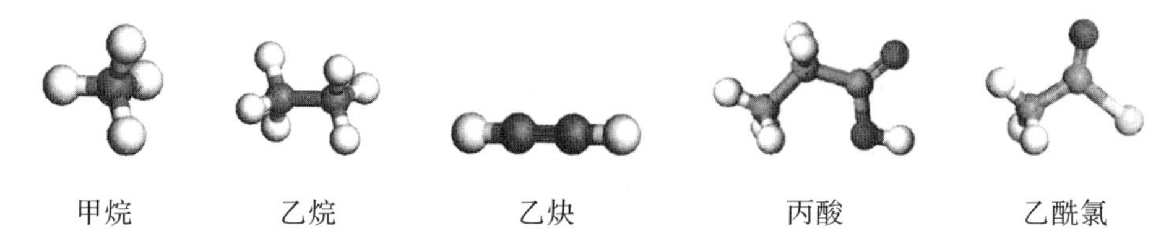

图 1-8　有机化合物的球棍模型

随着结构理论的进一步发展，20 世纪 20 年代以后相继提出了电子效应和空间效应，从而揭示了分子各基团间的相互作用及其对有机化合物反应性能的影响。50 年代，根据原子或原子团围绕键轴旋转所导致的不同空间排列，提出了构象的概念，并剖析了分子的稳定性与构象及反应性能的关系。结构理论的迅速发展不断地揭示有机化合物结构和反应性能的依赖关系。

1.1.3 有机化合物的分类

有机化合物数目庞大,目前已有数千万种,有来源于自然界的天然产物,也有工业合成产物,有机化合物的分类方法有多种,这里主要按分子的碳架结构和分子所含官能团来进行分类。

1.1.3.1 按碳架结构分类

按分子的碳架结构——碳原子互相结合方式,有机化合物可以分为三类:开链化合物、碳环化合物和杂环化合物。

(1) 开链化合物。分子中碳原子联结成链状的化合物,称为开链化合物,又称脂肪族化合物(图 1-9)。

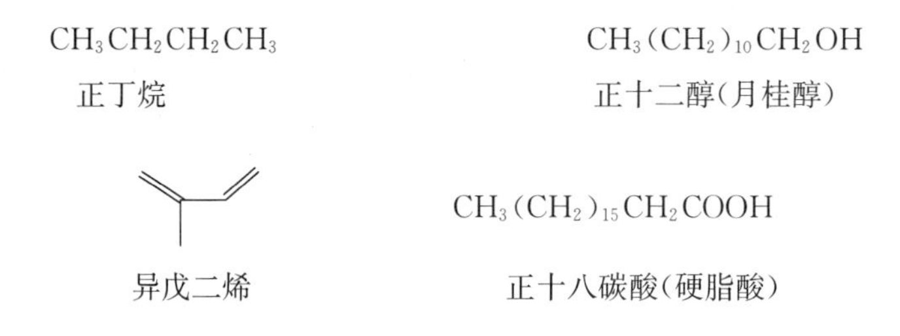

图 1-9 几种开链化合物

(2) 碳环化合物。分子中碳原子联结成环状的化合物称为碳环化合物。碳环化合物主要又分为脂环族碳环化合物和芳香族碳环化合物两类。除芳香族碳环化合物外,其他碳环化合物的结构和性质与脂肪族化合物有相似之处,所以又称为脂环族化合物;芳香族化合物分子中含有苯环,其结构和性质与脂环族化合物不同,有芳香性。图 1-10 列举了几类常见的碳环化合物。

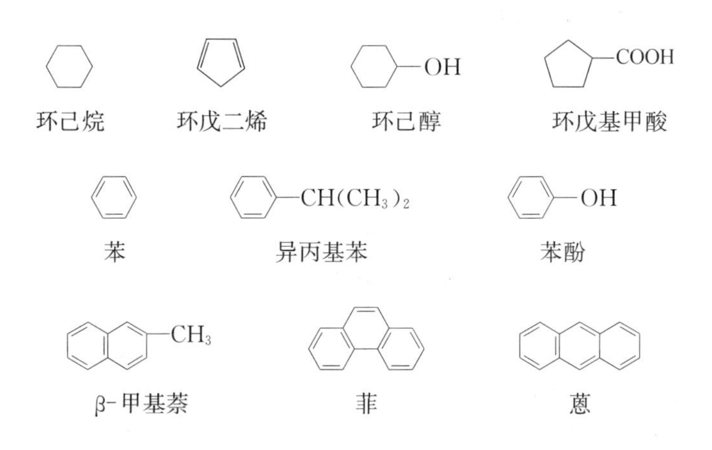

图 1-10 常见的碳环化合物

(3) 杂环化合物。分子中组成环的原子,除碳原子外,还有杂原子(除 C 和 H 原子外的原子),这类化合物称为杂环化合物(图 1-11)。

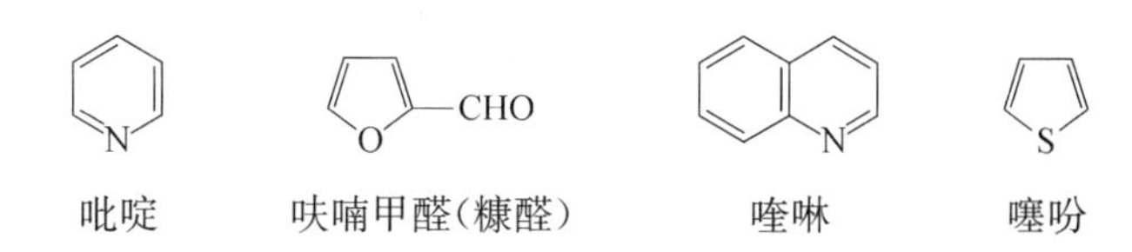

图 1-11 几类杂环化合物

1.1.3.2 按官能团分类

官能团是有机化合物分子中决定其基本性质的原子或原子团，按具体的官能团分类，有机化合物可分为烷烃、烯烃、炔烃、芳香烃(芳烃)、卤代烃、醇、酚、醚、醛、酮、酸、胺等。常见的重要官能团及其特征反应如表 1-1 所示。

表 1-1 常见的有机化合物

种类	有机化合物代表	种类	有机化合物代表
烷烃	CH_3CH_3(乙烷)	酯	$CH_3CO_2CH_3$(乙酸甲酯)
烯烃	$CH_2{=}CH_2$(乙烯)	酰卤	CH_3COCl(乙酰氯)
	$CH_2{=}CHCH{=}CH_2$(1, 3-丁二烯)	酸酐	$(CH_3CO)_2O$(乙酸酐)
炔烃	$CH{\equiv}CH$ (乙炔)	酰胺	CH_3CONH_2(乙酰胺)
芳烃	(苯)	腈	CH_3CN(乙腈)
卤代烃	CH_3CH_2Cl(一氯乙烷)	硝基	$CH_3CH_2NO_2$(硝基乙烷)
醇	CH_3CH_2OH(乙醇)	胺类	$CH_3CH_2NH_2$(乙胺)
酚	—OH (苯酚)	重氮化合物	$C_6H_5N_2Cl$(氯化重氮苯)
醚	$CH_3CH_2OCH_2CH_3$(乙醚)	偶氮化合物	$H_3C{-}N{=}N{-}CH_3$(偶氮甲烷)
醛、酮	CH_3CHO(乙醛)	硫醇	C_2H_5SH(乙硫醇)
	CH_3COCH_3(丙酮)	有机磷化合物	Ph_3P(三苯基膦)
羧酸	CH_3CO_2H(乙酸)	—	—

1.1.4 共价键的断裂和有机反应的类型

有机反应是某种或几种有机化合物通过化学变化得到其他种类有机化合物的过程。有机物燃烧和制皂是人们最早实践的有机反应。现代有机化学起源于尿素的合成。常见的有机反应类型有取代、加成、消除、氧化还原反应，以及周环、重排反应等。有机化合物由共价键构成，有机反应也就是共价键的重新组合，旧键断裂生成新键。根据共价键的断裂方式，有机反应可以分为两大类，即自由基反应和离子型反应。

在有机反应中，共价键链接的两个原子或基团，如 X—Y，其断裂方式有两种：一种是均裂;另一种是异裂。均裂反应中,形成共价键的两个电子平均分布到共用电子对的原子或基团(X·+Y·),这种带有一个或几个未配对电子的原子或基团称为自由基,它们是电中性的。均裂反应也称为自由基型反应,主要发生于非极性共价键的有机化合物。发生均裂反应的外部条件需要有光照、辐射或加热等,也可使用引发剂(如过氧化物)使分子中低键能的共价键产生自由基引发均裂反应。

异裂反应也称为离子型反应,形成共价键的两个电子分布到共用电子对的其中一个原子或基团,带有一对电子的形成负离子,未带有电子的形成正离子($X^+ \cdots Y^-$或($X^- \cdots Y^+$)。极性共价键的有机化合物容易发生异裂反应。产生异裂反应的外部条件除催化剂作用外,多数反应在极性溶剂中进行。对于离子型反应,有机物带有正电的原子或基团容易接受带负电的试剂(如负离子、带孤对电子的路易斯碱等)的进攻,此反应称为亲核反应,这些试剂称为亲核试剂(HO^-、RO^-、HS^-、RS^-、—CN、I^-、R_3N等);一些带正电的试剂进攻有机物带负电荷的原子或基团所发生的反应称为亲电反应,这些试剂称为亲电试剂(氢气、卤素、金属离子、质子酸等)。无论是亲核的还是亲电的离子型反应,它们涉及的都是相反电荷间的相互作用。

有些有机化学反应中往往会产生自由基、碳正离子和碳负离子,称之为活性中间体。反应过程中不产生任何活性中间体的有机反应,键的断裂与键的生成同时进行,这样的反应叫作协同反应,其中有环状过渡态的协同反应称为周环反应。

1.2 烃类

分子中只含碳和氢两种原子的化合物统称为烃,烃是有机化合物的母体,各类有机化合物都可看作是烃的衍生物。烃按分子中含有的碳碳键类型可以分为饱和烃和不饱和烃。

1.2.1 烷烃

1.2.1.1 定义

烷烃是指分子中碳碳键均为单键的碳氢化合物,即饱和烃,分子中所有的共价键均为σ单键,分子中的碳原子均采用sp^3杂化。烷烃的分子通式为C_nH_{2n+2},如甲烷分子式为CH_4,丁烷分子式为C_4H_{10}。

1.2.1.2 同系物与同分异构

烷烃中,最简单的烃是甲烷(CH_4),其次是乙烷(C_2H_6)、丙烷(C_3H_8)、丁烷(C_4H_{10})、……,以此类推。这种具有同一通式、彼此相差一个或多个CH_2的结构相似的化合物互称为同系物,相邻同系物相差一个CH_2。同分异构现象在烷烃系列中普遍存在,含四个碳原子以上的烷烃都有异构体,碳原子数越多,异构体越多。在写结构式时碳氢元素可以省略。

正丁烷　异丁烷　正戊烷　异戊烷　新戊烷

1.2.1.3 烷烃的化学性质

烷烃分子中的C—C键和C—H键键能大，极性小，所以烷烃是一类很不活泼的有机化合物，特别是直链烷烃，其稳定性更大。在室温下，它们一般与强酸（如H_2SO_4、HNO_3）、强碱（如NaOH）、强氧化剂（如$K_2Cr_2O_7$、$KMnO_4$）及强还原剂（如Zn+HCl，Na+CH_3CH_2OH）等不发生反应或反应很慢，所以常把烷烃当做惰性溶剂、润滑剂或药物基质等使用。但在光照、高温、氧气及催化剂的条件下可发生卤代反应、硝化和磺化反应、氧化反应及裂化反应等。

（1）卤代反应。在光照、加热或催化剂存在下，烷烃与卤素反应生成卤代烃，并放出大量的热。烷烃的卤代反应即烷烃中的氢原子被卤素原子所取代的反应。在一定条件下，烷烃的卤代反应可以连续进行直到全部氢原子都被取代。烷烃的取代反应按自由基反应机理进行。卤代反应是工业生产卤代烷烃的重要反应。氟的活性太高，碘的活性太低，通常卤代反应是指氯代和溴代。

$$CH_3CH_3+Cl_2 \xrightarrow{420\ ℃} CH_3CH_2Cl+HCl$$

$$CH_3CH_2CH_3 \xrightarrow[hv,\ 127\ ℃]{Br_2} CH_3CH_2\underset{\displaystyle |}{\overset{\displaystyle Br}{}}\!\!CH_2 + CH_3\overset{\displaystyle Br}{\underset{}{C}}HCH_3$$

（2）氧化反应。烷烃在一般情况下即使使用强氧化剂也不被氧化，但是，烷烃极易燃烧，燃烧时会发生彻底氧化，生成二氧化碳。烷烃燃烧反应的重要性不在于它的产物，而在于它所提供的热能。生活上、工业上所用的天然气、汽油、柴油等都是利用其烷烃的燃烧反应供应热能的。

$$CH_4+2O_2 \longrightarrow CO_2+2H_2O$$

（3）裂解反应。在高温和隔绝空气下发生的分解反应称为裂化或热裂反应。烷烃一般在400～1000 ℃下裂化，甲烷裂化温度最高。在有催化剂存在下，裂化可以在较低温度下进行。高级烷烃（C_{12}以上）的C—C键比C—H键易断裂，小碎片成为烷烃，长碎片成为烯烃。加压有利于碳链从中间断裂。

$$CH_4 \xrightarrow{1000\sim1200\ ℃} C+H_2$$

$$H_3C—CH_3 \xrightarrow{600\ ℃} H_2=CH_2 +H_2$$

1.2.2 烯烃

1.2.2.1 定义

烯烃是指含有碳碳双键（C=C）（烯键）的碳氢化合物，属于不饱和烃，分子中含有不饱和的π键，双键中碳原子采用的是sp^2杂化。单烯烃的分子通式是C_nH_{2n}，例如C_2H_4、

C_3H_6、C_4H_8、C_6H_{12}等。

1.2.2.2 同系物与同分异构

烯烃根据主链形状分开链烯烃与环烯烃。根据所含双键数目,分为单烯烃、二烯烃和多烯烃。单烯烃中最简单的成员是乙烯(C_2H_4),所有单烯烃可以组成一个烯烃同系列,系差是 CH_2,如前面的乙烯和丙烯。单烯烃与单环烷烃是同分异构,还存在由于双键位置而产生的异构,都属于构造异构。如分子式 C_4H_8有三个构造异构体。

$CH_3CH_2CH=CH_2$ 1-丁烯　　$CH_3CH=CHCH_3$ 2-丁烯　　$CH_3C(CH_3)=CH_2$ 2-甲基丙烯

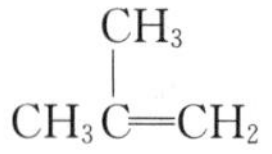

$CH_3CH=CH_2$ 丙烯　　△ 环丙烷

室温下,烯烃的双键不能旋转,双键的两个碳会出现不同的取代,因此,双键的两个碳分别连有的不同的原子或基团存在顺反异构,二者不能相互转换,是可以分离的稳定存在的两个不同的化合物。

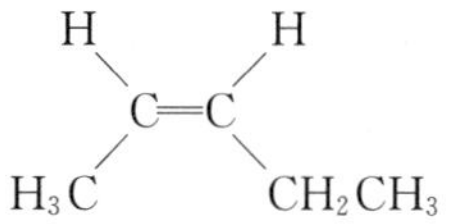

H(H₃C)C=C(H)(CH₂CH₃) 顺-2-戊烯　　H(H₃C)C=C(CH₂CH₃)(H) 反-2-戊烯

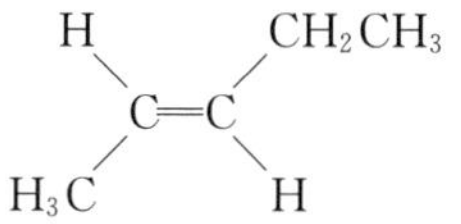

1.2.2.3 烯烃的化学性质

C=C 烯键是烯烃的官能团,π 键比 σ 键更活泼,π 电子离核较远,易参与反应。烯键具有以下反应特征:π 键易断裂,发生加成反应;π 键可提供电子,与缺电子的亲电试剂反应;α-氢被活化,易发生卤代与氧化反应。

(1) 烯烃的亲电加成反应。烯烃双键的 π 键断裂,在原来 π 键的两个碳原子上各连亲电试剂的一个原子或基团的反应,称为烯烃的亲电加成反应。烯烃可以与氢卤酸(HCl、HBr 等)、硫酸、卤素、次卤酸、硼化氢,以及水、醇等试剂发生亲电加成反应。在氢卤酸与烯烃反应中,氢原子总是加在双键含氢较多的碳原子上,而卤素加在含氢较少的碳原子上,称为马氏规则。对不同的氢卤酸,其酸性越强与烯烃反应越容易,顺序为 HI>HBr>HCl。用浓盐酸与烯烃反应时,常常需要催化剂。烯烃与硫酸加成反应产物是硫酸氢脂。不同结构的烯烃与质子酸加成反应时的活性不同,加成反应的活性顺序为 $(CH_3)_2C=CH_2>CH_3CH=CH_2>CH_2=CH_2$,即烯烃分子不对称性越大,与亲电子试剂反应越活泼。

$$(CH_3)_2C=CH_2+HCl\xrightarrow{\text{醚}}(CH_3)_3C-Cl$$

烯烃容易与卤素发生加成反应,生成邻二卤代烷,是制备邻二卤代烷的重要方法。例如,将丙烯通入溴液中,迅速发生加成反应,生成 1,2-二溴丙烷。不同的卤素与同一烯烃加成反应的活性顺序为 $F_2>Cl_2>Br_2>I_2$。工业中常用的是溴和氯与烯烃的加成反应。

$$CH_3CH=CH_2 + Br_2 \xrightarrow{30\sim40\ ℃} CH_3CHBrCH_2Br$$

在工业上，用水与烯烃在高压下用强酸作催化剂可以直接制备醇。烯烃在酸催化下也可以与醇反应生成醚。

$$CH_2=CH_2 + H_2O \xrightarrow[-300\ ℃,\ 7\sim8\ MPa]{H_3PO_4} CH_3CH_2OH$$

$$(CH_3)_2C=CH_2 + HOCH_3 \longrightarrow (CH_3)_3C-O-CH_3$$

(2) 烯烃的自由基加成反应。在氧或过氧化物的存在下，不对称烯烃与溴化氢加成得到反马氏规则的产物，用过氧化物改变溴化氢与烯烃加成方向的作用称为过氧化物效应。许多简单的烯烃在少量自由基引发剂下会发生自身加成聚合反应(简称加聚反应)。例如丙烯在高温、高压和自由基引发剂(如过氧化苯甲酰)存在下发生聚合反应，生成聚乙烯。

$$CH_3-CH=CH_2 + HBr \xrightarrow[-30\sim50\ ℃]{过氧化物} CH_3CH_2CH_2Br + CH_3CHBrCH_3$$

$$nCH_2=CH_2 \xrightarrow{自由基引发剂} -\!\!\left[CH_2-CH_2\right]\!\!-_n$$

(3) 烯烃的加氢反应。在催化剂作用下，烯烃加氢生成烷烃。烯烃加氢反应的催化剂主要是过渡金属，如 Ni、Pd、Pt 或其氧化物(如 PtO_2)等。

$$R-CH=CH_2 + H_2 \xrightarrow{Ni} RCH_2CH_3$$

(4) 烯烃的氧化反应。在烯烃分子中引进氧原子的反应称为烯烃氧化反应。包括：①氧化剂氧化，如用很稀的高锰酸钾碱性溶液或中性溶液，在较低的温度下氧化烯烃，得邻二元醇，在高温下则氧化成二元羧酸。②催化氧化，工业上催化氧化产物大都是重要的化工原料。乙烯在银的催化下，在 250 ℃下用空气氧化得到环氧乙烷，这是工业上制备环氧乙烯的主要方法。③过氧化物氧化，在杂多酸季胺盐催化下，α-烯烃和单环烯烃于低温下能被 H_2O_2 氧化成 1，2-环氧烷烃。

$$3\ \text{(环己烯)} + 2KMnO_4 + 4H_2O \xrightarrow{0\sim5\ ℃} \text{(顺-1,2-环己二醇：OH, HO, H, H)} + 2MnO_2 + 2KOH$$

$$CH_2=CH_2 + O_2 \xrightarrow[250\ ℃]{Ag} \underset{\diagdown\ O\ \diagup}{CH_2-CH_2}$$

$$R-CH=CH_2 + H_2O \xrightarrow[20\sim35\ ℃]{(\pi-C_5H_5)N(C_{16}H_{33})[PW_4O_{16}]} R-\underset{\diagdown\ O\ \diagup}{CH-CH_2} + H_2O$$

(5) 烯烃的 α-氢的反应。和烯烃的双键直接相连的碳原子称为 α-碳原子。α-碳原子上的氢原子称为 α-氢。α-氢受双键的影响，较活泼，易发生反应。主要发生的化学反应有卤代反应和氧化反应。在低于 200 ℃时，丙烯与氯发生的加成反应生成 1，2-二氯丙烷；在高于 300 ℃时，主要反应是 α-氢的氯代，生成 3-氯丙烯。工业上以金属氧化物（如 Cu_2O）为催化剂，在压力和高温下用空气直接氧化丙烯，生成丙烯醛。

$$CH_3CH{=}CH_2 + Cl_2 \xrightarrow{< 200\ ℃} CH_3CHCl{-}CH_2Cl$$

$$CH_3CH{=}CH_2 + Cl_2 \xrightarrow{> 300\ ℃} CH_2Cl{-}CH{=}CH_2 + HCl$$

1.2.3 炔烃

1.2.3.1 定义

炔烃也是不饱和烃，其分子中含氢比例比烯烃更少，分子中含有碳碳三键（ $C{\equiv}C$ ）（炔键），分子中含有不饱和的 π 键，碳碳三键中碳原子采用的是 sp 杂化。单炔烃的分子通式是 C_nH_{2n-2}。例如乙炔 C_2H_2，丙炔 C_3H_4，丁炔 C_4H_6 等。

1.2.3.2 结构与命名

三键碳原子由于只与一个烃基（或氢）以直线形联结，无顺反异构体；但和双键一样，三键存在位置异构。对于相同碳原子数的烃类，炔烃的异构体一般比烷烃多，比烯烃少。炔烃的命名与烯烃相似，简单炔烃可以用普通命名法，也可以按乙烯衍生物来命名；复杂的炔烃用系统命名法命名，其命名原则与烯烃相同。若分子中同时含三键和双键，则选择既含双键又含三键的最长碳链，按表示烯和炔两个数字的数值和最小的原则进行编号，命名为烯炔。

1-丁炔　　2-丁炔　　4，4-二甲基-2-戊炔　　3-戊烯-1-炔

1.2.3.3 炔烃的化学性质

炔烃和烯烃分子中都有 π 键，故两者有相似的化学性质，如都能发生加成、氧化、聚合等反应。但两者中碳的杂化方式不同、π 键数目不等，这决定了两者 π 键的稳定性、加成反应的容易程度及其他一些化学性质都有所差异，以及炔烃还有别于烯烃的特殊性质，如三键碳上的氢有“酸性”等。

（1）炔烃的还原加成反应。炔烃在催化剂存在下可以被催化氢化，经由烯烃得到烷烃，由于烯烃比炔烃更易反应，因此中间产物烯烃难以分离得到。如果分子中存在共轭的双键和三键，通过控制氢气用量，可以选择性地先还原三键，得到相对稳定的共轭二烯。炔烃催化氢化是以顺式加成为主，如果控制条件得到烯烃，产物为顺式烯烃。

$$R{-}C{\equiv}C{-}R' + 2H_2 \xrightarrow{Pt/Pa/Ni} R{-}CH_2{-}CH_2{-}R'$$

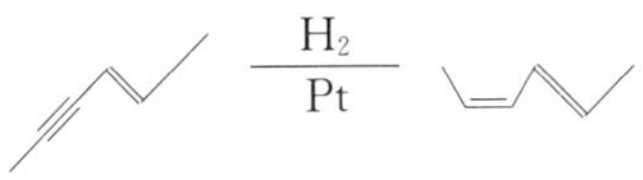
H2
Pt

（2）炔烃的亲电加成反应。炔烃能与卤素、氢卤酸等进行亲电加成反应，但活性比烯烃低。炔烃的亲电加成是分步进行的。①与卤素加成。炔烃与卤素完全加成，生成1，1，2，2-四卤代烷。第一步生成的二卤代烯由于卤素的强吸电性，双键上电子云密度低，其继续加成的活性比炔烃低。控制条件可以使反应停留在第一步，生成的二卤代烯一般具有反式构型。②与氢卤酸加成。炔烃与卤化氢的加成符合马氏规则，加一分子卤化氢生成卤代烯（卤代烯的制备方法之一），加两分子卤化氢则生成偕二取代的卤代烷（卤素取代在同一碳上）。③与水加成。在硫酸/硫酸汞存在下，炔烃容易与水发生加成反应，生成酮/烯醇。

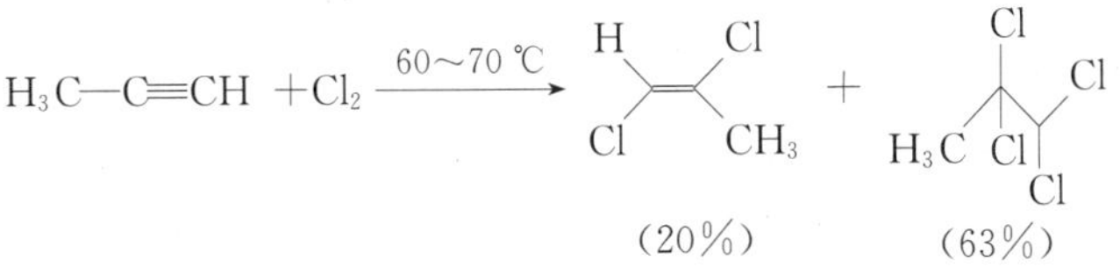
H3C—C≡CH +Cl2
60～70 ℃
H
Cl
Cl
CH3
+
Cl
Cl
H3C
Cl
Cl
（20%）
（63%）

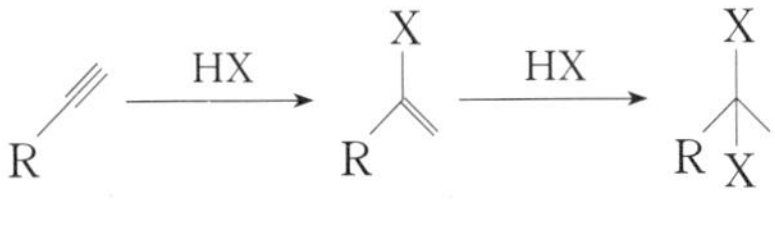
HX
HX
X
R
X
X

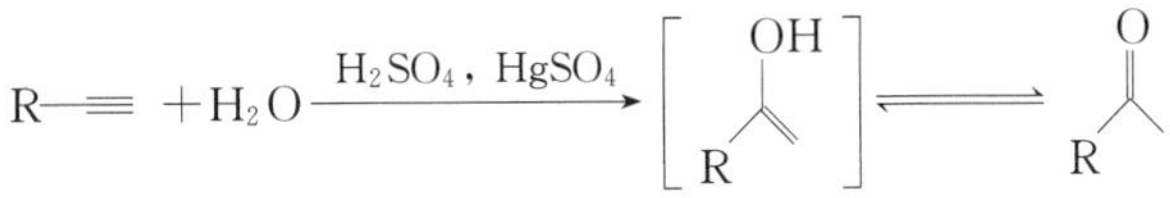
R—≡ +H2O
H2SO4，HgSO4
OH
R
O

（3）炔烃的亲核加成反应。对含有碳碳叁键、碳氧双键、碳氮叁键等不饱和化学键的有机化合物，给电子能力强的亲核试剂与不饱和键结合发生加成反应。亲核试剂中带负电荷的部分进攻底物中不饱和化学键带部分正电荷一端原子，同时打开π键。炔烃比烯烃更难发生亲电加成反应，但炔烃可发生亲核加成反应，但普通烯烃则不能发生。

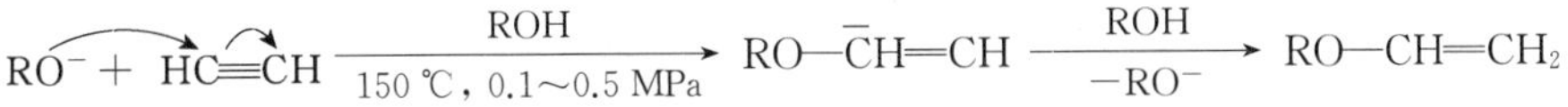
RO⁻ + HC≡CH
ROH
150 ℃，0.1～0.5 MPa
RO—C̄H=CH
ROH
−RO⁻
RO—CH=CH2

（4）炔烃的氧化反应。炔烃的三键可以被臭氧或高锰酸钾完全氧化，其反应通常生成羧酸，由所得的羧酸结构可推知原炔烃三键的位置。

$$RC\equiv CH + O_3 \xrightarrow{H_2O} RCOOH + O_2$$

$$H_3CC\equiv CCH_3 \xrightarrow[100\ ℃]{KMnO_4} 2CH_3COOH$$

（5）炔烃的聚合和偶联反应。在高温下，三分子乙炔可以聚合生成苯，但产率低。在催化剂 Cu_2Cl_2—NH_4Cl 存在下，两分子乙炔可以聚合形成二聚体。末端炔烃在亚铜盐溶液中，并有氧气流的情况下发生氧化偶联反应。

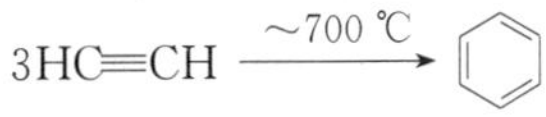
3HC≡CH
～700 ℃

$$2HC\equiv CH \xrightarrow[H_2O]{Cu_2Cl_2—NH_4Cl} HC\equiv C—CH=CH_2$$

1.2.4 芳香烃

1.2.4.1 定义

芳香族碳氢化合物简称为芳香烃或芳烃，芳环是芳香烃的官能团。

1.2.4.2 分类

按分子中苯环的数目芳烃分为单环芳烃、多环芳烃和非苯芳烃。单环芳烃是分子中含有一个苯环的烃。多环芳烃是分子中含有两个或两个以上苯环的烃。按苯环间结合顺序不同，多环芳烃又可分为稠环芳烃、联环芳烃、多苯代脂烃和富勒烯等系列。稠环芳烃是苯通过环上两碳或多碳互相稠合形成的芳环烃；联环芳烃是以单键相连芳环的烃；多苯代脂烃是脂肪烃的多个氢被芳环取代的烃；富勒烯是以多个苯环相互稠合成笼状碳环，如 C_{60}、C_{70} 等。非苯芳烃是分子中不含苯环但具有芳香性的环多烯及其离子，如轮烯、环戊二烯负离子、环庚三烯正离子等。

单环芳烃

苯

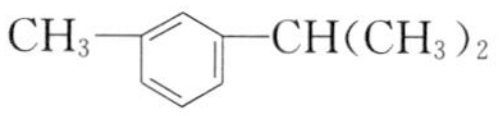

CH_3— —$CH(CH_3)_2$

3-甲基异丙基苯

稠环芳烃

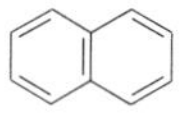

萘

联环芳烃

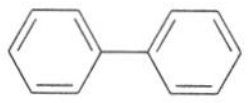

聚(二)苯

多苯代脂烃

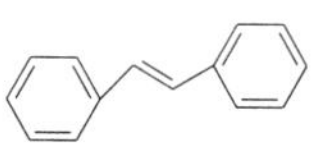

反二苯乙烯

非苯芳烃

环戊二烯

1.2.4.3 芳香烃的化学性质

与脂环族不饱和烃相比较，芳香烃表现出较易发生取代反应而不易进行加成与氧化反应。苯环上没有典型的 C=C 双键性质，但环上电子密度高，易被亲电试剂进攻，使苯环上的氢被取代，称为亲电取代反应。如卤代、硝化、磺化、烷基化和酰基等反应，都是亲电取代反应。

(1) 芳香烃的亲电取代反应。芳环向亲电试剂提供 π 电子成键，产生中间体芳正离子，然后消去质子恢复芳环，完成取代。如苯在三卤化铁存在下与氯或溴发生卤代反应生成氯苯或溴苯。苯与硫酸发生磺化反应生成苯磺酸，苯与硝酸发生硝化反应生成硝基苯。硝化反应常在硫酸存在下进行，有效的亲电试剂是硝基正离子，硫酸有促进硝酸电离的作用，从而产生高浓度的硝基正离子。另外，苯与卤代烷烃在三氯化铝存在下发生烷基化反应生成烷基苯，此反应是 Friedel-Crafts 反应，也是合成烷基苯(芳烃)的重要方法。

$$C_6H_6 + Cl_2 \xrightarrow[25\ ℃]{FeCl_3} C_6H_5\text{—}Cl + HCl$$

$$C_6H_6 + H_2SO_4 \xrightarrow{110\ ℃} C_6H_5SO_3H + H_2O$$

$$C_6H_6 + HNO_3 \xrightarrow[55\ ℃]{H_2SO_4} C_6H_5NO_2 + H_2O$$

$$C_6H_6 + R\text{—}X \xrightarrow{AlCl_3} C_6H_5R + HCl$$

(2) 芳环的氧化还原反应。苯环难以氧化，但在高温下可以催化氧化成顺丁烯二酸酐(马来酸酐)，它是重要的化工原料。苯环也难以还原，但在较高的温度与压力下可以催化加氢，得到全氢化产物环己烷。此法可用于制备纯净的环己烷或其衍生物。

$$C_6H_6 \xrightarrow[V_2O_5,\ \triangle]{O_2} \text{马来酸酐}\qquad C_6H_6 \xrightarrow[\text{加压},\ \triangle]{H_2,\ Pt} C_6H_{12}$$

(3) 芳环的侧链反应。芳环侧链 α-氢(如甲苯侧链甲基的氢)在光照或高温下与卤素(Cl_2、Br_2)作用发生卤代反应，如用 N-溴代琥珀酰亚胺发生溴代反应。芳环侧链 α-氢也易氧化，侧链经氧化成苯甲酸，烃基取代苯用高锰酸钾等强氧化剂氧化，侧链被氧化成羧酸，苯环保留。苯甲位的碳-杂原子键易发生氢解还原反应，如苯甲醇($ArCH_2OH$)、苯甲基烷基醚($ArCH_2OR$)等都易催化氢解。

$$C_6H_5CH_3 \xrightarrow{Br_2,\ \text{光照或}\triangle} C_6H_5CH_2Br$$

$$(CH_3)_2CH\text{—}C_6H_4\text{—}CH_2CH_3 \xrightarrow[\triangle]{KMnO_4} HO_2C\text{—}C_6H_4\text{—}CO_2H$$

1.3 烃的衍生物

1.3.1 卤代烃

1.3.1.1 定义

烃分子中的氢原子被卤原子(F、Cl、Br、I)置换所得到的化合物称为卤代烃,常用R—X 表示,X 代表 F、Cl、Br、I。卤代烃大多是人工合成的,只有少量的存在于自然界。

1.3.1.2 分类与结构

卤代烃包括卤代烷烃、卤代烯烃和卤代芳烃。分子中有多个卤原子的烃称为多卤代烃,多卤代烃的卤原子可以是相同的,也可以是不同的。从化学结构角度,卤代烷可分为伯卤代烷(1°RX)、仲卤代烷(2°RX)和叔卤代烷(3°RX);卤代烯烃可分为乙烯式卤代烃(RCH═CR′X)和烯丙基式卤代烃(RCH═CHCHR′X);卤代芳烃分为苯卤型(⬡—X)和苄卤型(⬡—CHR(—X))。

$CH_3CH_2CH_2CH_2Br$	$CH_3CHBrCH_2CH_3$	$(CH_3)_3CBr$	$CH_3CH═CHCH_2Cl$
1-溴丁烷	2-溴丁烷	2-甲基-2-溴丙烷	1-氯丁-2-烯

$CH_3CH═CHCl$	⬡—Br	⬡—$CHClCH_3$
1-氯丙烯	溴苯	1-苯基氯乙烷

卤代烃的官能团是极性 C—X 键。乙烯式卤代烃和苯卤代烃由于存在 p-π 共轭作用,因此偶极矩小,C—X 键极性小,键长短、键能高;烯丙基型和苄卤型卤代烃的碳原子联结在不饱和碳原子上,使 C—X 键极性增加。

1.3.1.3 卤代烃的化学反应

(1) 卤代烃的亲核取代反应。卤代烷的 C—X 的 C 缺电子,故而带正电,容易与亲核试剂(Nu)发生取代反应(S_N反应),如溴乙烷与碘化钠的亲核取代反应、叔丁基溴碱性水解生成叔丁醇的反应。

$$CH_3CH_2Br \xrightarrow{NaI} CH_3CH_2I$$

$$(CH_3)_3CBr + HO^- \xrightarrow{H_2O} (CH_3)_3COH + Br^-$$

(2) 卤代烃的消去反应。在加热条件下,卤代烷与强碱作用脱去卤化氢生成烯烃的反应称为消去反应(E 反应)。消去反应在形式上,根据离去基与被消去氢的相对距离,有 1,1-消去(α-消去)、1,2-消去(β-消去)和 1,3-消去(γ-消去)以及更远程的消去反应类型。

α-消去反应是指同碳消去一分子卤化氢生成碳烯(用 R_2C 表示),卤仿(三卤代烷)在碱性条件下易消去一分子卤代氢生成卤代碳烯，生成的碳烯可以与烯键环加成，用于环丙烷衍生物的合成。β-消去反应是指卤代烷在碱作用下消去一分子卤化氢，即卤原子与β-氢一起离去，生成烯键，是最常见的消去反应。同碳二卤代、邻二卤代烃消去一分子 HX 生成乙烯式卤代烃；同碳二卤代、邻二卤代烃消去两分子 HX 生成炔。γ-消去反应消去一分子卤化烃生成三元环化合物，如β-卤代醇碱消去生成环氧化物。

H　R　X　$\xrightarrow[\text{EtOH, }\triangle]{\text{KOH}}$　R　+HCl

Cl　Cl　$\xrightarrow[\text{EtOH, }\triangle]{\text{NaOH}}$　Cl

Cl　OH　$\xrightarrow{\text{HO}^-}$　O

消去反应机理有双分子消去反应（E2）和单分子消去反应（E1）两种。在碱的作用下，C—X 键与 C—H 键同时发生断裂，是一步协同的双分子反应，其反应速率与卤代烷和碱的浓度成正比，故称为双分子消去反应（E2）。还有一种分步反应，这类反应卤原子先离去，产生中间体碳正离子，然后再脱去质子，完成消去。一般生成碳正离子的阶段是慢步骤，也就是速度决定步骤，只涉及底物 RX 一种分子，因此是单分子一级反应（E1）。E2 与 E1 的消去反应活性是一致的，都是叔、仲、伯活性依次下降，卤素是碘、溴、氯活性依次减弱。

在亲核取代反应中，亲核试剂是碱，消除反应的试剂也是碱。因此，S_N反应必然伴随着 E 反应，即 S_N反应与 E 反应是竞争反应。S_N1 与 S_N2、E1 与 E2 也是两对竞争反应。

卤代烃与碱作用，S_N1、S_N2、E1 与 E2 都能发生反应。发生的程度取决于卤代烃的结构和试剂的碱性，这是化学反应能否发生、发生的方式、发生的程度的根本因素。溶剂的极性和反应温度等条件是化学反应的外因，也会影响反应进行的程度。

（3）卤代烃的还原反应。卤代烃可催化加氢或还原成烃。常用催化剂加氢反应体系有 H_2/Pd、H_2/Pt、H_2/Ni，还原反应体系有 Zn/HCl、Zn/HI、$Zn/LiAlH_4$、$Zn/NaBH_4$、Na/EtOH、Na/NH_3等。反应活性与卤代烃的结构及取代的卤素原子 X 有关，反应活性顺序为伯卤代烷＞仲卤代烷＞叔卤代烷，卤素 X 为 I＞Br＞Cl。

$$CH_3(CH_2)_5\underset{}{\overset{Br}{C}}HCH_3 \xrightarrow[\text{EtOH}\cdot H_2O]{NaBH_4} CH_3(CH_2)_5CH_2CH_3 \quad 85\%$$

$$CH_3(CH_2)_{14}CH_2I \xrightarrow[Pd/CaCO_3]{H_2} CH_3(CH_2)_{14}CH_3 \quad 85\%$$

（4）卤代烃与金属反应。有机化合物的碳可与金属结合形成碳-金属键（C—M）的有机金属化合物，此反应称为金属化反应。卤代烃与活泼金属（Li、Na、K、Mg、Al 等）反应可制备金属有机化合物。金属不同，C—M 键性质不同。碱金属、碱土金属、其他主族金属以及过渡金属的 C—M 键依次是离子键、强极性共价键、极性共价键和共价键。

卤代烃在乙醚溶液中与金属镁反应生成烃基卤化镁——RMgX(Grignard 试剂)，有机镁化合物是一种强亲核试剂，可以与卤代烃进行亲核取代反应，这是增长碳链、合成特殊结构烃化合物的方法。

$$CH_3CH_2CH_2CH_2Cl + Mg \xrightarrow{醚} CH_3CH_2CH_2CH_2MgCl$$

$$CH_2{=}CHCH_2Cl + (CH_3)_3CMgCl \longrightarrow CH_2{=}CHCH_2C(CH_3)_3 + MgCl_2$$

卤代烷在惰性溶剂((醚、烃)中与金属钠反应生成有机钠，与金属锂反应生成有机锂；卤代芳烃与铜粉共热(多高于 200 ℃)反应生成联苯类化合物，可用于制备联苯及其衍生物，称为 Ullmann 偶联反应。

$$C_6H_5\text{—}I + I\text{—}C_6H_5 \xrightarrow[230\ ℃]{Cu} C_6H_5\text{—}C_6H_5 + CuI$$

82%

1.3.2 醇

醇、酚、醚是饱和碳原子上的氢被含氧基团取代的烃的衍生物，由于氧原子联结的基团(或原子)不同，使醇、酚、醚的化学性质有很大的区别。

1.3.2.1 定义与分类

醇是羟基(—OH)联结在饱和碳原子上的化合物。醇分子中的羟基氧原子采用 sp^3 杂化，还有两对孤对电子。根据分子中所含羟基的数目分为一元醇与多元醇，也可以根据与羟基直接相连的伯仲叔碳原子，将一元醇分为伯醇、仲醇和叔醇。烃基中含有芳环的醇称为芳香醇，如含有碳碳重键则称为不饱和醇。

$CH_3CH_2CH_2CH_2OH$　1-丁醇(伯醇)

$CH_3CH_2CH(OH)CH_3$　2-丁醇(仲醇)

$(CH_3)_3COH$　2-甲基-2-丙醇(叔醇)

$C_6H_5\text{—}CH_2OH$　苯甲醇(苄醇)

$CH_2{=}CHCH_2OH$　2-稀丙醇(烯丙醇)

1.3.2.2 醇的化学性质

(1) 醇的酸碱性。醇既有弱酸性又有弱碱性。醇分子中的 O—H 是极性键，在稀溶液中能部分解离，提供质子，生成烷氧负离子 RO^-。醇的酸性弱，用比烷氧负离子更强的碱才能取代羟基的质子。例如氢化钾、正丁基锂等。醇与活泼金属反应生成醇盐，并放出氢气，醇与活泼金属反应的相对反应活性是，伯醇＞仲醇＞叔醇。醇羟基的氧有孤对电子，属于 Lewis 碱，但碱性也很弱，强酸方能使羟基质子化，生成鎓盐 ROH_2。分子同时具有酸性和碱性称为两性，羟基的两性体现了醇化学反应的特点。在强酸中，醇以鎓盐存在，在中性介质中为醇，在强碱中，醇以烷氧负离子存在。

$$2C_2H_5OH + 2Na \longrightarrow 2C_2H_5O^- Na^+ + H_2\uparrow$$

$$C_2H_5OH + H_2SO_4 \longrightarrow C_2H_5-\overset{+}{O}H_2 \; ^-OSO_3H$$

(2) 羟基的亲核取代反应。醇中 C—O 键和卤代烃中的 C—X 键一样，是强极性共价键，可以异裂发生亲核取代反应。醇与氢卤酸（HI、HBr、HCl）反应生成卤代烃，反应活性取决于醇的结构和氢卤酸，其顺序为叔醇＞仲醇＞伯醇＞甲醇，HI＞HBr＞HCl。与无机卤化物（酰卤）反应也生成卤代烃，如与三卤化磷（PX_3）、五卤化磷（PX_5）、二氯亚砜（$SOCl_2$）等均可反应。

与二氯亚砜反应：

$$ROH + Cl\overset{\overset{O}{\|}}{S}Cl \xrightarrow{\triangle} RCl + SO_2 + HCl$$

与氢卤酸反应：

$$CH_3CH_2OH + HCl \longrightarrow CH_3CH_2Cl + H_2O$$

$$(CH_3)_3C-OH + HCl \longrightarrow (CH_3)_3C-Cl + H_2O$$

与卤化磷反应：

$$ROH + PCl_5 \longrightarrow RCl + POCl_3 + HCl$$

(3) 醇的酯化反应。醇可与硫酸、磺酸、硝酸、磷酸等无机酸及羧酸等有机酸反应生成酯。羧酸酯常用醇与羧酸、酰氯、酸酐反应进行制备。

$$ROH + HNO_3 \longrightarrow RONO_2$$

$$ROH + R'COOH \xrightarrow{H^+} R'\overset{\overset{O}{\|}}{C}-OR + H_2O$$

$$ROH + R'\overset{\overset{O}{\|}}{C}Cl \xrightarrow{HO^-} R'\overset{\overset{O}{\|}}{C}OR + HCl$$

(4) 醇的脱水反应。醇与无机含氧强酸的反应不仅可以生成酯，还可发生分子间脱水或分子内脱水反应生成醚或烯烃。醇脱水成烯烃的反应活性与 α-C 烃基的特征有关，一般其顺序为叔醇＞仲醇＞伯醇。醇分子间脱水成醚与分子内脱水成烯是一对竞争反应，一般，叔醇主要得到烯烃，伯醇主要得到醚，高温有利于生成烯烃，低温则有利于生成醚。

$$2CH_3CH_2OH \xrightarrow[140\ ℃]{H_2SO_4} CH_3CH_2OCH_2CH_3 + H_2O$$

$$CH_3CH_2OH \xrightarrow[170\ ℃]{H_2SO_4} CH_2{=}CH_2 + H_2O$$

(5) 醇的氧化反应。含有 α-H 的醇能被氧化为醛、酮或酸。伯醇生成醛或酸，仲醇生成酮，叔醇无 α-H，不易被氧化。

$$CH_3(CH_2)_8CH_2OH \xrightarrow{KMnO_4} CH_3(CH_2)_8COOH$$

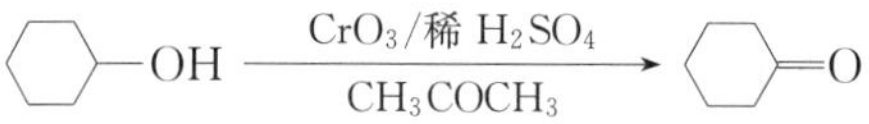

$$\text{环己醇}-OH \xrightarrow[CH_3COCH_3]{CrO_3/\text{稀 } H_2SO_4} \text{环己酮}=O$$

1.3.3 酚

1.3.3.1 定义与分类

酚是羟基连在芳环上的化合物，其羟基也称为酚羟基。按与酚羟基相连的芳环类别可把酚分成苯酚、萘酚和菲酚等；根据芳环上连有羟基的数目，酚可分为一元酚、二元酚、三元酚等。

在酚分子中，羟基氧原子与芳环相连，氧原子是 sp^2 杂化，p 轨道中的孤对电子与芳环的大 π 键形成 p-π 共轭，氧原子 p 轨道上的孤对电子向苯环移动，显示给电子共轭效应。

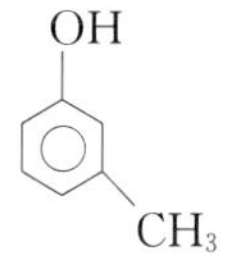

间甲基苯酚 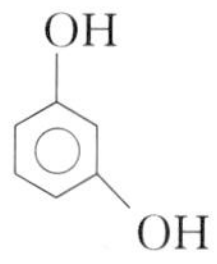　　间苯二酚 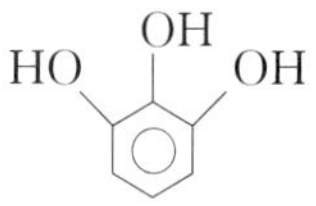　　连苯三酚

β-萘酚 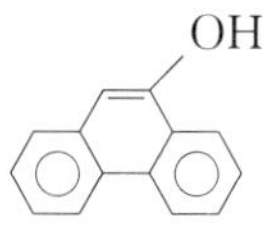　　菲-9-酚

1.3.3.2 酚的化学性质

(1) 酚的酸碱性。酚和醇一样，羟基显示两性。酚的 C—O 键强，使 O—H 键间极性增强，所以酚的酸性比醇强。如苯酚的酸性是环己醇酸性的近 10^8 倍，但苯酚仍是弱酸，其酸性小于乙酸和碳酸。

$$C_6H_5-OH + NaOH \longrightarrow C_6H_5-ONa + H_2O$$

(2) 酚羟基的醚化与酯化反应。酚与醇一样，在碱条件下，能与卤烃发生亲核取代反应(S_N2)反应生成芳香醚，即酚氧负离子作为亲核试剂，与有离去基的底物发生 S_N2，形成碳-氧醚键。酚可以与酸酐或酰氯进行酯化反应。

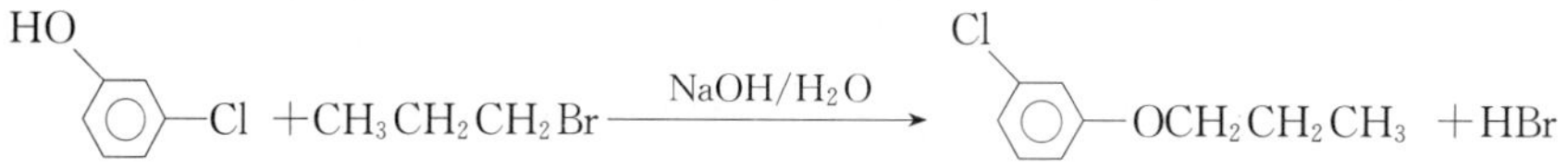

$$HO-C_6H_4-Cl + CH_3CH_2CH_2Br \xrightarrow{NaOH/H_2O} Cl-C_6H_4-OCH_2CH_2CH_3 + HBr$$

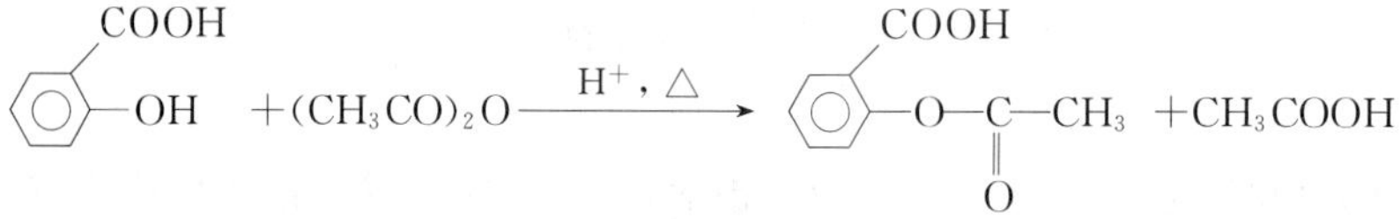

$$HOOC-C_6H_4-OH + (CH_3CO)_2O \xrightarrow{H^+,\ \triangle} HOOC-C_6H_4-O-\underset{\underset{O}{\|}}{C}-CH_3 + CH_3COOH$$

（3）芳环的亲电取代反应。由于酚的 C—O 键强，酚羟基不易被取代。酚中除了羟基基团，芳环也是活性反应中心，酚—OH 活化了环上的邻位和对位氢，使其较容易发生亲电取代反应，如硝化反应、卤化反应等，即使使用稀 HNO_3，也能进行硝化反应。酚的卤化反应不需要催化剂，常观察到多卤化物的生成。例如苯酚与氯或溴的水溶液反应生成 2，4，6-三氯或溴苯酚。

与苯一样，酚的芳环可与烷基化试剂醇、烯等或酰基化试剂羧酸等在相应的催化剂下进行反应，即 Friedel-Crafts 反应，有烷基化和酰基化之分。

$$C_6H_5\text{—OH} \xrightarrow[CHCl_3,\ 15\ ℃]{20\%\ HNO_3} o\text{-}O_2N\text{—}C_6H_4\text{—OH} + HO\text{—}C_6H_4\text{—}NO_2$$

$$C_6H_5\text{—OH} \xrightarrow[20\ ℃]{3Br_2,\ H_2O} 2,4,6\text{-}Br_3C_6H_2\text{—OH}$$

$$o\text{-}CH_3C_6H_4OH \xrightarrow[H_3PO_4,\ 80\ ℃]{(CH_3)_3COH} 2\text{-}CH_3\text{-}4\text{-}C(CH_3)_3C_6H_3OH$$

$$C_6H_5OH \xrightarrow[BF_3]{CH_3CO_2H} p\text{-}HOC_6H_4COCH_3 + o\text{-}HOC_6H_4COCH_3$$

（4）酚的氧化反应。酚易被氧化，产生有色物质，这是酚易变色的主要原因。氧化剂和反应条件不同，产物也不同。用重铬酸钠的酸性溶液处理苯酚，可将其氧化成对苯醌。苯二酚的两个酚羟基可同时被氧化生成对应的苯醌，例如，邻苯二酚氧化成邻苯醌。

过氧化氢可以将一元酚氧化成二元酚，将二元酚氧化成三元酚。此类反应不生成或很少生成其他有机产物，是环境友好的合成反应。

$$o\text{-}C_6H_4(OH)_2 \xrightarrow[\text{乙醚}]{Ag_2O} \text{邻苯醌}$$

$$C_6H_5\text{—OH} \xrightarrow[\text{催化剂}]{H_2O_2} o\text{-}C_6H_4(OH)_2 + HO\text{—}C_6H_4\text{—OH} \xrightarrow[\text{催化剂}]{H_2O_2} HO\text{—}C_6H_3(OH)\text{—OH}$$

1.3.4 醚

1.3.4.1 定义与分类

醚是氧原子联结着两个烃基的有机化合物。根据醚中烃基的不同，可将醚分为脂肪醚

(R—O—R′)和芳香醚(Ar—O—R 或 Ar—O—Ar)两大类。在脂肪醚中,根据烃基的结构又分为饱和醚、不饱和醚、环醚等;芳香醚又分为二芳基醚(Ar—O—Ar′)和单芳基醚(Ar—O—R)。醚还可以根据两个烃基是否相同分为对称醚(又称单醚,R—O—R)和不对称醚(又称混醚,R—O—R′)。根据醚键的数目,也可分为一元醚、多元醚等。

脂肪醚与水有相似的几何形状,其中氧原子为 sp^3 杂化,呈现近四面体形的键角,在氧原子未成键的两个 sp^3 杂化轨道中有两对电子。芳香醚中,氧原子也是 sp^3 杂化,p 轨道中未成键的孤对电子与芳环的大 π 形成 p-π 共轭,在氧原子未成键的 sp^2 杂化轨道中只有一对电子。因此芳香醚与脂肪醚的性质有所不同。

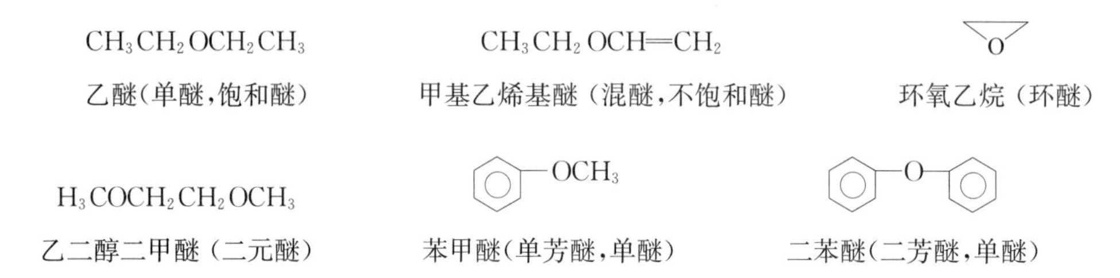

1.3.4.2 醚的化学性质

(1) 醚的弱碱性。醚中的氧原子有未共用电子对,使其具有弱碱性,能与强酸发生反应,在强酸中形成𬭩盐。𬭩盐不稳定,即使在冰水中,也可释放出醚。

$$R-\ddot{\underset{..}{O}}-R' + H_2SO_4 \rightleftharpoons R-\underset{\underset{H}{|}}{\ddot{O}}-R' + HSO_4^-$$

(2) 醚键的断裂。在强酸存在下,醚键发生亲核取代反应,通常含有伯烃基或仲烃基的醚按 S_N2 反应机理进行,叔烃基醚按 S_N1 反应机理进行。混合醚 C—O 键断裂的难易按烃基叔、仲、伯的顺序活性依次下降,即叔烃基>仲烃基>伯烃基>甲基>芳烃基,芳烃基是惰性的。

$$CH_3CH_2OCH_3 + HI \xrightarrow[\triangle]{HI} CH_3CH_2OH + CH_3I$$

$$(CH_3)_2CH-OCH_3 + HI \longrightarrow (CH_3)_2CH-I + CH_3OH$$

(3) 醚的自动氧化反应。含有 α-H 的醚易被氧化,与空气中的氧在常温下即可反应,称为自动氧化。虽然饱和烷基醚对氧化剂是稳定的,但将其暴露在空气中,会发生缓慢的自动氧化反应,生成醚的过氧化物。该反应发生在醚的 α-碳氢键上,为自由基型反应。甲基叔丁基醚不易形成过氧化物,但苄基醚很容易形成过氧化物。醚的过氧化物受热容易爆炸,因此,醚的存放应避光,密封存于阴凉处。

$$R-O-\underset{\underset{H}{|}}{\overset{\overset{H}{|}}{C}}-R' \xrightarrow[\text{缓慢氧化}]{\text{过量 } O_2} R-O-\overset{\overset{OOH}{|}}{CH}-R' + R-O-O-CH_2-R'$$

1.3.5　醛酮

1.3.5.1　定义与分类

醛和酮是两类含有羰基(C═O)的化合物。醛的羰基的碳原子至少和一个氢原子相连,酮的羰基碳原子和两个碳原子相连。醛和酮官能团羰基中的碳原子是 sp^2 杂化,因此羰基是平面结构。碳原子通过其杂化轨道和氧原子形成 σ 键,碳原子和氧原子未杂化的两个 p 轨道形成一个 π 键,并与分子骨架所在的平面垂直。在氧原子的两个未成键的 sp^2 轨道上有两对电子。

醛和酮在自然界中广泛存在。根据与羰基相连烃基的不同,可将醛和酮分为脂肪族醛、酮和芳香族醛、酮两大类。在脂肪族醛、酮中,烃基可以是饱和的、不饱和的和脂环的;芳环直接与羰基碳相连的芳香族醛、酮有特殊性质。在分子中存在两个或两个以上羰基的化合物称为多元醇、多元酮。

CH_3CHO 乙醛　　—CHO 环己基甲醛　　$CH_3CH{=}CHCOCH_3$ 戊-3-烯-2-酮　　═O 环己酮

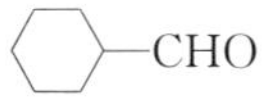

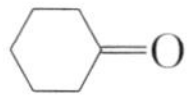

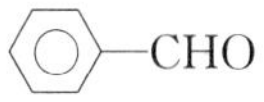

—CHO 苯甲醛　　—$COCH_3$ 苯乙酮　　OHC—CHO 乙二醛　　OHC——CHO 对苯二甲醛

1.3.5.2　醛酮的化学性质

醛酮的羰基碳-氧双键(C═O)是高度极化的,这使醛酮具有一定的化学反应活性,在一定的条件下,可发生加成、缩合、取代及氧化还原反应。

(1) 醛酮的亲核加成反应。醛酮的羰基碳原子带正电荷,可以发生亲核加成反应。亲核试剂有负氧离子或有孤对电子的中性分子,醛酮的亲核加成发生在醛酮的羰基上,羰基碳原子由 sp^2 杂化转化为 sp^3 杂化饱和碳。醛酮的羰基的亲核加成反应分可逆性的亲核加成和不可逆的亲核加成。一般来说,醛的亲核加成反应活性大于酮,其中甲醛在醛中反应活性最大,亲核加成活性要综合考虑羰基碳的正电性及其空间位阻。

醛酮与饱和亚硫酸氢钠反应生成 α-羟基磺酸钠,与氰化氢反应生成 α-羟基腈。醛酮与在酸或碱的催化下水解反应生成同碳二羟基化合物—偕二醇,又称羰基水合物,反应是可逆的,水的亲核性弱,除甲醛和结构特殊的醛酮如三氯乙醛外,一般反应很难。在醇试剂中,醛可与一分子醇反应生成半缩醛。醛酮还可与氨(伯胺)、羟胺、肼、氨基脲反应分别生成亚胺、肟、腙和缩氨脲,反应一般在弱酸溶液中进行。以上这些醛酮的亲核加成反应都是可逆性的。

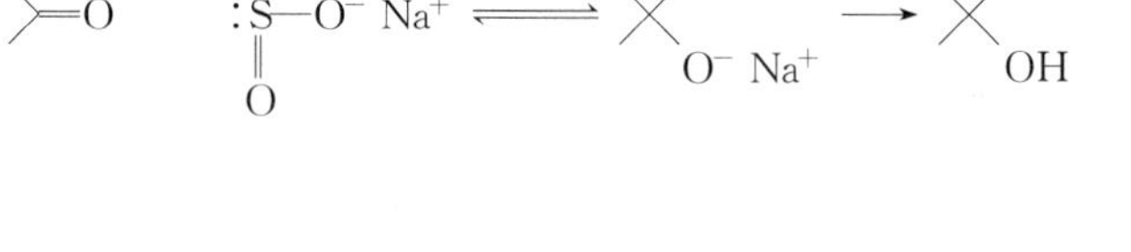

$$\mathrm{C{=}O} + \mathrm{:S(OH)(=O)-O^-\ Na^+} \rightleftharpoons \mathrm{C(SO_3H)(O^-\ Na^+)} \longrightarrow \mathrm{C(SO_3Na)(OH)}$$

$$R-\overset{\overset{\displaystyle O}{\|}}{C}-R'(H)+HCN \rightleftharpoons \underset{(H)R'\quad\ CN}{\overset{R\quad\ OH}{C}}$$

$$>C=O+HOH \xrightleftharpoons[H^+或OH^-]{K} \underset{HO\quad\ OH}{C}$$

醛酮的不可逆亲核加成反应的亲核试剂有氢负离子还原剂及有机金属亲核试剂等。氢负离子供体的氢硼化还原剂硼氢化钠、硼氢化锂和三仲丁基硼氢化锂，及氢化铝锂还原剂四氢化铝锂、二乙氧氢化铝锂、三叔丁氧氢化铝都可还原醛酮生成醇。Grignard 试剂 RMgX、锂试剂 RLi 等有机金属亲核试剂，以及炔化物如乙炔华纳等与醛酮亲核加成反应也得到醇，是合成醇的一种重要方法。

$$>C=O+\overset{\delta-}{R}-\overset{\delta+}{MgX} \longrightarrow \underset{R}{\overset{OMgX}{>C<}} \xrightarrow{H_3O^+} \underset{R}{\overset{OH}{>C<}}+HOMgX$$

(2) 醛酮的缩合反应。醛酮的羰基与 α-碳可通过分子间缩合或分子内缩合反应，形成新的碳-碳单键或碳-碳双键，其机理是亲核加成反应。醛酮的缩合反应有羟醛缩合、Perkin 缩合及酚醛缩合等。具有 α-氢的醛在稀碱或稀酸溶液中两分子之间反应生成 β-羟基醛。当分子内含有两个羰基的分子内二元醛(酮或醛酮)发生羟醛缩合生成环状 β-羟基醛酮或环状 α，β 不饱和醛酮，主要以五元环和六元环缩合产物为主。两种醛酮中当其是一无 α-氢提供的羰基，可与另一种含 α-氢的醛酮缩合。另外，α-氢的酸酐与芳香醚有在碱催化下发生 Perkin 缩合反应，脱去一分子羧酸生成 α，β-不饱和芳酸；苯酚与甲醛缩合产生酚醛树脂。

$$RCH_2\overset{\overset{\displaystyle O}{\|}}{C}H+\underset{\underset{\displaystyle R}{|}}{\overset{\overset{\displaystyle H}{|}}{C}}H\overset{\overset{\displaystyle O}{\|}}{C}H \xrightarrow[H_2O]{HO^-} RCH_2\overset{\overset{\displaystyle OH}{|}}{C}H-\underset{\underset{\displaystyle R}{|}}{C}H\overset{\overset{\displaystyle O}{\|}}{C}H$$

$$CH_3COCH_2CH_2CH_2COCH_3 \xrightarrow[\triangle]{H_2SO_4} \text{3-甲基-2-环己烯-1-酮}$$

(3) 醛酮的卤代与卤仿反应。醛酮羰基的活性 α-氢易被卤素($X=Cl_2$，Br_2，I_2)取代，在酸和碱的条件下，取代反应加快。乙醛、甲基酮与卤酸盐(NaOX 或 X 与 NaOH 的混合物)反应生成卤仿(CHX_3)和羧酸盐，此反应称为卤仿反应。

$$\text{环己酮} \xrightarrow[CH_3COOH]{Br_2} \text{2-溴环己酮}+HBr$$

$$PhCOCH_3 \xrightarrow{过量\ I_2,\ OH^-} PhCOOH+CHI_3\downarrow$$

（4）醛酮的氧化还原反应。醛易被氧化生成羧酸。经典的银镜反应就是醛的氧化反应，这是制备银镜的主要方法。银氨络合物溶液 $AgNO_3/H_2O \cdot NH_3$ 或 $Ag^+(NH_3)_2NO_3^-$ 氧化醛成羧酸，本身被还原成单质银，附着在干净的玻璃容器内壁上，形成银镜。

$$CH_3CHO + 2[Ag(NH_3)_2]OH \xrightarrow{\triangle} CH_3COONH_4 + 2Ag\downarrow + 3NH_3 + H_2O$$

醛酮可被金属氢化物（如四氢铝锂 $LiAlH_4$、硼氢化钠 $NaBH_4$ 等）和金属还原，金属氢化物含有氢负离子，可以将羰基还原为羟基。$NaBH_4$ 还原醛酮时，分子中的酯基、羧基、氰基和硝基等基团不受影响，金属氢化物不能将分子中的碳碳双键和三键还原。活泼金属在醇、水、酸中可将醛酮还原为醇，但是收率不高。

醛酮在过渡金属催化剂存在下加氢还原分别生成伯醇和仲醇。常用的催化剂有 Ni、Pt、Rh、Pd 等，分子中的碳碳双键和三键、氰基和硝基等基团都容易被还原。醛酮羰基在盐酸中可被锌汞齐（Zn-Hg/HCl）还原成亚甲基，与无水肼反应生成腙，然后高温分解成亚甲基化的还原产物。

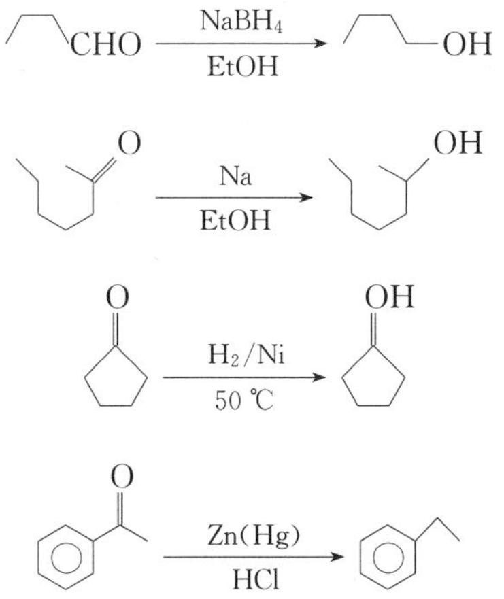

CHO $\xrightarrow[EtOH]{NaBH_4}$ OH

O $\xrightarrow[EtOH]{Na}$ OH

O $\xrightarrow[50\ ℃]{H_2/Ni}$ OH

O $\xrightarrow[HCl]{Zn(Hg)}$

1.3.6　羧酸

1.3.6.1　定义与分类

羧酸是分子中含有羧基（—COOH）的化合物，其通式 RCOOH。羧基中的羰基碳为 sp^2 杂化，形成碳氧双键（C=O）和碳氧单键（C—OH），为平面结构。碳氧双键和羟基氧形成三中心四电子的 p-π 共轭体系，即羟基氧原子上的孤对电子向碳氧双键离域。

根据烃基的结构，可将羧酸分为脂肪酸、芳香酸、饱和酸、不饱和酸等；根据分子中羧基的数目又可将羧酸分为一元酸、多元酸等。

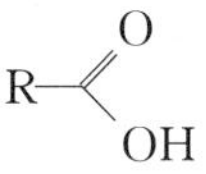

R—C(=O)OH　　Ar—C(=O)OH　　CH_3COOH

脂肪酸 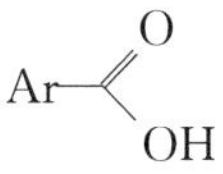　　芳香酸　　乙酸

$CH_3CH{=}CHCOOH$ 1-烯丙酸 环戊烷甲酸 苯甲酸

1.3.6.2 羧酸的化学性质

(1) 羧酸的酸性。羧酸具有显著的酸性，强于醇、酚甚至碳酸。各类化合物的酸性顺序为无机强酸>羧酸>碳酸>酚>水>醇。羧酸可与碱(如 NaOH、Na_2CO_3、$NaHCO_3$)作用生成羧酸盐，再与无机强酸作用，又可游离出羧酸。这一性质可用于分离、回收和提纯羧酸。

$$RCOOH + NaHCO_3 \longrightarrow RCOONa + CO_2 + H_2O$$

(2) 羧酸的酰基化反应。羧酸转化为酰卤、酸酐、酯和酰胺的反应称为酰基化反应。羧酸与无机酰卤(如 $SOCl_2$、PX_3、PX_5)反应生成酰卤。羧酸与有机酸酰卤反应生成酸酐。羧酸与醇在酸催化作用下失去一分子水生成酯，常用的催化剂有盐酸、硫酸、磷酸、苯磺酸等，酯化反应是可逆的。羧酸与氨反应可生成酰胺，由于氨是弱碱，它可将羧基转化为带有负电荷的羧酸负离子，后者不易被亲核试剂进攻，反应先得到铵盐，铵盐受热得到酰胺。

$$CH_3CH_2CH_2COOH + SOCl_2 \xrightarrow{\text{回流}} CH_3CH_2CH_2C(=O){-}Cl + SO_2 + HCl$$

$$RCOOH + R'C(=O){-}Cl \xrightarrow{\triangle} R'{-}C(=O){-}O{-}C(=O){-}R + HCl$$

$$CH_3COOH + CH_3CH_2OH \underset{}{\overset{H_2SO_4}{\rightleftharpoons}} CH_3COOCH_2CH_3 + H_2O$$

$$HO{-}C_6H_4{-}NH_2 + CH_3COOH \xrightarrow{\triangle} HO{-}C_6H_4{-}NHCOCH_3 + H_2O$$

(3) 羧酸的还原反应。羧酸较难被还原。但利用高活性的还原剂(如四氢化铝锂、硼烷)，可将羧酸还原成伯醇。另外，羧酸可与有机锂(烃基锂)、Grignard 试剂等发生反应。羧酸与烃基锂试剂反应生成酮。羧酸与 Grignard 试剂生成镁盐 RCO_2MgX，由于其难溶，不能继续反应。

$$R{-}C(=O)OH \xrightarrow[\text{ii}\ H_2O,\ HCl]{\text{i}\ LiAlH_4,\ Et_2O} R{-}CH_2OH$$

(4) 羧酸的脱羧反应。羧酸或其盐受热可发生脱羧反应，反应的难易取决于羧酸的结构，脱羧产生的负离子越稳定，脱羧反应越容易。羧酸盐如羧酸银在四氯化碳中与溴共热发生脱羧生成溴代烃。

$$R-\overset{\overset{O}{\|}}{C}-O^- Ag^+ + Br_2 \xrightarrow[\triangle]{CCl_4} R-Br + CO_2 + AgBr$$

1.3.7 羧酸衍生物

1.3.7.1 定义与分类

羧酸衍生物是羧酸的官能团即羧基中的羟基被卤素(F、Cl、Br)、酯基(RCOO—)、醚基(R′O—)、氨基(—NH_2)或—NHR′、—NR_2'取代生成的酰卤、酸酐、酯和酰胺一类的化合物,通常写为 RCOY。羧酸衍生物结构中都含有酰基(—COY),酰基碳原子为 sp^2 杂化,约为 120°键角的平面结构,与酰基碳原子直接相连的原子的 p 轨道上都有未共用电子对,与酰基 π 键形成 p-π 共轭体系。

$$R-\overset{\overset{O}{\|}}{C}-X \qquad R-\overset{\overset{O}{\|}}{C}-O-\overset{\overset{O}{\|}}{C}-R' \qquad R-\overset{\overset{O}{\|}}{C}-OR' \qquad R-\overset{\overset{O}{\|}}{C}-NH_2$$

酰卤　　酸酐　　酯　　酰胺

1.3.7.2 羧酸衍生物的化学性质

(1) 羧酸衍生物的水解与醇解反应。羧酸衍生物遇水易水解,反应生成羧酸,但反应活性不同,反应条件各异。酰卤、酸酐和酯在醇的作用下发生水解和酯交换反应。酰卤很容易发生醇解反应,加入碱中和生成的氢卤酸可促进反应的进行。酸酐的醇解一般在酸催化下进行。酰胺不如酯活泼,很难直接与醇反应。

$$CH_3COCl + H_2O \longrightarrow CH_3CO_2H + HCl$$

$$(CH_3CO)_2O + H_2O \longrightarrow 2CH_3CO_2H$$

$$\text{(呋喃环)}-CH_2OH + (CH_3CO)_2O \longrightarrow \text{(呋喃环)}-CH_2O\overset{\overset{O}{\|}}{C}CH_3 + CH_3COOH$$

(2) 羧酸衍生物的氨解反应。酰卤、酸酐和酯都比酰胺活泼,可以与氨(或伯胺、仲胺)反应转化为酰胺,常用于制备酰胺。

$$C_6H_5\overset{\overset{O}{\|}}{C}Cl + HN\text{(哌啶环)} \xrightarrow{NaOH,\ H_2O} C_6H_5\overset{\overset{O}{\|}}{C}-N\text{(哌啶环)} + HCl$$

$$(CH_3-\overset{\overset{O}{\|}}{C})_2-O + H_2N-\text{(苯环)}-CH(CH_3)_2 \longrightarrow CH_3-\overset{\overset{O}{\|}}{C}-HN-\text{(苯环)}-CH(CH_3)_2 + CH_3\overset{\overset{O}{\|}}{C}OH$$

(3) 羧酸衍生物与 RMgX 的反应。羧酸衍生物(酰胺除外)与 Grignard 试剂 RMgX 反应生成醇或酮,通过亲核-消除机理得到酮,酮再与 RMgX 亲核加成生成叔醇。

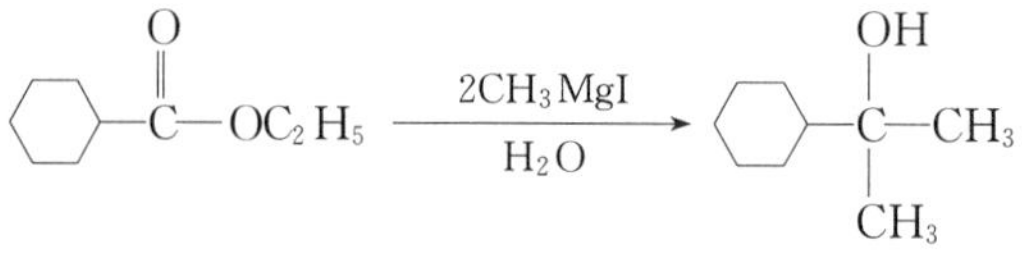

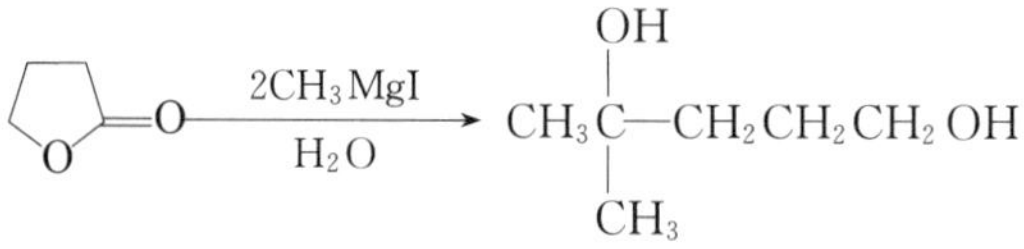

$$\text{C}_6\text{H}_{11}-\overset{\overset{\displaystyle O}{\|}}{C}-OC_2H_5 \xrightarrow[H_2O]{2CH_3MgI} \text{C}_6\text{H}_{11}-\underset{\underset{\displaystyle CH_3}{|}}{\overset{\overset{\displaystyle OH}{|}}{C}}-CH_3$$

$$\text{(γ-丁内酯)}=O \xrightarrow[H_2O]{2CH_3MgI} CH_3\underset{\underset{\displaystyle CH_3}{|}}{\overset{\overset{\displaystyle OH}{|}}{C}}-CH_2CH_2CH_2OH$$

(4) 酰胺的降解反应。在浓碱如浓 NaOH 溶液中，酰胺与卤素(Br_2或Cl_2)作用，生成少一个碳原子的伯胺，此反应称为霍夫曼降解反应。

$$(CH_3)_3CCH_2\overset{\overset{\displaystyle O}{\|}}{C}-NH_2 \xrightarrow{NaOBr} (CH_3)_3CH_2NH_2$$

1.3.8 含氮化合物

1.3.8.1 定义与分类

含氮有机化合物是一类含有氮元素的重要的烃的衍生物，是烃分子中的一个或多个氢原子被硝基等含氮官能团取代后生成的衍生物，主要包括硝基化合物、胺类化合物、重氮或偶氮化合物、生物碱、氨基酸、核苷酸等。生物碱、氨基酸、核苷酸具有重要的生理活性，是维持生命过程的重要化合物。

硝基化合物可看作是烃分子中的一个或多个氢原子被硝基($—NO_2$)取代后生成的衍生物，根据氢被取代的数目分为伯、仲、叔硝基化合物，根据烃基种类不同，可以分为脂肪硝基化合物($R—NO_2$)和芳香硝基化合物($Ar—NO_2$)两种。结构通式为$R—NO_2$。

胺类化合物是指氨分子中的一个或多个氢原子被烃基取代后的产物，同样根据氨分子中氮上氢被取代的数目，分为伯、仲、叔胺和季铵盐；同样可分为脂肪胺和芳香胺。胺的命名可将胺基作为母体官能团，把它所含烃基的名称和数目写在前面，按从简单到复杂的先后列出，后面加上胺字；或者选含氮的最长的碳链为母体，称某胺，氮原子上其他烃基为取代基，并从氮原子定其位次。

纺织领域经常用到重氮和偶氮化合物，它们与胺具有截然不同的结构，这两种化合物分子中含有$—N_2$基团。$—N_2$基团的一端与烃基相连的化合物称为重氮化合物，$—N_2$基团的两端都联结烃基的化合物称为偶氮化合物。重氮化合物有脂肪族重氮化合物和芳香族重氮化合物之分，最简单也最重要的脂肪族重氮化合物是重氮甲烷。在偶氮化合物中，氮原子通过双键相连，因此具有顺、反异构体。

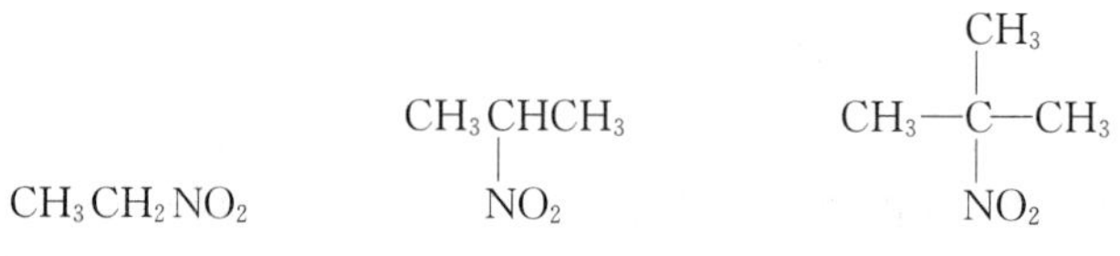

$$CH_3CH_2NO_2 \qquad \underset{\underset{\displaystyle NO_2}{|}}{CH_3CHCH_3} \qquad CH_3-\underset{\underset{\displaystyle NO_2}{|}}{\overset{\overset{\displaystyle CH_3}{|}}{C}}-CH_3$$

硝基乙烷　　2-硝基丙烷　　2-甲基-2-硝基丙烷

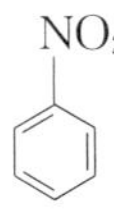

硝基苯 $C_6H_5NO_2$　　CH_3NH_2 甲胺　　$(CH_3)_2NH$ 二甲胺　　$(CH_3)_3N$ 三甲胺　　苯胺

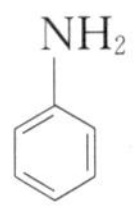

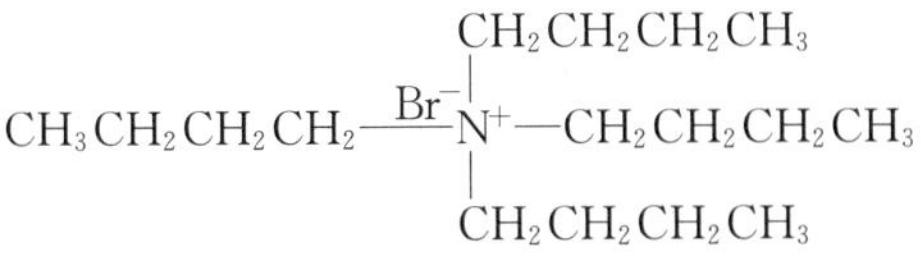

$$CH_3CH_2CH_2CH_2-\overset{CH_2CH_2CH_2CH_3}{\underset{CH_2CH_2CH_2CH_3}{N^+}}-CH_2CH_2CH_2CH_3 \ Br^-$$

溴化四丁胺

$$H_2\ddot{C}^{-}-N\equiv N:$$

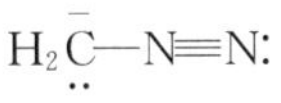

重氮甲烷

$$H_2C-N=N-CH_3$$

偶氮甲烷

1.3.8.2　**化学性质**

（1）硝基化合物。脂肪族硝基化合物的硝基具有 α-H，硝基是强吸电子基，使 α-H 具有一定的酸性，与氢氧化钠作用生成盐；具有 α-H 的伯、仲硝基化合物在碱催化下能与某些羰基化合物发生缩合反应；硝基化合物可以发生还原反应，生成亚硝基化合物、羟胺或胺，如伯、仲硝基化合物与亚硝酸反应分别生成蓝色和无色的亚硝基化合物，叔硝基化合物不与亚硝酸反应，利用此反应可以区别三种硝基化合物。

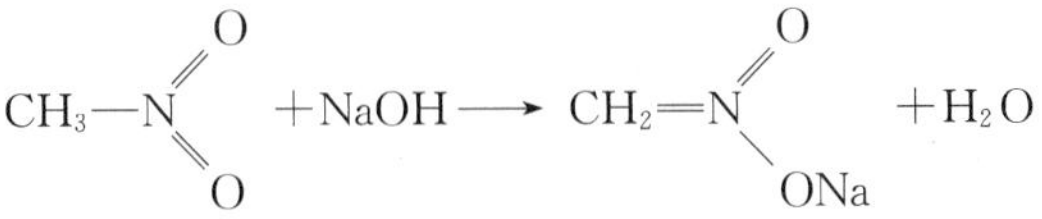

$$CH_3-NO_2 + NaOH \longrightarrow CH_2=N(=O)ONa + H_2O$$

$$CH_3(CH_2)_5CHO + CH_3NO_2 \xrightarrow[CH_3CH_2OH,\ H_2O]{NaOH} CH_3(CH_2)_5\underset{}{\overset{OH}{CH}}CH_2NO_2$$

$$CH_3CH_2NO_2 + HONO \longrightarrow CH_3-C(=NOH)NO_2 + H_2O$$

$$CH_3\overset{NO_2}{CH}CH_3 + HONO \longrightarrow CH_3-\overset{NO_2}{\underset{NO}{C}}-CH_3 + H_2O$$

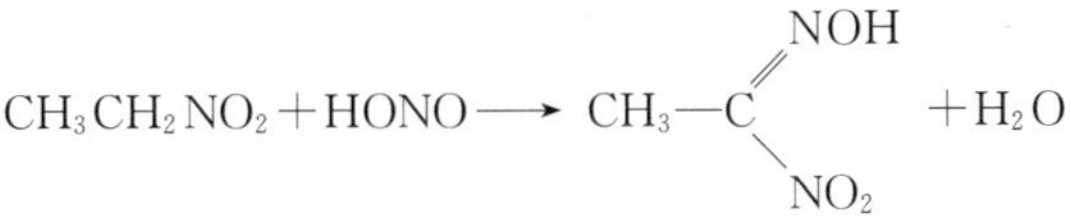

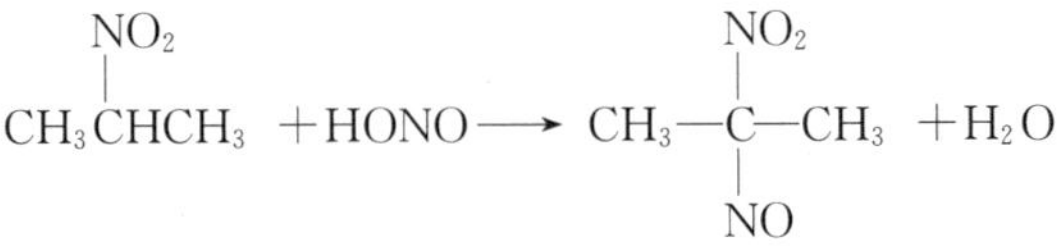

芳香族硝基化合物与脂肪族硝基化合物不同，没有 α-H，其性质与脂肪族硝基化合物有许多不同。芳香族硝基化合物最重要的性质是还原反应，还有苯环上的取代反应。当芳环上的氢被硝基取代后，由于硝基是强吸电子基，使苯环上的电子云密度降低，对苯环上的其他取代基（卤代物）产生极大的影响，邻位或对位的基团易发生亲核取代反应。

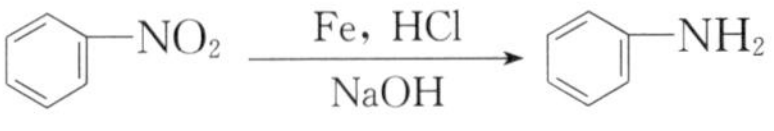

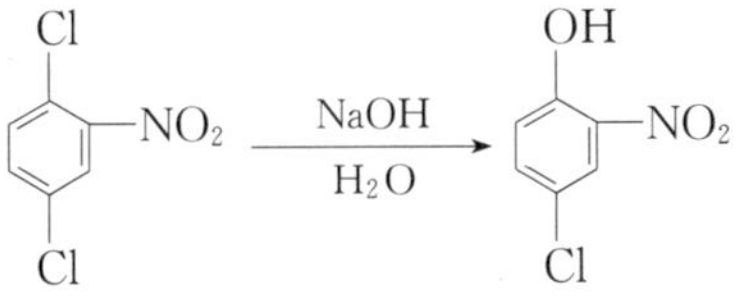

$$C_6H_5-NO_2 \xrightarrow[NaOH]{Fe,\ HCl} C_6H_5-NH_2$$

$$\text{2,5-二氯硝基苯}\ \xrightarrow[H_2O]{NaOH}\ \text{4-氯-2-硝基苯酚 (OH, NO}_2\text{, Cl)}$$

(2) 胺类化合物。

① 胺类化合物的碱性。胺分子中的氮原子具有强的结合质子的能力，使胺具有碱性，脂肪胺的碱性大于芳香胺。胺的碱性取决于氮上孤对电子的给出能力，一般来说，无机碱(有氢氧根)＞叔胺＞仲胺＞伯胺＞芳香碱＞酰胺(接近中性)＞亚酰胺(弱酸性)。

$$C_6H_5-NH_2 + HCl \longrightarrow C_6H_5-NH_3Cl$$

② 胺类化合物的取代反应。胺类化合物的氨基上的氢原子能与烷基化试剂和酰基化试剂发生亲核取代反应，烷基化试剂有卤代烃和醇等，酰基化试剂有乙酸、乙酸酐、乙酰氯、乙酸酯和乙烯酮等。伯和仲胺可发生酰基化反应。

$$C_6H_{11}-CH_2NH_2 + 3CH_3I \longrightarrow C_6H_{11}-CH_2\overset{+}{N}(CH_3)_3I^-$$

$$HO-C_6H_4-NH_2 + CH_3CO_2H \longrightarrow HO-C_6H_4-NH-CO-CH_3$$

对于芳香胺，其氨基的邻对位上氢比较活泼，易发生亲电取代反应，包括卤代、硝化、磺化及 Friedel-Crafts 反应。如苯胺与溴水反应生成 2，4，6-三溴苯酚，产物可看到白色沉淀；芳胺易氧化，不能直接硝化，必须先将氨基乙酰化或成盐保护后再进行硝化反应，如用硝酸在乙酸中进行主要得到对位产物，而在乙酸酐中反应则主要给出邻位产物。

$$C_6H_5-NH_2 + 3Br_2 \longrightarrow 2,4,6-Br_3C_6H_2-NH_2 + 3HBr$$

$$C_6H_5-NH_2 \xrightarrow[\triangle]{CH_3COOH} C_6H_5-NH-\overset{O}{\overset{\|}{C}}-CH_3 \xrightarrow[CH_3COOH]{HNO_3} p\text{-}O_2N-C_6H_4-NH-\overset{O}{\overset{\|}{C}}-CH_3$$

③ 胺类化合物的硝化反应。脂肪胺与芳香胺均与亚硝酸反应，伯胺和芳香伯胺与亚硝酸反应生成重氮盐，仲胺和芳香仲胺与亚硝酸反应生成亚硝基胺。脂肪叔胺与亚硝酸反应生成亚硝酸盐，芳香叔胺亚硝化生成苯环亚硝化的产物。

$$CH_3NH_2 + NaNO_2 + HCl \longrightarrow CH_3-N\equiv N^+ Cl^- + H_2O$$

$$C_6H_5-NHCH_3 \xrightarrow[H^+]{HNO_2} C_6H_5-N(NO)CH_3$$

④ 胺类化合物的氧化反应。芳香胺易氧化，首先生成醌，再缩合、聚合等，反应产物复

杂，颜色较深。叔胺氧化生成N-氧化物即氧化叔胺。含β-氢的氧化叔胺受热分解产生烯烃和羟胺，也称为消去反应，常用于分子除氮、生成烯键等。

$$C_6H_5NH_2 \xrightarrow{Na_2Cr_2O_7 + H_2SO_4} O{=}C_6H_4{=}O$$

（3）重氮化合物和偶氮化合物。脂肪族重氮化合物为数不多，也不及芳香族重氮盐重要，其通式为 RN_2。其中最简单的化合物是重氮甲烷（CH_2N_2），它是一个线型分子。重氮甲烷是有毒气体，具有爆炸性，其醚溶液较为稳定，制备后可保存在醚溶液中以便使用。重氮甲烷很活泼，能够发生多种化学反应。芳香族重氮化合物主要是芳伯胺与亚硝酸反应生成的芳香族重氮盐，重氮化反应一般在强酸性、低温度（0～5 ℃）下进行。芳香族重氮盐的重氮基可以被许多基团如羟基、卤素、氰基、硝基及氢取代，通过此反应可实现芳环上的官能团转化。芳香族重氮盐还可被亚硫酸盐、氯化亚锡、金属锌等还原剂还原成肼，是制备肼的重要方法。

偶氮化合物是偶氮基—N═N—与两个烃基相联结的化合物，芳香族偶氮化合物因较大的共轭体系具有较高的化学稳定性和热稳定性。芳香族重氮盐在碱性或中性溶液中与芳烃发生偶联反应，生成联苯的衍生物。

第二章　高分子概述

高分子(Macromolecular),又称聚合物分子或大分子,具有高的相对分子质量。高分子的制品一般具有较小的密度、较大的机械强度、耐磨性、耐腐蚀性、耐水性、耐寒性及较高的介电性等特点,广泛应用在工业、国防及日常生活方面。人们穿的衣服、吃的食物都是高分子化合物,甚至人体本身也是由许多高分子化合物组成的。人们熟知的橡胶、塑料和纤维是高分子化合物的三大形态。纺织工业使用的基本原料纤维就是高分子化合物,因此必须对高分子化合物的基本知识有所了解。

2.1　高分子化合物的基本概念

高分子化合物简称高分子或高聚物。与低分子化合物相比,高分子化合物在性质上存在明显的差异,如高分子化合物一般为固体,具有高强度、高弹性、力学状态的多重性等特点。

2.1.1　巨大的相对分子质量

低分子化合物的分子中只有几个到几十个原子,相对分子质量一般从几十到几百,比较复杂的有机化合物分子也只含有 200～300 个原子,如三硬脂酸甘油酯($C_{57}H_{110}O_6$)的相对分子质量在 1000 以下。

高分子化合物的相对分子质量可以达到几万至几十万,甚至几百万,见表 2-1。所以,"高分子"就是指高相对分子质量,这是高分子化合物与低分子化合物的主要区别。

表 2-1　常见化合物的相对分子质量

化合物	相对分子质量	化合物	相对分子质量
水	18	聚丙烯	6000～200 000
葡萄糖	198	聚异丁烯	10 000～100 000
对苯二甲酸乙二醇酯	211	聚丙烯腈	60 000～500 000
三硬脂酸甘油酯	891	涤纶	12 000～20 000
聚苯乙烯	10 000～30 000	锦纶	15 000～23 000
聚氯乙烯	20 000～160 000	淀粉	10 000～80 000
聚甲基丙烯酸甲酯	50 000～140 000	天然纤维素	约 2 000 000

由于相对分子质量特别大，所以高分子化合物的分子在结构上比低分子化合物复杂得多，性质上也有所差异。

2.1.2　高分子化合物的链结构

高分子化合物是由千百个原子彼此以共价键联结而成的大分子化合物。现以常见的聚氯乙烯为例：

$$\cdots-CH_2-\underset{\underset{Cl}{|}}{CH}-CH_2-\underset{\underset{Cl}{|}}{CH}-\cdots-CH_2-\underset{\underset{Cl}{|}}{CH}-\cdots$$

简写为

$$\left[CH_2-\underset{\underset{Cl}{|}}{CH}\right]_n \quad n=10\sim3\,000$$

从聚氯乙烯的分子可看出，高分子化合物的分子是由特定结构的基本单位多次重复组成，其中特定结构的基本单位称为“链节”，链节重复次数称为聚合度。如聚氯乙烯分子中的链节为 $\left[CH_2-\overset{\overset{Cl}{|}}{CH}\right]_n$，聚合度为 n。因此，高分子化合物又称高聚物。同一高分子化合物通常是由许多链节相同、聚合度不同的同系物大分子组成。这些同系物之间的链节数相差为整数，即 n 的数值不同。表 2-2 列出了常见纤维的链节结构。

表 2-2　常见纤维的链节结构

纤维	链节结构	单体
棉、麻、黏胶纤维、铜氨纤维	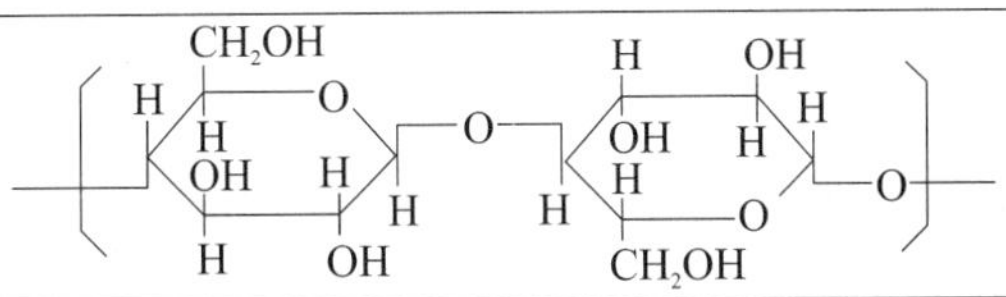 （纤维素葡萄糖单元环状结构：CH_2OH、H、O、H、OH、H、H、OH —O— H、OH、OH、H、H、H、O、CH_2OH —O—）	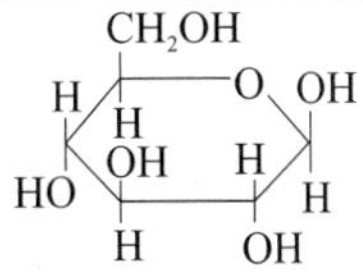 （葡萄糖环状结构：CH_2OH、O、OH、H、H、OH、H、HO、H、H、OH）
羊毛、蚕丝	$\left[\underset{\overset{|}{H}}{N}-\underset{\overset{|}{R}}{CH}-\underset{\overset{\|}{O}}{C}\right]$	$H_2N-\overset{\overset{R}{|}}{CH}-COOH$
聚酯纤维	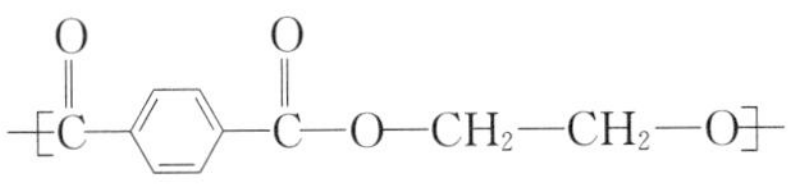 $\left[\overset{\overset{O}{\|}}{C}-C_6H_4-\overset{\overset{O}{\|}}{C}-O-CH_2-CH_2-O\right]$	 $HOOC-C_6H_4-COOH$ $HO-CH_2-CH_2-OH$
聚己内酰胺纤维	$\left[\overset{\overset{H}{|}}{N}-(CH_2)_5-\overset{\overset{O}{\|}}{C}\right]$	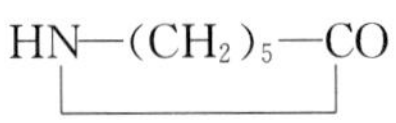 $HN-(CH_2)_5-CO$（环状）
聚己二酰己二胺纤维	$\left[\overset{\overset{H}{|}}{N}-(CH_2)_6-\overset{\overset{H}{|}}{N}-\overset{\overset{O}{\|}}{C}-(CH_2)_4-\overset{\overset{O}{\|}}{C}\right]$	$H_2N-(CH_2)_6-NH_2$ $HOOC-(CH_2)_4-COOH$

（续表）

纤维	链节结构	单体
聚丙烯腈纤维	$-[CH_2-\overset{CN}{\overset{\vert}{C}H}]-$	$CH_2=\overset{CN}{\overset{\vert}{C}H}$
聚氯乙烯纤维	$-[CH_2-\overset{Cl}{\overset{\vert}{C}H}]-$	$CH_2=\overset{Cl}{\overset{\vert}{C}H}$
聚丙烯纤维	$-[CH_2-\overset{CH_3}{\overset{\vert}{C}H}]-$	$CH_2=\overset{CH_3}{\overset{\vert}{C}H}$

若高分子化合物的相对分子质量为 M，而高分子中链节的式量为 m，链节的数目为 n，则有下面的关系：

$$n=\frac{M}{m}$$

高分子链的末端结构单元称为末端基团。如涤纶的分子结构为

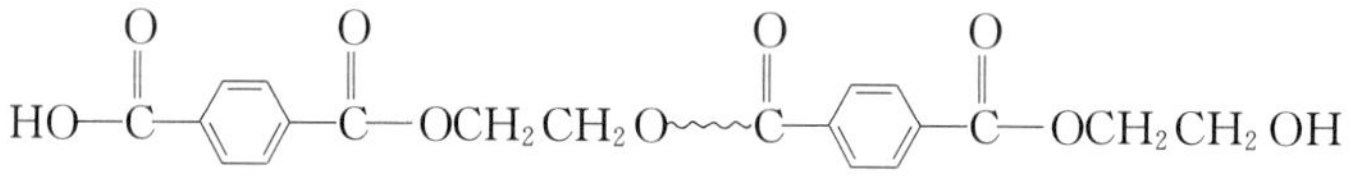

$$HO-\overset{O}{\overset{\|}{C}}-C_6H_4-\overset{O}{\overset{\|}{C}}-OCH_2CH_2O\sim\sim\overset{O}{\overset{\|}{C}}-C_6H_4-\overset{O}{\overset{\|}{C}}-OCH_2CH_2OH$$

其末端基团是 COOH 和 CH_2OH。

由一种单体（真实的、隐含的或假设的）聚合而成的聚合物称为均聚物。聚丙烯腈是一种均聚物，由丙烯腈（$CH_2=CHCN$）聚合而成。生成均聚物的聚合反应称均聚反应。由两种或两种以上单体聚合而成的聚合物称为共聚物。生成共聚物的聚合反应称为共聚反应。例如聚丙烯腈-丁二烯-苯乙烯共聚物就是常用的 ABS 塑料。

2.1.3 高分子化合物的异构体

2.1.3.1 化学异构体

如单体 $CH_2=CHX$ 聚合时，单体单元联结方式可有如下三种：

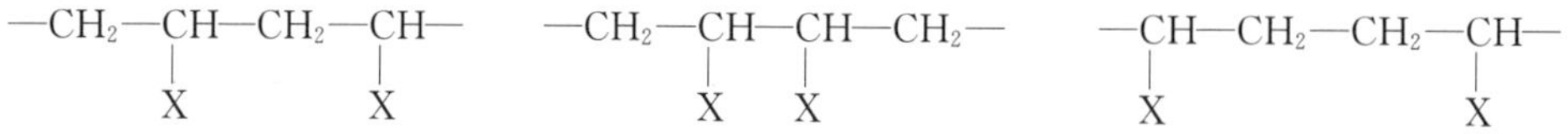

$$-CH_2-\underset{X}{\underset{\vert}{C}H}-CH_2-\underset{X}{\underset{\vert}{C}H}- \qquad -CH_2-\underset{X}{\underset{\vert}{C}H}-\underset{X}{\underset{\vert}{C}H}-CH_2- \qquad -\underset{X}{\underset{\vert}{C}H}-CH_2-CH_2-\underset{X}{\underset{\vert}{C}H}-$$

首-尾联结　　　　首-首联结　　　　尾-尾联结

通常以首-尾联结为主，但是也含有少量的首-首联结和尾-尾联结，另外也会出现一些支链型的异构体。

2.1.3.2　**高分子的立体异构**

若高分子中含有手性 C* 原子，则其立体构型有 D 型和 L 型，据其联结方式可分为如下三种(以聚丙烯为例)：

(1) 全同立构高分子：主链上的 C* 的立体构型全部为 D 型或 L 型，即 DDDDDDDDDD 或 LLLLLLLLLLL。

(2) 间同立构高分子：主链上的 C* 的立体构型各不相同，即 D 型与 L 型相间联结，LDLDLDLDLDLDLD。

(3) 无规立构高分子：主链上的 C* 的立体构型紊乱无规则联结。

如图 2-1 所示，在(a)式中，所有甲基都有规则地排在同一边，称为全同构型；在(b)式中，甲基和同碳上的氢原子交替地排列在上下两侧，称为间同构型(或交替构型)；在(c)式中，甲基和氢原子的排列不规则，称为无规构型。全同立构和间同立构的高分子化合物称为有规高聚物；无规立构的高分子化合物称为无规高聚物。一般情况下，高分子化合物中有规高聚物和无规高聚物同时存在，只是所占比例不同。通常将高分子化合物中有规高聚物所占的比例称为等规度。高分子化合物的构型对其性能有明显的影响。等规度高的高分子化合物，由于分子排列规整，其结构就比较紧密，容易形成结晶，高分子化合物密度大，熔点高，不易溶解。例如，有规聚丙烯的熔点为 165 ℃，经纺丝可制成丙纶，而无规聚丙烯的熔点为 75 ℃，不能纺丝。

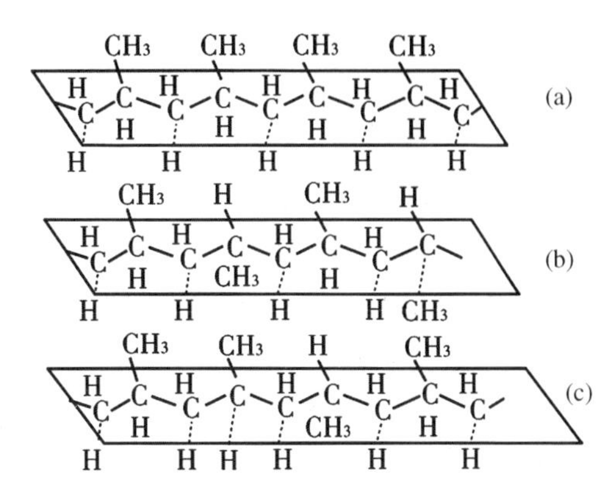

图 2-1　聚丙烯主链上碳原子的三种排列方式

2.1.4　高分子化合物的分类和命名

国际纯化学与应用化学联盟(IUPAC)对高分子化合物的命名有一个系统命名法，但是非常繁琐。目前应用更多的是习惯命名法。对于天然高分子化合物，一般有与其来源、化学性能与作用、主要用途相关的专用名称。如纤维素(来源)、核酸(来源与化学性能)、酶(化学作用)等。对于合成高分子化合物，若结构明确，一般在其重复结构单元名称前加“聚”字。如由乙烯为原料制成的高分子化合物称为聚乙烯，由丙烯为原料制成的高分子化合物称为聚丙烯，由对苯二甲酸乙二醇酯为原料制成的高分子化合物称为聚对苯二甲酸乙二醇酯等。对结构尚不明确的合成高分子化合物，一般在原料名称后加“树脂”一词，如酚醛树脂、脲醛树脂、氰醛树脂等。另外，习惯上也有采用商品名命名高分子化合物的，例如涤纶、锦纶、氨纶等。俗称和商品名一般不能反映该高分子化合物的化学结构，但由于名称简单易记，在实际生活和生产中也得到广泛应用。

高分子化合物的分类目前有多种方法，下面介绍的是比较常见的几种分类方法。

2.1.4.1　**按来源分类**

(1) 天然高分子：自然界天然存在的高分子，如棉、麻、毛、丝、淀粉等。

(2) 半天然高分子:经化学改性后的天然高分子,如硝酸纤维素、醚化淀粉等。

(3) 合成高分子:由单体聚合人工合成的高分子,如涤纶、腈纶、聚乙烯等。

2.1.4.2 **按用途分类**

(1) 塑料:以聚合物为基础,加入(或不加)各种助剂和填料,经加工形成的塑性材料或刚性材料。

(2) 纤维:纤细而柔软的丝状物,长度至少为直径的 100 倍。

(3) 橡胶:具有可逆形变的高弹性材料。

(4) 涂料:涂布于物体表面能成坚韧的薄膜、起装饰和保护作用的聚合物材料。

(5) 胶黏剂:能通过黏合的方法将两种以上的物体联结在一起的聚合物材料。

(6) 功能高分子:具有特殊功能与用途,但用量不大的精细高分子材料。

2.1.4.3 **按大分子主链结构分类**

(1) 碳链高分子化合物:高分子化合物的主链全由碳原子构成,如聚氯乙烯、聚丙烯等。

(2) 杂链高分子化合物:主链中除碳原子外,还夹杂有氧、硫、氮等原子,如聚己内酰胺、纤维素、蛋白质等。

(3) 元素高分子化合物:主链不一定是碳原子,而是由硅、硼、磷、钛等原子组成,如聚二甲基硅氧烷(甲基硅油)、聚磷腈、聚钛氧烷等。

2.1.4.4 **按分子的形状分类**

线型高分子;支链型高分子;网状体型高分子。

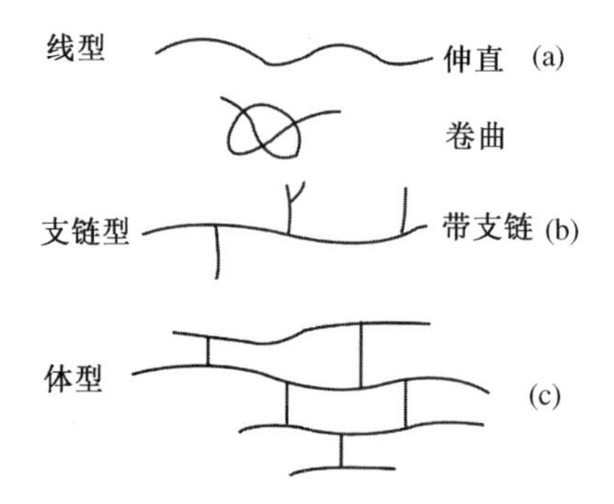

2.1.4.5 **按受热或药剂作用下的性能分类**

(1) 热塑性高分子化合物:受热(低于分解温度)可以软化或变形,能受多次反复加热模压的高分子化合物,如聚酯、聚酰胺、聚苯乙烯等。热塑性高分子化合物一般都是线型结构。

(2) 热固性高分子化合物:受热后转变为不熔状态的高分子化合物,如氰醛树脂、酚醛树脂等。热固性高分子化合物一般都是体型结构。

(3) 元素固化性高分子化合物:在一定元素(如 S 和 O)作用下能转变为不熔状态的高分子化合物,如橡胶。

2.1.5　高分子的平均相对分子质量及其多分散性

高分子化合物都是由许多大分子组成的，在同一种高分子化合物中，大分子的化学组成基本相同，但相对分子质量会在一定范围内变化。低分子化合物有严格的相对分子质量，如果相对分子质量发生变化，即便是微小的变化，也会对物质性质产生影响。高分子化合物的相对分子质量很高，所以相对分子质量在一定范围内的变化并不影响它的基本特性。高分子化合物的相对分子质量是指平均相对分子质量。例如，平均相对分子质量为 80 000 的聚苯乙烯（$n=800$），其相对分子质量在几百（$n<10\sim26$）到几万（$n>2600$）。高分子化合物在实质上是由许多链节相同而聚合度不同的化合物所组成的混合物。这种特性叫相对分子质量的多分散性，一般用相对分子质量分布曲线来表示，如图 2-2 所示。

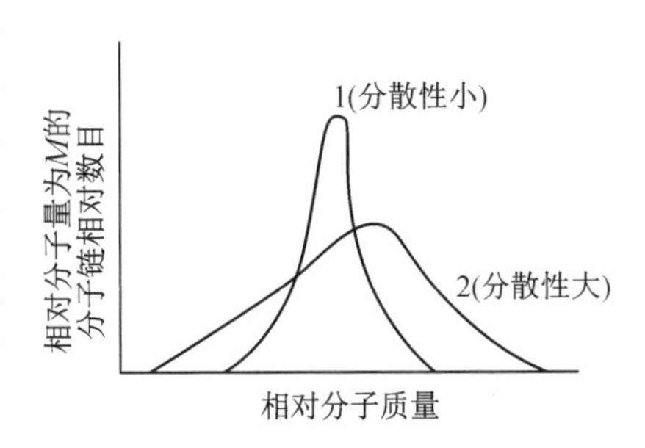

图 2-2　高分子化合物的相对分子质量分布曲线

在图 2-2 中，曲线 1 表示高分子化合物的相对分子质量主要集中分布在某一狭窄的范围内，其相对分子质量多分散性小，而曲线 2 则相反，相对分子质量分布范围较宽，表示其相对分子质量多分散性大。相对分子质量的多分散性对高分子化合物的性质影响很大。高分子化合物相对分子质量的多分散性越大（相对分子质量的分布越宽），低分子组分越多，其力学性能越差（纤维的强力差）。反之，力学性能就越好。一般用于制造纤维的高分子化合物，其相对分子质量的多分散性要小一些；而用于制造塑料的高分子化合物，其相对分子质量的分散性可以大些。

上述高分子化合物的平均相对分子质量是根据测定方法及统计方法的不同，得出各种不同意义的统计的平均相对分子质量，主要有数均相对分子质量 $\bar{M}_n$、质均相对分子质量 $\bar{M}_w$、黏均相对分子质量 $\bar{M}_\eta$ 等。

假设某聚合物样品所含聚合物分子总数为 n，总质量为 w，其中，相对分子质量为 M_i 的分子有 n_i 摩尔，所占分子总数的数量分数为 N_i，则 $N_i=n_i/n$，其质量为 $w_i=n_iM_i$，其质量分数为 $W_i=w_i/w$，$\sum n_i=n$，$\sum w_i=w$，$\sum N_i=1$，$\sum W_i=1$。

数均相对分子质量：按分子数统计平均，定义为聚合物中相对分子质量为 M_i 的分子的数量分数 N_i 与其相对分子质量 M_i 乘积的总和，以 M_n 表示。

$$\bar{M}_n=\sum N_iM_i=\frac{\sum n_iM_i}{\sum n_i}=w/n$$

质均相对分子质量：按质量统计平均，定义为聚合物中相对分子质量为 M_i 的分子所占的重量分数 W_i 与其相对分子质量 M_i 的乘积的总和，以 M_w 表示。

$$\bar{M}_w=\sum W_iM_i=\frac{\sum w_iM_i}{w_i}=\frac{\sum n_iM_i^2}{\sum n_iM_i}$$

黏均相对分子质量：由黏度法测得的高分子化合物的相对分子质量。

$$\bar{M}_\eta = \left(\frac{\sum n_i \cdot M_i^{(\alpha+1)}}{\sum n_i \cdot M_i} \right)^{\frac{1}{\alpha}} = \left(\sum N_i \cdot M_i^\alpha \right)^{\frac{1}{\alpha}}$$

（α 一般在 0.5 ～ 1）

多分散系数(d)：表征聚合物相对分子质量的多分散程度，也叫相对分子质量分布。

$$d = \bar{M}_w / \bar{M}_n$$

若 $d=1$，即聚合物中各个分子的相对分子质量相同，如果其结构也相同，这样的聚合物叫单分散性聚合物。一般情况下，$d>1$，$\bar{M}_w > \bar{M}_\eta > \bar{M}_n$。高分子化合物相对分子质量的多分散性越大，$d$ 值越大。

2.1.6 高分子化合物相对分子质量的测定方法

2.1.6.1 端基分析法

如果高分子化合物的化学结构比较明确，且高分子化合物分子链的末端有可以用化学方法做定量分析的基团，如 NH_2、COOH、CHO 等，可以采用端基分析法测定数均相对分子质量。

$$\bar{M}_n = \frac{\text{试样质量}}{\text{大分子摩尔数}}$$

相对分子质量的端基分析法是一种比较简便的方法，但相对分子质量太大的试样，端基相对变少，测定误差大，因此一般常用于相对分子质量在 3×10^4 以下的线型缩聚物，如聚酰胺、聚酯等。

2.1.6.2 沸点升高、冰点降低、蒸气压下降法

利用非挥发性溶质引起溶液沸点升高、冰点降低、蒸气压下降的性质，测定溶液的沸点、冰点或者蒸气压，推算得到溶液的摩尔浓度，可以确定高分子的数均相对分子质量。

2.1.6.3 渗透压法

当溶剂池和溶液池被一层只允许溶剂分子透过而不允许溶质分子透过的半透膜隔开时，纯溶剂就透过半透膜渗入溶剂池中，致使溶液池的液面升高，产生液柱高差。当达到渗透平衡时，溶液、溶剂池的液柱高差所产生的压力即渗透压。此渗透压与高分子溶液的摩尔浓度相关，故由该法可以测定高分子的相对分子质量。常用的半透膜材料有火棉胶膜（硝化纤维素）、玻璃纸膜（再生纤维素）等。

2.1.6.4 光散射法

当一个光束通过介质时，在入射光方向以外的各个方向都能观察到光强的现象，称为散射。通常高分子溶液的散射光的光强远远大于纯溶剂的散射光强，而且散射光强还随着高分子的相对分子质量和溶液浓度的增大而增加，并与溶质的粒子大小和形状有关。由

Debye 关系式可以推导得到质均相对分子质量。

2.1.6.5 超速离心法

悬浊液中的分子在重力场作用下会逐渐沉降，从沉降速度可以计算悬浮粒的质量。高分子溶液必须在很大的力场下才能沉降，所以要使用超速离心机产生很大的离心力，使高分子沉降。超速离心法所需设备较复杂且昂贵。

2.1.6.6 黏度法

黏度是指液体流动时的内摩擦力。液体内摩擦力较大时，流动时显示出较大的黏度，流动较慢，反之，黏度较小，流动较快。高分子化合物溶于某纯溶剂后，溶液的黏度比纯溶剂的黏度大大增加，并且随着浓度的增加而增加。当高分子溶液浓度趋于零时的比浓黏度称为特性黏度（$[\eta]$），它代表单个高分子对溶液黏度的贡献。高分子溶液的特性黏度与其相对分子质量存在经验关系式：$[\eta]=K\cdot M^{\alpha}$，式中 K、α 为常数。

用黏度法测高分子化合物的相对分子质量，设备简单，操作方便，精确度较高，是目前广泛应用的一种方法。在一些文献中列出了很多种高分子化合物的 K、α 值，可供我们对相同材料的未知相对分子质量进行简便计算，现将部分高分子化合物的 K、α 值列于表 2-3 中。

表 2-3 部分高分子化合物的 K、α 值

高分子化合物	溶剂	温度(℃)	$M_\eta\times10^{-3}$	$K\times10^4$	α
聚丙烯	十氢萘	135	100～1 100	1.00	0.80
	四氢萘	135	40～650	0.80	0.80
聚乙烯醇	水	30	30～120	6.62	0.64
涤纶	酚：四氯乙烷(1：1)	20	3～30	7.55	0.685
锦纶 6	甲酸(85%)	20	4.5～16	7.5	0.70
锦纶 66	甲酸(90%)	20	6.5～26	11	0.72
聚丙烯腈	二甲基甲酰胺	25	28～1 000	3.92	0.75

2.2 高分子化合物的合成反应

很多高分子化合物是由简单的低分子化合物通过化学方法合成的，这些简单的低分子化合物称为单体。把单体结合起来形成高分子化合物的过程称为聚合反应。根据单体与其生成的聚合物之间在分子组成与结构上的变化把聚合反应分为加成聚合（加聚）反应和缩合聚合（缩聚）反应。

2.2.1 加聚反应

由一种或几种单体通过加成反应相互结合成为高分子化合物的反应，称为加聚反应。

在此反应过程中，没有其他副产物产生。因此生成的高分子化合物具有与单体相同的链节。加聚反应中，一种单体进行的聚合反应称为均聚合反应；两种或两种以上的单体进行的聚合反应称共聚合反应。

加聚反应的单体必须具有不饱和键或环状结构。例如，乙烯类单体，(x 代表取代基)受到加热和光的照射时，双键中的 π 键就会被打开，发生加聚反应：

$$nCH_2{=}\underset{\displaystyle X}{\underset{|}{CH}} \longrightarrow \lbrack CH_2-\underset{\displaystyle X}{\underset{|}{CH}}\rbrack_n$$

置换上式中 X，就可以得到各种不同的乙烯类高分子化合物。

又如由环醚得到聚醚的开环聚合反应：

$$n\ \boxed{\begin{matrix}(CH_2)X \\ O\end{matrix}} \longrightarrow \lbrack O-CH_2)X\rbrack_n$$

上述高分子化合物都是由一种单体聚合而成的，分子链中的链节结构都是相同的，称为均聚物。由两种不同的单体(以 A、B 表示)聚合而成的高分子化合物，称为共聚物，例如：

$$mA+nB\rightarrow\cdots-A-B-A-B-\cdots-A-B-A-B-A-\cdots$$

有时 A 和 B 采取其他的排列形式，如主链是 A 组成，支链是 B 组成，这种加聚的方式称为接枝共聚。

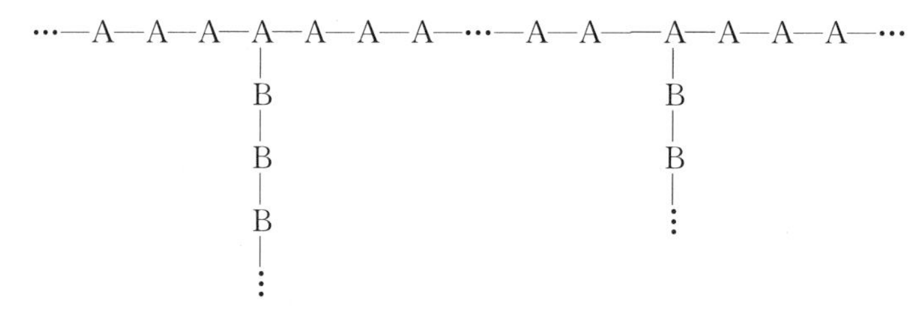

如果主链是一长段 A 的高分子化合物，再接上一长段 B 的高分子化合物，这种加聚的方式称为嵌段共聚合。

$$\cdots-A-A-A-\cdots-B-B-B-B-\cdots-A-A-A-\cdots$$

利用这些合成方法可以制备具有多种性能的产品。例如聚丁二烯橡胶，它的耐油性差，而由 1，3-丁二烯与丙烯腈共聚，可以制得耐油的丁腈橡胶；又如单独用偏二氯乙烯制得的聚偏二氯乙烯树脂，热稳定性和溶解性均差，然而如果将偏二氯乙烯与氯乙烯的共聚物用来制纤维，这种纤维耐酸碱，不易燃烧，吸水性小，耐气候性良好。

加聚反应的历程有游离基加聚反应、离子型加聚和定向聚合反应。他们都有链的引发、链的增长和链的终止三个阶段。

2.2.1.1 游离基加聚反应

首先，单体在外界因素(引发剂或光、热等)的作用下形成单体游离基而使链引发，然后，单体游离基继续与单体反复作用而使链增长，每个增长中的分子链都是游离基(链端都带有未成对电子)，当链增长到一定程度时，就丧失活性而使链终止。现以 R · 表示引发剂产生的游离基，写出氯乙烯聚合的三个阶段的反应式：

链引发：

$$R—R \rightarrow R$$

链增长：

$$\dot{R} + CH_2═CHCl \longrightarrow R—CH_2—C$$

$$R—CH_2—\dot{C}HCl + CH_2═CHCl \longrightarrow R—CH_2—CHCl—CH_2—\dot{C}HCl$$

链终止：

$$R—(CH_2—CHCl)_m—CH_2—\dot{C}HCl + R—(CH_2—CHCl)_n—CH_2—\dot{C}HCl$$

$$\longrightarrow R—(CH_2—CHCl)_m—CH_2—\underset{Cl}{\underset{|}{CH}}—\underset{Cl}{\underset{|}{CH}}—CH_2—(CHCl—CH_2)_n—R$$

$$R—(CH_2—CHCl)_m—CH_2—\dot{C}HCl + R—(CH_2—CHCl)_n—CH_2—\dot{C}HCl$$

$$\longrightarrow R—(CH_2—CHCl)_m—CH═CHCl + R—(CH_2—CHCl)_n—CH_2—CH_2Cl$$

由上式可见，链的终止可能有两个自由基结合，叫作双基结合终止，也可能是两个链间产生一个氢原子的转移，叫作双基歧化终止。前者所得的分子链较长，每个分子两端都连有引发剂的片断；后者所得的加聚物平均相对分子质量较小，每个分子只有一端连有引发剂组分的片段，同时产物之一含有双键。小心地控制聚合的条件，可以调节产物的平均相对分子质量。

2.2.1.2　离子型加聚反应

离子型加聚也称催化加聚，是由催化剂所产生的正离子或负离子与单体作用而进行反应的。例如，在三氯化铝的作用下，将异丁烯聚合为异丁橡胶就是一种正离子加聚反应。首先由三氯化铝水解所产生的氢离子加到单体双键含氢较多的碳原子上，形成中间产物(正碳离子)。单体继续加到链上，使链增长，直到最后链与一个负离子结合而失去电性变为中性分子，导致链的终止。

$$AlCl_3 + H_2O \longrightarrow AlCl_3OH^- + H^+$$

$$H^+ + (CH_3)_2C═CH_2 \longrightarrow (CH_3)_3C^+$$

$$(CH_3)_3C^+ + (CH_3)_2C═CH_2 \longrightarrow (CH_3)_3CCH_2C^+(CH_3)_2$$

2.2.1.3　定向聚合

用一般方法合成的高分子化合物都是无规构型。在聚合过程中控制反应条件，使单体分子在高分子化合物中保持一定的空间构型(全同构型或间同构型)的聚合方法，叫作定向聚合，制得的高分子化合物称为定向聚合物。使用这种聚合方法，可以合成具有优异性能的高分子化合物。对化学组成相同，甚至相对分子质量也相同的高分子化合物，采用定向聚合方法合成的产品性质发生明显差异的原因，是高分子化合物分子的内部结构的变化。

在聚合过程中，定向作用的催化剂使单体分子能够按一定的空间排列进入高分子化合物的分子链中，从而得到空间排列规整的高分子化合物。目前应用有效的催化剂是双组分催化剂。第一组分是过渡金属卤化物，如 $TiCl_4$、$TiBr_4$、TiI_4、$ZrCl_4$、VCl_3、$VOCl_3$ 等；第二组分是烷基铝或卤代烷基铝，如 $Al(C_2H_5)_3$、$Al(C_4H_9)_3$、$Al(C_2H_5)_2Cl$ 等。第一组分与第二组分相互作用组成配位化合物，形成有效的催化剂。

2.2.2 缩聚反应

由一种或多种单体相互缩合成为高分子化合物，同时析出其他低分子物质（如水、氨、醇、卤化氢）的反应，称为缩聚反应。组成高分子化合物的成分与单体不同。

一般含有两个官能团的单体分子缩聚时，形成线型的高分子化合物，其在溶剂中可溶，受热后可熔。例如，己二酸分子两端有两个羧基（—COOH），己二胺分子两端有两个氨基（$—NH_2$），羧基与氨基互相缩合脱水，生成聚酰胺 66。

$$n\,HOOC(CH_2)_4COOH + n\,H_2N(CH_2)_6NH_2 \longrightarrow$$

$$HO{+}\overset{O}{\overset{\|}{C}}—(CH_2)_4—\overset{O}{\overset{\|}{C}}—\overset{H}{\overset{|}{N}}—(CH_2)_6—\overset{H}{\overset{|}{N}}{+}_n H + (2n-1)H_2O$$

含有两个以上官能团的单体缩聚时，可能生成交联的体型高分子化合物，不溶也不熔。例如，油漆工业中的醇酸树脂就是由三元醇（甘油）和二元酸酐（邻苯二甲酸酐）经缩聚反应生成的聚酯。甘油有三个羟基，因此，可在三个方向发生缩合反应：

$$n\,HO—CH_2—\underset{OH}{\underset{|}{CH}}—CH_2—OH + m\,C_6H_4(CO)_2O \longrightarrow$$

$$\cdots—O—\overset{O}{\overset{\|}{C}}—C_6H_4—\overset{O}{\overset{\|}{C}}—O—CH_2—\underset{\vdots}{\underset{|}{CH}}—CH_2—O—\overset{O}{\overset{\|}{C}}—C_6H_4—\overset{O}{\overset{\|}{C}}—O—CH_2—CH—CH_2—O—\cdots$$

缩聚反应可用下式表示：

$$x\text{aAa}+x\text{bBb} \rightleftharpoons \text{a}{+}\text{AB}{+}_x\text{b} + (2x-1)\text{ab}$$

缩聚反应一般为可逆反应。它的反应历程可以分为高分子链的开始、链的增长及链的终止。

链的开始是两种反应物分子的两个官能团相互作用：

$$\text{aAa}+\text{bBb} \rightleftharpoons \text{aABb}+\text{ab}$$

链的增长是逐步进行的，增长链与反应物分子间的继续作用促使分子链增长，其基本反应式可表示如下：

$$\text{aABb}+\text{aAa} \rightleftharpoons \text{a(AB)Aa}+\text{ab}$$

$$\text{a(AB)Aa}+\text{bBb} \rightleftharpoons \text{a(AB)}_2\text{b}+\text{ab}$$

…………

$$\text{a(AB)}_n\text{b}+\text{aAa} \rightleftharpoons \text{a(AB)}_n\text{Aa}+\text{ab}$$

$$\text{a(AB)}_n\text{Aa}+\text{bBb} \rightleftharpoons \text{a(AB)}_{n+1}\text{b}+\text{ab}$$

在缩聚过程中，增长链的相互作用也能导致链的增长：

$$\text{a(AB)}_n\text{b}+\text{a(AB)}_m\text{b} \rightleftharpoons \text{a(AB)}_{n+m}\text{b}+\text{ab}$$

但随着分子链的增长，由于长链分子所具有的反应官能团的浓度较小，因此，增长的链之间相互缩聚的可能性减少。又因缩聚反应是可逆反应，在缩聚过程中，增长中的链与反应中生成的小分子作用而发生降解，使长链断裂成较短的链，例如：

$$\cdots\text{—}\overset{\text{H}}{\overset{|}{\text{N}}}\text{—(CH}_2\text{)}_n\text{—}\overset{\text{H}}{\overset{|}{\text{N}}}\text{—}\overset{\text{O}}{\overset{\|}{\text{C}}}\text{—(CH}_2\text{)}_m\text{—}\overset{\text{O}}{\overset{\|}{\text{C}}}\cdots + \text{H}_2\text{O}$$

$$\longrightarrow \cdots\text{—}\overset{\text{H}}{\overset{|}{\text{N}}}\text{—(CH}_2\text{)}_n\text{—NH}_2 + \text{HOOC—(CH}_2\text{)}_m\text{—}\overset{\text{O}}{\overset{\|}{\text{C}}}\text{—}\cdots$$

因此，缩聚产物链的长度差别很小，是比较均一的，相对分子质量也不会很大，这与加聚聚合所得的产物大不相同。

在缩聚反应过程中，促使链终止的因素很多。随着缩聚反应的进行，反应官能团的浓度逐渐降低，因此，两种可以相互作用的官能团的相遇机会减少。又因反应混合物的黏度随着反应的进行而逐渐增加，给分子链相互碰撞带来阻力，并使生成的小分子难以排出去，从而逐渐导致链的终止。

另外，在缩聚过程中，一旦破坏反应物的摩尔比，即导致链的终止。例如，在己二酸与己二胺的缩聚反应中发生己二酸脱羧成一元酸的副反应，使其缩聚能力丧失而促使链的终止。

综上所述，加聚反应与缩聚反应的区别在于：加聚反应中没有低分子副产物生成，其链节的化学组成与单体的化学组成相同，而缩聚反应中会产生低分子化合物，如水、醇、氨、卤化氢等，生成的高分子化合物中链节的化学组成与单体的化学组成不同；缩聚反应是逐步完成的，缩聚物的相对分子质量一般低于加聚物，相对分子质量的多分散性一般小于加聚物。

2.2.3 聚合反应实施方法

2.2.3.1 加聚反应实施方法

加聚合成的实施方法主要有本体聚合、悬浮聚合、溶液聚合和乳液聚合四种。

(1) 本体聚合。本体聚合是指单体在加入少量引发剂甚至不加引发剂的情况下，依靠光、热或辐射能的作用合成高聚物的过程。

本体聚合工艺简单，工艺流程较短，产品比较纯净，无需后处理即可直接使用。但本体聚合体系的黏度大，聚合热不易导出，容易产生局部过热，轻则使产品变黄，影响产品质量，重则引起爆聚，使聚合失败。同时，由于自动加速现象严重，聚合物相对分子质量分布变宽。

为了使本体聚合顺利进行，必须采取以下措施：① 均聚速率较低的单体(如甲基丙烯酸甲酯)宜采用本体聚合；而均聚速率较高的单体(如醋酸乙烯)不宜采用本体聚合；② 采用预聚和聚合两段进行，并且在不同的聚合阶段控制不同的聚合温度。

(2) 悬浮聚合。悬浮聚合是指溶有引发剂的单体借助于悬浮剂的悬浮作用和机械搅拌，使单体以小液滴形式分散在介质水中的聚合过程。溶有引发剂的一个单体小液滴，就相当于本体聚合的一个单元，因此悬浮聚合也称为小本体聚合。悬浮聚合中的主要组分是单体、引发剂、悬浮剂和介质水。

单靠机械搅拌剪切力所形成的分散体系是不稳定的，为了使单体液滴成为稳定的分散体系，必须加入一种具有悬浮作用的悬浮剂。悬浮剂能降低水的表面张力，对单体液滴起保护作用，防止单体液滴黏结，使不稳定的分散体系变为较稳定的分散体系，这种作用称为悬浮作用或分散作用。具有悬浮作用的物质称为悬浮剂或分散剂。常用的悬浮剂有两类：一类是水溶性高分子化合物；一类是不溶于水的无机粉末。

悬浮聚合中产生的大量热可通过介质水有效排除，因此，减缓了自动加速现象，不易造成局部过热，从而使聚合反应容易控制。同时，聚合物的相对分子质量较高，相对分子质量分布较窄。悬浮聚合工艺过程比较简单，聚合周期较短，产品只需要简单的后处理便可应用。但悬浮聚合设备利用率较低。若产品中含有残存的悬浮剂，将影响产品的电性能。悬浮聚合的优点较多，是工业中广泛采用的一种聚合方法。

(3) 溶液聚合。溶液聚合是指单体、引发剂在适当溶剂中的聚合过程。溶液聚合的组分是单体、引发剂和溶剂。

溶液聚合中溶剂的引入，一方面降低了体系的黏度，推迟了自动加速现象的出现，聚合反应容易控制，聚合物的相对分子质量分布较窄；另一方面，链自由基向溶剂的转移反应降低了聚合物的相对分子质量。但是，溶剂的回收和提纯使工艺过程复杂化。

(4) 乳液聚合。乳液聚合是指单体在乳化剂的作用下，分散在介质水中的聚合过程。

乳液聚合体系是非常稳定的分散体系，似牛乳状。其主要组分是单体、乳化剂、水溶性引发剂和介质水。乳化剂能降低水的界面张力，有增溶作用，能使单体和水组成的分散体系成为稳定的难以分层的似牛乳状的乳液，这种作用称为乳化作用。乳化剂是一种表面活性剂。

乳液聚合中，聚合物的相对分子质量可以很高，但体系的黏度可以很低，故有利于传热、搅拌和管路输送，便于连续操作。另外，乳液聚合速率大，利用氧化还原引发剂可以在较低的温度下进行聚合。因此，直接利用乳液的场合（如乳胶黏合剂、乳液泡沫橡胶、糊用树脂）更宜采用乳液聚合。但其生产成本较悬浮聚合高；产品中的乳化剂难以除净，影响聚合物的性能。

2.2.3.2　缩聚反应实施方法

很多杂链高聚物通过缩聚反应合成。缩聚反应的实施方法主要有熔融缩聚、溶液缩聚、界面缩聚和固相缩聚等。

(1) 熔融缩聚。熔融缩聚是将单体、催化剂和相对分子质量调节剂等投入反应器中，加热熔融逐步形成高聚物的过程。熔融缩聚是工业上和实验室中广泛采用的聚合方法。

熔融缩聚中，体系组分少，设备利用率高，生产能力大；反应设备比较简单，产品比较纯净，不需后处理，可直接用于抽丝、切拉、干燥、包装。但要求官能团物质的量比例严格，条件比较苛刻，生产高相对分子质量的聚合物有困难。另外，长时间高温加热会引起氧化降解等副反应，对高聚物相对分子质量和高聚物的质量有影响。熔融缩聚不适宜制备耐热聚合物。

(2) 溶液缩聚。单体在适当溶剂中进行缩聚反应制备高聚物的过程称为溶液缩聚。一些新型的耐高温缩聚物，如聚砜、聚苯醚和聚酰亚胺等都是通过溶液缩聚制备的。

溶液缩聚中，缩聚反应温度较熔融缩聚低，一般为 40～100 ℃，有时甚至为 0 ℃。但是由于反应温度低，需采用高活性单体。另外，溶液缩聚是不平衡缩聚，不需要真空操作，反应设备简单。但由于溶剂的引入，设备利用率降低；由于溶剂的回收和处理，工艺过程复杂化。溶液缩聚适宜制备耐热缩聚物。

(3) 界面缩聚。将两种单体分别溶于两种互不相溶的溶剂中，形成两种单体溶液。在两种溶液的界面处进行缩聚反应，并很快形成聚合物的这种缩聚称为界面缩聚。

界面缩聚采用高反应活性的单体，反应可在低温下进行，逆反应的速率很低，甚至为 0，所以反应可以进行到底，属于不平衡缩聚。界面缩聚产生的小分子副产物容易除去，不需要熔融缩聚中真空设备；另外，反应温度低，相对分子质量高，对单体纯度和官能团物质的量之比的要求并不严格。同时，由于温度较低，避免了高温下产物氧化、变色、降解等不利问题；但是，界面缩聚所用设备体积大，利用率低。到目前为止，工业中采用界面缩聚的例子还比较有限。

2.3　高分子化合物的结构

高分子化合物是由许多不同层次、不同形式的结构组成的，它们具有各自的运动特点。

正是由于这种结构、运动的多重性,高分子化合物呈现出不同的性能。高分子化合物的结构层次一般包括一次结构、二次结构和三次结构。一次结构是指大分子的化学组成和构型,一般称为分子链的化学结构;二次结构是指分子链的构象或称分子的形态结构;三次结构是指大分子的聚集态结构。

2.3.1 高分子化合物的热运动

分子热运动是一切分子固有的属性。高分子化合物由于分子的巨大和结构的复杂,其分子的热运动具有比低分子热运动更复杂的情况。高分子化合物具有长链结构,分子链具有柔顺性。大分子中,不仅链段、支链和取代基可以运动,整个大分子也可以运动。

2.3.1.1 高分子的内旋转

在大分子长链中,单体之间是以共价键结合的,而且有一定的距离。每个主链上的单键都能绕着一定的轴心做自由旋转,因而分子不断地从一种构象转变成另一种构象,高分子化合物的这种性能称为高分子的内旋转,内旋转是大分子运动的一种形式。由于分子链很长,再加上每个单键都可作内旋转,因而大分子一般处于卷曲状态。图 2-3 说明单键的内旋转,图中每两个相邻黑点代表单键与单键的相连之处,由于分子热运动,两个单键间彼此形成一定的角度而自由旋转。这样,由多个单键组成的碳链可以在空间产生许多形态。这种由于单键内旋转而产生的分子在空间的不同形态称为构象。

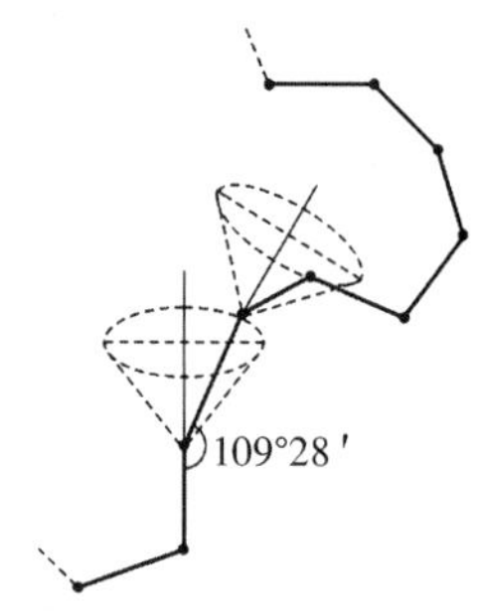

图 2-3 C—C 单键内旋转示意

由于空间位阻以及原子、基团之间的作用力,单键的内旋转是受到限制的,不可能自由旋转与任意取向。对于高分子化合物来说,由于分子链很长,分子中含有很多的单键,单个的单键不能自由内旋转,但是可以考虑很多个单键结合在一起,虚拟出一个链段,这个链段是可以自由内旋转的。因此,链段是高分子的最小运动单元,是一种虚拟的结构。在温度较低时,首先能够自由运动的是高分子的链段。

2.3.1.2 大分子的整体热运动

随着温度的上升,大分子整个长链也能自由运动,此时高分子就成为液态。大分子的热运动是指大分子彼此发生位移(滑动)。由于线型大分子链很长,又处于卷曲状态,因此,大分子链经常相互纠缠在一起,这使得大分子处于杂乱无章的状态。

2.3.1.3 大分子间的作用力

大分子链内原子间都是以共价键结合的。共价键很牢固,不易破坏,其作用力较大。大分子之间存在分子间力。分子间力通常很小,其能量一般只有 8～41 kJ/mol。低分子化合物的分子间力远远低于主价键力,甚至可以忽略不计。但由于高分子化合物有巨大的相对分子质量,其分子间力的总和会远远大于分子链上每个单键的能量。正因为这个原因,当高分子化合物受到外力时,首先是个别分子链中原子间的共价键发生断裂,然后才是分子间链的滑移。由于高分子化合物分子间力的这一特点,高分子化合物具备一些特有的性能,如只有液态和固态,没有气态。这是因为高分子化合物的分子链很长,有着很大的分子间力，单个大分子不可能挣脱分子间力的约束而离开高分子化合物，所以它没有气态。

分子间力是研究高分子化合物性质的一个很重要的因素。影响分子间力的主要因素，一是相对分子质量的大小，相对分子质量越大，分子间力越大；二是分子的极性及对称性，在大分子链中，除了碳原子和非极性基团（烃基）外，还有极性基团（如—F、—Cl、—OH、$-C(=O)H$、$-NH_2$、$-C(=O)NH_2$等），这使得大分子具有极性，分子的极性越大，分子间力越大。分子链中极性基团的分子间力比无极性基团的要大。分子间力不同，性质也不同。例如，聚乙烯塑料在常温下较柔软，而聚氯乙烯则较聚乙烯硬而脆。

因此，高分子化合物的相对分子质量大小及组成高分子化合物分子基团的性质等，是决定高分子化合物分子间力大小的主要因素。

2.3.1.4　高分子的柔顺性

链状大分子在分子内旋转的情况下可以卷曲收缩，可以扩展伸长，从而改变其构象的性质，称为柔顺性。显然，分子链内旋转越容易，构象越多，分子链的卷曲倾向越大，分子链越柔顺。对于体型分子，由于分子中有大量的交联，分子链段的内旋转受到限制，从而缺乏柔顺性。影响大分子自由内旋转的因素都会影响高分子的柔顺性。

（1）主链因素。如果主链上只含有单键，则单键越多，大分子构象越多，柔顺性越好，所以橡胶的相对分子质量远远高于塑料。另外，柔顺性也取决于单键的键长和键角。键长、键角越大，大分子内旋转所受到的位阻就越小，柔顺性越好。一般地，不同主链的大分子的柔顺性依次为：

$$Si—O>C—O>C—C$$

如果主链结构中含有芳环或杂环，由于芳环或杂环不易绕单键进行内旋转，所以大分子的柔顺性下降。

如果主链中含有双键，虽然双键联结的原子不能内旋转，但可使与双键相邻的单键内旋转位阻减小，从而可增加柔顺性。很多橡胶的大分子含有双键。

（2）侧链因素。侧链取代基的体积大小、极性强弱以及取代基的数量等对高分子化合物大分子链的柔顺性有很大的影响。取代基体积大，内旋转所受阻力就大，分子链的柔顺性降低。同样，取代基的数量越多，链的柔顺性越差。取代基极性增强，会增加大分子的分子间力，使其柔顺性下降。

2.3.2　高分子化合物的聚集态结构

高分子化合物的聚集态结构指的是许许多多单个大分子在高分子化合物内部的排列状况及相互联系，也称为超分子结构或微结构。固体高分子化合物有晶态、非晶态和取向态三种聚集态结构。同一化学结构的高分子化合物会因合成条件和加工条件的不同，形成不同的聚集态结构，从而导致高分子化合物性能的差异。例如，聚对苯二甲酸乙二醇酯既可以做成高强度低伸长的纤维，也可以做成低强度高伸长的纤维。同一材料具有不同的应用性能，其关键在于高分子化合物聚集态结构的差别。

2.3.2.1　**高分子化合物的晶态结构**

有关高分子化合物晶态结构的理论与模型有很多，而大分子链的真实排列情况至今尚无定论。

在利用 X 射线对高分子化合物的聚集态结构进行大量研究的基础上，人们提出了结晶高分子化合物缨状微胞模型（图 2-4）。在这一模型中，大分子规则排列的部分称为晶区，它是由若干个分子链段相互规整、紧密排列形成的。大分子链呈无规则卷曲和相互缠结的部分称为非晶区。一般高分子化合物中既含有结晶部分也含有非晶部分，因此高分子化合物的晶态结构是晶区与非晶区同时存在、不可分割的两相结构。其中单个大分子链可以同时贯穿几个晶区与非晶区。

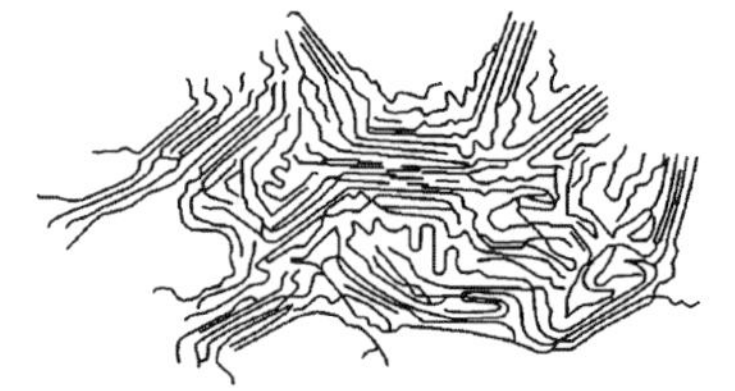

图 2-4　结晶高分子的缨状微胞模型示意

一般用结晶度衡量结晶高分子化合物的结晶程度。其含义是结晶部分在整个聚集体中所占的百分数。

2.3.2.2　**高分子化合物的非晶态结构**

物体仅有固体外表，没有晶格的结构称为非晶态结构，又称无定型结构。在无定型区，分子链排列比较散乱，分子间堆砌比较松散，分子间力较小。由于分子间存在着许多间隙和空洞，所以密度较小。在这些区域内，大分子链呈无规卷曲和相互缠结状态。

2.3.2.3　**高分子化合物的取向态结构**

高分子化合物中，大分子链、链段或晶体结构沿外力方向做有序排列，这一过程称为取向，其有序排列的程度称为取向度。取向态和结晶态虽然都是分子的有序排列，但其状态不同。取向态一般是一维或二维有序，而结晶态则是三维有序。取向包括大分子取向、链段取向和结晶区取向，如图 2-5 所示。一般情况下，非晶态高分子化合物只发生大分子取向和链段取向，而晶态高分子化合物的情况较为复杂，它还会发生结晶区取向。但无论哪一种取向，在外力作用下，首先发生的是链段取向，然后才是大分子取向。

外力和温度是高分子化合物取向必不可少的条件。在外力作用时，大分子或其链段沿外力方向发生重排，形成取向结构。但是外力引发的取向并不是一个稳定的状态，一般情况下，取消外力会发生“解取向”。

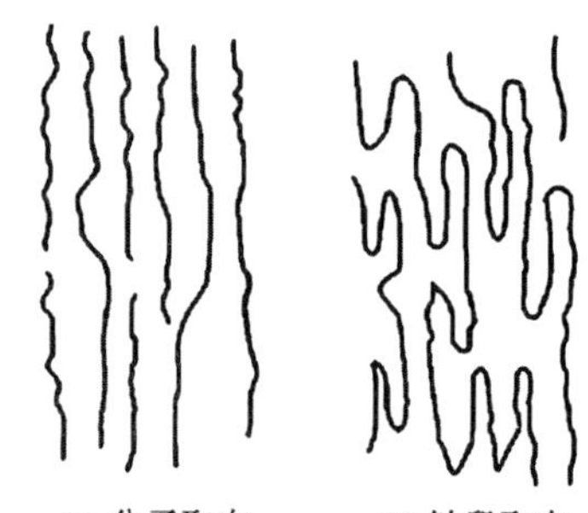

图 2-5　取向示意

要使取向达到相对稳定的状态，可以先提高温度，在高温下取向，然后在释放外力前降低温度，以便将大分子和链段“冻结”，保持取向结构。

取向和无取向的同一高分子化合物在性质上有很大的差异，对纺织纤维，要使纤维既有较高的强度，又有一定的弹性，可以使大分子链取向而链段解取向。

2.3.3 非晶态高分子的力学状态及转变

按分子运动状态不同，低分子化合物可分为气态、液态和固态三种。高分子化合物不同于低分子化合物，由于分子间力大于共价键，高分子化合物没有气态，只有液态和固态，甚至有些高分子化合物只有固态。

非晶态高分子化合物在所受外力作用不变的情况下，会随温度的变化呈现玻璃态、高弹态和黏流态三种不同的力学状态。

2.3.3.1 玻璃态和脆性

当温度较低时，大分子链段基本处于冻结状态，分子的热运动非常微弱，克服不了分子间作用力的“束缚”，只能在本位上振动。这时，链段的热运动和整体的热运动都很微弱，因而表现出具有一定机械强度的性质，此时高分子化合物所表现出来的力学性质与玻璃相似。当受到外力作用时，只能引起键长、键角的变化，形变很小(0.01%～0.1%)，且形变多少与所受外力大小成正比。高分子化合物的这种状态称为玻璃态或普弹态。玻璃态时产生的形变称为普弹形变。

从玻璃态过渡到高弹态(或从高弹态过渡到玻璃态)的温度，称为玻璃化转变温度，一般用 T_g 表示(图2-6)。T_g 一般是一个区域而不是一个单一值，也就是说，玻璃态转化过程不是突变而是渐变的。

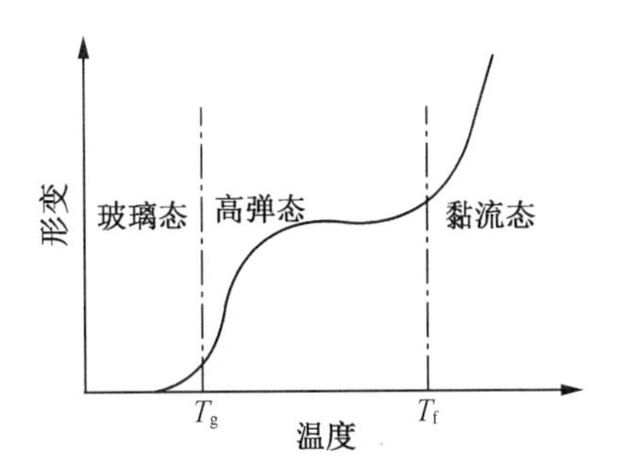

图 2-6 非晶态高分子化合物的温度-形变曲线

2.3.3.2 高弹态和弹性

当温度高于某一定值(T_g)时，分子的热运动能量不断增加，虽然整个大分子还不能移动，但分子热运动的能量足以克服内旋转阻力，链段不仅可以转动，还可以发生部分移动，在外力作用下容易沿受力方向从卷曲状态转变成伸直状态，发生很大的形变(100%～1000%)，外力释放后又可回复原态，如图2-7所示。这种受力后会产生很大形变，去除外力后又能回复原状的力学性质，称为高弹态。高弹态时产生的形变称为高弹形变。高弹态是高分子化合物特有的一种力学状态。

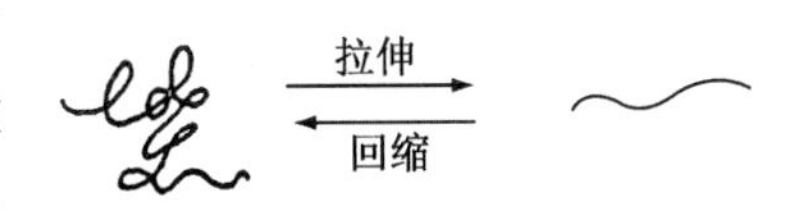

图 2-7 线型高分子化合物弹性示意

橡胶及其他线型高分子化合物由于品种不同，其玻璃态转变温度也不同。橡胶的 T_g 一般都低于 0 ℃，在－70～－20 ℃，而塑料的 T_g 应高于常温，如聚甲基丙烯酸甲酯(有机玻璃)的 T_g 为 105 ℃，聚氯乙烯的 T_g 为 75～85 ℃。所以在室温下常见的橡胶处于高弹态，而塑料一般处于玻璃态。

2.3.3.3 黏流态和塑性

当温度继续升高(超过 T_f)时，分子的热运动能量增大到超过大分子链间的结合力，不仅链段可以运动，而且大分子整体也能发生滑动，这时高分子化合物变软，可以塑制成型，甚至成为可以流动的黏液。受外力作用时，高分子化合物会像液体一样发生黏性流动，产生很大的形变,外力释放后,形变也不能恢回复。此时非晶态高分子化合物所处的力学性质称为黏流态。黏流态产生的形变称为塑性形变。高弹态变为黏流态的温度称为黏流化温度,如图 2-6 所示,一般用 T_f 表示。T_f 也有一定区间。如聚氯乙烯的 T_f 为 150~160 ℃,聚甲基丙烯酸甲酯的 T_f 为 160 ℃左右。T_g 和 T_f 的高低对高分子化合物的性质和应用有着十分重要的意义。如果 T_g 很低,而 T_f 较高,则高分子化合物在一定温度范围内都具有弹性,这类高分子化合物宜做橡胶。例如,天然橡胶的 T_g 为 −73 ℃, T_f 在 130~160 ℃;而硅橡胶的 T_g 为−109 ℃, T_f 为 250 ℃。如果 T_g 较高,并且与 T_f 的差值小,这类高分子化合物在常温下显示玻璃态,在较高温度时则变为黏流态,具有可塑性。这类高分子化合物适宜做塑料。T_f 越低,越易于加工, T_f 越高,耐热性越强。表 2-4 列出了几种合成纤维的热转变点。

表 2-4 几种合成纤维的热转变点

热转变点	涤纶	聚乙烯醇缩甲醛纤维	聚酰胺 66 纤维	聚酰胺 6 纤维	聚丙烯腈纤维	聚丙烯纤维	聚氯乙烯纤维
T_g(℃)	67~81	65~85	35~50	47~50	80~100	−15	75~85
T_f(℃)	238~240	220(干)	160~180	235	190~240	140~160	150~160
T_m(℃)	255~260	110(湿)	215~220	250~265	—	165~175	—

2.4 高分子化合物的性能

2.4.1 高分子化合物的力学性能

在受外力拉伸时,高分子化合物会发生形变。为免遭破坏,其分子内部会产生抵抗力,这种抵抗力与外力大小相等,方向相反。通常,将单位面积上产生的抵抗力称为应力。在外力作用下,高分子化合物相应的变形率(拉伸长度除以原长的百分率)称为应变。应力(σ)又称抗张强度,其单位是牛顿 /米^2(N /m^2)。在纺织纤维中常用牛顿/特(N /tex)表示。应变(ε)是以 $\Delta L/L_0$表示,ΔL 为材料的伸长,L_0为材料的原长。描述高分子化合物拉伸性能时,一般采用应力—应变曲线。它是将高分子化合物在外力作用下从开始发生形变直至断裂的过程绘成一条曲线(图 1-8)。应力—应变曲线包含的面积代表断裂功,它表示高分子材料被拉断时所需的外功。它的大小在一定程度上反映出高分子材料的耐用性。

高分子化合物的力学性能(弹性、强度、耐磨性),主要决定于它的聚合度、结晶度及分子间力等因素。聚合度越大,分子间的作用力越大,高分子化合物的力学性能就越强,但当聚合度增加到 400 以上时,此种关系就不显著。高分子化合物结晶度越大,分子排列越整齐,分子间的作用力增强,力学性能越好。若高分子化合物中具有极性基团,就能增强分子间的作用力,因而能显著地提高力学性能。例如,在聚酰胺纤维的长链分子中存在着酰胺

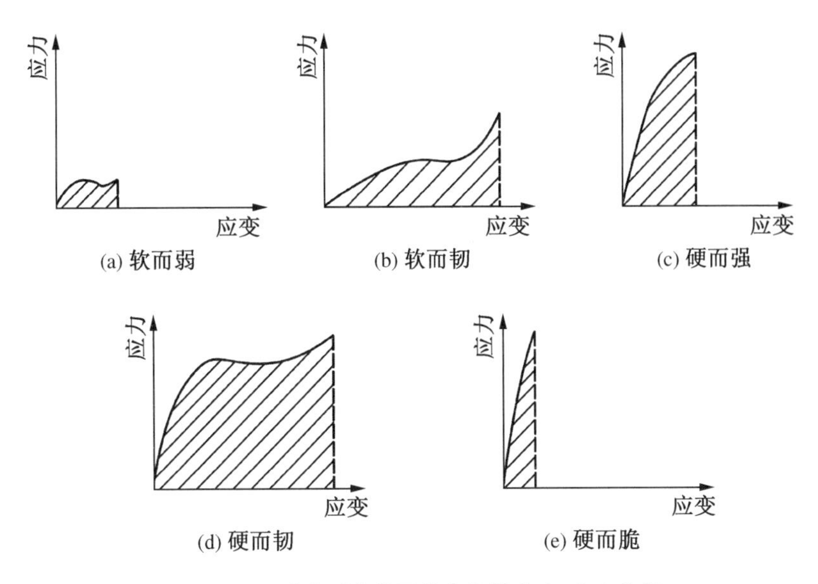

图 2-8　几种典型高分子化合物的应力-应变曲线

基(—CONH—),酰胺基之间可以通过氢键的作用互相吸引,使分子间的作用力大大加强,因此聚酰胺纤维的力学性能较高。

2.4.2　高分子化合物的溶解性

一般线型高分子化合物在一定的溶剂中具有可溶性。如有机玻璃可溶于二氯乙烷等溶剂,硝化棉可溶于丙酮等溶剂。高分子化合物的溶解过程比一般低分子物质复杂。它一般有三个阶段。

2.4.2.1　**溶剂化过程**

溶剂分子(小分子)与溶质分子(大分子)之间有一定的作用力,由于这种作用,小分子首先润湿大分子材料的表面,这个过程称为溶剂化。大分子此时体积与形状均不变化。

2.4.2.2　**溶胀过程**

溶剂分子继续与大分子作用,钻入大分子材料内部,削弱了大分子之间的作用力,从而将一些链段互相推开,使链段之间的空隙扩大,引起高分子材料的体积膨胀。

2.4.2.3　**溶解过程**

溶剂分子进一步作用于大分子,使大分子间的引力完全失去,大分子彼此之间完全分离而分散在溶剂中,完成最后的溶解过程。

在高分子化合物的溶解过程中,必须考虑三种作用:溶质与溶质分子间的力、溶剂与溶剂分子间的力、溶质与溶剂分子间的力。前两种都有阻止溶解过程发生的作用,而后一种则促进溶解发生。对于不同的高分子化合物和不同的溶剂,它们之间的这三种作用相对大小不同,因而产生了不同的溶解情况。有些高分子化合物就不能完成溶解的全过程,而只能进行到溶剂化或溶胀阶段。另外,在一般情况下,线型高分子化合物在适当的混合溶剂中的溶解度比其在单一溶剂中的大,这种现象对含有极性基团的高分子化合物更加显著。

表2-5 列出了几种常用的溶剂。

表 2-5 常用的溶剂

溶剂	沸点(℃)	在水中的溶解度	溶解物质
乙醇	78.5	∞	有机物和无机物
乙醚	34.6	微溶	脂肪、蜡、树脂、苯甲酸、乙苯、苯酚
丙酮	56.1	∞	乙炔、纤维素、有机玻璃、油、树脂、橡胶
汽油	150～200	不溶	橡胶、树脂、脂肪
三氯甲烷	61.7	微溶	脂肪、树脂、橡胶、苯甲酸、磷、乙酐
四氯化碳	76.5	不溶	乙苯、碘
二氯乙烷	83.5	微溶	油、脂肪、蜡、橡胶
乙酸乙酯	77.1	溶	喷漆、硝化纤维
环己醇	161	溶	聚氯乙烯、二硫化碳、松节油
苯	80.1	微溶	聚苯乙烯、邻苯二甲酸酐、油漆、橡胶
甲苯	111	不溶	聚乙烯(少量)、聚苯乙烯、油漆、树脂、苯甲酸
氯苯	132	不溶	清漆、树脂、乙烯基乙炔
硝基苯	211	微溶	乙醇、乙醚、苯
乙腈	82	∞	脂肪酸、乙醇
二甲亚砜	189	∞	聚丙烯腈、溴乙烷、清漆
二甲基甲酰胺	153	∞	聚丙烯腈、树脂、乙烯、乙炔、丁二烯

2.4.3 化学反应性

高分子化合物分子中由于含有 C—C、C—H、C—O 等牢固的共价键，活泼基团较少，所以一般化学性质较稳定。许多高分子化合物可以制成耐热、耐酸碱或耐其他化学试剂的优良材料，如聚乙烯、聚四氟乙烯、聚苯乙烯等。然而，也有许多高分子化合物在特定的物理因素(如光、热、高能射线等)，以及化学因素(氧、水、酸、碱等)的作用下，会发生化学反应。高分子化合物的化学反应是指高分子化合物分子主链或支链上所发生的反应。高分子化合物的相对分子质量大，分子链结构复杂，分子间作用力大，在很多情况下，大分子不是作为一个整体参加反应，而是大分子链中个别链节发生局部反应。高分子化合物的化学反应可归结为侧链上的官能团反应、链的交联及链的裂解三类。

2.4.3.1 侧链上的的官能团反应

这类反应是指高分子化合物侧链上的官能团与低分子化合物的反应。利用这类反应可以改变高分子化合物的性质及合成新的高分子化合物。例如，聚乙烯醇纤维分子链中含有许多羟基，耐水性差，若将聚乙烯醇纤维与甲醛发生缩醛反应后，使35%左右的羟基变成亚甲醚键，就能提高聚乙烯醇纤维的耐水性(耐水整理)。另外，可以利用侧链官能团反应制得离子交换树脂，它在工业中应用极广，如水的软化、脱盐水的制备、三废处理中金属离子的回收等。

2.4.3.2　链的交联

这类反应是指线型高分子化合物的大分子链，通过主链或侧链上官能团的作用，在分子链间形成化学键发生交联，成为体型高分子化合物。纤维织物的防缩、防皱整理就是线型高分子化合物大分子链发生交联反应的结果。因交联限制了分子链的滑动，当出现拉伸、皱褶之类形变时，就能发生弹性回复，因而具有良好的防缩、防皱效果。

又如，由环氧氯丙烷和2，2-二对羟基苯基丙烷(双酚A)在氢氧化钠作用下，经缩聚制得的双酚A型环氧树脂(万能胶)，树脂中的环氧基与乙二胺(固化剂)发生交联形成网状结构，致使树脂固化。

$$(n+1)\,\underset{\backslash O/}{H_2C\!-\!\!-\!CH}\!-\!CH_2Cl + n\,HO\!-\!C_6H_4\!-\!\overset{CH_3}{\underset{CH_3}{\overset{|}{\underset{|}{C}}}}\!-\!C_6H_4\!-\!OH \xrightarrow{NaOH}$$

双酚 A

$$\underset{\backslash O/}{H_2C\!-\!\!-\!CH}\!-\!CH_2\!-\!\!\left[O\!-\!C_6H_4\!-\!\overset{CH_3}{\underset{CH_3}{\overset{|}{\underset{|}{C}}}}\!-\!C_6H_4\!-\!O\!-\!CH_2\!-\!\underset{OH}{\underset{|}{CH}}\!-\!CH_2\right]_{n-1}\!\!O\!-\!C_6H_4\!-$$

$$-\overset{CH_3}{\underset{CH_3}{\overset{|}{\underset{|}{C}}}}\!-\!C_6H_4\!-\!O\!-\!CH_2\!-\!\overset{H}{\overset{|}{C}}\underset{\backslash O/}{\!-\!\!-\!CH_2}$$

双酚 A 环氧树脂

$$\begin{matrix}\cdots\!-\!CH_2\!-\!CH\!-\!CH_2 \\ \backslash O/ \\ /O\backslash \\ \cdots\!-\!CH_2\!-\!CH\!-\!CH_2\end{matrix} + \begin{matrix}H & & H\\ & N\!-\!CH_2\!-\!CH_2\!-\!N & \\ H & & H\end{matrix} + \begin{matrix}CH_2\!-\!CH\!-\!CH_2\!-\!\cdots \\ \backslash O/ \\ /O\backslash \\ CH_2\!-\!CH\!-\!CH_2\!-\!\cdots\end{matrix}$$

$$\longrightarrow \begin{matrix}\cdots\!-\!CH_2\!-\!\underset{OH}{\underset{|}{CH}}\!-\!CH_2 & & CH_2\!-\!\underset{OH}{\underset{|}{CH}}\!-\!CH_2\!-\!\cdots \\ & N\!-\!CH_2\!-\!CH_2\!-\!N & \\ \cdots\!-\!CH_2\!-\!\overset{OH}{\overset{|}{CH}}\!-\!CH_2 & & CH_2\!-\!\overset{OH}{\overset{|}{CH}}\!-\!CH_2\!-\!\cdots\end{matrix}$$

在环氧树脂的网状结构中，存在着脂肪族羟基(—CHOH—)、醚键(—O—)和环氧基。当环氧树脂与其他物质紧密接触时，这些极性基团易与该物质的极性部分(如纤维中的—OH)相互吸引，增强了分子间力。因此，环氧树脂的黏结性很牢，是织物常用的黏结剂。

2.4.3.3 链的裂解

这类反应是指高分子化合物大分子链发生断裂、相对分子质量降低的反应。裂解反应不仅可以用来确定高分子化合物的结构，而且可以从天然高分子化合物制取有价值的物质。如由淀粉水解制取糊精作为浆料；蛋白质在生物酶的作用下分解成各种氨基酸等。

裂解反应是在物理、化学因素的影响下发生的。

(1) 氧化裂解。在高分子化合物的大分子链中，若含有易被氧化的基团，如双键、羟基、醛基等官能团时，遇到氧化剂就会发生氧化裂解。如纤维素、淀粉及橡胶等属于这类易被氧化裂解的高分子化合物。

橡胶的氧化裂解反应式可表示如下：

$$\cdots\!-\!CH_2\!-\!\underset{\underset{\displaystyle CH_2}{|}}{C}\!=\!CH\!-\!CH_2\!-\!\cdots \xrightarrow{[O]} \cdots\!-\!CH_2\!-\!\overset{\overset{\displaystyle O\!-\!O}{|\quad\ |}}{\underset{\underset{\displaystyle CH_3}{|}}{C}\!-\!CH}\!-\!CH_2\!-\!\cdots$$

$$\xrightarrow{\text{过氧化物，不稳定}} \cdots\!-\!CH_2\!-\!\underset{\underset{\displaystyle CH_3}{|}}{C}\!=\!O + O\!=\!\underset{\underset{\displaystyle H}{|}}{C}\!-\!CH_2\!-\!\cdots$$

(2) 水解与酸解。大多数杂链高分子化合物都能与水作用而发生裂解反应；如果有酸存在，则更易发生水解作用。聚酰胺纤维的水解作用表示如下：

$$\cdots\!-\!\overset{\overset{\displaystyle H}{|}}{N}\!-\!(CH_2)_6\!-\!\overset{\overset{\displaystyle H}{|}}{N}\!-\!\overset{\overset{\displaystyle O}{\|}}{C}\!-\!(CH_2)_4\!-\!\overset{\overset{\displaystyle O}{\|}}{C}\!-\!\cdots \xrightarrow{HOH}$$

$$\cdots\!-\!\overset{\overset{\displaystyle H}{|}}{N}\!-\!(CH_2)_5\!-\!NH_2 + HOOC\!-\!(CH_2)_4\!-\!\overset{\overset{\displaystyle O}{\|}}{C}\!-\!\cdots$$

以羧酸代替水降解聚酰胺纤维，称为酸解作用，此时羧酸中的酰基便相当于水中的氢原子。此外，还有胺解和醇解作用，其反应与上述水解、酸解作用类似。

(3) 热裂解。加热可使高分子化合物的链长减短、相对分子质量降低，这种裂解称为热裂解。热裂解的程度一般与结构、温度有关，如天然橡胶的热裂解温度为 198 ℃，聚四氟乙烯的热裂解温度为 400 ℃；另外，随着温度的增加而增大。

裂解时，如果得到的小分子与单体是同一物质，则这种裂解称为解聚。如聚乙烯在高温下可解聚出 $CH_2=CH_2$；而聚氯乙烯加热时，析出 HCl，这种裂解称为热分解。

此外，超声波、光、放电等作用均可使高分子化合物发生显著的裂解。

高分子化合物大分子链的交联过多和裂解，均会给高分子化合物带来损害。交联过多会使线型结构变成体型结构，因此高分子化合物变硬变脆而丧失弹性。裂解会使大分子链断裂，相对分子质量降低，致使高分子化合物变软、发黏，丧失机械强度。上述两种现象称为高分子化合物的老化(陈化)。为了防止和减慢这种老化现象的发生，除了在使用、保存时注意避免引起老化的因素外，主要是在生产高分子化合物的加工过程中加入防老剂(稳定剂)以防止老化。

第三章　纤 维 化 学

在日常生活中，人们每时每刻都要接触到各种用途的纺织品，这些纺织品的原料就是纺织纤维。纺织纤维是指长度远远大于直径，并且具有一定柔韧性，能纺成纱线并通过机织、针织、编结以及其他方式制成各种纺织品的纤维。简单地说，凡是能用于纺织的纤维就称为纺织纤维。纺织纤维可分为两大类：一类是天然纤维，如棉、麻、毛、蚕丝等；另一类是化学纤维，即用天然或合成高分子化合物经化学加工制得的纤维。化学纤维又可分为再生纤维和合成纤维两大类。再生纤维是以天然高分子化合物为原料，经化学处理和机械加工制得的纤维，主要产品有再生纤维素纤维和纤维素酯纤维。合成纤维是以石油、天然气、煤及农副产品等为原料，经一系列化学反应制成合成高分子化合物，再经加工而制得的纤维。

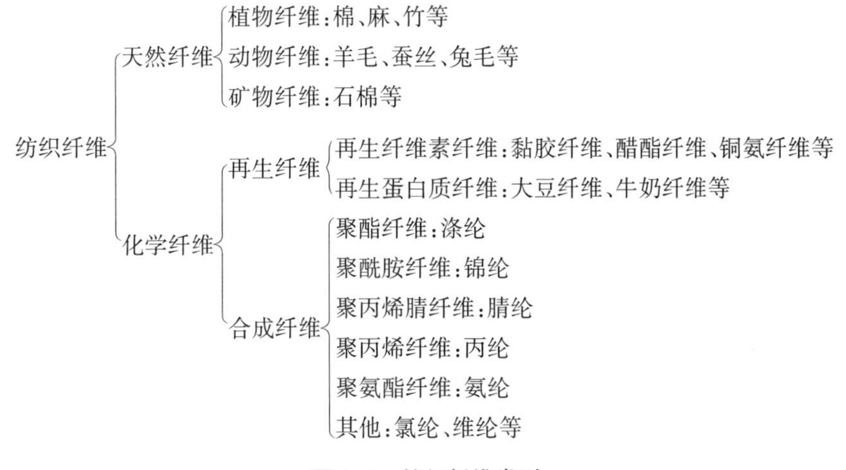

图 3-1　纺织纤维类别

3.1　合成纤维

3.1.1　合成纤维概述

合成纤维性能优良，用途广泛，原料丰富，发展迅速，其中最主要的有聚酯纤维、聚酰胺纤维、聚烯烃纤维、聚乙烯醇类纤维、含氯纤维和聚氨酯纤维等。另外，还有一些具有特殊性能和用途的功能纤维，这类纤维的产量虽不多，但在国民经济中占有一定的地位，如高强高模纤维、中空纤维、耐高温纤维、阻燃纤维、导电纤维和光导纤维等。

上述各种纤维，根据它们的外形和用途又可分为长丝、短纤维和强力丝三类。短纤维又分棉型和毛型，强力丝就是制造轮胎帘子线等工业用的长丝。合成纤维的发展不仅改变了纺织材料的结构，而且由于一系列新型合成纤维的研制成功和广泛应用，已远远超出纺织工业的传统范围，作为性能优异的结构材料和功能材料，已深入到空间科学、海洋开发、交通运输、土木建筑、情报信息、医疗卫生和环境保护等一系列重要领域。可以预言，面对世界新技术革命的挑战，合成纤维工业不仅能够满足人们对于衣着和室内装饰的要求，而且能为各个科技领域和产业部门提供各种高性能纤维和新颖功能纤维。

3.1.1.1 成纤聚合物的结构特征

合成纤维的性能既取决于成纤聚合物的性质，也取决于纺丝成型及后加工条件所决定的纤维物理结构。纺制合成纤维的聚合物需要具有一定的结构。成纤聚合物是指能通过机械加工而制成纤维的聚合物。制成的纤维应具有纺织纤维的性能，如一定的强度、延伸度、耐热性、化学稳定性、吸湿性和染色性等。通常，成纤聚合物应具有下列特征：

(1) 主链分子结构。成纤聚合物大分子的主链结构应该是线型或支化度很低，没有庞大侧基的聚合物。这类聚合物能溶在适当的溶剂中形成黏稠的溶液，或者在高温下熔化成为黏流态而进行纺丝。其后，通过后加工过程，大分子链在纤维轴方向形成有序排列，增强大分子间作用力，从而构成纤维的结晶区，这样的纤维才有较好的物理力学性能。某些支链型的聚合物虽然也可纺丝，但物理力学性能并不理想，没有实用价值。

(2) 相对分子质量和相对分子质量分布。在一定范围内，聚合物的相对分子质量提高，分子间作用力增大，纤维强度、耐热性提高，溶解性降低，熔体黏度增加。相对分子质量低于一定值时，不能成纤或成纤后力学性能很差；但过高时，其性能提高并不多。相反，过高的相对分子质量会使熔体或溶液黏度太高，导致纺丝困难。通常，用来纺制纤维的聚合物，其相对分子质量比用来生产塑料、橡胶的要低。表 3-1 列出了几种主要成纤聚合物的相对分子质量。

表 3-1 几种主要成纤聚合物的相对分子质量

成纤聚合物	聚酰胺 6(或 66)	聚对苯二甲酸乙二酯	聚丙烯腈	等规聚丙烯
平均相对分子质量	16 000～22 000	19 000～21 000	53 000～10 600	180 000～300 000

由表 3-1 可知，聚酰胺 6 和 66 的相对分子质量比较低，但由于分子间有氢键，仍有足够的分子间作用力；而聚丙烯的分子链中缺乏极性基团，因此相对分子质量必须很高。所以，成纤聚合物的适当相对分子质量与聚合物的化学结构有着密切关系。

由相对分子质量分布宽的聚合物纺制而成的纤维，强度很低，延伸度很高，且性能不均匀。因此，成纤聚合物的相对分子质量分布指数要尽量小，远远小于塑料、橡胶的相对分子质量分布指数。

在合成纤维生产中，经常把相对分子质量和相对分子质量分布作为控制生产和改进产品质量的重要指标。

(3) 侧链结构。所有的天然聚合物和大多数成纤聚合物的侧链都含有极性基团。极性基团的存在对于大分子链间的相互作用和纤维的溶解性、热性能、吸湿性、染色性等都有很大的影响。当然，极性基团的存在并不是增强大分子链间作用力的唯一条件。具有立体规整结构的聚丙烯，分子中虽无极性基团，但由于分子链紧密堆积并具有很高的结晶度，也可纺制成强度较高的纤维。

(4) 聚集态结构。用于纺制纤维的聚合物一般都要求是半结晶结构的聚合物。结晶区的存在使纤维具有较高的强度和模量，而非晶区的存在使纤维具有一定的弹性、耐疲劳性和染色性。这样，半结晶的结构能使原来排列不规整的分子链，经过拉伸取向而沿着纤维轴做有序排列的这种状态固定下来。聚合物的半结晶结构(包括结晶度、取向度等)可在较大的范围内随着纺丝和拉伸条件的不同而改变，其对纤维强度的影响比相对分子质量的影响要大得多。

3.1.1.2 聚合物的纺丝方法

聚合物纺丝时，一般是先将聚合物用适当的溶剂溶解成黏稠的溶液或加热熔融成熔体，然后通过喷丝头的小孔喷成细流，在凝固浴中凝固或冷凝成纤维，最后再牵伸。采用溶液为原料的称为溶液纺丝，采用熔融体为原料的称为熔体纺丝。溶液纺丝按凝固方式的不同，又分为湿法纺丝和干法纺丝。

(1) 熔体纺丝。凡能熔融或转变成黏流态而不发生显著分解的成纤聚合物都可采用熔体纺丝。熔体纺丝在工业上有两种实施方法：一种是将合成得到的聚合物熔体直接送至纺丝机纺丝，这种方法称为直接纺丝法；另一种是将合成得到的聚合物熔体冷却制成切片，干燥后再在纺丝机中重新熔融成熔体进行纺丝，这种方法称为切片纺丝(图 3-2)。当前采用熔体纺丝的成纤聚合物有两大类：一类是杂链聚合物，如聚酯和聚酰胺等；另一类是聚烯烃，如聚丙烯等。

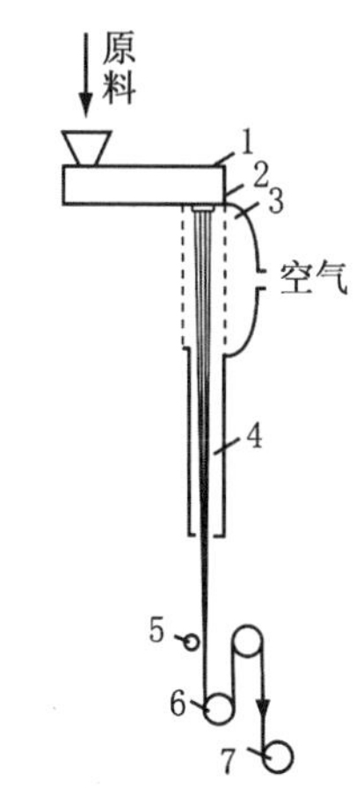

1—螺杆挤出机 2—喷丝板
3—吹风窗 4—纺丝甬道
5—给油盘 6—导丝盘
7—卷绕装置

图 3-2 熔体法纺丝装置

熔体纺丝不用溶剂，工艺简单，成本低，特点是纺丝速度快，生产能力大。一般纺丝速度在1000～1200 m/min，如用高速纺丝工艺，则可达4000～6000 m/min，甚至高达10000 m/min。

(2) 湿法纺丝。将聚合物溶解于合适的溶剂中，制成纺丝液，再由喷丝孔喷出细流，进入凝固浴，细流中的溶剂向凝固液扩散，而凝固浴中的凝固剂向细流扩散，聚合物在凝固浴中析出形成纤维(图 3-3)。

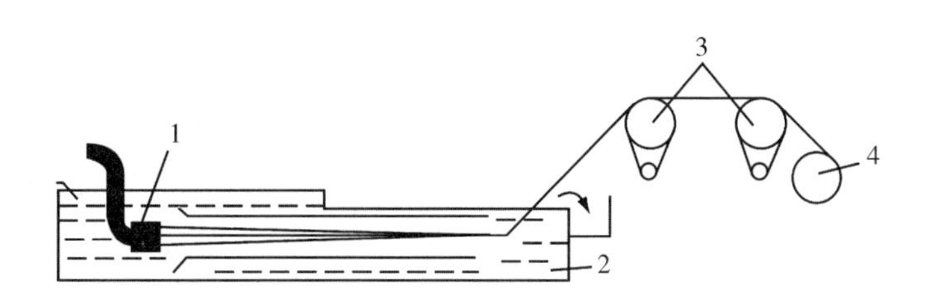

1—喷丝头 2—凝固浴 3—导丝盘 4—卷绕装置

图 3-3 湿法纺丝装置

纺丝溶液的溶剂应能很好地溶解成纤聚合物形成真溶液，另外需要有合适的沸点、毒性低、稳定性高和易于回收等特点。溶剂的选择取决于成纤聚合物的结构，聚丙烯腈纺丝常用的溶剂有二甲基甲酰胺、二甲基乙酰胺、二甲基亚砜和硫氰酸钠水溶液等，而聚氯乙烯纺丝常用丙酮和四氢呋喃做溶剂。

湿法纺丝的成型过程比较复杂，纺丝速度受溶剂和凝固剂双扩散速度，以及凝固液浴对流体的阻力等因素的限制，因此湿法纺丝速度比熔体法纺丝速度低得多，一般约为 10～60 m/min。采用湿法纺丝时，必须配备凝固浴的配制、循环及回收设备。

聚丙烯腈、聚乙烯醇、聚氯乙烯等纤维大多数采用湿法纺丝。

(3) 干法纺丝　干法纺丝与湿法纺丝的前段过程一样，也需要将聚合物溶解在溶剂中配成纺丝溶液，而后段过程与熔体纺丝相似，从喷丝头挤压出来的细流不是进入凝固浴，而是导入纺丝甬道，在甬道中利用热空气使细流中的溶剂挥发掉而凝固成纤维（图 3-4）。干法纺丝的速度主要取决于溶剂挥发速度，一般为 200～600 m/min。因此，纺丝溶液的浓度需要尽量提高，溶剂的沸点要低（不超过 80 ℃），溶剂的蒸发潜热要小。这样可降低能耗，提高纺丝速度。干法纺丝也需要有溶剂回收等设备。工业生产上，聚丙烯腈、聚乙烯醇和含氯纤维等也可用干法纺丝。

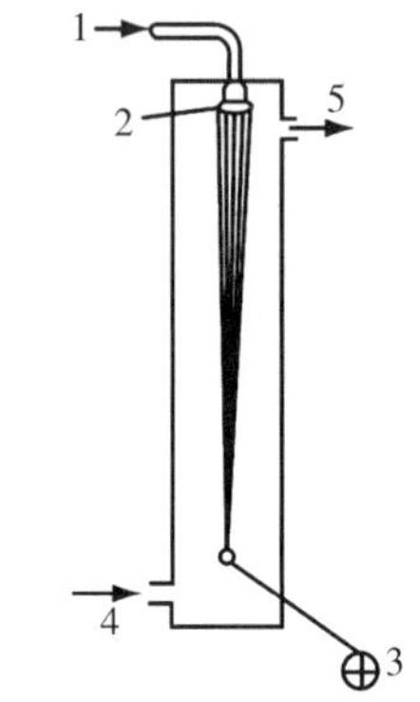

1—纺丝液　2—喷丝头
3—卷绕装置　4—热空气入口
5—热空气出口

图 3-4　干法纺丝装置

表 3-2　几种主要成纤聚合物的热分解温度和熔点

聚合物	热分解温度(℃)	熔点(℃)
聚乙烯	350～400	138
等规聚丙烯	350～380	176
聚丙烯腈	200～250	320
聚氯乙烯	150～200	170～230
聚乙烯醇	200～220	225～230
尼龙 6	300～350	215
涤纶	300～350	265
纤维素	180～220	—
醋酸纤维素	200～230	—

在工业生产中哪种聚合物应采用哪种成型方法，主要由该种聚合物的性质和纺丝制备的纤维品质及技术经济方面的合理性等因素决定。如表 3-2 所示，聚乙烯、等规聚丙烯、聚己内酰胺和涤纶的熔点低于热分解温度，可以进行熔体纺丝；聚丙烯腈、聚氯乙烯和聚乙烯醇的熔点与热分解温度接近，甚至高于热分解温度，而纤维素及其衍生物则不能熔融，这类成纤聚合物只能采用溶液纺丝方法。

除了上述三种纺丝方法外，在聚丙烯纤维的生产中还有一种膜裂纺丝的工艺。该工艺是将聚合物先拉制或吹塑成薄膜，然后将薄膜通过一定间隔的刀具架，切割成 2.5～6 mm 宽和 20～50 μm 厚的单轴拉伸扁丝。

3.1.1.2 成纤聚合物的力学状态

成纤聚合物一般是半晶态高分子，其力学状态与非晶态高分子基本相同，也具有玻璃化转变温度（T_g）和黏流化转变温度（T_f）。另外，成纤聚合物还具有结晶温度（T_m）。由于结晶区的存在，与半晶态高分子不同的是，成纤聚合物在玻璃化温度以上时，只有无定型区内的某些分子链间作用力小的链段才能活动，分子链间相互作用力大的分子链段仍难以运动，结晶区的分子链当然更不能活动，所以只表现为比较柔韧，但不会像高弹态那样有很好的弹性。当继续加热至超过黏流化转变温度（T_f）时，无定型区内的分子链段运动更加剧烈，甚至分子间相互作用力被拆开，此时类似黏流态，而结晶区内的链段仍然未被拆开，所以只发生软化，而未熔融，但此时已丧失纤维的使用价值。所以有时候把合成纤维黏流化转变温度（T_f）称为软化温度。当温度继续升高，直至结晶区内的分子链段也能运动时，纤维就发生熔融。

合成纤维一般都具有机械强度高，耐磨性能好，密度小，耐酸、耐碱、耐氧化剂，以及不易霉蛀等特点，但也存在吸湿低、透气性差、容易产生静电、易脏、不易染色等缺点。为了提高纤维的使用性能，必须了解各种纤维的结构和性能。目前生产的合成纤维的品种很多，下面介绍几种常见的纤维。

3.1.2 聚酯纤维

聚酯纤维是指大分子链通过酯键（—CO—O—）联结起来的一类合成纤维。随着有机合成、高分子科学和工业的发展，近年研制开发出多种具有不同特性的实用性 PET 纤维。如具有高伸缩弹性的聚对苯二甲酸丁二醇酯（PBT）纤维及聚对苯二甲酸丙二醇酯（PTT）纤维；具有超高强度、高模量的全芳香族聚酯纤维等。目前所谓的“聚酯纤维”通常是指聚对苯二甲酸乙二醇酯纤维，我国的商品名为“涤纶”。

涤纶一般采用熔融法纺丝，温度为 285～290 ℃。聚酯熔体从喷丝板的小孔中挤出形成黏液细流，细流在空气中冷却形成初生纤维。

3.1.2.1 聚对苯二甲酸乙二醇酯的合成

生产聚对苯二甲酸乙二醇酯（PET）的原料是对苯二甲酸（TPA）或对苯二甲酸二甲酯（DMT）和乙二醇（EG）或环氧乙烷（EO）。从合成反应来看，PET 的生产主要有酯交换-缩聚法、直接酯化-缩聚法和环氧乙烷加成酯化-缩聚法三种方法。这三条合成路线的主要区别在于单体对苯二甲酸二乙二酯（BHET）的合成方法不同。

其中酯交换缩聚法生产技术最成熟，1963 年以后实现了从酯交换到纺丝的连续化生产，产品质量稳定，成本低。目前大型涤纶生产公司基本上均采用此法。

$$CH_3OOC-C_6H_4-COOCH_3 + 2HOCH_2CH_2OH \rightleftharpoons$$

$$HOCH_2CH_2OOC-C_6H_4-COOCH_2CH_2OH + 2CH_3OH$$

直接酯化-缩聚法采用 TPA 为原料，与酯交换缩聚法相比，省去了 DMT 的制造、精制及甲醇的回收等工序，工艺过程简单，但必须采用高纯度的 TPA。近年来，该法已为许多大型聚酯纤维公司采用，发展很快。

$$HOOC-C_6H_4-COOH + 2HOCH_2CH_2OH \underset{K^-}{\overset{K^+}{\rightleftharpoons}}$$

$$HOCH_2CH_2OOC-C_6H_4-COOHCH_2CH_2OH + 2H_2O + 4.18\ kJ/mol$$

环氧乙烷加成酯化-缩聚法采用 EO 代替 EG，直接与 TPA 进行加成酯化，省去了由 EO 制取 EG 的工序，所得的聚合体质量也较直接酯化-缩聚法为好。但由于 EO 易燃易爆，加成反应不易控制，而且设备结构复杂，所以存在问题较多。目前用此法的产量不大。

$$HOOC-C_6H_4-COOH + 2H_2C\overset{O}{—}CH_2 \longrightarrow$$

$$HOCH_2CH_2OOC-C_6H_4-COOCH_2CH_2OH$$

通过酯交换反应制备 BHET，然后 BHET 在高温(270～280 ℃)、低压(小于 133.3 Pa)下进行缩聚反应，制得成纤 PET。在此过程中，对苯二甲酸二乙二酯分子间发生多次缩合，不断释出乙二醇，其被真空抽离反应体系。

合成 PET 的缩聚反应是可逆平衡的逐步反应，反应的温度较高，为防止热裂解，必须在无氧或惰性气体保护下进行。其反应方程式如下：

$$nHOCH_2CH_2OOC-C_6H_4-COOCH_2CH_2OH \rightleftharpoons$$

$$H{+}O-CH_2-CH_2-O-\overset{O}{\overset{\|}{C}}-C_6H_4-\overset{O}{\overset{\|}{C}}{+}_nO-CH_2-CH_2-OH + (n-1)HOCH_2CH_2OH$$

PET 分子结构

聚对苯二甲酸乙二醇酯(PET)的聚合度 n 一般为 80～150，相对分子质量为 18 000～25 000。

3.1.2.2 聚对苯二甲酸乙二醇酯的结构与相对分子质量

涤纶大分子的化学组成为聚对苯二甲酸乙二醇酯，从其结构式可以看出：

(1) PET 是具有对称苯环结构且没有支链的线型分子，除两端含—OH 外，中间的一系列对称苯环与次乙基通过酯链联结。涤纶大分子链上不含有亲水性基团，且缺乏与染料分子结合的官能团，故吸湿性、染色性差，属于疏水性纤维。

(2) 酯键的存在使涤纶分子具有一定的化学反应能力，但由于苯环和亚甲基的稳定性较好，所以涤纶的化学稳定性较好。

(3) PET 重复结构单元中含有一个刚性基团($-C_6H_4-$)，它阻碍了大分子的内旋转，使主链刚性增加。但 PET 重复结构单元中还含有一个柔性基团($-CH_2-CH_2-$)，所以又有一定的柔性。刚柔相济的大分子结构使涤纶具有弹性优良、挺括、尺寸稳定性好等优异性质。

(4) 涤纶大分子为线型分子，没有大的侧基和支链，分子链容易沿着纤维拉伸方向平行排列，因此分子间容易紧密地堆砌在一起，形成结晶，这使纤维具有较高的机械强度和形状稳定性。

从 PET 大分子结构可以看出，除大分子两端的羟基与 H—X 分子中的质子(H^+)产生 P 型氢键外，中间苯环上的 π 电子云与 H—X 分子中的质子能产生 π 型氢键，同时相邻的大分子链之间还存在范德华引力。

由于分子内次乙基中碳碳键的旋转，PET 分子链一般为顺式或反式构象，顺式的能量比反式高。非晶态的 PET 大分子是顺式构象：

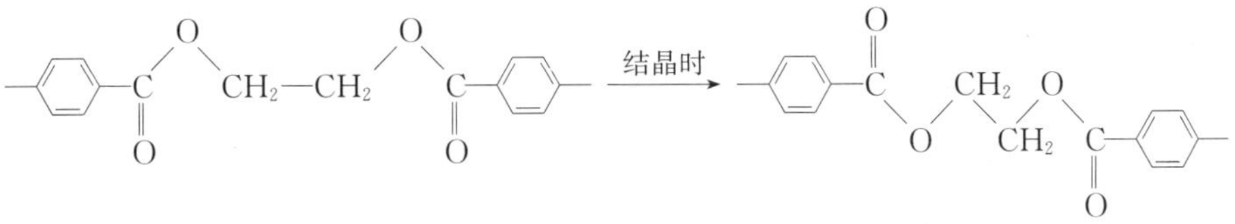

结晶时

顺式　　　　反式

反式 PET 分子链结构高度规整，所有的苯环几乎处于同一平面，因此具有紧密敛集和结晶倾向。结晶 PET 的单元晶格属三斜晶系，周期为 1.075 nm。

在聚酯纤维中，大分子呈卷曲状，分子间的排列是无序的，为无定型结构。经过适当的拉伸加工，线型分子会伸直，有些分子链段完全伸直平行，构成有规则的交替排列，形成结晶区，但仍有一部分分子链段的伸直情况很差，仍是无定型区。

PET 的相对分子质量分布对纤维结构的均匀性有很大影响。在相同的纺丝和后加工条件下制得的纤维，用电子显微镜观察纤维表面可见相对分子质量分布宽的纤维，其表面有大的裂痕，在初生纤维和拉伸丝内，裂痕的排列是紊乱的；而相对分子质量分布窄的纤维，无论未拉伸丝或拉伸丝，其表面基本是均一的，裂痕极微。因此，PET 的相对分子质量分布宽会使纤维加工性能变坏，拉伸断头率急剧增加，并影响成品纤维的性能。PET 的相对分子质量分布常采用凝胶渗透色谱法(GPC)测定，可用相对分子质量分布指数(d)表征。一般来说，对于高速纺丝，当 PET 的 $d \leqslant 2.02$ 时，其可纺性较好。

从 PET 的分子结构说明聚酯纤维大分子之间的作用力不是很大，但是经加工后，结晶度、取向度较高，因此聚酯纤维具有较高的强度，一般为 39.69～57.33 cN/tex，断裂伸长率一般为 20%～50%。一般说来，在涤纶的纺丝过程中，拉伸程度愈高，同时给以合适的热定型，则纤维的取向度愈高，从而纤维的断裂强度较高，但断裂延伸度较低；反之，则断裂伸长度高，断裂强度低。

涤纶的弹性很好，这是因为聚酯纤维的线型分子链中有对称分布的苯环，苯环是平面环状结构，不易旋转，当受到外力时，虽然产生变形，但一旦外力消除，纤维变形便立即回复。另外一个原因是涤纶分子链上存在两相结构，当受到外力作用时，无定型区分子间作用力小，可产生链段活动，从而发生一定的形变，而结晶区的基本结构单元之间有比较牢固的联结点，要使它们发生形变或断裂，需要较大的力量。当一些联结点被拆散后，分子链段移动至新的位置上,不易建立起比较牢固的新联结点,以致在放松后,通过分子内旋转作用,分子链段可回到原来的位置。但在高拉伸的情况下,回复性能显著变差。所以聚酯纤维的弹性好,不易变形,特别是在湿态下的弹性能保持和干态一样。涤纶的耐皱性超过其他任何纤维,所以以涤纶为原料制成的纯纺或混纺织品,经高温定型后,虽经多次揉搓,水洗后仍不产生褶皱,保持挺括。

由于涤纶分子链紧密敛集,结晶度和取向度高,所以涤纶纤维密度较大。结晶区密度为 1.47 g/cm^3,无序区密度为 1.33 g/cm^3,平均密度为 1.36 g/cm^3。

3.1.2.3 聚对苯二甲酸乙二醇酯纤维的性能

在聚酯纤维的分子链中,苯环和亚甲基是比较稳定的,只有酯键较活泼。一般酯键在酸和碱的作用下易发生水解,造成分子链断裂,强力下降。但事实上,聚酯纤维不易发生水解。这是因为高分子化合物的性质不仅与大分子中的官能团有关,而且与大分子的结晶度有关。由于聚酯纤维分子聚集密度大,有较高的结晶度和取向度,因此,化学试剂不易扩散入内,所以仍有相当好的化学稳定性。

(1) 水的作用。涤纶的吸湿性在合成纤维中较差。在标准状态(温度 20 ℃、相对湿度 65%)下,其公定回潮率仅为 0.4%;在相对湿度为 95%的条件下,最高吸湿率为 0.7%。从涤纶的分子结构可知,大分子链中不含亲水性基团,且涤纶的结晶度高,分子排列紧密,分子间的空隙小,故吸水性差,在水中的膨化程度也低,因而其织物具有易洗快干的特性。但涤纶织物的吸湿性差,透气性不好,容易积聚静电而吸附灰尘。由于涤纶的吸湿性低,所以其干、湿强度基本相等,干、湿伸长度也接近。

由于分子中极性基团少,吸湿性小,导电的能力差,聚酯纤维容易产生静电。涤纶的体积比电阻在 $10^{14}\ \Omega\cdot cm$ 以上,摩擦电压在1000 V以上,半衰期可达数小时,因此在生产中,由于纤维和金属辊或机器摩擦产生的电荷会累积,易出现静电现象。生产中,织物会吸附在机械部件上,也容易吸附车间内的尘埃,造成加工困难,还可能会因电火花发生火灾事故。因此生产涤纶织物时,要在设备上安装静电消除器,避免加工过程中产生静电积累,或利用抗静电剂消去静电。

(2) 酸的作用。聚酯纤维的耐酸性较好,对有机酸、无机酸都有很好的稳定性。例如,在 40 ℃时,浓度 30%以下的盐酸和硫酸对聚酯纤维没有损伤;用 70%硫酸处理 28 d,强度下降不超过 1%;以 20%硫酸于 100 ℃下浸渍 72 h,强度下降约 7%,其反应式如下:

$$\cdots-\overset{\overset{\displaystyle O}{\|}}{C}-C_6H_4-\overset{\overset{\displaystyle O}{\|}}{C}-O-CH_2-O-\cdots \xrightarrow[H_2O]{H^+}$$

$$\cdots-\overset{\overset{\displaystyle O}{\|}}{C}-C_6H_4-\overset{\overset{\displaystyle O}{\|}}{C}-OH + HO-CH_2-CH_2-O-\cdots$$

由于酯键在酸作用下的水解是可逆的反应,即生成的酸与醇可发生酯化反应,而且大分子链中的羧基和苯环发生共轭效应而抑制了酯键水解,再加上聚酯纤维的物理结构紧密,故酸解反应不易进一步发展,耐酸性比较好。用亚氯酸钠漂白时,尽管 pH 值在 4~4.5,

纤维也不受损。

（3）碱的作用。酯键在碱中比在酸中易水解，其原因如下：

$$\cdots\!-\!\overset{\displaystyle O}{\overset{\|}{C}}\!-\!C_6H_4\!-\!\overset{\displaystyle O}{\overset{\|}{C}}\!-\!O\!-\!CH_2\!-\!CH\!-\!O\!-\!\cdots\ +H_2O\xrightarrow{NaOH}$$

$$\cdots\!-\!\overset{\displaystyle O}{\overset{\|}{C}}\!-\!C_6H_4\!-\!\overset{\displaystyle O}{\overset{\|}{C}}\!-\!ONa\ +HOCH_2CH_2\!-\!O\!-\!\cdots$$

由于水解生成的酸与碱作用生成钠盐破坏了平衡，水解反应能一直进行下去，因此，聚酯纤维的耐碱性较差。一般在温和条件下，纯碱和烧碱对聚酯纤维的作用较小，但如在浓度10%以上的烧碱液中长时间煮沸，酯键会逐渐水解，造成分子链断裂，相对分子质量降低，使聚酯纤维在碱液中溶解度提高，强度降低。一般在室温下，50%的氢氧化钾或40%的氢氧化钠对聚酯纤维几乎无损伤，然而煮沸后，聚酯纤维会被破坏。其破坏状况很特殊，由于结晶度高，氢氧根离子难于进入纤维内部，所以反应结果是由外部腐蚀到内部，使纤维变细。聚酯纤维与碱的作用称为聚酯纤维的“剥皮反应”，也称为“碱减量处理”。

碱减量处理是改善涤纶性能的重要方法之一。碱减量处理结果：①在处理过程中，酯键的水解作用在纤维表面进行，对内在质量的影响不大，强伸度、相对分子质量没有显著变化；②纤维表面产生较多的极性基团，表面亲水性大大提高，但是吸湿性基本没有变化；③透气性、抗起球性、易去污性有所改善；④具有较好的仿真丝性能。

（4）氧化剂、还原剂的作用。聚酯纤维对各种还原剂有很好的稳定性。例如，在80 ℃时，将聚酯纤维放在保险粉（连二硫酸钠 $Na_2S_2O_4$）的饱和溶液中处理72 h，强度并无损伤，即还原剂对聚酯纤维基本上无损伤。

聚酯纤维对一般的氧化剂也有较好的抵抗能力，即使用高浓度的氧化剂以高温和长时间作用，也不会使纤维发生显著的损伤。但氧化性漂白剂除了会与纤维中的色素或其他杂质发生作用，在高温下也可能与纤维本身发生化学作用，使纤维发生损伤，因此，漂白时要注意有关的加工条件。

聚酯纤维也会老化，产生变硬变脆、弹性和强度降低、发黏变色等现象。老化的主要原因是氧化裂解。

（5）热性能。涤纶的玻璃化温度为68～81 ℃。在玻璃化温度以下，大分子链段的活动能力小，涤纶受外力不易变形，可以正常使用。涤纶的软化点温度为230～240 ℃，高于此温度，纤维开始解取向，分子链段发生运动，产生形变，且形变不能回复。在加工过程中，温度要控制在玻璃化温度以上、软化点温度以下。涤纶的热定型温度一般为180～220 ℃，染色、整理及成衣熨烫的温度均应低于热定型温度，否则会因分子链段活动加剧而破坏定型效果。

涤纶在150 ℃的热空气中加热168 h仍无变色现象，强度下降仅15%～30%。涤纶在170 ℃以下短时间受热所发生的强度损失在温度降低后可以回复。因此，涤纶能允许的使用温度范围较大，一般在−70～170 ℃。当涤纶被加热到200～300 ℃，特别是在熔点以上时，大分子链中的酯键将发生断裂，如下式所示：

$$\cdots-\text{C}_6\text{H}_4-\overset{\text{O}}{\overset{\|}{\text{C}}}-\text{O}-\text{CH}_2\text{CH}_2-\text{O}-\overset{\text{O}}{\overset{\|}{\text{C}}}-\text{C}_6\text{H}_4-\cdots \xrightarrow{T_{\text{m}}\text{以上}}$$

$$\cdots-\text{C}_6\text{H}_4-\overset{\text{O}}{\overset{\|}{\text{C}}}-\text{OCH}{=}\text{CH}_2 + \text{HO}-\overset{\text{O}}{\overset{\|}{\text{C}}}-\text{C}_6\text{H}_4-\cdots$$

涤纶在 280～306 ℃时分解，产生气体物质，主要是 CO_2、CO、H_2O、CH_3CHO、C_2H_2 及少量 CH_4、C_6H_6 等。涤纶受热时，纤维的结晶度会变化。不同的热处理条件，会使聚酯纤维产生不同的性能。为了获得稳定的性能，就必须获得稳定的分子聚集态结构。工业上采用热定型工艺来达到这个目的。对聚酯纤维进行热定型处理，一般当温度在 170～180 ℃时，纤维的结晶速度较快，形成的结晶较多。

(6) 耐溶剂性。涤纶的耐溶剂性较好。一般的非极性有机溶剂和室温下的极性有机溶剂对涤纶没有影响。但随着浓度及处理温度的变化，有些有机溶剂可以使涤纶膨化或溶解，如丙酮、苯、三氯甲烷、苯酚-氯仿、苯酚-氯苯、苯酚-甲苯等。2%的苯酚、苯甲酸或水杨酸的水溶液、0.5%氯苯的水分散液、四氢萘及苯甲酸甲酯等可作为涤纶的膨化剂，所以酚类化合物常用作涤纶染色的载体。

(7) 染色性能。涤纶染色较困难，一般染料不易着色，除了因其吸湿性较差而染料难以随水分进入涤纶内部外，涤纶大分子上缺少极性基团也是原因之一。一般采用分散染料染色，目前常采用的染色方法有高温染色、载体法染色，所用染料为分子结构简单、体积较小的分散染料。在高温或载体的作用下，涤纶大分子链的运动较为容易，空隙增加，有利于染料分子进入纤维内部。

3.1.2.5 聚对苯二甲酸乙二醇酯纤维的改性

聚酯纤维的物理力学性能和综合服用性能优良，不仅是比较理想的民用纺织材料，而且在工业上也具有广泛的用途。但是，作为纺织材料使用，聚酯纤维的缺点主要包括：染色性差，可使用的染料种类少；吸湿性低，纤维上易积聚静电荷，影响织造性能；织物易起球；将其用作轮胎帘子线时，与橡胶的黏结性差。为了克服聚酯纤维的上述缺点，自 20 世纪 60 年代开始研究聚酯纤维的改性，到 80 年代聚酯纤维改性的研究工作获得重大进展，并使聚酯纤维生产转向新品种开发，生产出具有良好舒适性和独特风格的差别化及功能化聚酯纤维。

涤纶大分子是由许多重复结构单元联结起来的线型长链分子。这些长链分子可形成高度的有规则排列，这一特征使涤纶具有高度的紧密结构和较高的结晶度。此外，涤纶大分子中缺乏极性基团。这些因素导致纤维刚性较强，吸湿性差，染色困难。为了改善涤纶的性能，必须从改变其大分子链结构着手。聚酯纤维的改性可在聚酯合成、纺丝加工、纺纱、织造及染整加工的各个阶段进行，改性方法大致可分为两类：一是化学改性，包括共聚和表面处理等方法，用以改变原有聚酯大分子的化学结构，从而达到改善纤维的性能(如染色性、吸湿性、防污性等)目的，其改性效果具有持久性；二是物理改性，在不改变原有聚酯大分子的化学结构的情况下，通过改变纤维的形态结构达到改善纤维性能的目的，包括通过复合纺丝、共混纺丝、改变纤维加工条件、改变纤维形态及混纤、交织等方法，可制得易染色、阻燃、高吸湿、抗静电、导电及仿天然纤维等改性聚酯纤维。一般改性的途径有以下几种：

(1) 改变二元酸。聚酯纤维的染色性能较差，其原因主要是聚酯纤维结构紧密，结晶度高，染料不易渗入，一般采用分散染料染色。为了提高染色性能，可降低紧密程度，在制造时将二元酸单体“对苯二甲酸”改用“间苯二甲酸”，见表 3-3。

表 3-3 苯二甲酸单体羧基位置对所得聚酯纤维性能的影响

单体		结晶度	T_g(℃)	T_m(℃)	成纤性能
二元酸	二元醇				
对苯二甲酸	乙二醇	良好	69	267	良好
间苯二甲酸		不良	51	143/240	有
邻苯二甲酸		无	25	—	无

(2) 改变二元醇。为了进一步改进聚酯纤维的性能，开发了一种由对羟基苯甲酸与环氧乙烷反应制得的聚酯纤维，其反应式如下：

$$n\mathrm{HO}-\langle\bigcirc\rangle-\mathrm{COOH} + (n+1)\underset{\diagdown\ \mathrm{O}\ \diagup}{\mathrm{CH_2}-\mathrm{CH_2}} \longrightarrow \mathrm{HO}-(\mathrm{CH_2})_2-\mathrm{O}\!\left[\langle\bigcirc\rangle-\overset{\mathrm{O}}{\overset{\|}{\mathrm{C}}}-\mathrm{O}-(\mathrm{CH_2})_2-\mathrm{O}\right]_n\!\mathrm{H}$$

由于这种聚酯纤维的长链分子中引入醚键代替了部分酯键，分子链的柔性稍有增加，熔点稍有下降(227 ℃)，其制品在服用时对人体皮肤有较好的触感。同时，这种聚酯纤维的密度、强度及弹性均接近蚕丝，可制作仿真丝绸产品。

采用丁二醇代替乙二醇可制备聚对苯二甲酸丁二醇酯(PBT)纤维。PBT 纤维具有优越的回弹性，手感柔软，在常压下就能染鲜艳的色彩。

(3) 加入第三单体。例如，用聚乙二醇(M=20 000)、C3～C30 的烷基磺酸钠与 PET 共混纺丝，可得到半衰期为 18 s 的抗静电聚酯纤维。用乙二醇、丙二醇与对苯二甲酸、乙二醇进行嵌段共聚，也可以用邻位或间位的苯二甲酸、脂肪族二元酸、脂肪族二元醇、带双键的不饱和二元醇等共聚，所得改性共聚酯一般具有抗起球和易染双重效果。采用含有间苯二甲酸磺酸钠 1%～6%(摩尔分数)的 PET 共聚酯和含有双丁基磷酸盐 0.5%～1.5%(摩尔分数)的化合物一起熔纺，所得纤维的抗起球性能达到 4 级。采用己内酰胺、对苯二甲酸、乙二醇三种单体制取嵌段共聚物，随后与 PET 共混纺丝，所得纤维具有良好的吸湿性能。

3.1.3 聚酰胺纤维

聚酰胺纤维是指大分子链通过酰胺键(—CO—NH—)联结起来的一类合成纤维。这类纤维一般分为两大类：一类是由二元胺和二元酸的缩聚物制得的；另一类是由 ω-氨基酸的缩聚物或内酰胺开环聚合得到的聚合物(也属于缩聚物)制得的。聚酰胺纤维的命名常用数字标号法，即以单元结构中所含的碳原子数命名。例如，由 ω-氨基己酸（或己内酰胺）的缩聚物制得的纤维称为聚酰胺 6 纤维；由己二胺和己二酸的缩聚物制得的纤维称为聚酰胺 66 纤维，其中前一个数字表示二元胺的碳原子数，后一个数字表示二元酸的碳原子数。共聚酰胺纤维的命名也可用相应的数字表示。例如，聚酰胺 66/6(60/40)表示由 60%的己二酸己二胺盐和 40%的己内酰胺的共缩聚产物。

聚酰胺(PA)纤维是世界上最早实现工业化生产的合成纤维，也是化学纤维的主要品种之一。1935 年，卡洛罗泽斯(Carothers)等人在实验室用己二酸和己二胺制成了聚己二酰己二胺（聚酰胺 66)，1936—1937 年发明了用熔体纺丝法制造聚酰胺 66 纤维的技术，1939 年实现工业化生产。另外，德国的施莱克(Schlack)在 1938 年发明了用己内酰胺合成聚己内酰胺（聚酰胺 6)和生产纤维的技术，并于 1941 年实现了工业化生产。随后，其他类型的聚酰胺纤维也相继问世。由于聚酰胺纤维具有优良的物理性能和纺织性能，发展速度很快，其产量曾长期居合成纤维的首位，直到 1972 年为聚酯纤维所替代而退居第二位。聚酰胺纤维有许多品种，目前工业化生产及应用最广泛的仍以聚酰胺 66 纤维和聚酰胺 6 纤维为主。

3.1.3.1 聚酰胺 6 和聚酰胺 66 的合成

(1) 聚酰胺 6 的合成。聚酰胺 6 即聚己内酰胺，可由己内酰胺开环聚合或 ε-氨基己酸缩聚制得。因为己内酰胺比 ε-氨基己酸的制造方便，易于精制，所以工业生产中都用己内酰胺为原料。己内酰胺的合成主要有苯酚法、环己烷空气氧化法、环己烷光亚硝化法和甲苯法，其中：苯酚法最早工业化，技术成熟，产品质量高，但工艺流程长，原料成本高，已经逐渐为其他方法所取代；环己烷空气氧化法工艺简单，成本较低，是目前各国普通采用的一种方法；环己烷光亚硝化法是目前最经济的一种方法，合成路线短，收率高，但电能消耗较多；甲苯法原料丰富，价格低廉，生产过程简单，是一个很有前途的方法。

聚己内酰胺的合成比较复杂，在反应开始时以加聚为主，之后则以缩聚为主，最后是链的交换和裂解，直至平衡。己内酰胺在 240～260 ℃高温及引发剂如水的存在下，通过三个阶段发生开环聚合，生成聚己内酰胺，其反应过程如下：

部分己内酰胺在一定温度下发生水解开环，生成氨基己酸：

$$\underbrace{HN-(CH_2)_5CO}_{\text{环}} + H_2O \rightleftharpoons H_2N(CH_2)_5COOH$$

氨基己酸与己内酰胺进行加聚反应，形成聚合体：

$$H_2N(CH_2)_5COOH + \underbrace{HN(CH_2)_5CO}_{\text{环}} \longrightarrow H_2N(CH_2)_5CONH(CH_2)_5COOH$$

$$\cdots\cdots$$

$$H{-}[NH(CH_2)_5CO]_{n-1}{-}OH + \underbrace{HN(CH_2)_5{-}CO}_{\text{环}} \longrightarrow \underset{\text{聚己内酰胺}}{H{-}[NH(CH_2)_5CO]_n{-}OH}$$

聚合体进入平衡阶段，同时发生链交换、缩聚和水解等反应，使得相对分子质量重新分布，最后根据反应条件（如温度、水分及相对分子质量稳定剂的用量等），达到一定的动态平衡。聚己内酰胺的相对分子质量为 16 000～22 000。

由于己内酰胺的开环聚合是一种可逆平衡反应，它不可能完全变成聚合物，而总是残留部分单体和低聚物(通常为10%左右)。这些低分子物的存在会影响纺丝过程的正常进行和纤维的质量，一般采用抽真空的方法或将聚合物制成切片用热水萃取的方法除去。

(2) 聚酰胺66的合成。聚酰胺66是由己二酸和己二胺缩聚制得的。己二酸的合成主要有苯酚法和环己烷法，己二胺的合成主要有己二酸氨化法、丁二烯法和丙烯腈电解偶联法等。在己二酸的生产中，由于苯酚成本高、用途广，目前大型企业都转向环己烷法。在己二胺的生产中，己二酸氨化法是较老的方法，技术成熟，但副反应多，产率不高，将近90%的工业装置采用此法。丁二烯法的原料来源丰富，价格低廉，有利于大规模生产。丙烯腈电解偶联法的工艺流程短，成本低，产品质量高，但是耗电量高。

为了获得一定相对分子质量的聚合物，一般采用等摩尔比的己二酸与己二胺的中性盐(66盐)为原料进行缩聚，因为任何一种组分过量，链的两端都被过量组分的官能团占有，缩聚反应只能进行到较少组分耗尽为止。聚酰胺66的相对分子质量为16 000～20 000。

$$H_2N(CH_2)_6NH_2 + HOOC(CH_2)_4COOH \longrightarrow \underset{66盐}{H_3\overset{+}{N}(CH_2)_6\overset{+}{N}H_3\overset{-}{O}OC(CH_2)_4COO^-}$$

$$n[H_3\overset{+}{N}(CH_2)_6\overset{+}{N}H_3\overset{-}{O}OC(CH_2)_4CO\overset{-}{O} \rightleftharpoons H\!\left[NH(CH_2)_6NHOC(CH_2)_4CO\right]_n OH + (2n-1)H_2O$$

由于66盐不易环化，缩聚产物中低分子物含量较少(一般小于1%)，这样就不需要聚酰胺6生产中那样的脱单体过程，因此在后加工中可省去萃取、洗涤、干燥等工序。

3.1.3.2 聚酰胺的结构

聚酰胺6的重复结构单元为—$NH(CH_2)_5CO$—，聚酰胺66的重复结构单元为—$OC(CH_2)_4CONH(CH_2)_6NH$—。从聚酰胺的结构式可以看出：

(1) 聚酰胺是没有庞大侧链的线型高分子，中间的脂肪链是通过酰胺键相连的，分子的两端有氨基和羧基，故具有一定的吸湿性，染色性较好。

(2) 酰胺键的存在使聚酰胺分子具有一定的化学反应能力，容易在酸碱作用下发生水解反应。

(3) 聚酰胺重复结构单元中的脂肪链较长，分子内旋转能垒低，柔顺性好，受外力作用时易变形，其纤维尺寸稳定性比涤纶差。

(4) 聚酰胺大分子中相邻大分子间和大分子内部可借羰基和亚氨基生成氢键，分子结构比较规整，容易紧密地堆砌在一起，形成结晶，这使纤维具有较高的机械强度和形状稳定性。

聚酰胺能形成结晶，晶区中的大分子链呈完全伸展的平面锯齿形构象，相邻分子的酰胺键形成氢键(图3-5、图3-6)。由于锦纶大分子易形成氢键，故其比涤纶分子容易结晶，常规速度纺丝的初生涤纶是无结晶的，而锦纶66在纺丝过程中即结晶，锦纶6在纺丝后的放置过程中发生结晶。在锦纶的后加工中，锦纶受到拉伸和热处理，使纤维的取向度大大提高，进一步形成结晶。锦纶的结晶度为50%～60%，最高可达70%。在冷却成型和拉伸过程中，由于聚酰胺玻璃化转变温度低，纤维内外所受的温度不一致，结晶速度不一致，因此锦纶具有皮芯结构，一般皮层较为紧密，取向度较高而结晶度较低，芯层则取向度较低而结晶度较高。

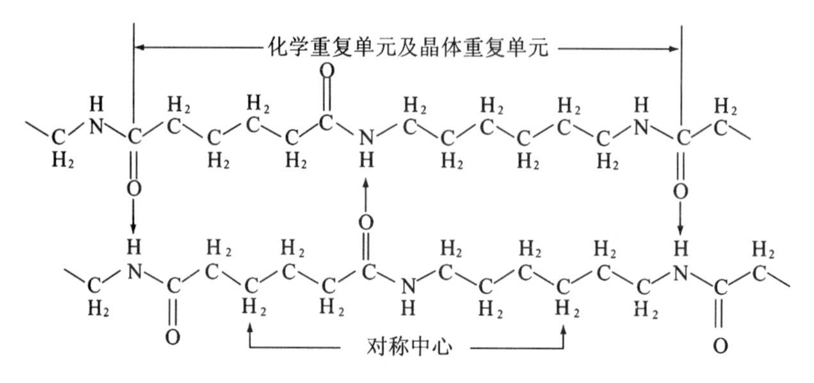

图 3-5　晶体中聚己二酰己二胺分子链排列示意

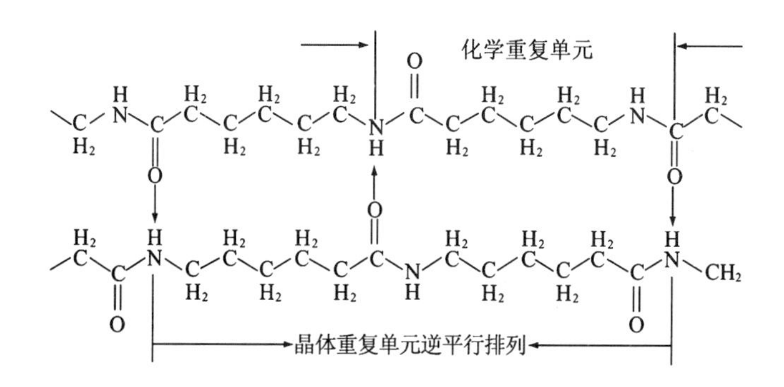

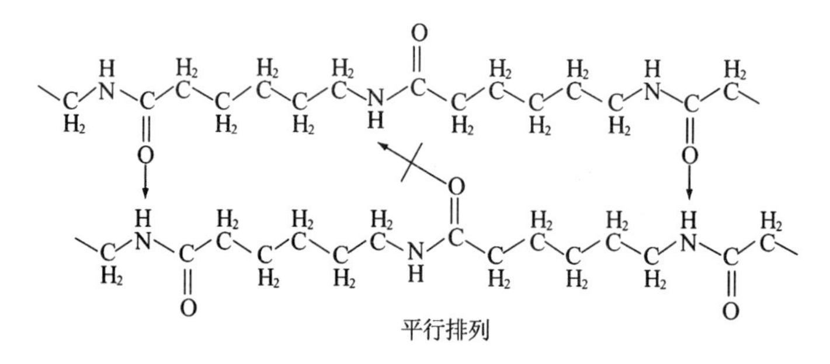

图 3-6　晶体中聚己内酰胺分子链排列示意

聚己内酰胺大分子在晶体中的排列方式有平行排列和反平行排列两种可能，反平行排列时，羰基上的氧和氨基上的氢才能全部形成氢键，而平行排列时，只能部分地形成氢键，如图 3-6 所示。聚己二酰己二胺由于具有对称中心，平行排列和反平行排列是一样的结构，都能形成 100%的氢键，所以聚酰胺 66 形成的氢键比聚酰胺 6 要多，纤维性能也相对好一些。

聚酰胺纤维大分子中含有大量的亚甲基（—CH_2—），因此，它的长链分子比较柔顺，而且纤维比较轻，但尺寸稳定性比聚酯纤维差，受外力作用后易变形。聚酰胺纤维有良好的结晶性，并且分子间存在氢键，分子间作用力较大，因此，内聚能比聚酯纤维大，反映为强度、耐磨性比聚酯纤维好。普通纺织用聚酰胺长丝的断裂强度为 44.10～56.45 cN/tex,特种用途的聚酰胺强力丝(飞机和载重汽车轮胎帘子线)的强度可高达 61.74～83.79 cN/tex,甚至更高。

锦纶的另一个优点是回弹性好。锦纶大分子结构中具有大量的亚甲基(—CH_2—),在松弛状态下,纤维大分子易处于无规则的卷曲状态,受外力拉伸时,分子链被拉直,长度明显增加。外力取消后,由于酰胺键之间存在氢键作用,被拉直的分子链重新转变为卷曲状态,表现出高伸长率和良好的回弹性。当锦纶的伸长率为 3%～6%时,其回弹率为 100%;伸长率为 15%时,回弹率为 82.6%。由于回弹性好,经历多次形变的性能(或耐疲劳性)也极好,它能经受高达数万次的双折挠。聚酰胺纤维的熔点、强度及耐磨性决定于能形成氢键的酰胺基数量、酰胺基出现的频率和酰胺基间的碳原子的奇偶数。

3.1.3.3 聚酰胺纤维的化学性质

(1) 水的作用。聚酰胺纤维的长链分子中含有一定数量的能与水发生亲和作用的酰胺键,所以它有较好的吸湿性。在 20 ℃、相对湿度 65%时,聚酰胺 6 纤维的吸湿性为 3.4%～3.8%,聚酰胺 66 纤维为 3.5%～5.0%。锦纶吸湿后纤维会膨化。与一般纤维不同的是,锦纶膨化的异向性很小,纵向与横向的膨化几乎相同,这可能是锦纶的皮层结构限制了截面方向的膨化。通常,锦纶湿态强度约为干态强度的 85%～95%。聚酰胺纤维的疏水性虽然比涤纶小得多,但也属于疏水性纤维,体积比电阻为 10^{11}～10^{12} Ω·cm。其导电率很低,随着相对湿度增加而提高。例如,当相对湿度从 60%增加到 100%时,聚酰胺 66 纤维的电导率可增加 10^6 倍,因此,在纤维加工中进行给湿处理,可减少静电效应。

(2) 酸、碱的作用。由于聚酰胺纤维长链分子中的酰胺键比酯键稍具碱性,所以它对酸的稳定性不如聚酯纤维,对碱的稳定性则比聚酯纤维稍强。室温下 50%氢氧化钠溶液对它没有影响,在 85 ℃的 10%氢氧化钠溶液中浸渍 10 h,纤维强度只降低 5%。锦纶对其他碱及氨水也很稳定。浓度大于 7%的盐酸、20%的硫酸及 10%的硝酸,在室温下就能使聚酰胺纤维缓慢地发生水解。有机酸对锦纶的作用比较缓和,草酸、乳酸等较强的有机酸对锦纶有一定影响,甲酸和醋酸对锦纶有膨化作用。

(3) 氧化剂的作用。由于聚酰胺纤维长链分子中酰胺键中的 C—N 键是弱键,它的离解能比 C—O 键低 15%,所以聚酰胺纤维的耐光性较差。聚酰胺纤维在光和氧化剂的作用下,伴随着强力下降的同时,纤维的色泽泛黄变深,这可能是裂解产物中存在吡咯类杂环结构导致的。该反应随氧化剂浓度增大和温度升高而加速。因此,聚酰胺纤维的漂白不采用过氧化氢及次氯酸钠,而采用稍弱的亚氯酸钠或过醋酸。

(4) 热的作用。聚酰胺纤维的热稳定性不太好,聚酰胺 6 纤维和聚酰胺 66 纤维的软化点分别为 180 ℃和 235 ℃,熔点分别为 215～220 ℃和 255 ℃。在 150 ℃下加热 1 h,纤维强度仅为原来的 69%,在空气中的允许使用温度为 90～120 ℃。高于 130 ℃时,聚酰胺纤维即发生明显的氧化裂解,在 150～185 ℃时,裂解变得极为迅速,然而在隔绝空气的情况下,聚酰胺纤维被熔融而不发生明显的降解。在这种情况下,聚酰胺纤维发生明显热裂解的温度为 300～315 ℃。

聚酰胺纤维的耐热性比涤纶差，但比聚烯烃纤维好得多。然而，用作飞机和载重汽车的轮胎帘子线时，在行驶中不能耐冲击所产生的高温。近年来，在聚酰胺6和聚酰胺66的合成过程中加入热稳定剂(如三溴化磷)，提高其耐热性能。

(5) 染色性。聚酰胺纤维是一种疏水性纤维，但由于其分子链端含有氨基和羧基，除了可采用染涤纶的分散性染料染色，还可用染羊毛及蚕丝的染料染色。在酸性介质中，聚酰胺纤维分子上的氨端基接受质子成为阳离子，可与酸性染料结合；在碱性介质中，羧端基失去质子成为阴离子，可与阳离子染料结合。1 g 聚酰胺66纤维含有0.04 mmol的氨基，用酸性染料染色可获得中等浓度的色泽及良好的牢度和鲜艳度。但是，用阳离子染料染聚酰胺纤维时，水洗和耐晒牢度较差。总之，聚酰胺纤维的染色性虽然不如天然纤维和再生纤维，但在合成纤维中是较易染色的。

(6) 耐光性。聚酰胺纤维的耐光性与蚕丝大致相同，是比较差的，在日光和紫外光长期照射下，颜色泛黄，强度下降。光降解速度随着氧浓度增加和温度上升而加快，这是因为酰胺键对光较敏感。

3.1.3.4 聚酰胺纤维的改性

(1) 改变二元酸或二元胺。聚己内酰胺纤维与聚己二酰己二胺纤维均属脂肪链聚酰胺纤维。如果在上述聚酰胺纤维的长链分子中，用芳香环或脂肪环取代脂肪链，所得聚酰胺纤维的热稳定性及弹性会提高。如取用芳香族的二元酸替代脂肪链的二元酸，或取用脂环族的二元胺替代脂肪链的二元胺(表3-4)，其中最典型的是由甲撑双—对氨基环己烷和十二烷二酸缩聚物所制得的纤维，叫作脂环族聚酰胺纤维(奎阿纳)，其分子结构如下：

$$HOOC-(CH_2)_{10}-\overset{O}{\overset{\|}{C}}-\!\!\left[\overset{H}{\overset{|}{N}}-\langle\bigcirc\rangle-CH_2-\langle\bigcirc\rangle-\overset{H}{\overset{|}{N}}-\overset{O}{\overset{\|}{C}}-(CH_2)_{10}-\overset{O}{\overset{\|}{C}}\right]\!\!-OH$$

这种纤维长链分子中的酰胺基密度不大(8%)，由于引入一定数量的环烷基团，聚合物的玻璃化温度提高，长链分子的刚性和熔点都比一般脂肪链聚酰胺稍有增大，但比通常的芳香族聚酰胺要低，所以它是一种性能和蚕丝比较接近的仿真丝型纤维。

表3-4 各种聚酰胺纤维的结构

名称	单体	分子结构
聚酰胺9	9-氨基壬酸	$\left[NH(CH_2)_8CO\right]_n$
聚酰胺11	11-氨基十一酸	$\left[NH(CH_2)_{10}CO\right]_n$
聚酰胺12	十二内酰胺	$\left[NH(CH_2)_{11}CO\right]_n$
聚酰胺66	己二胺和己二酸	$\left[NH(CH_2)_6NHCO(CH_2)_4CO\right]_n$
聚酰胺610	己二胺和癸二酸	$\left[NH(CH_2)_6NHCO(CH_2)_8CO\right]_n$
聚酰胺1010	癸二胺和癸二酸	$\left[NH(CH_2)_{10}NHCO(CH_2)_8CO\right]_n$

(续表)

名称	单体	分子结构
聚酰胺 6T	己二胺和对苯二甲酸	$-\!\!\!\left[NH(CH_2)_6NHCO-\langle\bigcirc\rangle-CO\right]_n$
MXD6	间苯二甲胺和己二酸	$-\!\!\!\left[NH(CH_2)-\langle\bigcirc\rangle-CH_2NHCO(CH_2)_4CO\right]_n$
凯纳 1(Qiana) (PACM-12)	二(4-氨基环己烷)甲烷和十二二酸	$-\!\!\!\left[NH-\langle\bigcirc\rangle-CH_2-\langle\bigcirc\rangle-NHCO(CH_2)_{10}CO\right]_n$
聚酰胺 612	己二胺和十二二酸	$-\!\!\!\left[NH(CH_2)_{10}NHCO(CH_2)_{10}CO\right]_n$

(2) 交联和接技。为了改善聚酰胺纤维的性能,如提高其熔点、耐热性、弹性、防缩性、防皱性和吸温性等,可对聚酰胺纤维进行化学变性。主要的方法有两种:一种是交联;另一种是接枝。

由于聚酰胺纤维长链分子中具有亚胺基和氨基端基,可以利用甲醛进行交联。交联发生在无定型区。除甲醛外,羟甲基衍生物、二异氰酸酯、二酸的氯化物、三聚氯氰酸等,都可用作聚酰胺纤维的交联剂。为了制造各种卷曲纤维,在聚酰胺纤维分子间可以引入二硫键。

聚酰胺纤维还可通过接枝聚合的方法改善性能。如聚己二酰己二胺纤维与环氧乙烷接枝聚合后,纤维具有很好的柔韧性和亲水性。又如聚己二酰己二胺纤维与丙烯酸接枝聚合后,纤维的熔点从 265 ℃提高到 350 ℃,具有高度的防熔洞性。

3.1.4 聚丙烯腈纤维

聚丙烯腈(PAN)纤维是由以丙烯腈为主要链结构单元的聚合物纺制的纤维。若仅用丙烯腈一种单体聚合,则制得丙烯腈均聚物。由于大分子链上强极性的侧基即氰基的存在,分子链之间相互作用力很强,堆砌紧密,横向高度有序,致使聚合物发脆,溶解性和染色性都很差,不宜纺制纤维。为了克服上述缺点,研制了以丙烯腈为主体的共聚丙烯腈纤维。共聚丙烯腈纤维是指由丙烯腈重量占 85%以上的共聚物制得的一类碳链纤维,其他的乙烯基系共聚单体的重量占比不超过 15%。

在聚丙烯腈的大分子链中,约有 90%的丙烯腈链节 $-(CH_2\underset{\displaystyle CN}{\underset{|}{C}H})-$ (由第一单体提供),有 5%~10%的丙烯酸甲酯、甲基丙烯酸甲酯或醋酸乙烯酯等链节(由第二单体提供),有 0.5%~3%的丙烯磺酸钠、甲基丙烯磺酸钠、苯乙烯磺酸钠、对-甲基丙烯酰胺苯磺酸钠、甲叉丁二酸(衣康酸)单钠盐、丙烯酸、甲基丙烯酸、2-乙烯吡啶、2-甲基-5-乙烯基吡啶或丙烯酸二甲胺等链节(由第三单体提供)。第二单体的引入能破坏大分子链的规整性,削弱聚丙烯腈大分子间的作用力,提高纤维的柔软性和弹性,减少脆性,也有利于染料分子向纤

维内部扩散。加入第三单体主要是为了引入一定数量的能与染料结合的基团，以有利于染色，并改善亲水性。

由于共聚单体、聚合方法及纺丝溶剂不同，性能有较大的差异，因此聚丙烯腈纤维的商品牌号很多，国外统称为聚丙烯腈系纤维，我国的商品名为“腈纶”。丙烯腈含量低于 85%而高于 35%的纤维，称为改性腈纶。目前工业生产的典型品种是丙烯腈(40%～60%)与氯乙烯的共聚纤维，在我国称为腈氯纶。

研制共聚丙烯腈纤维，除了纤维染色性、柔软性改善，还可改善纤维的阻燃、抗静电、防污等性能。采用的第二、三单体的品种和用量不同，可得到不同品种的纤维，见表 3-5。

表 3-5 几种共聚丙烯腈纤维的商品名称和化学组分

商品名称	化学组分
腈纶、考旦尔	丙烯腈、丙烯酸甲酯、衣康酸钠盐
腈纶	丙烯腈、丙烯酸甲酯、丙烯磺酸钠
腈纶、爱克斯纶 DK	丙烯腈、丙烯酸甲酯、甲基丙烯磺酸钠
奥纶 42	丙烯腈、丙烯酸甲酯、苯乙烯磺酸钠
奥纶 81	丙烯腈
阿克利纶	丙烯腈、醋酸乙烯酯、乙烯吡啶
开士米纶	丙烯腈、丙烯酸甲酯、甲基丙烯磺酸钠
特拉纶	丙烯腈、甲基丙烯酸甲酯、甲基丙烯磺酸钠
阿克利别尔	丙烯腈、甲基丙烯酸甲酯、酸性第三单体

聚丙烯腈纤维具有许多优良性能，如柔软性和保暖性好，有“合成羊毛”之称，耐光性和耐辐射性优异，但其强度不高，耐磨性和抗疲劳性也较差。随着合成纤维生产技术的不断发展，各种改性聚丙烯腈纤维相继出现，其应用领域不断扩大。

3.1.4.1 丙烯腈共聚物的合成

(1) 单体的合成。聚丙烯腈的主要单体为丙烯腈(AN)，它可以用石油、天然气、煤及电石等制取，有多种工艺路线。目前广泛采用的是丙烯氨氧化法。此法中，使丙烯在氨、空气与水的存在下，用钼酸铋与锑酸双氧铀做催化剂，在沸腾床上于温度为 450 ℃、压力为 150 kPa 下反应。其反应式如下：

$$CH_2{=}CH{-}CH_3 + 2NH_3 + 3O_2 \longrightarrow 2CH_2{=}CH{-}CN + 6H_2O$$

其他重要的第二、第三单体的合成方法也很多。丙烯酸甲酯可由丙烯氧化制取丙烯酸，再与甲醇酯化而制得。丙烯磺酸钠可由丙烯与氯气反应生成 3-氯-1-丙烯，再与亚硫酸钠反应而制得。

(2) 丙烯腈共聚物的合成。丙烯腈的聚合反应系自由基链式反应，常用的引发剂有偶氮二异丁腈和氯酸钠-亚硫酸钠等。选用的共聚单体应与丙烯腈的聚合速率不能相差太大，这样才能制得组成比较稳定的共聚物。我国生产的共聚丙烯腈纤维，第一单体是丙烯腈(约为 90%),第二单体是丙烯酸甲酯(约为 5%～10%),第三单体是丙烯磺酸钠(约为 1%～3%),引发剂为偶氮二异丁腈。其反应式如下:

链引发:

$$\begin{array}{cccccccccc}
 & \mathrm{CH_3} & & \mathrm{CH_3} & & & & \mathrm{CH_3} & \\
 & | & & | & & & & | & \\
\mathrm{CH_3-} & \mathrm{C} & \mathrm{-N{=}N-} & \mathrm{C} & \mathrm{-CH_3} & \xrightarrow{\triangle} & \mathrm{2CH_3-} & \mathrm{C\cdot} & +\mathrm{N_2}\uparrow \\
 & | & & | & & & & | & \\
 & \mathrm{CN} & & \mathrm{CN} & & & & \mathrm{CN} &
\end{array}$$

引发剂(偶氮二异丁腈)　　　　游离基

链增长:

$$\begin{array}{cccccccccc}
 & \mathrm{CH_3} & & & & & & & & \\
 & | & & & & & & & & \\
\mathrm{CH_3-} & \mathrm{C\cdot} & +\ \mathrm{XCH_2{=}} & \mathrm{CH} & +\ \mathrm{YCH_2{=}} & \mathrm{CH} & +\ \mathrm{ZCH_2{=}} & \mathrm{CH} & & \longrightarrow \\
 & | & & | & & | & & | & & \\
 & \mathrm{CN} & & \mathrm{CN} & & \mathrm{C{=}O} & & \mathrm{CH_2-SO_3Na} & & \\
 & & & & & | & & & & \\
 & & & & & \mathrm{OCH_2} & & & &
\end{array}$$

游离基　　　丙烯腈　　　丙烯酸甲酯　　　丙烯磺酸钠

$$\begin{array}{cccccccccccccc}
\sim\sim\mathrm{CH_2-} & \mathrm{CH} & \mathrm{-CH_2-} & \mathrm{CH} & \mathrm{-CH_2-} & \mathrm{CH} & \mathrm{-CH_2-} & \mathrm{CH} & \mathrm{-CH_2-} & \mathrm{CH} & \mathrm{-CH_2-} & \mathrm{CH} & \mathrm{-CH_2-} & \mathrm{CH}-\sim\sim \\
 & | & & | & & | & & | & & | & & | & & | \\
 & \mathrm{CN} & & \mathrm{CN} & & \mathrm{C{=}O} & & \mathrm{CH_2SO_3Na} & & \mathrm{CN} & & \mathrm{C{=}O} & & \mathrm{CN} \\
 & & & & & | & & & & & & | & & \\
 & & & & & \mathrm{OCH_3} & & & & & & \mathrm{OCH_3} & &
\end{array}$$

生成三元共聚物(三种单体在大分子链中的排列是随机的),相对分子质量为50 000～80 000。

聚合方法可以采用两种方法:均相溶液聚合和非均相聚合。

所谓均相溶液聚合是指所用溶剂既能溶解单体又可溶解聚合产物,反应结束后,聚合物溶液可直接用于纺丝,所以该法称一步法。如以硫氰酸钠浓水溶液、氯化锌浓水溶液、硝酸、二甲基甲酰胺、二甲基亚砜等为溶剂的丙烯腈聚合,均采用此法。

丙烯腈的非均相聚合一般采用以水为介质的水相沉淀聚合法。水相沉淀聚合是指以水为介质,单体在水中具有一定的溶解度,当水溶性引发剂引发聚合时,聚合产物不溶于水而不断地从水相中沉淀出来。水相沉淀聚合具有下列优点:①水相聚合通常采用水溶性氧化-还原引发体系,引发剂分解活化能较低,聚合可在 30～50 ℃甚至更低的温度下进行,所得产物色泽较白;②水相聚合的反应热容易控制,聚合产物的相对分子质量分布较窄;③聚合速度较快,产物粒子大小较均匀且含水率较低,聚合转化率较高,浆状物料易于处理,回收工序相应地较为简单。

3.1.4.2 丙烯腈共聚物的结构

(1) 腈纶的分子结构。腈纶的主要结构单元为丙烯腈,所以腈纶大分子以聚丙烯腈表示:$-(\mathrm{CH_2}\underset{\underset{\mathrm{CN}}{|}}{\mathrm{CH}})_n-$。丙烯腈共聚物是带有侧基的线型碳链高分子,各共聚单体在分子链上的分布是随机无规则的,丙烯腈单元的联结方式主要是头尾相连,与腈基相连的碳原子间隔着一个亚甲基。

从聚丙烯腈的分子结构式可以看出：腈纶大分子为碳链结构，因此化学稳定性较好；腈纶大分子的规整性好，分子结构紧密；大分子链中的氰基（ —C≡N ）为强极性基团，碳、氮原子之间的电子云密度分布极不均匀，使得腈纶大分子间形成类氢键，并通过氰基的偶极相互作用形成偶极键结合，如图 3-7 所示。

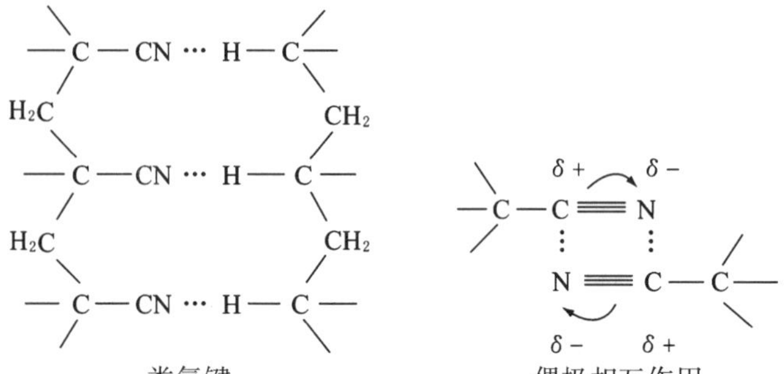

类氢键　　偶极相互作用

图 3-7　聚丙烯腈分子的相互作用力

腈纶大分子间依靠范德华力、类氢键、偶极作用结合，形成很强的分子间力。同一大分子上的氰基因极性相同而互相排斥，相邻大分子间因氰基极性相反而互相吸引，这样使大分子链呈螺旋状构象，第二、第三单体的加入使这种构象更不规则，这使得腈纶在主链分子结构上难以构成规整的结构。

（2）腈纶的超分子结构。由于强极性氰基间的相互作用，聚丙烯腈分子链的构象不是像聚乙烯那样的平面锯齿形，也不是像等规聚丙烯那样有规则的螺旋状，而是一种具有不规则曲折和扭转的螺旋状。这种不规则螺旋状大分子链在纤维中的堆砌，就有序区来说，它的状态不如结晶聚合物晶区的规整程度高，但就无序区而言，它的状态又高于一般聚合物非晶区的规整程度。所以腈纶大分子为侧向二维有序而纵向无序的结构，又称为准晶态结构，可用侧序度的概念描述。按照腈纶超分子结构中大分子排列的规整度，分为高侧序度、中侧序度和低侧序度三部分，高侧序度部分又称为准晶区或蕴晶区。

非结晶结构造成腈纶的强度不高，一般为 22.05～44.10 cN/tex。腈纶的伸长率很高，干态断裂伸长率一般为 25%～46%。

3.1.4.3　聚丙烯腈纤维的化学性质

（1）水的作用。腈纶的吸湿性低于锦纶而略高于涤纶。相对湿度 65%时，吸湿率为 1.0%～2.5%，提高相对湿度，吸湿率增加不多。例如相对湿度 95%时，吸湿率也仅为 3%。但干燥的腈纶纤维在水中能很快润湿。然而，由于纤维结构紧密，水分子不易渗入到纤维内部，溶胀度不高。显然，腈纶吸湿率与第二、第三单体的种类和用量有关，还与纤维的结构有关。腈纶的湿态强度约为干态强度的 80%～100%。湿态强度降低的原因是共聚的第三单体含有亲水性基团，纤维在水中可发生一定程度的溶胀，使大分子链间作用力有所减弱。

（2）酸、碱的作用。聚丙烯腈纤维能耐无机酸（浓度特别高除外，如能溶于 65%～70%的硝酸或硫酸中），但碱对它的作用比较强，特别是当温度较高时，强碱对聚丙烯腈纤维的损伤更为显著。如在 50 g/L 的氢氧化钠溶液中煮沸 5 h，纤维将全部溶解。

虽然聚丙烯腈纤维的主链是化学稳定性良好的碳链，一般不发生反应。然而，侧链上的氰基在酸或碱的催化作用下会发生水解，先生成酰胺，然后进一步水解便生成羧酸。其反应式如下：

$$-CH_2-\underset{\underset{CN}{|}}{CH}-CH_2-\underset{\underset{CN}{|}}{CH}- \xrightarrow[H^+\text{或}OH]{H_2O}$$

$$-CH_2-\underset{\underset{NH_2}{\underset{|}{\underset{CO}{|}}}}{CH}-CH_2-\underset{\underset{NH_2}{\underset{|}{\underset{CO}{|}}}}{CH}- \xrightarrow[H^+\text{或}OH]{H_2O} -CH_2-\underset{\underset{OH}{\underset{|}{\underset{C=O}{|}}}}{CH}- +NH_3\uparrow$$

水解反应随着温度提高而加剧，当聚丙烯腈纤维大分子上一定量的氰基水解成羧酸后，纤维具有水溶性而遭到破坏。氢氧化钠对氰基水解的催化作用比硫酸强。在碱性催化时，水解释出的氨与未水解的氰基反应，生成脒基（发色基团）而产生黄色，这就是纤维在强碱条件下进行处理容易发黄的原因。

$$\cdots-CH_2-\underset{\underset{CN}{|}}{CH}-\cdots +NH_3 \longrightarrow \cdots-CH_2-\underset{\underset{NH_2}{\underset{|}{\underset{C=NH}{|}}}}{CH}-\cdots$$

实际上，如果利用氰基的化学反应性能，适当控制氰基的水解反应，可使聚丙烯腈纤维大分子带有一定量的酰胺基、羧基或其他基团，便能改善纤维的亲水性、染色性，即通常所说的聚丙烯腈纤维的化学改性。

(3) 氧化剂、还原剂的作用。聚丙烯腈纤维对常用的氧化性漂白剂的稳定性良好，在适当的条件下可使用亚氯酸钠、过氧化氢进行漂白。腈纶对常用的还原性漂白剂，如亚硫酸氢钠、亚硫酸钠、保险粉等的作用也较稳定，所以它与羊毛混纺的纺织品可采用保险粉漂白。

(4) 热的作用。聚丙烯腈的准晶态结构使其具有两个玻璃化温度：低侧序区为 80～100 ℃，高侧序区为 140～150 ℃。加入第二、第三单体，降低了纤维的侧序度，使两个玻璃化温度相互接近，约为 75～100 ℃。当加工中有较多水分或膨化剂存在时，T_g 为 75 ℃左右。

腈纶没有明显的熔点，190～240 ℃开始软化，280～300 ℃发生热裂解。腈纶的使用温度一般不超过 130 ℃，150～200 ℃下加热 2～4 h，色泽显著泛黄，强度降低 20%～30%。随着第二、第三单体含量的增加，耐热性有所降低。若丙烯腈含量相同，则其他共聚单体的类型有明显的影响，磺酸型比羧酸型的耐热性好，羧酸型受热易脱羧而使纤维泛黄。当温度升到 200 ℃，即使时间很短，也会引起发黄。当然，发黄的程度还因纤维品种不同而异。

聚丙烯腈纤维在较高的温度（200 ℃或 200 ℃以上）进行热处理时，纤维会随着热处理的时间延长从黄到棕色，最后成为黑色。但即使在 200 ℃以下处理 60 h，其强度仍保留原来的一半以上，并能经火燃烧而无显著的损坏。聚丙烯腈纤维产生变色的原因是大分子长链上形成了较长的共轭体系，即加热时，纤维分子的长链发生重排和环化，如下式所示：

$$\cdots CH_2-CH(CN)-CH_2-CH(CN)-CH_2-CH(CN)-CH_2-CH(CN)-CH_2-\cdots \xrightarrow{\triangle} \cdots CH(CN)-CH_2-[\text{环化共轭结构：C, HC, C, C, N, N}]-C(NH_2)-CH_2-\cdots + H_2$$

由于生成物有较长的共轭体系，所以产生颜色。另外，环化后的产物不溶于聚丙烯腈的溶剂中，并具有吸酸等性能。

(5) 有机溶剂的作用。聚丙烯腈大分子链上含有强极性氰基，分子链间有很强的偶极力。要破坏这种偶极力，就必须采用强极性的溶剂。因此，腈纶不溶于醇、醚、酯、二硫化碳等溶剂，有良好的耐溶剂性。但腈纶可溶于乙腈、二甲基甲酰胺、二甲基乙酰胺、二甲基亚砜等强极性有机溶剂，这些溶剂常用作腈纶纺丝溶剂。

(6) 染色性。腈纶的染色性主要取决于第三单体的种类和数量。含有羧基或磺酸基等酸性基团的腈纶，可以用阳离子染料染色，染成极为鲜艳的色彩。含有吡啶环等碱性基团的腈纶，可用酸性染料染色。不论含有哪种第三单体，都可用分散染科染色。

(7) 耐光性。腈纶在所有天然纤维及大规模生产的化学纤维中是耐光性最好的。除聚四氟乙烯纤维外，耐光性数它最好。在日光下曝晒 80 h，纤维强度毫不减退，即使日晒 1800 h，强度损失仅 40%。经日光和大气作用一年，大多数纤维的强度损失为 90%～95%，而腈纶仅为 20%左右。腈纶优异的耐光性和耐气候性可归因于腈基的碳氮三键能吸收能量较高的紫外线，并把它转化为热能，从而保护了碳链。因此，腈纶特别适宜制作各种室外用品。同样，棉纤维上的羟基与丙烯腈发生腈乙基化反应后，耐光性显著提高。

3.1.5 聚丙烯纤维

聚丙烯(PP)纤维是以丙烯聚合得到的等规聚丙烯为原料纺制而成的合成纤维，在我国的商品名为丙纶。丙纶于 1957 年开始工业化生产，由于其吸湿性和染色性很差，因此主要用它生产捆扎用的聚丙烯膜裂纤维，并由薄膜原纤化制得纺织用纤维及地毯用纱等产品。进入 20 世纪 70 年代，纺丝工艺及设备的改进，以及非织造布的出现和迅速发展，使聚丙烯纤维的发展与应用有了广阔的前景。由于具有密度小、熔点低、强度高、耐酸碱等特点，而且与聚酯纤维、聚丙烯腈纤维相比，具有原料生产和纺丝过程简单、工艺路线短、原料和综合能耗低、成本低廉、无污染和应用广泛等优点，聚丙烯纤维异军突起，成为发展较快的合成纤维品种。随着丙烯聚合和聚丙烯纤维生产新技术的开发，聚丙烯纤维的产品品种变得越来越新，越来越多。1980 年，卡敏斯凯(Kaminsky)和斯恩(Sinn)发明的茂金属催化剂对聚丙烯树脂品质的改善最为明显，由于提高了其立构规整性(等规度可达 99.5%)，大大提高了聚丙烯纤维的内在质量。

3.1.5.1 聚丙烯的合成

聚丙烯纤维(丙纶)是以丙烯为原料，通过定向聚合反应而获得相对分子质量、结晶度

(65%)及熔点(158～170 ℃)相当高,能符合纺织纤维要求的立构等规聚丙烯纤维。其等规结构可表示如下:

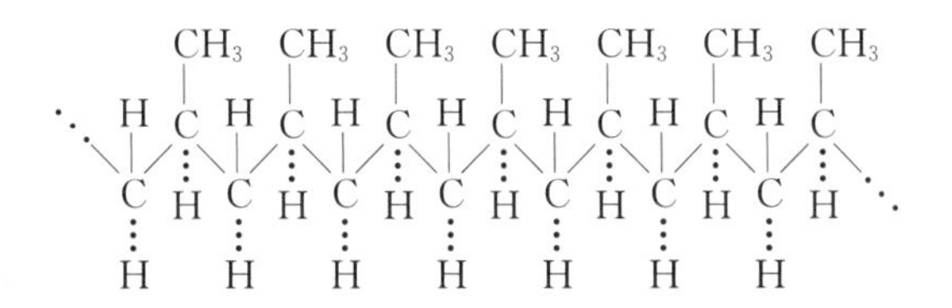

相对分子质量一般在 80 000～120 000,也可提高到 200 000 左右。

聚丙烯的分子结构有全同、间同和无规三种,一般丙纶多为全同立构聚合物。丙纶短纤维的聚合度一般控制在1000～2000,长丝聚合度可提高到 5000 左右。聚合物的等规度一般为 85%～97%,熔点为 164～170 ℃。聚丙烯多采用熔体纺丝法制取长丝和短纤维,纺丝过程与涤纶、锦纶相似。由于成纤聚丙烯相对分子质量大,熔体黏度较高,流动性差,对喷丝不利,所以纺丝温度要比聚丙烯熔点高 50～130 ℃,即实际熔体温度为 260～300 ℃。丙纶在冷却成型过程中的结晶速度较快,故拉伸时要严格控制温度,冷却温度要比涤纶和锦纶低,以防止其结晶度过大,从而影响后加工,使牵伸难以进行。

催化剂是配位聚合的核心问题。等规聚丙烯(IPP)的聚合一般采用多相齐格勒-纳塔Ziegler-Natta(Z-N)]催化剂完成。经过多年的改进,已由最初的第一代常规 $TiCl_3$ 催化剂发展到现在的高活性、高性能的第三代和第四代的催化剂,不仅催化活性呈几百倍乃至几千倍的提高,而且等规度达到 98%以上的高水平,产品无需脱灰和脱无规物,甚至无需造粒。采用茂金属催化剂生产的等规聚丙烯与普通等规聚丙烯相比,密度较低(约0.88 g/cm^3),熔点较低(130～150 ℃),熔化热也低(15～20 J/g),等规度达到 80%以上,相对分子质量分布较窄(分散性系数仅为 2.0),结晶速度慢且晶粒小,耐化学稳定性和耐辐射性好,因此在纤维生产中,具有较好的流动性,成型温度较低,熔体黏度较低,弹性较低,可纺性好。

3.1.5.2 聚丙烯纤维的结构

(1) 聚丙烯的分子结构。从构型上看,聚丙烯分子的主链是由在同一平面上的碳原子曲折链组成的,侧甲基可在平面上、下做不同形式的空间排列,等规结构很容易结晶。

(2) 聚丙烯的晶体结构。从全同聚丙烯的 X 射线衍射图像分析,它的分子链呈立体螺旋构型,这种三维的结晶,不仅是单个链的规则结构,且在链轴的直角方向也具有规则的链堆砌。全同聚丙烯的结晶结构有五种,即 α、β、γ、δ 和拟六方变体。最常见的晶体属于单晶体系(α 变体)。丙纶的超分子结构可采用"折叠链缨状微原纤"理论及模型来解释。丙纶的最佳结晶温度为 125～135 ℃。温度过高,不易形成晶核,结晶缓慢;温度过低,由于分子链扩散困难,结晶难以进行。聚丙烯初生纤维的结晶度为 33%～40%,经后拉伸,结晶度上升至 37%～48%,再经热处理,结晶度可达 65%～75%。

聚丙烯纤维的密度为 0.90～0.92 g/cm^3,在所有化学纤维中是最轻的。丙纶具有很好的强度,一般丙纶短纤维的强度为 35～53 cN/tex,如果纺制成高强度聚丙烯纤维,其强度可达 75 cN/tex。丙纶的吸湿性极低,因此,干、湿强度和断裂伸长度几乎相等。在伸长 3%时,丙纶的弹性回复率可达 96%～100%。丙纶的耐磨性也很好,尤其是耐反复弯曲的寿命长，在断裂角为175°时可经受反复挠曲20万次。

3.1.5.3 **聚丙烯纤维的化学性质**

（1）水的作用。聚丙烯纤维长链分子中无极性基团，吸湿性极低，回潮率小于0.03%，体积比电阻很高（$7\times10^{19}\ \Omega\cdot cm$），电绝缘性好。

（2）酸、碱等化学试剂的作用。聚丙烯纤维的主链为C—C键，侧链上无活性基团，所以对酸碱等化学试剂的稳定性都很好，一般浓度的酸和碱对聚丙烯纤维无影响。聚丙烯纤维的化学稳定性见表3-6。

表3-6 聚丙烯纤维的化学稳定性（在20℃时）

试剂		质量浓度（%）	4个月后保留强度（%）
酸	盐酸	34	100
	硝酸	66	100
	硫酸	94	100
	蚁酸	75	100
	冰醋酸	—	100
碱	氢氧化钾	40	90
	氢氧化钠	40	90
溶剂	三氯乙烯	—	80
	四氯乙烯	—	80
	甲苯	—	85
	苯	—	80
氧化剂	次氯酸钠	有效氯5	85
	过氧化氢	12%（体积分数）	90

（3）热的作用。丙纶的熔点较低（165～173℃），软化点比熔点低10～15℃，故其耐热性差。在高温并有空气存在下，纤维的氧化裂解加快，聚合度降低，强度损失明显。聚丙烯纤维长链分子中所含的叔碳原子，在供电子基团—CH_3的影响下，容易产生游离基，从而导致一系列引起降解的连锁反应，致使其强度急剧下降。这种氧化作用在丙纶的纺丝过程中、纤维的加工和使用过程中都会发生，直接影响纤维的结构和性能。

（4）染色性。由于聚丙烯纤维长链分子中没有可以与染料作用的极性或反应性基团，而且几乎完全不吸水，因此，染色性能和染色牢度很差。为了提高聚丙烯纤维的染色性能，除了将染料加到纺丝前的熔体中进行原液着色外，还可采用纤维改性的方法，即通过与其他单体共聚或在聚合物上进行接技处理，使聚丙烯纤维带上能接受染料的极性基团，同时改善纤维的吸湿性。一般采用的接技法是对纤维进行磺化、卤化等化学改性。

（5）耐光性。由于叔碳自由基容易形成，在紫外光照射下也容易发生光氧化降解，所以丙纶的耐光性很差，特别是对UVB波段的紫外线很敏感。试验表明，春夏季隔玻璃在光照下 6 个月，丙纶强度即降为 0，而涤纶能保持 78%，锦纶保持 73%。因此丙纶在抽丝前必须经防老化处理，在使用和运输中必须尽量避免在日光下暴晒。为提高丙纶的稳定性，在纺丝时可加入一定量的抗氧化剂，常用的有苯酚、芳香胺的衍生物和含硫化合物（如硫醇、硫醚、磺酰苯酚、二硫代磷酸盐等）。

3.1.6 聚氨酯弹性纤维

聚氨酯弹性纤维是指以聚氨基甲酸酯为主要成分的一种嵌段共聚物制成的纤维，简称氨纶（Polyurethane Fiber，缩写 PU）。国外商品名有莱卡[Lycra（美国）]、内欧纶[Neolon（日本）]、多拉丝弹[Dorlastan（德国）]等。由于它不仅具有橡胶那样的弹性，而且具有一般纤维的特征，因此受到人们的青睐。氨纶具有较高的弹性和伸长率，是生产优质弹性织物的重要纺织原料之一。

3.1.6.1 聚氨酯嵌段共聚物的合成

聚氨酯嵌段共聚物的合成分两步完成。第一步为预聚合，即用 1 mol 的聚酯或聚醚二醇与 2 mol 的芳香族二异氰酸酯反应，生成分子两端含有异氰酸酯基（—NCO）的预聚物。生产聚氨酯弹性纤维一般选用芳香族二异氰酸酯，以满足硬链段的硬度。常用的芳香族二异氰酸酯有 4，4′-二苯基甲烷二异氰酸酯（MDI）或 2，4-甲苯二异氰酸酯（TDI）。聚醚二醇是组成聚氨酯中的软链段之一，其相对分子质量越大，极性越小，分子链越柔顺，一般相对分子质量控制在1500～3500。常用的合成聚氨酯的聚醚二醇有聚四氢呋喃醚二醇、聚氧乙烯醚二醇、聚氧丙烯醚二醇等。常用的聚酯二醇有聚己二酸乙二醇酯、聚己二酸乙二醇丙二醇酯、聚己二酸丁二醇酯等。第二步是用低相对分子质量、含有活泼氢原子的双官能团化合物做链增长剂（扩链剂），与预聚物继续反应，生成相对分子质量在 20 000～50 000的聚氨酯嵌段共聚物。大多数扩链剂选用二胺、二醇、肼等。常用的二胺有间苯二胺、乙二胺、1，2-二氨基丙烷等，用芳香族二胺所制的纤维耐热性好，用脂肪族二胺所制的纤维强力和弹性好。二元醇有 1，4-丁二醇、乙二醇、丙二醇、二乙二醇等，制成的纤维物理力学性能稍差。用肼制成的纤维耐光性较好，但耐热性有所下降。化学反应如下：

第一步：预聚体的制备

$$2OCN—R_2—NCO + HO—R_1—OH \longrightarrow OCN—R_2—\underset{}{\overset{H}{\overset{|}{N}}}—\overset{O}{\overset{\|}{C}}—O—R_1—O—\overset{O}{\overset{\|}{C}}—\overset{H}{\overset{|}{N}}—R_2—NCO$$

二异氰酸酯　　聚醚或聚酯二醇　　预聚体（OCN R_3 NCO）

第二步：扩链反应

（1）用二元醇做扩链剂：

$$nOCN—R_3—NCO + nHO—R_4—OH \longrightarrow \left[O—\overset{O}{\overset{\|}{C}}—\overset{H}{\overset{|}{N}}—R_3—\overset{H}{\overset{|}{N}}—\overset{O}{\overset{\|}{C}}—O—R_4\right]_n$$

预聚体　　小分子二元醇　　聚酯型聚氨酯

(2) 用二元胺做扩链剂：

$$n\mathrm{OCN{-}R_3{-}NCO} + n\mathrm{H_2N{-}R_5{-}NH_2} \longrightarrow \mathrm{{-}\!\!\left[\underset{\displaystyle}{\overset{H}{\overset{|}{N}}}{-}\overset{O}{\overset{\|}{C}}{-}\overset{H}{\overset{|}{N}}{-}R_3{-}\overset{H}{\overset{|}{N}}{-}\overset{O}{\overset{\|}{C}}{-}\overset{H}{\overset{|}{N}}{-}R_5\right]_n\!\!{-}}$$

预聚体　　小分子二元胺　　聚脲型聚氨酯

3.1.6.2 聚氨酯弹性纤维的结构及弹性产生机理

聚氨酯弹性纤维实际上是一种以聚氨基甲酸酯为主要成分的嵌段共聚物纤维，是一种具有橡胶般的伸长和回弹能力的弹性纤维。在嵌段共聚物中有两种链段，即软链段和硬链段。软链段由非结晶性的聚酯或聚醚组成，玻璃化温度很低（$T_g=-50\sim-70$ ℃），常温下处于高弹态，它的相对分子质量为1500～3500，链段长度 15～30 nm，为硬链段的 10 倍左右。因此在室温下被拉伸时，纤维可以产生很大的伸长变形，并具有优异的回弹性。硬链段采用具有结晶性且能发生横向交联的二异氰酸酯，虽然它的相对分子质量较小（$M=500\sim700$），链段短，但由于含有多种极性基团（如脲基、氨基甲酸酯基等），分子间的氢键和结晶性起着大分子链间的交联作用。在外力作用下，大分子柔性链段的大幅度伸长使纤维产生很大形变，表现为纤维很容易被拉伸。刚性链段可防止大分子链间相对滑移，并为回弹提供必要的联结点。整个聚合物由结晶的刚性链段和非结晶的柔性链段纵横向联结，形成一个具有强大的分子间作用力的大分子网状结构。正是因为这种软硬链段镶嵌共存的结构，聚氨酯纤维被赋予高弹性和强度的统一，所以聚氨酯纤维是一种性质优良的弹性纤维。由于聚氨酯弹性纤维链结构中的软链段可为聚醚或聚酯，因此有聚醚型聚氨酯弹性纤维和聚酯型聚氨酯弹性纤维之分。

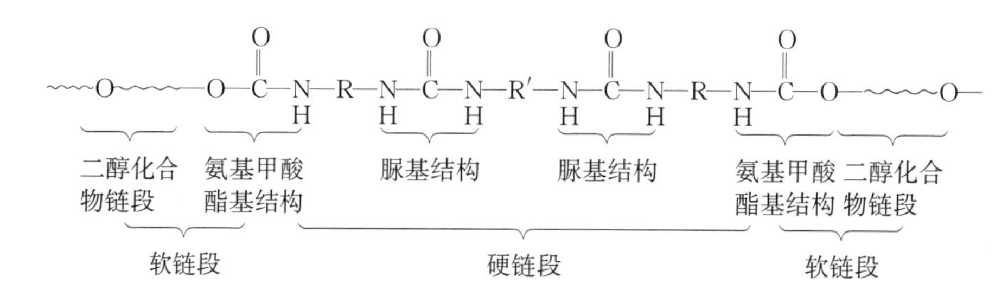

由于嵌段结构，氨纶有很大的弹性，其伸长率大于 400%，甚至高达 800%。当氨纶伸长率为 500%时，其回弹率也可以达到 95%～99%，具有极好的弹性回复率。这使得氨纶的耐疲劳性好，在 50%～300%的伸长率范围内，每分钟拉伸 220 次，氨纶可承受 100 万次而不断裂。氨纶的断裂强度，湿态时为 3.5～8.8 cN/tex，干态时为 4.4～8.8 cN/tex。当纤维达到最大伸长时，纤维变细，在这个线密度下测出的强度称为有效强度。氨纶的有效强度可达 52.8 cN/tex。

3.1.6.3 聚氨酯弹性纤维的化学性能

(1) 水的作用。氨纶的吸湿率为 0.3%～1.3%，吸湿率大小取决于原料的配方及组成。

(2) 氨纶的耐受性。耐还原剂，耐双氧水氧漂，耐低浓度的酸和碱，可进行干洗（如四氯乙烯、四氯化碳等)，不耐氯，不耐极性高的有机油剂(如二甲基甲酰胺DMF、二甲基乙酰胺DMA、环乙酮、苯酚等)。

漂白时可使用过硼酸钠、过硫酸钠等含氧型漂白剂。聚氨酯弹性纤维可以使用所有类型的染料染色。聚醚型聚氨酯弹性纤维的耐水解性好，而聚酯型聚氨酯弹性纤维的耐碱、耐水解性稍差。

氨纶对一般化学药品具有一定的抵抗性，但对氯较为敏感。也就是说，氯水、次氯酸钠、亚氯酸钠等含有效氯的物质，都会对氨纶的强力引起损伤。有效氯指具有氧化能力的氯。有效氯含量越高，氨纶强力损伤越严重。在同等含量的有效氯的条件下，pH值越低，氨纶强力损伤越严重。有效氯会在氨纶上残留并造成"贮存损伤"。在含有有效氯的游泳池中，带有氨纶的泳衣的使用寿命降低，因为受到有效氯的"即刻损伤"和"贮存损伤"。所以，尽管游泳池中消毒用剂的含氯量一般较低，但长时间作用能使氨纶降解，使其失去弹性和伸长率。这是氨纶的主要缺点之一。

(3) 热的作用。氨纶的熔点约为250 ℃，软化温度约200 ℃，在化学纤维中，属耐热性较好。但不同品种氨纶的耐热性差异较大。在150 ℃以上时，纤维变黄、发黏，强度下降。由于氨纶多以包芯纱或包覆纱的状态存在于织物中，因此在热定型过程中可采用较高温度(180～190 ℃)，但处理时间不要超过40 s。

3.1.7 聚乙烯醇缩醛纤维

聚乙烯醇(PVA)纤维其实是聚乙烯醇缩醛纤维(有缩甲醛、缩丁醛等)，国内简称维纶。聚乙烯醇易溶于水，直到1950年，不溶于水的聚乙烯醇缩醛纤维才实现工业化生产。聚乙烯醇纤维由于其染色性差、弹性低、耐热性不强等缺点不易克服，所以使用并不广泛。聚乙烯醇缩醛纤维主要为短纤维，由于其形状很像棉纤维，所以主要用于与棉纤维混纺，织成各种棉混纺织物。

3.1.7.1 聚乙烯醇的合成

由于游离态的乙烯醇极不稳定，不能单独存在，所以要获得具有实用价值的聚乙烯醇，通常以醋酸乙烯为单体进行聚合，进而醇解或水解，制成聚乙烯醇。聚醋酸乙烯通常以甲醇为溶剂，采用溶剂聚合法制得，其反应式如下：

$$n\,H_2C{=}\underset{\displaystyle OCOCH_3}{\underset{|}{CH}} \longrightarrow \left[H_2C{-}\underset{\displaystyle OCOCH_3}{\underset{|}{CH}}\right]_n$$

然后，将聚醋酸乙烯在甲醇或氢氧化钠作用下进行醇解反应而制得聚乙烯醇。

$$\left[H_2C{-}\underset{\displaystyle OCOCH_3}{\underset{|}{CH}}\right]_n + nCH_3OH \xrightarrow{NaOH} \left[H_2C{-}\underset{\displaystyle OH}{\underset{|}{CH}}\right]_n + nCH_3COOCH_3$$

$$\left[H_2C{-}\underset{\displaystyle OCOCH_3}{\underset{|}{CH}}\right]_n + nNaOH \longrightarrow \left[H_2C{-}\underset{\displaystyle OH}{\underset{|}{CH}}\right]_n + nCH_3COONa$$

3.1.7.2 维纶的结构

聚乙烯醇缩醛纤维的基本组成物质是聚乙烯醇，其结构式如下：

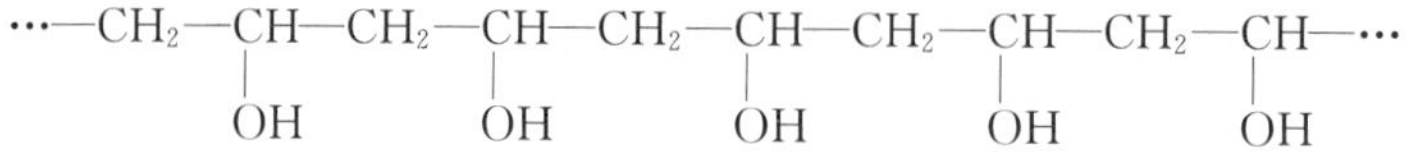

$$
\begin{array}{cccccccccc}
\cdots-CH_2- & CH & -CH_2- & CH & -CH_2- & CH & -CH_2- & CH & -CH_2- & CH-\cdots \\
 & | & & | & & | & & | & & | \\
 & OH & & OH & & OH & & OH & & OH
\end{array}
$$

由于聚乙烯醇的长链分子中具有许多羟基，因此它具有水溶性，不适宜作为纺织纤维。后来发现，对纺成的聚乙烯醇纤维用甲醛或丁醛进行缩醛化处理，便能成为不溶于水的聚乙烯醇缩醛纤维。例如聚乙烯醇缩甲醛，反应主要发生在纤维的无定型区，它的分子结构中的一部分可表示如下：

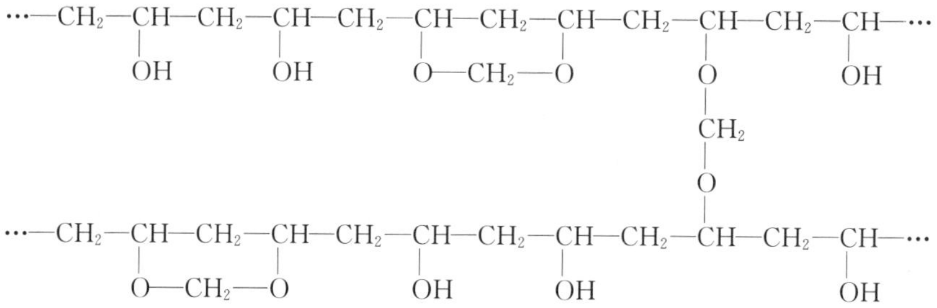

$$
\begin{array}{cccccccccccc}
\cdots-CH_2- & CH & -CH_2- & CH & -CH_2- & CH & -CH_2- & CH & -CH_2- & CH & -CH_2- & CH-\cdots \\
 & | & & | & & | & & | & & | & & | \\
 & OH & & OH & & O & -CH_2- & O & & O & & OH \\
 & & & & & & & & & | & & \\
 & & & & & & & & & CH_2 & & \\
 & & & & & & & & & | & & \\
 & & & & & & & & & O & & \\
 & & & & & & & & & | & & \\
\cdots-CH_2- & CH & -CH_2- & CH & -CH_2- & CH & -CH_2- & CH & -CH_2- & CH & -CH_2- & CH-\cdots \\
 & | & & | & & | & & | & & & & | \\
 & O & -CH_2- & O & & OH & & OH & & & & OH
\end{array}
$$

甲醛除了在同一大分子中邻近两个羟基间生成亚甲醚键外，也可能在两个大分子间生成少量亚甲醚键交联。所以，缩醛化的聚乙烯醇比未缩醛化处理的聚乙烯醇的弹性回复能力要大，即缩醛化还可起到一定的防皱、防缩作用。缩醛化反应主要发生在纤维大分子中未参加结晶的自由羟基上。随着缩醛度的提高，纤维大分子中的自由羟基数逐渐减少，纤维的耐热水性增强。

3.1.7.3 聚乙烯醇缩醛纤维的化学性质

(1) 水的作用。由于聚乙烯醇长链分子中有 60%为结晶区，40%为非结晶区，缩醛反应发生在 40%非结晶区，因此，聚乙烯醇缩醛纤维的长链分子中仍有大量的羟基，这使聚乙烯醇缩醛纤维具有良好的吸湿性能。

(2) 耐受性。聚乙烯醇缩醛纤维只能通过湿法纺丝成型，纤维的断面多数为扁平的马蹄形，并有明显的皮层与芯层之分。这是由于在湿法纺丝过程中，传质速度较慢，造成表层先凝固，而芯层凝固需要较长的时间。因此皮层取向度高而芯层结晶度高。由于在结构紧密且厚的皮层的“保护”下，化学药品难以进入纤维内部发生充分反应，因此耐酸碱性强。

(3) 染色性。由于皮层的原因，染料难以扩散入内，即使上染，皮层吸收染料比芯层少，故皮层色泽较芯层浅，造成不易染色和色泽不鲜艳等缺点。此外，聚乙烯醇缩醛纤维的染色性能还与缩醛化程度有关，若缩醛化程度大，无定区的羟基就减少得多，染色性能将减弱。

(4) 热的作用。聚乙烯醇的玻璃化温度约 80 ℃。随着聚乙烯醇间规度的提高，玻璃化温度略有提高。聚乙烯醇中残存醋酸酯基量和含水量增加时，玻璃化温度都将降低。乙烯醇受热(210～215 ℃)会发生软化，在熔融前便分解。聚乙烯醇的耐热性不强，在空气中受高温处理会发生热裂解，温度越高、时间越长，纤维的失重越大、强力越差。这是由于聚乙烯醇缩醛纤维长链分子中未缩醛化部分被氧化和脱水所造成的。当进一步加热时，聚乙烯醇将不仅发生脱水反应，还将发生大分子主链的断裂，使平均相对分子质量下降，同时生成各种带醛基的低分子物。

3.1.8 聚氯乙烯纤维

聚氯乙烯(PVC)纤维(氯纶)是以氯乙烯为原料，通过定向聚合反应而获得具有一定的结晶度、等规聚氯乙烯纺丝得到的纤维。直到20世纪50年代初，PVC纤维才作为一种工业产品出现。聚氯乙烯纤维具有原料来源广泛、价格便宜、纤维热塑性好、弹性好、抗化学药品性好、电绝缘性能好、耐磨、成本低并有较高的强度等优点，特别是纤维阻燃性好，难燃自熄。但聚氯乙烯纤维的耐热性差，对有机溶剂的稳定性和染色性也差，这影响了其应用。近年来，随着生活水平的提高，人们的安全意识越来越强。对于室内装饰织物、消防用品、飞机、汽车、轮船内仓用品等，很多国家都提出了阻燃要求。聚氯乙烯纤维作为阻燃纤维材料，通过原料与生产技术的改进与提高，将广泛应用于消防、宇航、冶金、石化等特种行业。

3.1.8.1 聚氯乙烯的合成及其结构

工业生产主要采用引发剂作用下的悬浮聚合，这是一种典型的游离基型聚合。

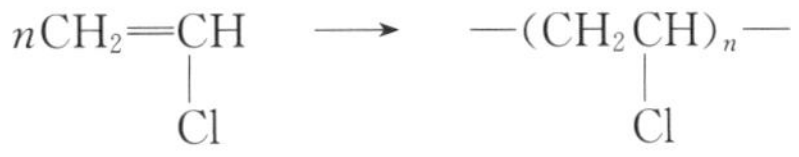

$$n\mathrm{CH_2}{=}\underset{\displaystyle\mathrm{Cl}}{\underset{|}{\mathrm{CH}}} \longrightarrow -(\mathrm{CH_2}\underset{\displaystyle\mathrm{Cl}}{\underset{|}{\mathrm{CH}}})_n-$$

其间规构型表示如下：

```
     Cl   H   Cl   H   Cl   H   Cl   H   Cl   H   Cl
     |    |   |    |   |    |   |    |   |    |   |
 ·. H  C H  C H  C H  C H  C H  C H  C H  C H  C H  C H .·
   \|/ : \|/ : \|/ : \|/ : \|/ : \|/ : \|/ : \|/ : \|/ : \|/
    C H  C Cl C H  C Cl C H  C Cl C H  C Cl C H  C Cl C H  C
    :    :    :    :    :    :    :    :    :    :    :    :
    H    H    H    H    H    H    H    H    H    H    H    H
```

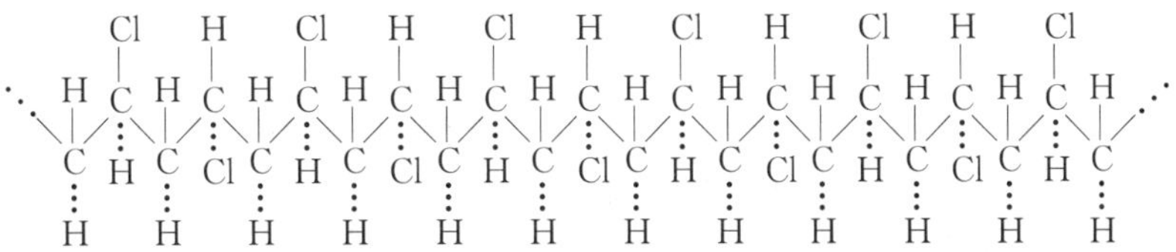

随着聚合温度的降低，所得聚氯乙烯的立体规整性提高，纤维的结晶度也提高，纤维的耐热性和其他一系列物理力学性能也获得不同程度的改善。

3.1.8.2 聚氯乙烯的性能

聚氯乙烯大分子具有很强的偶极矩，但是不吸水，很难在一般的溶剂中溶解。湿法纺丝所用的溶剂有二氯乙烷、四氯乙烷、氯苯、环己酮、四氢呋喃、二甲基甲酰胺、环氧丙烷及环氧氯丙烷等。

(1) 耐受性。聚氯乙烯纤维对无机试剂的稳定性好。室温下，在大多数无机酸、碱、氧化剂和还原剂中，纤维强度几乎没有损失或很少降低。

(2) 耐光性差。聚氯乙烯易发生光老化，当其长时间受到光照时，大分子会发生氧化裂解。

（3）耐有机溶剂性差。虽不能被多数有机溶剂溶解，但能使其溶胀。

（4）染色性差。常用的染料很难使聚氯乙烯纤维上色，所以生产中多数采用原液着色。

（5）耐热性较差。只适宜于 40 ℃以下使用，当温度在 65～70 ℃时即发生明显的热收缩。没有明显的熔点，其黏流化温度为 170～220 ℃，分解温度为 150～155 ℃，在该温度下会有少量 HCl 放出，促使其进一步分解，故必须加入碱性的稳定剂中和 HCl，以抑制其催化的裂解反应。因而，聚氯乙烯不仅不能采用熔体纺丝法纺丝，即使采用温度较低的热塑挤压法纺丝，也必须加入适当的热稳定剂。

（6）难燃性。在高温下，聚氯乙烯分解出大量的不燃性 HCl 气体，一方面带走大量的热量，另一方面隔绝空气，使火焰熄灭。聚氯乙烯纤维的极限氧指数（LOI）高达 37%，在明火中发生收缩并炭化，离开火源便自行熄灭，其产品特别适用于易燃场所。

3.1.8.3 改性聚氯乙烯纤维

（1）过氯纶。为了使聚氯乙烯纤维具有可溶性，将聚氯乙烯悬浮在四氯乙烷或氯苯中，再通入氯气进行氯化，即以 Cl 置换聚氯乙烯长链分子中—CH_2—中的 H 或—CHCl—中的 H，使聚氯乙烯的含氯量由 56.5%提高至 64.0%左右，相当于每三个聚氯乙烯链节上增加一个氯原子，即氯化聚氯乙烯。氯化聚氯乙烯在丙酮中具有良好的溶解性，其纤维称为过氯乙烯纤维（过氯纶）。其反应式如下：

$$\cdots-CH_2-\underset{\large Cl}{\underset{|}{CH}}-CH_2-\underset{\large Cl}{\underset{|}{CH}}-\cdots \xrightarrow{\text{氯化}} \cdots-CH_2-\underset{\large Cl}{\underset{|}{CH}}-\underset{\large Cl}{\underset{|}{CH}}-\underset{\large Cl}{\underset{|}{CH}}-\cdots$$

或

$$\cdots-CH_2-\underset{\large Cl}{\underset{|}{CH}}-CH_2-\underset{\large Cl}{\underset{|}{CH}}-\cdots \xrightarrow{\text{氯化}} \cdots-CH_2-\underset{\large Cl}{\underset{|}{CH}}-CH_2-\overset{\large Cl}{\overset{|}{\underset{\large Cl}{\underset{|}{C}}}}-\cdots$$

氯化聚氯乙烯在结构上，分子的不规整性增大，结晶度下降，分子链的极性增强，因而其热变形温度上升。氯化聚氯乙烯产品的使用温度最高可达 93～100 ℃，较聚氯乙烯产品大大提高，具有较好的耐热性。

（2）偏氯纶。这是一种以偏二氯乙烯为主体，少量的氯乙烯与丙烯腈或醋酸乙烯酯共聚而成的三元共聚物为原料所制得的纤维，商品名为萨纶（Saran）。偏二氯乙烯工业化生产包括氯乙烯的氯化反应生成 1，1，2-三氯乙烷（TCE），以及 TCE 碱解脱氯化氢制得偏二氯乙烯两个主要过程。反应式如下：

$$CH_2=\underset{\large Cl}{\underset{|}{CH}} + Cl_2 \longrightarrow CHCl_2-CH_2Cl \xrightarrow{NaOH} CCl_2=CH_2 + HCl$$

聚偏氯乙烯纤维的密度较高（1.68～1.75 g/cm^3），热稳定性及难燃性优于聚氯乙烯纤维，其他性能与聚氯乙烯纤维近似。

（3）聚乙烯醇-聚氯乙烯（PVA-PVC）共混阻燃纤维。由聚氯乙烯乳液和聚乙烯醇溶液共混，经乳液纺丝而制得，我国定名为维氯纶。聚乙烯醇纤维（维纶）的耐热水性、弹性及染色性不够好，而聚氯乙烯纤维（氯纶）的热塑性好、弹性和阻燃性好，但其耐热性差，染色性也差。将聚乙烯醇与聚氯乙烯共混制成的维氯纶，则兼具聚乙烯醇纤维与聚氯乙烯纤维的优点。

（4）腈氯纶。腈氯纶是用氯乙烯或偏二氯乙烯与丙烯腈的共聚物经湿法或干法纺丝制成的。除氯乙烯或偏二氯乙烯、丙烯腈等单体外，一般选用烷基或烯基磺酸盐（如丙烯酰胺甲基丙烷磺酸钠）作为第三单体，以改善纤维的染色性能。从化学结构上看，腈氯纶中既有用于制造腈纶的聚丙烯腈链节，又有用于制造含氯纤维的聚氯乙烯或聚偏二氯乙烯链节，所以它兼有这两种纤维的优点，即不但具有腈纶的质轻、高强、保暖等优良性能，而且具有含氯纤维的阻燃性。其纤维及织物可用分散染料或阳离子染料染色，是阻燃纤维中最重要的品种之一。

总之，聚氯乙烯纤维、过氯乙烯纤维及偏氯乙烯与氯乙烯共聚纤维，都是很好的难燃纤维。

3.1.9 高性能纤维

高性能纤维是近些年来纤维高分子材料领域发展迅速的一类特种纤维，它是具有高强度、高模量、耐高温、耐气候、耐化学试剂等纤维的统称。高性能纤维品种很多。如碳纤维、芳香族聚酰胺纤维、芳香族聚酯纤维、芳杂环聚合物纤维、高强高模聚烯烃纤维及无机和金属纤维等，都属于高性能纤维范畴。

3.1.9.1 高性能纤维的分子设计

合成纤维是由众多具有某个分子构造的线性大分子链聚集而形成的，在这个聚集体里，有结晶、取向及非晶等结构组成大分子的高次形态结构。高分子的相对分子质量及相对分子质量分布、结晶度、取向度及非晶构造等参数，主要依赖于高分子的分子构造和加工成型过程中高次形态结构的控制条件（纺丝工艺、拉伸条件及热处理参数等）。

高分子大多数由 C、H、O、N 等少数几种元素通过共价键联结而成，大分子主链中的共价键越强，则大分子断裂时的理论强度越大。另外，一个分子链占据的横截面积越小，每个单位纤维横截面积上所包含的分子链数量就越多，纤维的抗张强度就越大。因此，要想得到高性能纤维，作为高性能成纤聚合物，大分子线性化、具有伸直链结构、分子链横截面具有对称性，都是必要的。

就高性能纤维的分子结构而言，一般成纤聚合物应具有以下特点：①构成高分子主链的共价键键能要大；②高分子链的构象要近似直线形；③高分子链的横截面积要小；④高分子链的键角形变和键的内旋转受到的阻力要大；⑤高分子的相对分子质量尽量大，减少大分子链中的末端数。

通常，合成纤维大分子主链中，碳碳双键和叁键的键能都高于碳碳单键。对于 C—C 键，单键、双键和叁键的键角分别为 109°、120°和 180°。显然，含不饱和键的分子有利于制成高性能成纤聚合物，但合成含不饱和键的聚合物的技术难度较大，不饱和键又不太稳定，容易被氧化。因此，对于大分子主链中 C—C 这个最薄弱的联结键，一般采用环状结构或者梯形结构来增强，也可以利用苯环产生共轭结构，使碳碳单键具有部分双键的性能，从而增强碳碳单键。

一般纤维受外力作用时，主要由少数联结晶区与非晶区的分子链承受外力作用，很容易断裂，所以其实际强度远低于理论强度(表 3-7)。

表 3-7 各种纤维的理论强度与实际强度对比

纤维品种(缩写)	分子横截面积(nm^2)	理论强度(cN/dtex)	实际强度(cN/dtex)	理论模量(cN/dtex)	实际模量(cN/dtex)
聚乙烯(PE)纤维	0.193	328	7.9	2448	88
聚己内酰胺(PA6)纤维	0.192	299	8.4	1240	44
聚甲醛(POM)纤维	0.185	233	—	374	—
聚乙烯醇(PVA)纤维	0.228	208	8.4	1984	221
聚对苯二甲酰对苯二胺(PPTA)纤维	0.205	207	22.1	1323	882
聚对苯二甲酸乙二醇酯(PET)纤维	0.217	205	8.4	902	141
聚丙烯(PP)纤维	0.348	192	7.9	373	106
聚丙烯腈(PAN)纤维	0.303	173	4.4	735	75
聚氯乙烯(PVC)纤维	0.294	149	3.5	—	40

3.1.9.2 碳纤维

碳纤维是指含碳量在 90%以上的高强度、高模量、耐高温纤维。碳纤维是一种纤维状碳材料，可分别用聚丙烯腈纤维、沥青纤维或黏胶丝经炭化制得，也有少数采用聚乙烯、聚酰胺或酚醛树脂制取碳纤维。聚丙烯腈(PAN)基碳纤维是高性能纤维中的第二大品种。目前所使用的高强型和超高强型碳纤维中，约 90%为聚丙烯腈基碳纤维。

将聚丙烯腈(PAN)原丝制成高性能碳纤维的过程可分为三个阶段：①预氧化，PAN 原丝在张力作用下于 200～300 ℃进行预氧化，使热塑性的 PAN 转变为非塑性的环状或梯形聚合物；②炭化，预氧化后纤维在惰性气体(常为氮气)保护下于1300 ℃左右进行炭化处理，炭化过程中纤维处于不受张力或低张力状态，非碳元素不断从纤维中逸出，碳纤维收率约为原丝质量的 50%；③石墨化，根据要求，对所得纤维在1500～3000 ℃下进一步处理，以改进沿纤维轴向结晶序态和取向态结构。

一般将1000～2300 ℃下炭化得到的纤维称为碳纤维，而以 2300 ℃以上炭化得到的纤维称为石墨碳纤维(GPCF)。石墨碳纤维在结构上类似石墨，有金属光泽，导电性好，杂质少，含碳量超过 98%。

碳纤维的强度是普通涤纶和锦纶的 2 倍，是不锈钢纤维的 5 倍。碳纤维的密度为 1.7～1.9 g/cm^3，而铁的密度为 7.8 g/cm^3，铝的密度为 2.8 g/cm^3，故碳纤维制品比金属材料轻得多。碳纤维对一般的酸、碱有良好的耐腐蚀作用，对空气中的酸气组分有很好的抵抗能力。碳纤维在没有氧气存在的情况下，能够耐受3000 ℃的高温，这是其他任何纤维无法相比的。

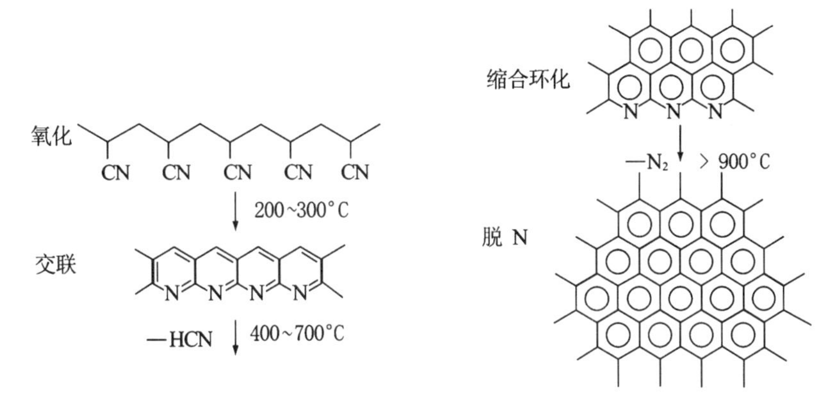

图 3-8 聚丙烯腈的热处理

此外，碳纤维还具有良好的尺寸稳定性，不易发生变形。碳纤维可加工成织物、毡、带、纸等。碳纤维除用作绝热保温材料外，一般不单独使用，多作为增强材料添加到树脂、金属、陶瓷和混凝土等材料中，构成复合材料。

3.1.9.3 芳香族聚酰胺纤维

芳纶是芳香族聚酰胺纤维的简称。它的聚合物大分子的主链由芳香环和酰胺键构成，且其中至少 85%的酰胺键直接与两个芳香环相联结。

(1) 芳纶 1414。又称聚对苯二甲酰对苯二胺纤维(PPTA)。该纤维最早由美国杜邦公司于 1971 年试制成功，商品名为“开夫拉(Kevlar)”。芳纶 1414 是一种高强、高模的高性能特种合成纤维，同时也是一种优秀的耐高温阻燃纤维。芳纶 1414 的强度为普通锦纶或涤纶的 4 倍，模量为锦纶的 20 倍。长期使用温度为 240 ℃，在 400 ℃以上才开始烧焦。

合成聚对苯二甲酰对苯二胺纤维所需的单体主要是对苯二胺和对苯二甲酰氯，反应式如下：

$$n\,H_2N-C_6H_4-NH_2\ (\text{PPD}) + n\,Cl-\overset{O}{\overset{\|}{C}}-C_6H_4-\overset{O}{\overset{\|}{C}}-Cl\ (\text{TCL}) \longrightarrow$$

$$\left[-\overset{H}{\overset{|}{N}}-C_6H_4-\overset{H}{\overset{|}{N}}-\overset{O}{\overset{\|}{C}}-C_6H_4-\overset{O}{\overset{\|}{C}}-\right]_n\ (\text{PPTA}) + 2n\,HCl$$

其中的酰胺键与两边的苯环共轭，Ph-N-C-Ph 中的单键都具有部分双键的性质，导致 PPTA 纤维大分子的刚性很强，分子链几乎处于完全伸直状态，这种结构不仅使纤维具有很高的强度和模量，而且还使纤维表现出良好的热稳定性。PPTA 纤维的玻璃化转变温度(T_g)约 345 ℃，在高温下不熔，几乎不会收缩。纤维虽可燃烧，但离开火源后有自熄性，其极限氧指数可以达到 30。PPTA 纤维对普通有机溶剂、盐类溶液等有很好的耐化学药品性，但耐强酸、强碱性较差。它对紫外线比较敏感，不宜直接暴露在日光下使用。PPTA 纤维的反复拉伸性能好，而弯曲疲劳性较脂肪族聚酰胺和聚酯纤维差；尺寸稳定性在纤维中堪称第一;与橡胶的相容性(黏结性)介于脂肪族聚酰胺与聚酯纤维。

(2) 芳纶 1313。又称聚间苯二甲酰间苯二胺纤维(PM IA),是杜邦公司于 1960 年研制出的一种间位型芳香族聚酰胺纤维,商品名称为“诺梅克斯(Nomex)”。该纤维的强度仅比棉纤维稍大,远小于芳纶 1414,这与其大分子主链中的酰胺键与苯环不在同一个共轭体系有关。芳纶 1313 的突出优点是具有良好的耐热性能,在 260 ℃下持续使用1000 h,可保持原强度的 65%;在热蒸汽中保持 400 h 以上,可保持原强度的 50%。它还有很好的阻燃性,在火焰中难燃,并具有自熄性。极限氧指数为 29%。

聚间苯二甲酰间苯二胺纤维由间苯二胺和间苯二甲酰氯反应而形成:

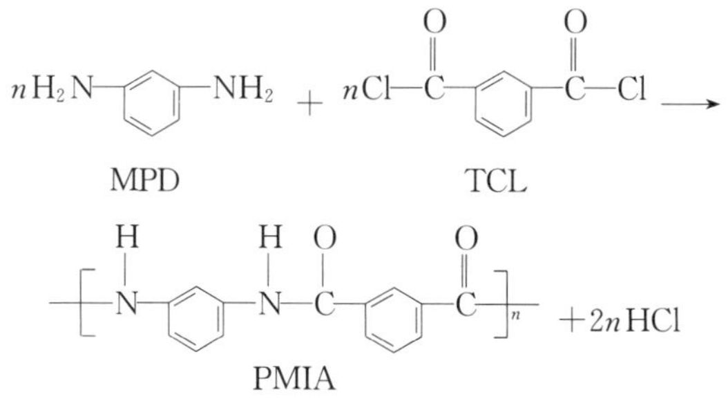

$n\mathrm{H_2N}$—(间位苯环)—$\mathrm{NH_2}$ + $n\mathrm{Cl}$—C(=O)—(间位苯环)—C(=O)—Cl ⟶

MPD　　TCL

—[N(H)—(间位苯环)—N(H)—C(=O)—(间位苯环)—C(=O)]$_n$— + $2n\mathrm{HCl}$

PMIA

芳纶 1313 的化学稳定性良好,能耐大多数酸的作用,对碱的稳定性也较好,但不能长时间与强碱接触。芳纶 1313 对漂白剂、还原剂及苯酚、甲酸、丙酮之类的有机溶剂等也有良好的稳定性。芳纶 1313 的主要缺点是耐光性和染色性较差,如在日光下暴晒 80 周,强度将下降 50%。

芳纶 1313 可用在 200 ℃的工作环境,并且有良好的电绝缘性能,耐辐照和化学性能稳定,在目前所有耐高温纤维中,是产量最大、应用面最广的一种纤维。主要用于制作防火和耐高温材料,如防火帘、防燃手套、消防服、耐热工作服等。另外还用于高性能轮胎帘子线、强力传送带、防护制品、降落伞、机翼或火箭引擎外壳、压力容器,以及其他航空航天、军事装备等方面。

3.1.9.4 芳香族聚酯纤维

目前工业规模生产的商品聚芳酯纤维主要为维克特纶(Vectran),即聚(对羟基苯甲酸/6-羟基-2-萘甲酸)。它是由赛拉尼斯公司开发成功的一种共聚芳酯,由对乙酰氧基苯甲酸和6-乙酰氧基-2-萘甲酸反应而制成,反应式如下:

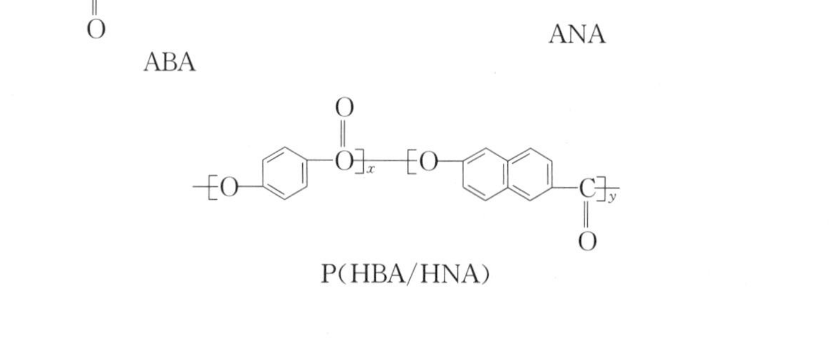

$x\mathrm{HO}$—C(=O)—(对位苯环)—O—C(=O)—$\mathrm{CH_3}$ + $y\mathrm{H_3C}$—C(=O)—O—(萘环)—C(=O)—OH ⟶

ABA　　ANA

—[O—(对位苯环)—C(=O)]$_x$—[O—(萘环)—C(=O)]$_y$—

P(HBA/HNA)

芳香族聚酯纤维的分子极性较弱，可以熔融和形成热致性液晶，所以是一类重要的成纤热致性液晶聚合物，可以进行液晶纺丝。与PPTA纤维相比，维克特纶纤维的主要特点：吸水率极低，干、湿环境下的物性差异小；耐湿热老化性能突出，在反复干湿处理过程中纤维尺寸稳定性极强；耐磨损性好，耐热强度保持率高；纤维的减振性强，消声快；耐切割能力是PPTA纤维的2～3倍、聚酯纤维的10倍左右；耐化学试剂性，特别是耐酸性好；尽管为熔纺纤维，但遇热不产生熔滴，有自熄火性，分解温度在400 ℃以上。

3.1.9.5 芳杂环类聚合物纤维

随着线性芳香族聚酰胺纤维的开发成功，科学家在继续研究性能更加优异的高强、高模及耐高温有机纤维。根据液晶高分子伸直链结构模型，结合芳杂环类聚合物如聚苯并咪唑(PBI)的研究成果，提出了线型芳杂环高相对分子质量液晶聚合物分子设计构想，即芳杂环液晶聚合物—聚苯并双唑。

聚对苯撑苯并双噁唑(PBO)是20世纪80年代美国为发展航天航空事业而开发的复合材料用增强材料，是含有杂环芳香族的聚酰亚胺家族中最有发展前途的一个成员，其抗张强度可达5.8 GPa，抗张模量可达280 GPa，而密度约1.56 g/cm^3，极限氧指数(LOI)值为68%，使用温度和热分解温度分别为350 ℃和650 ℃，具有优异的阻燃性、耐溶剂性、耐磨性等，纤维呈黄色的金属光泽。

PBO是由对苯二甲酸(TA)或对苯二甲酰氯(TCL)和4，6-二氨基-1，3-间苯二酚盐酸盐(DAR)合成的：

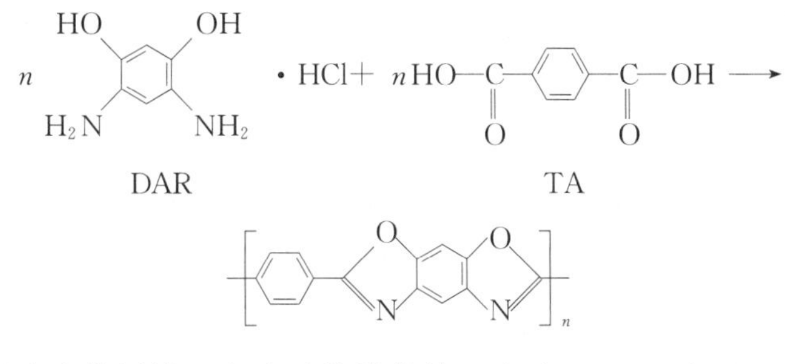

HO　OH

n　[benzene ring]　$\cdot HCl + nHO-\underset{\|}{\overset{}{C}}-$[benzene ring]$-\underset{\|}{C}-OH \longrightarrow$

H_2N　NH_2　　　O　　O

DAR　　　　TA

$\left[\text{—[benzene ring]—(benzobisoxazole: O, N, O, N)—} \right]_n$

其他芳杂环类聚合物纤维还有聚对苯撑苯并双噻唑(PBT)、聚(2，5-二羟基-1，4-苯撑吡啶并二咪唑)(PIPD)纤维、聚2′-间苯撑-5，5′-二苯并咪唑(PBI)纤维等。

3.1.9.6 超高相对分子质量聚乙烯纤维

超高相对分子质量聚乙烯纤维又称超高强高模量聚乙烯纤维，它是以超高相对分子质量聚乙烯(UHMWPE)为原料制备而成的，是继碳纤维和芳纶之后的又一种高性能纤维，1979年由荷兰DSM公司试制成功，并于1990年率先实现商业化生产，其商标名称为迪尼玛(Dyneema)。

聚乙烯(PE)大分子链呈平面锯齿形，结晶密度小，分子链具有很强的柔性，在合成纤维中，理论强度和理论模量都是最高的。为实现PE纤维的高强化，首先要减少纤维结构的缺陷，如分子末端、分子间及自身的缠结、折叠等，使大分子处于伸直的单相结晶状态。减少分子末端数量的有效方法是增加相对分子质量。目前，制造高性能纤维所使用的PE，其平均相对分子质量高达5×10^5～5×10^6，即所谓的UHMWPE。通常，PE的相对分子质量

(M)与纤维强度(σ)的关系可用如下经验式表示：

$$\sigma \propto M^k \quad (k = 0.2 \sim 0.5)$$

从上式可知，纤维强度随相对分子质量增加而增大。但是，随着相对分子质量增加，纤维成型过程中大分子缠结程度亦增大，导致熔体黏度急剧升高，很难利用常规熔体纺丝技术纺丝成型。如果用稀溶液纺丝，则 PE 大分子间容易发生相对滑移，使初生纤维在拉伸过程中的有效拉伸性变差；如果用高浓度纺丝，则大分子缠结程度增加，不利于拉伸过程中大分子链的解缠和伸直。因此，纺丝时既要保证大分子有足够高的相对分子质量，又要尽量减少大分子的缠结，使大分子在拉伸过程中能够由折叠链状态转变为伸直链结构。为此开发了很多新的纺丝技术，如纤维结晶生长法、单晶片-超拉伸法、凝胶挤压-超拉伸法、凝胶纺丝-超拉伸法等。

3.1.9.7 聚四氟乙烯纤维(PTFE)

聚四氟乙烯纤维的商品名称为氟纶(Teflon)，其聚合物的分子式为$-(CF_2-CF_2)_n-$。聚四氟乙烯一般用作塑料，被称为塑料王，1954 年由美国杜邦公司首先制成纤维并实现了工业化生产。聚四氟乙烯纤维是耐高温阻燃纤维中发展最早的品种，是迄今为止最耐腐蚀的纤维，能耐氢氟酸、王水、发烟硫酸、浓碱、过氧化氢等强腐蚀性试剂的作用。只有熔融的碱金属和高温高压下的氟气才能对其产生轻微的腐蚀作用。在室外暴露 15 年，其力学性能也不会发生明显的变化。PTFE 纤维还是目前化学纤维中最难燃的纤维之一，其极限氧指数(LOI)高达 95%。PTFE 长期使用温度为 $-120 \sim 250$ ℃，软化温度为 310 ℃，加热至 390 ℃ 以上时，开始发生解聚。聚四氟乙烯纤维具有良好的电绝缘性能和抗辐射性能，摩擦系数低，不黏着，不吸水。

此外，高性能纤维还包括含硅、含铝和含硼等陶瓷及金属高性能纤维。这类纤维都具有优异的耐热性(1000 ℃以上)、高比强度和高硬挺度及优良的抗轴向压缩性能等。

3.2 纤维素纤维

纤维素纤维指的是主要成分为纤维素的纤维，按照获取途径的不同，又可分为天然纤维素纤维和再生纤维素纤维：

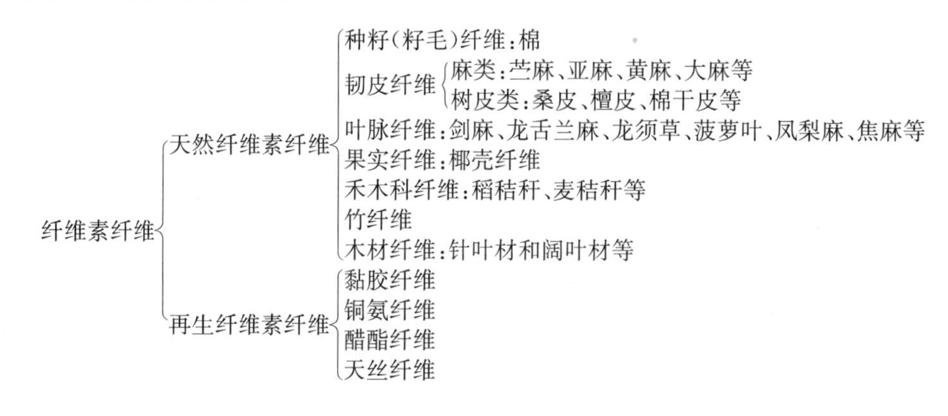

3.2.1　纤维素的基础知识

纤维素在自然界分布极广，是构成植物细胞壁的主要成分，在天然聚合物中储量第一。纤维素是由 D- 葡萄糖单元通过 β-1，4- 糖苷键互相联结而形成的线型高分子化合物，其单体是 D- 葡萄糖。

3.2.1.1　D- 葡萄糖的化学结构

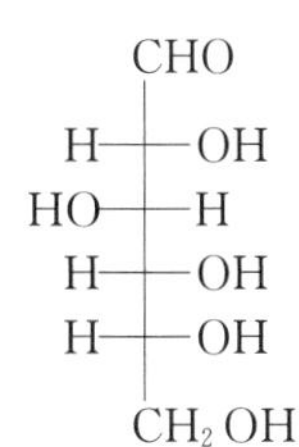

（1）D- 葡萄糖的开链式结构。D- 葡萄糖的分子式为 $C_6H_{12}O_6$，是含有 6 个碳原子，5 个羟基分别联结在 5 个碳原子上，并具有 1 个醛基的直链多羟基醛，即一个己醛糖，其结构式如右。

（2）D- 葡萄糖的环状半缩醛式结构（氧环式结构）。D- 葡萄糖分子中既有醛基，又有羟基，可发生分子内反应，形成环状的半缩醛结构。在形成环状半缩醛结构时，1 位的醛基可以与 C_5 位的羟基反应生成吡喃环（六元环），称为吡喃糖；也可以与 C_4 位的羟基反应生成呋喃环（五元环），称为呋喃糖。由于六元环结构的稳定性，天然 D- 葡萄糖以吡喃型为主。在形成吡喃型半缩醛结构时，C_1 所连的羟基为半缩醛羟基，称为苷羟基。由于苷羟基的位置不同，可以形成两种结构，即苷羟基可以与环同侧或异侧。苷羟基与环同侧者为 α- 型；反之，两者异侧者为 β- 型，如下所示：

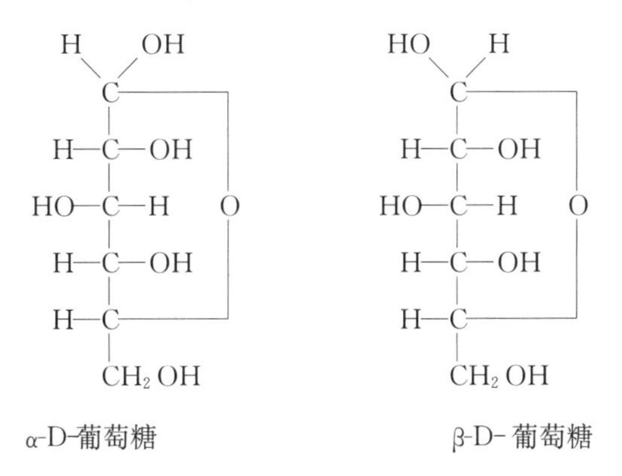

α 型和 β 型之间的差别仅在于第一个不对称碳原子的构型不同。在糖类中，这种异构叫作异头物。

D- 葡萄糖的氧环式也可用如下的哈沃斯式表示：

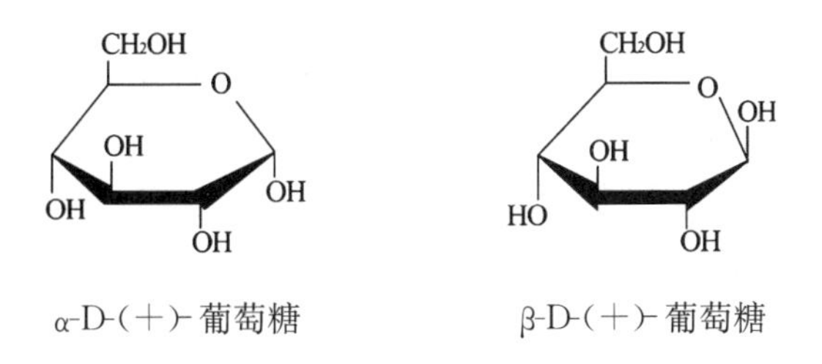

α-D-（＋）- 葡萄糖　　β-D-（＋）- 葡萄糖

苷羟基与 C_2 上的羟基在同侧者，称为 α-D-（＋）- 葡萄糖；苷羟基与 C_2 上的羟基在异侧者，称为 β-D-（＋）- 葡萄糖。

（3）氧环式与开链式结构的互变异构。由于 D- 葡萄糖的开链式结构形成氧环式结构的反应是可逆的，因此溶液中形成一个 α 型、β 型及开链式三种结构的动态平衡体系。这种异构体的相互转变现象称为互变异构现象。在平衡混合物中，α-D-（+）- 葡萄糖约占 36%，β-D-（+）- 葡萄糖约占 64%，而开链式含量仅为 0.01%。

（4）D- 葡萄糖的构象。D- 葡萄糖最稳定的构象是椅式构象。在 β-D-（+）- 葡萄糖的椅式构象中，所有的较大基团（—CH_2OH、—OH）都处在平伏键（e 键）上；而在 α-D-（+）- 葡萄糖的椅式构象中，C_1 上的羟基（苷羟基）处在直立键（α 键）上（图 3-11）。因为平伏键的能量低于直立键，所以 β-D-（+）- 葡萄糖比 α-D-（+）- 葡萄糖稳定。这就是 D- 葡萄糖的平衡体系中 β- 异构体存在量较多的主要原因。

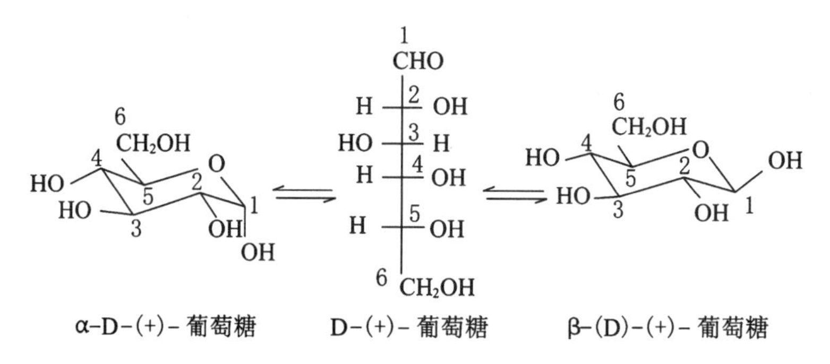

图 3-11　葡萄糖在水中的结构互变

（5）葡萄糖的还原性。葡萄糖由于含有醛基，所以能被许多氧化剂氧化。用较弱的氧化剂溴水就可把 D- 葡萄糖中醛基氧化成羧基，得到 D- 葡萄糖酸，用较强的氧化剂硝酸则可生成 D- 葡萄糖二酸。

CHO →(氧化, Br_2—H_2O) COOH

D-（+）- 葡萄糖　　D- 葡萄糖酸

CHO →(氧化, HNO_3) COOH … COOH

D-（+）- 葡萄糖　　D- 葡萄糖二酸

斐林试剂[新配置的 $Cu(OH)_2$ 溶液，一般为硫酸铜的氢氧化钠溶液]和多伦试剂（又叫银铵溶液，由 $AgNO_3$ 与 $NH_3 \cdot H_2O$ 配得）是常用的碱性弱氧化剂，它们可使醛和 α- 羟基酮类化合物氧化，析出氧化亚铜或金属银。葡萄糖能还原斐林试剂或多伦试剂，因此称为还原糖。在糖化学中，常使用斐林试剂和多伦试剂来鉴别还原糖和非还原糖。葡萄糖与斐林试剂的反应在纺织工业中用于测定棉、麻纤维经化学处理后的损伤程度。葡萄糖在工业上常用作还原剂。

3.2.1.2　纤维素的结构

（1）糖苷键的形成。葡萄糖分子中的苷羟基是半缩醛上的羟基，它比醇羟基活泼，易与其他羟基化合物作用,失水生成缩醛,这种产物称为糖苷。例如,在氯化氢催化下,加热时,葡萄糖与甲醇反应,生成甲基葡萄糖苷。α-葡萄糖和β-葡萄糖在水溶液中可以通过开链式互相转变,最后达到平衡。但是,在生成糖苷后,由于分子中已无苷羟基,不再能转变成为开链式,因此,它们(α型和β型)不能再互相转变。糖苷在结构上可看作糖分子中苷羟基上的氢原子被其他基团取代的产物。由于葡萄糖有α、β两种异构体,所以甲基葡萄糖苷也有α、β两种。

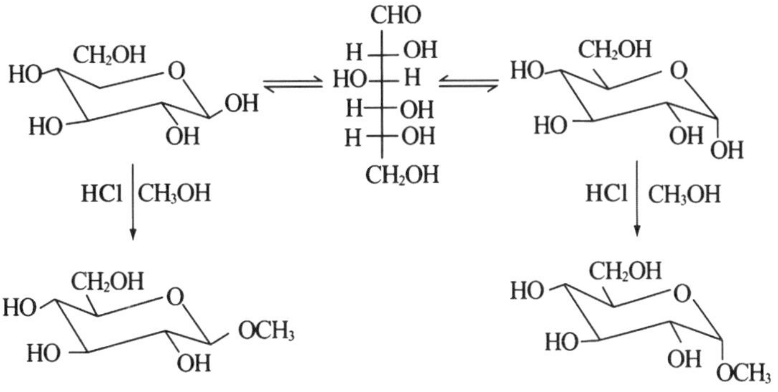

β-甲基葡萄糖苷　　α-甲基葡萄糖苷

糖苷与缩醛一样,对碱稳定,对酸较敏感。如用稀酸与甲基-α-D-葡萄糖苷共热,则发生水解生成D-葡萄糖和甲醇。一旦水解形成D-葡萄糖,就不再是单一的α型,而是α型和β型两种葡萄糖环的混合物。

(2) 从二糖到多糖。二糖是由两个单糖分子通过形成糖苷的方式结合而成的。由一个单糖分子中的苷羟基与另一个单糖分子中的苷羟基脱去一分子水,缩合生成的二糖为非还原性二糖;由一个单糖分子中的苷羟基与另一个单糖分子中的醇羟基脱去一分子水,缩合生成的二糖为还原性二糖。以己糖构成的双糖的分子式为 $C_{12}H_{22}O_{11}$。蔗糖、乳糖、麦芽糖和纤维二糖是常见的己二糖。

① 麦芽糖。麦芽糖是淀粉在淀粉糖化酶或唾液作用下部分水解的产物,为无色晶体,易溶于水。它是由一分子α-D-葡萄糖 C_1 上的苷羟基与另一分子D-葡萄糖 C_4 上的醇羟基脱水缩合而成的,这种联结方式称为α-1,4-糖苷键,因此麦芽糖是一种α-D-葡萄糖苷,它属还原性二糖。麦芽糖在结晶状态下,苷羟基是β型的,其结构如下:

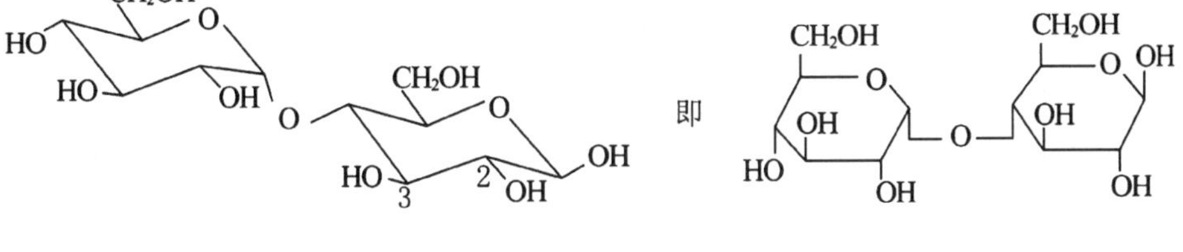

即

② 纤维二糖。纤维素部分水解可以得纤维二糖。纤维二糖是无色晶体,易溶于水。纤维二糖是由一分子β-D-葡萄糖 C_1 上的苷羟基与另一分子D-葡萄糖分子中的 C_4 上的醇羟基脱水缩合而成的,这种联结方式称为β-1,4苷键,因此纤维二糖是β-D-葡萄糖苷,它也属还原性二糖。纤维二糖的结构如下:

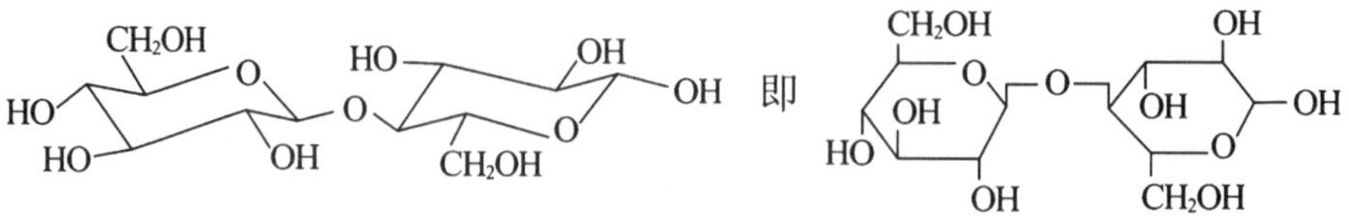

酶对糖苷水解的催化作用是有选择性的,麦芽糖酶只能使 α- 糖苷水解。苦杏仁酶则只能使 β- 糖苷水解。利用酶催化水解的专一性,可以鉴别糖苷键的构型。

更多的糖通过糖苷键缩合联结就形成多糖。多糖有很多种,比如由葡萄糖缩合成的糊精、环糊精、纤维多糖、肝糖元、肌糖元,以及由其他糖缩合成的枸杞多糖、香菇多糖、云芝多糖、茯苓多糖、银耳多糖、红芪多糖、人参多糖、海藻多糖等。

(3) 纤维素的结构。聚多糖是由许多单糖分子互相脱水缩合而成的高分子化合物,如淀粉、纤维素及半纤维素等。纤维素是由 D- 葡萄糖通过 β-1, 4 苷键联结而成的线型高分子化合物,也可以看成是纤维二塘的聚合。淀粉则是由 D- 葡萄糖通过 α-1, 4 苷键联结而成的线型高分子化合物,也可以看成是麦芽糖的聚合。纤维素大分子的结构如下:

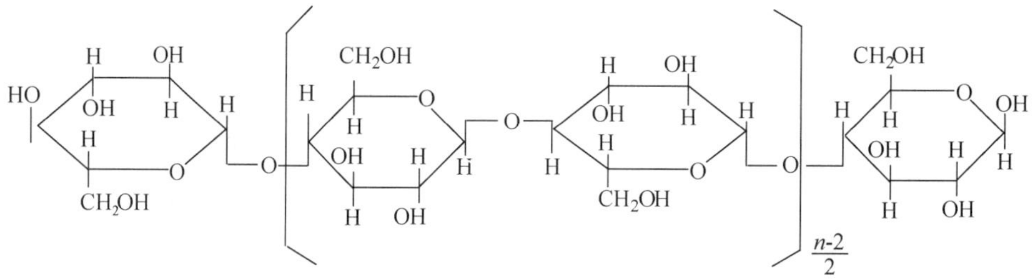

纤维素的分子式为$(C_6H_{10}O_5)_n$, n 约为 500～11 000,相对分子质量约为 1 000 000～2 000 000。从纤维素的化学结构来看,大分子中具有许多活泼的羟基(伯羟基和醇羟基)及苷键,分子中的六元环结构规整,分子间能够形成比较多的氢键,分子间作用力强,比较容易结晶。

纤维素的长链分子中,含有许多难以发生内旋转的六元环,再加上分子内和分子间均有许多的氢键和范德华引力,所以它的长链分子呈现出较大的刚性,缺乏柔顺性。玻璃化温度很高(>200 ℃)。在它的链段获得能量后,有可能发生运动以前,大分子的主链已开始发生裂解(150～180 ℃)。如果将纤维素纤维完全干燥后,比较硬脆。因此,具体表现为纤维素纤维的回弹性欠佳,一定伸长下的弹性回复能力很差,其耐疲劳性能亦不好。

3.2.1.3 纤维素的化学性质

纤维素是白色、无味、无臭的物质,不溶于水,也不溶于一般的有机溶剂。纤维素大分子中,每个葡萄糖残基上有三个羟基,其中 2、3 位上是仲醇基, 6 位上是伯醇基。两端葡萄糖残基稍有区别,一端具有三个羟基和一个潜在醛基,另一端则没有潜在醛基,但有四个羟基。不过,由于纤维素纤维大分子具有很高的聚合度,所以端基的还原性基本显示不出来,即无还原性。纤维素的化学性质主要决定于分子侧链上的羟基和主链中存在的苷键。纤维素可以进行两类化学反应:一类是与苷键有关的化学反应,如强无机酸对苷键的水解作用;另一类是与羟基有关的化学反应,如氧化、酯化、醚化、脱水、交链和接枝等。

(1) 水的作用。由于纤维素纤维的长链分子中含有许多羟基,因此,纤维素纤维的吸湿性远大于合成纤维。纤维素在水中能吸附水分而发生溶胀现象,但由于溶胀只发生在非晶区部分,而结晶部分不发生溶胀,所以纤维素纤维在水中只能溶胀而不能溶解。纤维素纤维溶胀后,微隙增大,有利于染料分子或其他化学药剂分子渗入纤维的内部,从而达到各种加工的目的。

(2) 溶解性能。纤维素的溶解过程也分为有限溶胀和无限溶胀即溶解两步。有限溶胀时,溶胀剂只到达非晶区和结晶区表面;无限溶胀包括晶区内的溶胀,溶胀剂到达整个非晶区及结晶区,纤维素溶解,最终形成溶液。

纤维素的溶胀剂一般都是极性的液体,包括水、碱溶液(LiOH、NaOH、KOH、RbOH、CsOH)、酸、甲醇、乙醇、苯胺、苯甲醚等。溶胀的程度用溶胀度表示。溶胀度是指纤维素纤维溶胀时,直径增大的百分率。

纤维素不溶于水,能溶解纤维素的溶剂不多,有机溶剂有三氟醋酸、乙基吡啶氯、氮甲基氧化吗啉等。含水溶剂一般为某些酸、碱、盐溶液,如65%～95%的硫酸溶液、35%～44%的盐酸溶液和73%～83%的磷酸溶液。其中,前两种酸对纤维素的作用过于激烈,而浓磷酸的水解作用相当温和,是较常用的一种酸性溶剂。较常用的碱性溶剂有铜氨溶液、铜乙二胺溶液。

铜氨溶液是氢氧化铜的氨溶液,呈深蓝色,当含铜量为0.65%时,纤维素仅有限溶胀,随着铜含量增加,纤维素的溶胀作用加大,当铜氨溶液中的铜含量达到1%～1.2%时,纤维素迅速溶解。反应过程如下:

$$Cu(OH)_2 + 4NH_3 \rightleftharpoons [Cu(NH_3)_4](OH)_2$$

$$[Cu(NH_3)_4](OH)_2 \rightleftharpoons Cu(NH_3)_4^{2+} + 2OH^-$$

$$Cell\begin{cases} -OH \\ -OH \\ -OH \end{cases} + Cu(NH_3)_n(OH)_2 \rightleftharpoons Cell\begin{cases} -OH \\ \quad \vdots Cu(NH_3)_m(OH)_2 \\ -OH \\ -OH \end{cases}$$

这是因为纤维素分子中C_2和C_3上的两个仲羟基可与铜氨溶液作用,形成络合物而溶解。

铜氨溶液($Cu(NH_3)_4(OH)_2$)常用于溶解纤维素来测定纤维素的黏度与聚合度。纤维素的铜氨溶液遇酸后可重新析出纤维素,称铜氨纤维,是再生纤维素纤维。但是铜氨纤维回收铜和氨困难,价格高,环境污染严重,目前已经很少生产。另外,纤维素铜氨溶液对氧敏感,易发生氧化降解。用铜乙二胺溶液溶解,对空气比较稳定。纤维素在铜乙二胺溶液中的溶解反应过程如下:

$$2C_6H_{10}O_5 + [Cu(En)_2](OH)_2 \longrightarrow (C_6H_9O_5)_2[Cu(En)_2] + 2H_2O$$

$$(C_6H_9O_5)_2[Cu(En)_2] + [Cu(En)_2](OH)_2 \longrightarrow [(C_6H_8O_5)_2Cu][Cu(En)_2] + 2En + 2H_2O$$

式中:En代表乙二胺。

纤维素溶解在铜乙二胺溶液中的最大优点是纤维素的聚合度很少受到氧气的氧化降解，所以近年来常用铜乙二胺溶液来测定纤维素的聚合度。

(3) 酸的作用。纤维素分子中的苷键在酸液和高温水溶液里是不稳定的，纤维素在酸溶液特别是强无机酸溶液及高温水的作用下发生水解，使大分子断裂，纤维素的聚合度下降，醛基(还原性)增加。反应过程如下：

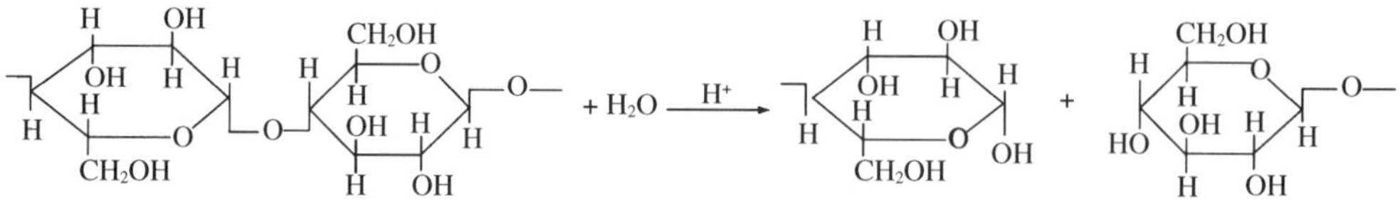

在水解过程中，β-1，4 葡萄糖苷键断裂，断裂处加上一分子水，并在前一个葡萄糖基环的第一个碳原子上形成一个隐醛基，而在另一个葡萄糖基环的 C_4 上出现一个羟基。只要作用条件充分，最后纤维素大分子中的所有苷键断裂，完全转化成葡萄糖，反应式如下：

$$(C_6H_{10}O_5)_n + nH_2O \xrightarrow{[H^+]} nC_6H_{12}O_6$$

酸对纤维素水解的影响与酸的性质、浓度、水解的温度及水解作用的时间有很大关系。强无机酸如硫酸、盐酸等作用最为剧烈，磷酸较弱，硼酸更弱；至于有机酸，即便是较强的酸，如蚁酸及醋酸等的作用，也比较缓和。在使用强无机酸时，若能适当控制条件，不致立即引起纤维的严重损伤。

纤维素的水解程度(损伤程度)可通过测定纤维的铜值和碘值来表示。

① 铜值。醛基能与斐林溶液(硫酸铜氢氧化钠溶液)作用，生成不溶性的氧化亚铜。以 100 g 干燥纤维素与斐林溶液作用，将二价铜还原至一价铜的克数，称为纤维素的铜值。对于同样重量的纤维素，铜值越高，表示分子链越短，反之，铜值越低，表示分子链较长。因此，可以通过铜值测定纤维水解的程度，即测定纤维损伤的程度。反应式如下：

$$\text{Cell—CHO} + 2CuSO_4 + 2NaOH \longrightarrow \text{Cell—COOH} + Cu_2O\downarrow + 2Na_2SO_4 + H_2O$$

② 碘值。醛基能被碘氧化成酸，因此可以用碘值来表示纤维素的损伤程度。碘值是指 1 g 干燥纤维素能还原 0.1 N I_2溶液的毫升数。反应式如下：

$$\text{Cell—CHO} + I_2 + 2NaOH \longrightarrow \text{Cell—COOH} + 2NaI + H_2O$$

纤维素水解产物通称水解纤维素，它是随着纤维素聚合度的降低所得到的一种混合物，其化学组成与纤维素相同，基本单元都是葡萄糖。随着纤维素水解程度的增大和聚合度的降低，纤维素制品的性质也发生有规律的变化，如铜值、碘值增加，碱溶性提高，吸湿性改变，纤维材料的强度、延伸性下降，纤维的耐疲劳性能显著降低等。

(4) 碱的作用。糖苷键对碱的稳定性很好，纤维素在碱液中只发生溶胀而不发生水解。

① 碱纤维素的形成。在浓碱溶液中，纤维素中的羟基可与之发生作用，使纤维素发生

化学变化、物理变化和结构变化。化学变化指的是生成新的化合物——碱纤维素。物理变化指的是纤维发生溶胀和部分溶解。结构变化是指大分子中的葡萄糖残基之间的相互位置发生改变，形成新的结晶结构。纤维素与浓碱作用生成碱纤维素，但形成碱纤维素的结构目前尚无统一的认识。一般认为有两种结构。一是纤维素与浓碱作用生成分子化合物，反应式如下：

$$[C_6H_7O_2(OH)_3]_n + n\text{NaOH} \rightleftharpoons [C_6H_7O_2(OH)_3\text{NaOH}]_n + \text{热}$$

二是纤维素与浓碱作用生成醇化物型的化合物，反应式如下：

$$[C_6H_7O_2(OH)_3]_n + n\text{NaOH} \rightleftharpoons [C_6H_7O_2(OH)_2\text{ONa}]_n + nH_2O + \text{热}$$

生成碱纤维素后，由于钠离子是一种水化程度很强的离子，一个钠离子周围固定六个水分子。当它与纤维素大分子结合时，有大量的水分子被带入纤维内部，从而引起纤维的剧烈溶胀。随着碱液浓度的提高，与纤维素结合的碱量增多，纤维的溶胀也相应地增大。一般来说，稀 NaOH 溶液（9%以下）能使纤维素纤维发生可逆溶胀，而浓 NaOH 溶液（9%以上）能使纤维素纤维发生剧烈的不可逆溶胀，因为浓 NaOH 溶液可进入结晶区，破坏规整的结晶。

浓碱与纤维素的反应主要是与羟基的作用，参与反应的羟基数用 γ 值表示。γ 值指的是每 100 个葡萄糖残基内起反应的羟基数。由于每个葡萄糖残基内有三个羟基，故 γ 值可以从 0 到 300。碱纤维素的 γ 值主要决定于两种相互对立反应速度的比值，即碱与纤维素大分子中羟基的结合反应速度与生成新型化合物的水解反应速度的比值。

影响 γ 值的因素：

a. 氢氧化物的种类。碱金属氢氧化物与纤维素作用时都能生成碱纤维素。

b. 处理温度。由于生成碱纤维素的反应是放热反应，因此，适当降低温度可加快反应的进行，得到 γ 值较高的碱纤维素；或者说制备相同 γ 值的碱纤维素时，降低温度可减小所用的碱液浓度。

c. 碱液浓度。在同一条件下，碱液浓度高，水解过程缓慢，所生成的碱纤维素 γ 值也越高。

d. 溶剂的影响。不同的溶剂也会影响碱纤维素水解作用程度的大小。纤维素在碱的醇溶液中比在同一浓度下碱的水溶液中所生成的碱纤维素的 γ 值要高得多。也可以说，生成相同 γ 值的碱纤维素，所需碱的醇溶液浓度要比碱的水溶液浓度小得多，见表 3-8。

表 3-8　20 ℃下生成 γ=100 的碱纤维素所需氢氧化钠的最低浓度

溶剂	水	乙醇	异丁醇	异戊醇
NaOH 最低浓度（%）	16～18	3.5	3.1	2.8

② 碱纤维素的结构变体。碱液浓度不同，处理温度不同，氢氧化钠溶液与纤维素相互作用后能生成不同的碱纤维素。这种化学组成相同的物质能生成若干结构变体的现象称

为同质多晶现象。研究证实，碱纤维素的结构变体至少有五种，并且随着处理条件的变化，它们之间可以相互转化。一般来说，天然纤维素的结晶结构为纤维素Ⅰ，而碱处理后变成纤维素Ⅱ，为水化纤维素，其余的黏胶，醋酯纤维也为纤维素Ⅱ结晶结构。

③ 纤维素在碱液中的溶胀和溶解。纤维素在碱金属氢氧化物溶液中，生成碱纤维素及其结构变体的同时发生溶胀。纤维素的溶胀包括两个阶段，即水化阶段和溶胀阶段。在水化阶段，纤维素与碱溶液发生作用，放出热量，但纤维素的体积并无变化。溶胀阶段，纤维素的重量可为原来的 200%，同时放出大量的热。放热量随碱液浓度的增加而增加。这种溶胀称为有限溶胀。在一定的条件下，纤维素在氢氧化钠溶液中还可发生无限溶胀，即溶解。随着纤维素聚合度的降低，纤维素在碱溶液中的溶解度增加。

影响纤维素溶胀的主要因素：

a. 碱的种类。碱金属阳离子半径越小，水化度越大，对纤维素的溶胀作用就越大。各种碱金属的离子半径和水化度如表 3-9 所示。

表 3-9　各种碱金属的离子半径和水化度

项目	Li	Na	K	Rb	Cs
水化度	120	66	16	14	13
离子半径(nm)	0.078	0.098	0.133	0.146	0.166

b. 处理温度。由于纤维素的溶胀是放热过程，所以降低温度会使纤维素的溶胀作用更加剧烈。例如，用 12%的氢氧化钠溶液处理棉纤维，在 18 ℃下，棉纤维直径可增大 10%，在 0 ℃下即可增大 48%，而在－10 ℃下则增大 66%。

c. 碱液浓度。碱液浓度对纤维素的溶胀程度有很大影响。开始阶段，随碱液浓度的增加，纤维素的溶胀度增加，在某一浓度下纤维素的溶胀度达到最大值。而后，溶胀度又随着碱液浓度的增高而逐步下降。这是因为随碱液浓度的增加，溶液中的 Na^+ 量增加，可结合的水相对分子质量增多，于是纤维素的溶胀度随碱溶液浓度的增加而增加，一直到最大值。但随着碱液浓度继续增加，虽然 Na^+ 量增加，但可结合的水分子越来越少，所以纤维素的溶胀度反而下降。

另外，除了碱金属的氢氧化物，一些能拆散纤维素分子间结合力的试剂，也有类似的作用，例如尿素、硫氰酸锂、硫氰酸钾等溶液。此外，无水乙胺、季铵盐、液氨等也有使纤维素纤维发生剧烈溶胀的作用。

④ 碱处理后纤维素纤维性质的变化。纤维素在碱溶液中溶胀后，大分子间的作用削弱，纤维素的结构变得疏松，非晶区增大，结晶度下降。天然纤维素经浓碱液处理后，结晶度可由 70%降到 40%～50%，聚合度则有所下降。纤维的性质变化如下：

a. 吸水能力比原纤维素大。

b. 对染料的吸附能力比原纤维素大，改善染色性能。

c. 对各种化学试剂的稳定性降低，容易酯化、醚化、氧化。

d. 弹性增加，延伸性提高，而强力可能降低。

(5) 氧化剂的作用。纤维素长链分子中的羟基和苷键对氧化剂不稳定。按氧化剂对纤维素的作用形式，可将氧化剂分为两类，即选择性氧化剂和非选择性氧化剂。非选择性氧化剂对葡萄糖残基的所有部位都可以发生氧化作用，如氧气、臭氧、过氧化氢、次氯酸钠、卤素及高锰酸盐等都属此类。选择性氧化剂对葡萄糖残基的氧化作用只选择某一位置某一特定官能团进行作用，而对其他位置的其他官能团无作用。如二氧化氮或四氧化二氮，主要使第六个C原子上的伯羟基氧化为醛基、羧基；高碘酸、四醋酸铅等，主要使第二和第三个碳原子上的两个仲羟基氧化生成二醛基纤维素，同时使葡萄糖残基的环破裂。用溴水、亚氯酸钠氧化得到相应的二羧基纤维素。氧化作用还可能发生在苷键部位，使纤维素分子链断裂，经剧烈氧化的最终产物为二氧化碳和水。所以纤维素被氧化后强力将下降，严重时纤维会发脆甚至变成粉末。纤维素被非选择性氧化剂氧化，葡萄糖残基中的伯羟基(—CH_2OH)氧化成醛基(—CHO)，继而氧化成羧基(—COOH)。

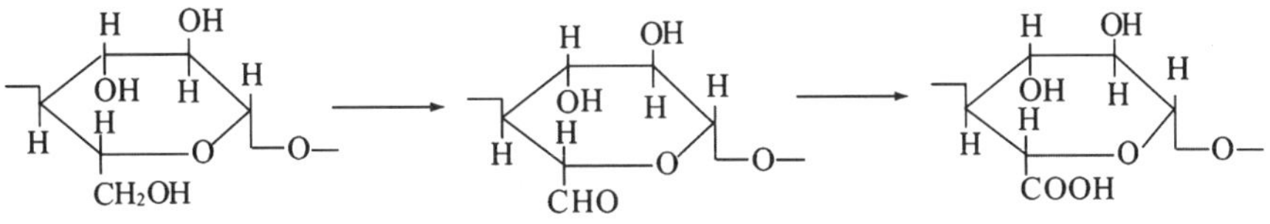

葡萄糖残基中的仲羟基也会被氧化成酮基(—CO)。

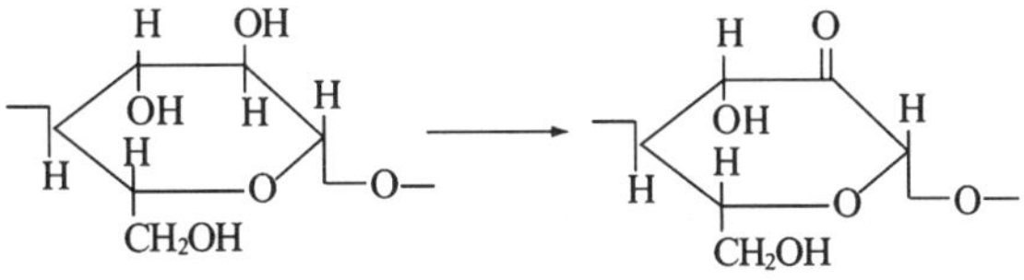

葡萄糖残基中的仲羟基氧化成醛基并使环开裂，醛基可再氧化形成羧基。

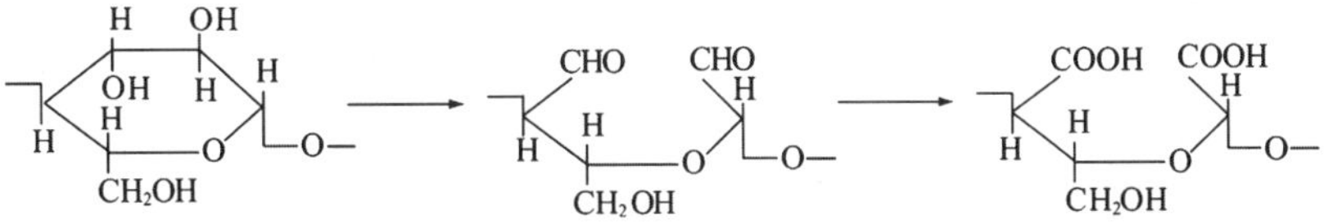

纤维素被选择性氧化剂氧化的过程如下：

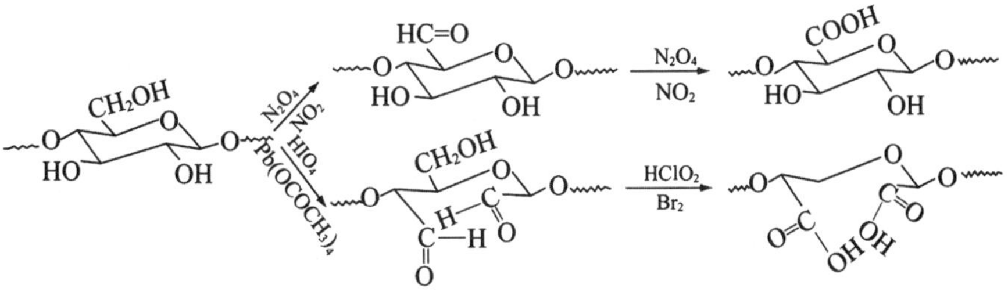

除了上述氧化剂的种类与反应条件对纤维素氧化有影响，溶液的酸性、碱性对纤维的氧化作用也有影响。例如以次氯酸盐氧化纤维素时，在酸性溶液中生成醛基较多，而在碱

性溶液中生成的羧基较多。在中性溶液中，次氯酸盐对纤维素的氧化速度最快，酸性溶液次之，碱性溶液最慢。棉织物的漂白切忌在中性次氯酸盐溶液中进行，最好在弱碱性溶液中进行。

被氧化剂氧化的纤维素称为氧化纤维素，它无论在化学组成还是在结构上都不是单一的物质。一般说来，纤维素被氧化后可以得到两种类型的氧化纤维素：还原性的即含羰基的氧化纤维素；酸性的即含羧基的氧化纤维素。这两类氧化纤维素具有一系列的共同性质，如氧含量比原纤维素高、葡萄糖环中羰基和羧基的数量比原纤维素中的含量高、纤维素大分子中的苷键对碱作用的稳定性下降、氧化纤维素在碱液中的溶解度增加。但两种氧化纤维素也有各自的特性。

① 还原性氧化纤维素的特性：铜值和碘值增加，在稀碱溶液中加热时，损失量大，而且在沸碱液中煮练时，会使碱液变成黄色；羧基含量低，不易吸收碱性染料。

② 酸性氧化纤维素的特性：羧基含量较原纤维素中的高，易吸收碱性染料，铜值和碘值低。

(6) 纤维素的酯化反应。由于纤维素大分子的葡萄糖残基中含有羟基，所以可与一些试剂发生酯化和醚化反应，分别生成纤维素酯和纤维素醚。纤维素大分子中羟基上的氢为酰基所取代生成的是纤维素酯，为烃基所取代生成的是纤维素醚。反应产物的化学性质和力学性质都不同于原纤维素的性质，所以借此反应可较显著地改变纤维素的性能，并能够制造出许多新的、具有独特风格和用途的产品。目前被大量用于苎麻纤维的改性。

大多数的酯化、醚化反应都是在多相介质中进行的，这会导致生成的纤维素酯和纤维素醚在组成、结构和性质上的不均一性。为了提高纤维素酯和纤维素醚的均一性，使酯化、醚化反应趋于均匀和完善，可提高醚化、酯化试剂的浓度，还可以采用不同的试剂对纤维素进行预先溶胀处理。常用的方法有：对纤维素进行黄酸化或制取纤维素醚时，可用氢氧化钠的浓溶液预先溶胀纤维素；对纤维素进行乙酰化或制取纤维素酯时，可用酸尤其是冰醋酸预先溶胀纤维素；当酯化、醚化试剂的混合物组成中含有能使纤维素发生强烈溶胀的成分时，可直接在酯化、醚化反应过程中溶胀纤维素。

生成纤维素酯的反应主要有以下几种：

① 硝化反应。纤维素与浓硝酸和浓硫酸作用，生成纤维素硝酸酯(俗称硝化纤维)。

$$\left[\text{纤维素葡萄糖残基}(CH_2OH,\ HO,\ OH)\right]_n \xrightarrow[H_2SO_4]{HNO_3} \left[\text{纤维素葡萄糖残基}(CH_2ONO_2,\ O_2NO,\ ONO_2)\right]_n$$

该反应中，浓硫酸所起的作用一是可吸收反应中生成的水分，促使反应向正方向进行；二是硫酸能促使纤维素发生溶胀，增加硝酸的扩散速度加快硝化反应进行。该反应并不是所有的羟基全部都发生酯化，酯化度随硝化条件的不同而不同。工业上以含氮量的多少来表示产物品种的不同。含氮量为12.5%～13.6%的称为高氮硝化纤维，一般用于制造无烟火药；含氮量为10.0%～10.5%的称为低氮硝化纤维，用于制造塑料、喷漆等。

② 乙酰化反应。醋酸及其衍生物与纤维素作用生成醋酯纤维素，工业上常用醋酸酐和醋酸混合物，在少量浓硫酸的催化作用下，制得纤维素三醋酸酯。反应式如下：

$$\left[\text{(CH}_2\text{OH, HO, OH, O)}\right]_n \xrightarrow[H_2SO_4]{(CH_3CO)_2O} \left[\text{(CH}_3\text{COO—CH}_2\text{, CH}_3\text{COO, OCOCH}_3\text{, O)}\right]_n$$

纤维素三醋酸酯能溶于许多有机溶剂，但不溶于丙酮。如将其部分水解，则得到纤维素二醋酸酯，它能溶于丙酮。将纤维素二醋酸酯的乙醇和丙酮溶液，通过细孔或窄缝压入热空气中，溶剂蒸发后，即成丝状或片状材料。利用该反应可用于制造醋酸人造丝，其最大优点是不易燃烧，对光作用稳定，耐热性及弹性均较好。片状材料则可用于制电影胶片。

③ 丁酯醋酯纤维素。这是一种纤维素的混合酯，由丁酯醋酯纤维素制造的人造丝，具有比醋酯纤维和黏胶纤维更优良的特性，易染色且色彩鲜艳，耐湿耐磨，不易折皱变形。

④ 黄化反应。这是碱纤维素与二硫化碳作用生成纤维素黄酸酯的反应。其反应式如下：

$$[C_6H_9O_4OH]_n + nNaOH + nCS_2 \longrightarrow [C_6H_9O_4—O—\overset{\overset{\displaystyle S}{\|}}{C}—SNa]_n$$

纤维素黄酸酯溶于稀氢氧化钠溶液中，成为一种黏稠的溶液，把这种黏液经过细孔压入酸性浴中，纤维素从黄酸盐再生而成丝状，这就是制造黏胶丝的基本原理。苎麻纤维的黄化改性也基于此法。

另外，还可以形成磷酸、羧酸酯。

$$R_{Cell}—OH^+ H_3PO_4 \longrightarrow R_{Cell}—O—H_2PO_3 + H_2O$$

$$R_{Cell}—OH^+ RCOCl \xrightarrow{NaOH} R_{Cell}—OCOR + NaCl + H_2O$$

(6) 纤维素的醚化反应。纤维素醚主要是由纤维素与活泼的醚化试剂作用而生成的物质。通常，纤维素醚类的制造要有碱的存在才能进行，主要有以下几种反应：

① 甲基化反应。在碱存在时将纤维素与硫酸二甲酯作用生成纤维素甲基醚，又称为甲基纤维素。反应式如下：

$$[C_6H_7O_2(OH)_3]_n + 3n(CH_3)_2SO_4 + 3nNaOH \longrightarrow [C_6H_7O_2(OOCH_3)_3]_n + 3nCH_3NaSO_4 + 3nH_2O$$

② 乙基化反应。用氯乙烷与纤维素反应生成乙基纤维素。反应式如下：

$$[C_6H_7O_2(OH)_3]_n + 3nC_2H_5Cl + 3nNaOH \xrightarrow{NaOH} [C_6H_7O_2(OOC_2H_5)_3]_n + 3nNaCl + 3nH_2O$$

③ 羟乙基化反应。碱纤维素与环氧乙烷作用，可制得羟乙基纤维素，羟乙基纤维素是

白色无定型粉末，它具有高度的化学稳定性，耐热、耐寒，力学性能好，通常用来制造喷漆，纺织工业上也可用来代替淀粉，作为经纱上浆用的浆料。

$$\left[\text{纤维素葡萄糖单元}(CH_2OH,\ HO,\ OH)\right]_n \xrightarrow[NaOH]{CH_2-CH_2\ (\text{环氧乙烷})} \left[\text{纤维素葡萄糖单元}(CH_2OCH_2CH_2OH,\ HO,\ OH)\right]_n$$

羟乙基纤维素

④ 羧甲基化反应。碱纤维素与一氯醋酸作用，可制得羧甲基纤维素的钠盐，简称CMC。这是一种无味无臭的白色粉末，易溶于水，呈透明的胶体；溶液呈中性或弱碱性，可以长期稳定存在。羧甲基纤维素钠盐是一种用途广泛的水溶性高分子化合物，是一种常用的浆料及黏合剂、增稠剂。

$$\left[\text{纤维素葡萄糖单元}(CH_2OH,\ HO,\ OH)\right]_n \xrightarrow[NaOH]{ClCH_2COOH} \left[\text{纤维素葡萄糖单元}(CH_2OCH_2COONa,\ HO,\ OH)\right]_n$$

(7) 其他化学试剂的作用。与一些含有环氧或环氮乙烷基的化合物反应产物，可用于阻燃或防皱整理；与活化乙烯化合物的加成反应产物可用于抗菌整理及防皱整理、活性染料染色等；纤维素长链分子和一些合成聚合体的短支链接枝后，能赋予纤维素一些特性，如防水、防菌、阻燃等。

(8) 对热的稳定性。纤维素纤维长链分子间具有很强的分子间作用力，其内聚能密度很高，不能被熔融。当温度达到 140 ℃以上时，长链分子中的羟基和羧基含量就会增加，意味着它的热裂解已开始发生。达 180 ℃时，热裂解趋于剧烈。

3.2.2 棉纤维

棉为种子纤维，适宜生长在日光充分的湿热的砂土地带，我国的棉区分布很广，主要产地多集中在长江和黄河流域一带。在我国广为种植的是陆地棉，此外还有少量海岛棉。陆地棉又称细绒棉，纤维长为 26～30 mm。海岛棉又称长绒棉，纤维长一般为 34 mm 以上，有的甚至达到 50 mm。棉纤维的主要成分为纤维素，占 94%～96%；其他物质占 4%～6%，分别为蜡质和脂肪、果胶物质、含氮物、灰分等。蜡状物和果胶对纤维有保护作用，能减轻外界条件对纤维素的损害，在纺纱过程中蜡状物还起润滑作用，是棉纤维具有良好纺纱性能的原因之一，但是它们会影响棉纤维的润湿性和染色性，在染色加工时一般要去除。

3.2.2.1 棉纤维的结构

正常成熟的棉纤维横截面呈腰圆形，纵向有天然转曲，内有空腔。这是由于纤维素是以螺旋状原纤形态一层一层地淀积，螺旋方向时左时右，反复改变，当棉铃裂开，纤维干涸后，胞壁产生扭转而形成，如图 3-10 所示。

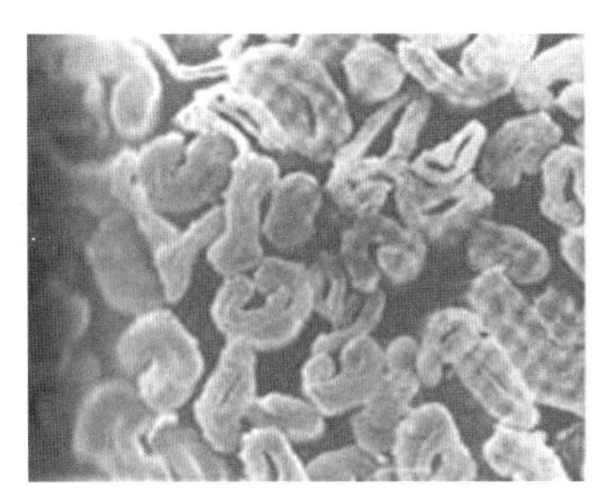
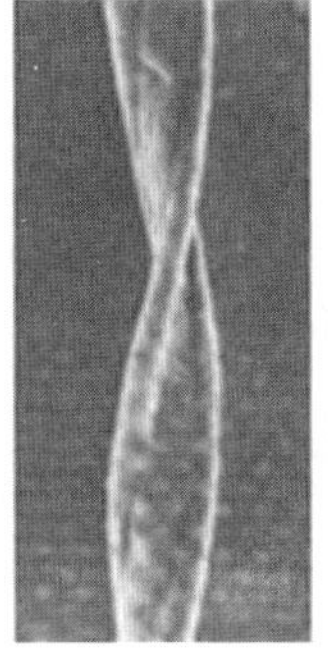
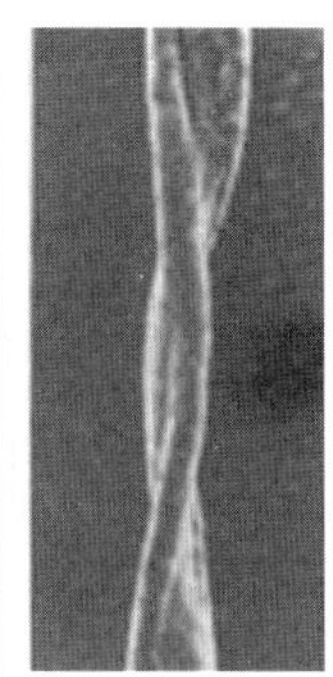

图 3-10 棉纤维的形状

3.2.2.2 棉纤维的性能

棉纤维的主要成分是纤维素，几乎是天然的纯纤维素，其化学性能与上述纤维素的性能基本相同。

(1) 与碱作用。棉纤维耐碱不耐酸，利用其耐碱性，与碱作用可进行丝光处理。用18%～25%的氢氧化钠水溶液在一定的张力下对棉织物进行处理，碱液能部分克服晶体内的结合力，使纤维横向膨胀，天然转曲消失呈圆棒状，长度收缩，直径增大，表面呈凝胶似的状态，若将这样的纤维用机械拉紧，其表面就显示半透明状且平滑发光。这种变化，即使经多次水洗也不会改变，所以效果持久。这种处理方法在纺织工业上称为丝光。

棉织物经丝光处理后纤维结晶度下降，非晶区部分增多，分子链中的葡萄糖残基的主价键发生了一定的旋转，因此，纤维的柔软性稍有提高，化学活泼性大为提高，吸湿和吸附染料等能力增强。丝光棉容易染色，穿着滑爽舒适，但对酸和氧化剂的敏感性也随之增大。近年来也有用液氨代替烧碱进行丝光处理的。用液氨进行丝光处理，对纱线和织物的力学性能的改善优于烧碱丝光。

(2) 吸湿性。棉的吸湿性较高。由于棉纤维中含有大量的亲水基团，在大气中会吸收空气中的水分，吸收水分的多少与空气温度和相对湿度有关。棉纱吸湿后强度略为有所增加，伸长也稍稍增加，抱合力、摩擦力、导电性增加，但弹性减弱。

(3) 导热性。棉为热的不良导体，棉花越松软，纤维的间隙越多，里面夹持的空气数量就越多，导热性也越低，保暖性越好。

(4) 氧化剂的作用。氧化剂有破坏棉纤维的天然色素而使纤维发生氧化漂白的作用。如高锰酸钾、过氧化氢、次氯酸钠等都可以使纤维发生氧化漂白作用。浓的氧化剂溶液对棉纤维的损伤很大，能使棉纤维变成氧化纤维素。因此棉布漂白时，如果在浓度和时间上处理不当，容易损伤纤维。

(5) 染色。棉纤维由于有孔隙而且主要成分又是含较多数量极性基团的纤维素，所以对染料水溶液有吸收、扩散及固定作用，着色情况与染料的种类和性质有关。比如，用直接染料染色，棉布较易着色，但色牢度不如硫化染料及还原染料好。

(6) 微生物的作用。棉纤维吸湿性强，在潮湿的环境中存放较长时间，纤维和织物表面会发霉、发黑、腐烂。这是由于某些细菌和霉菌分泌出酶导致棉纤维水解。所以棉花和棉织物应贮藏在干燥的地方。

3.2.3 麻纤维

麻纤维种类甚多，有的来自植物的韧皮，如苎麻、亚麻、黄麻、洋麻等；有的则来自植物的叶，如龙舌兰麻（剑麻等）和蕉麻（马尼拉麻）。麻纤维的优点是纤维长，抗拉力大（大约为棉纤维的八九倍），浸水后抗拉力更大，耐腐蚀，吸收和散发水分的速度快，散热也快，具有绝缘性。纺纱后织成的衣料具有凉爽、吸湿、透气、刚度高、硬挺、不贴身等特性，适宜制作夏季服装。其缺点为弹性差，伸度小，太刚硬，染色性差，色牢度差。

3.2.3.1 麻纤维的成分

麻纤维除了含有纤维素，还含有半纤维素、果胶、木质素、脂肪蜡质、灰分等。

（1）纤维素。麻纤维中纤维素含量为70%～75%，其结晶度为90%以上，取向度也为90%以上，所以强度高而伸度小。

麻纤维中纤维素在无机酸的作用下，β-1，4苷键会发生水解。由于麻纤维的外表有一层胶质对纤维起保护作用，纤维不易受到破坏，当纤维的保护层失去后，纤维易被损伤。纤维的非晶区易被水解，结晶区对酸的稳定性相对较高。其水解程度随着酸的浓度增加及酸处理时间延长、温度提高而增大。碱处理可以使麻纤维变得富有弹性和光泽，同时纤维素中低聚合度部分发生溶解，从而提高纤维素相对分子质量的均一性，改善了纤维的物理力学性质。在脱胶过程中，麻纤维中纤维素或多或少地都要受到氧化剂的作用，部分纤维素被氧化成氧化纤维素。氧化纤维素的机械性质及化学的稳定性一般都比较差。例如用过量的漂白粉处理麻纤维时，往往发生纤维变脆，而且会溶解在碱溶液中。

（2）半纤维素。在天然植物纤维中，往往存在一些与纤维素结构相似并与纤维素共存于植物细胞壁中的高分子多糖类物质，称为半纤维素。一般将能溶于热的2%氢氧化钠溶液的多糖类物质统称为半纤维素。半纤维素的相对分子质量远小于纤维素，其聚合度为200左右，是一种由不同量的戊醛糖、己酮糖、己醛糖及糖醛酸组成的共聚物。由于相对分子质量较低，化学性质不稳定，易被无机酸水解，在低浓度的稀碱液中能溶解，尤其易被氧化剂氧化。由于半纤维素的组成结构多样化，因此性质彼此相差很大，比如有的能溶于酸，但不易溶于碱；有的只能溶于碱却不易溶于酸。半纤维素在麻纤维中的含量一般为8%～15%，随品种、季节、地区、收割期及各种自然条件等不同而异。

半纤维素可分为多缩戊糖类半纤维素、多缩己糖类半纤维素和多缩糖醛酸类半纤维素，它们的结构与纤维素类似，都是以β-1，4苷键相连的多糖类物质。多缩戊糖类半纤维素是由五碳糖构成的高分子糖类；多缩己糖类半纤维素是由六碳糖构成的高分子糖类物质；多缩糖醛酸类半纤维素是由糖醛酸聚合而成的多糖类物质。

多缩戊糖类半纤维素的结构式如下：

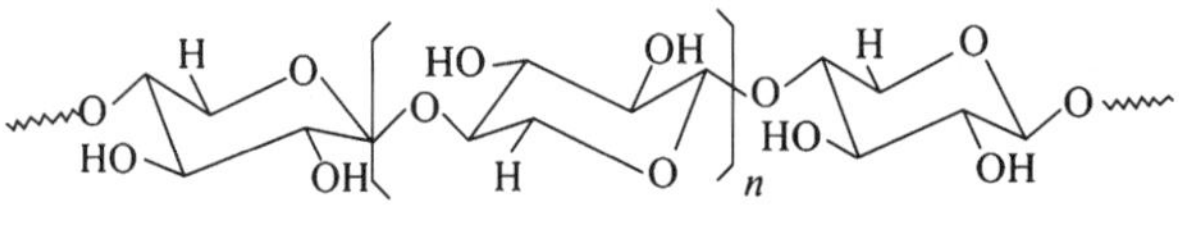

多缩木糖和多缩阿拉伯糖属此类半纤维素，其中，纯的多缩木糖是白色无定型粉末，易溶于碱液和热水，但不溶于酒精和其他有机溶剂。对酸作用不稳定，极易水解成 D-木糖。

多缩阿拉伯糖是由五元环结构的阿拉伯糖残基构成的，平均聚合度为 50，呈白色粉末，易溶于冷水和碱液，但不溶于大多数有机溶剂。结构式如下：

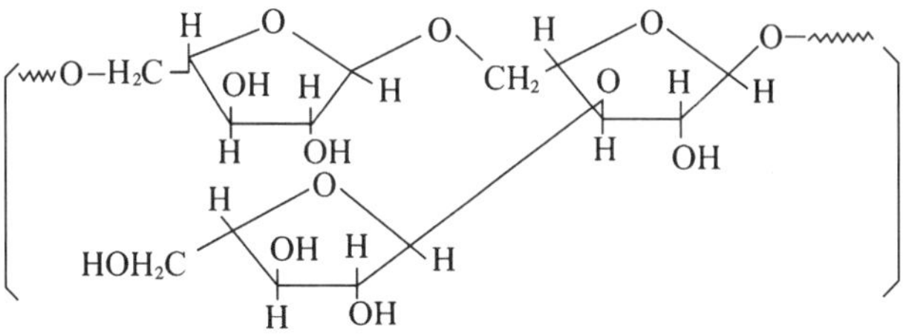

多缩己糖类半纤维素易被酸水解，易溶于碱液，包含多缩甘露糖、多缩半乳糖、多缩葡萄糖等多糖类物质。多缩甘露糖由六元环结构的甘露糖残基以 1，4 苷键联结而成，聚合度为 70～86。其结构式如下：

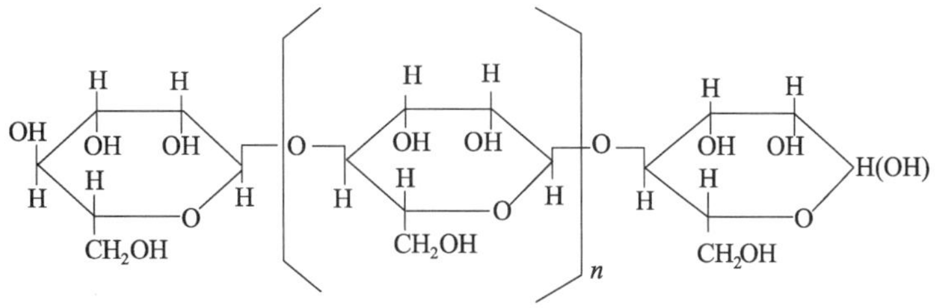

多缩半乳糖由六元环的半乳糖以 1,4 苷键联结而成，平均聚合度在 120 左右。其结构式如下：

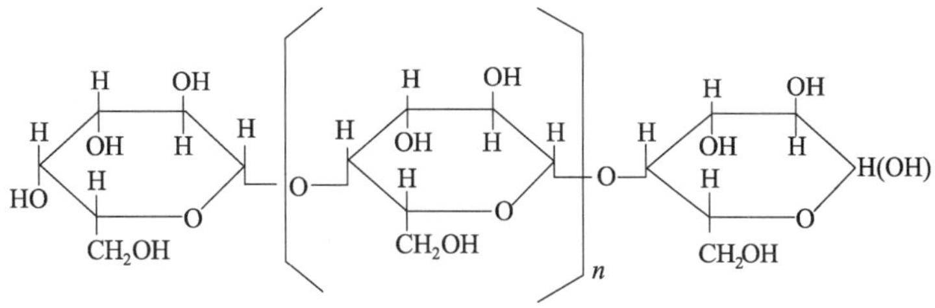

提纯后的多缩半乳糖为白色无定型粉末，在冷水中溶胀，在热水中溶解，在硝酸溶液中能水解成 D-半乳糖。

（3）果胶。果胶在原麻中的含量为 3%～4%。它是一种具有酸性、高聚合度、胶状多糖类物质的复合体，化学组成较为复杂。它与半纤维素一样，同属于多糖类物质，但它是一种共聚混杂糖，主要成分是果胶酸及其衍生物。果胶物质中，果胶酸、果胶酸甲酯和果胶酸钙镁盐之间，有的是互相独立存在的，有的可能混联在一起。其结构式大致如下：

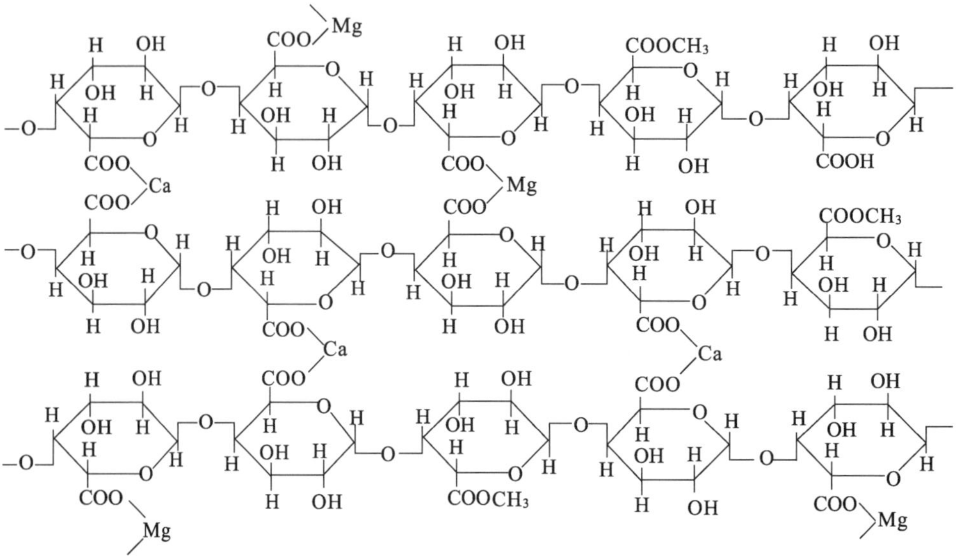

果胶物质的相对分子质量较高，为10万左右，远远高于半纤维素物质的相对分子质量。高分子的可溶性随着其相对分子质量增大而下降，所以果胶对溶剂的溶解性较低。由于麻类韧皮中的果胶为果胶酸的钙、镁盐，呈网状交联结构，相对分子质量很大，故其在水中的可溶性差。含有此成分的果胶又称为不溶性果胶，俗称生果胶。尽管生果胶不溶于水，但它对碱和酸作用的稳定性比较低。经过稀酸溶液的处理，或在较高温度下用碱液煮练，可使果胶物质的长分子链发生断裂、水解，从而将果胶等杂质除去。果胶物质的存在对纤维的毛细管性能和吸附性能有很大的影响，果胶物质含量越少，则纤维的毛细管性能和吸附性能越好。

（4）木质素。木质素是植物细胞壁的主要成分之一，起支撑作用，黏结纤维素，使其具有承受机械压缩的能力。苎麻原麻中木质素的含量约为1%，亚麻纤维中木质素约占2%～2.5%，黄麻中木质素的含量则高达12%左右。木质素含量少的纤维，光泽好，柔软并富有弹性，可纺性能和对染料的吸附性能均好。木质素含量越多，纤维的手感越硬。对苎麻纤维而言，脱胶时木质素要尽可能去除；对亚麻和黄麻而言，若木质素去除得太彻底，会使纤维解体，反而降低亚麻和黄麻的纺纱性能，所以应适度。

① 木质素的组成和结构。木质素是具有三维空间网状结构的高分子化合物，其结构有以下三种：

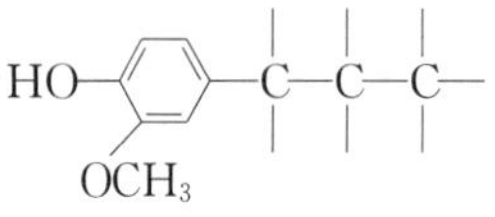

邻甲氧基酚羟基苯结构（愈创木基结构）

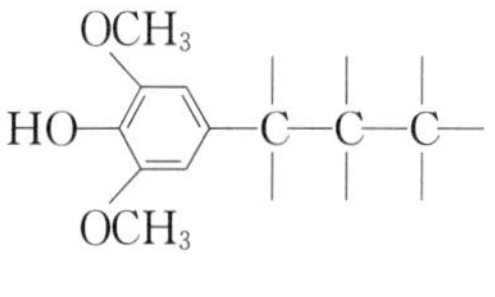

4-羟基3，5二甲氧基苯结构（紫丁香基结构）

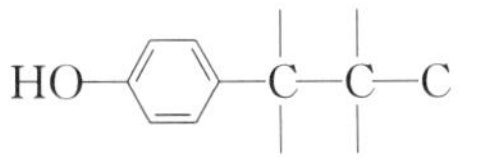

HO—C—C—C　　羟基苯结构(对羟基苯结构)

木质素结构单元的联结方式有以下两种：

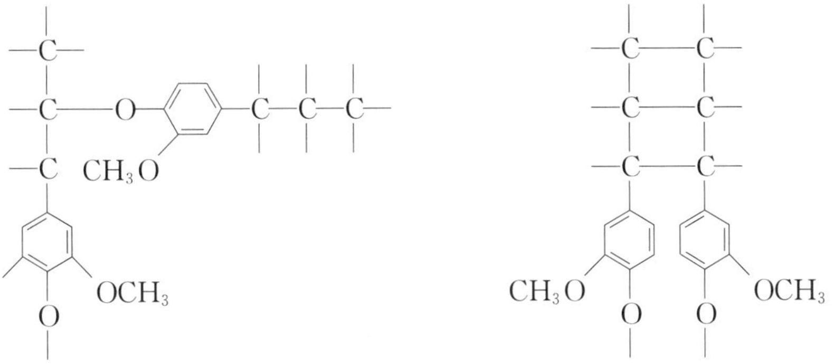

—C—　—C—O—C—C—C—　—C　CH_3O　OCH_3　O

—C—C—　—C—C—　—C—C—　CH_3O　OCH_3　O　O

② 木质素的性质。木质素的大分子上含有由酚羟基形成的甲氧基，还有羟基、羰基等官能团，所以其化学性质相应表现在以下方面：

a. 氯化作用。木质素中的苯环含有酚羟基和甲氧基，而苯环被活化后易与氯起取代反应。无论是把氯气通入干燥的木质素，还是用氯水直接作用于木质素，都会发生苯环氯化反应，生成氯化木质素。氯化木质素呈红褐色，在氢氧化钠碱溶液中，氯被羟基取代，生成苯酚钠盐而溶于碱液。

b. 氧化作用。木质素对氧化剂的作用不如纤维素稳定，易受氧化剂的作用而裂解。在水或醋酸中，臭氧与木质素发生强烈的氧化作用而形成碳酸、甲酸、草酸和醋酸。但臭氧对纤维素和其他多糖类物质的影响较小。

c. 碱液的作用。大部分木质素能溶解在强碱液中。一般认为，碱液煮练去除木质素的过程大致分为三个阶段。第一阶段，木质素中的酸性酚羟基对碱液的吸附。当碱液与木质素表面接触时，在相当长的时间内木质素与碱液处于吸附平衡状态。第二阶段，氢氧化钠与木质素生成碱木质素。最后阶段，水解溶解。碱木质素从木质素表面脱落而溶于碱液中。在反应过程中，碱木质素中酚醚键发生水解断裂，甲氧基的数量减少，增加了新的酚羟基，在碱溶液中生成钠盐而溶解。随着碱液浓度的增加和温度的提高，木质素溶解度增加。

d. 无机酸的作用。木质素对无机酸的稳定性是相当高的。无论在常温还是加热条件下，无机酸都不能使木质素裂解。相反，在强无机酸溶液中，木质素还能发生缩聚反应，变得更加不易溶解。在进行木质素的定量分析时，可以采用溶解试样中的纤维素及其伴生物为基础的酸溶解法。原理就是利用高浓度的强无机酸(65%～95%的硫酸或35%～44%的盐酸)处理试样，使纤维素及其他伴生物全部溶解，未溶解的部分即为缩聚化后的木质素。过滤得到酸木质素样品，洗涤干燥称重，即可计算出试样中木质素的含量。

(5) 脂肪蜡质。天然植物纤维中可以由有机溶剂提取的成分称为蜡质，从其水解产物可知蜡质的主要成分是高级饱和脂肪酸和高级一元醇所组成的酯，还有一些游离的高级羧酸和烃类物质。在天然植物纤维中，蜡质主要分布在纤维外表面，含量一般在0.5%～2%，在植物生长过程中起到防止水分剧烈蒸发和浸入的作用。

在麻脱胶工程中，脂肪蜡质并不是要脱除的主要对象。脂肪蜡质在纤维外表面能赋予纤维光泽，使纤维柔软、松散，对可纺性是有利的。因此，脂肪蜡质应属于胶质的范围，但在脱胶过程中，由于原麻经酸、碱等药剂的处理，这部分物质难免被酸水解或被碱皂化，使脱胶后的纤维变得粗糙、硬脆。为了改善这种情况，在脱胶工程中设有给油工序进行弥补。

(6) 灰分。将纤维材料试样在空气中充分灼烧，则试样中的纤维素及其伴生物等物质会被氧化成二氧化碳和水分散出，而残留的白色或灰白色的粉末即灰分。天然植物纤维中的灰分大多为金属或非金属的氧化物及无机盐类等物质。

3.2.3.2 麻的脱胶

原麻中含有很多胶质，不能直接用于纺纱，所以在梳纺工程前必须脱去其中的胶质。由于麻单纤维细长，可以采用单纤维纺纱，所以脱胶要彻底，精干麻的残胶率一般不超过2%。目前麻脱胶多采用化学方法，一般包括三个主要工艺过程，即浸酸、碱液煮练和后处理。

(1) 浸酸。工艺参数：[H_2SO_4]=1.5～2.0 g/L，温度 50 ℃，时间 1～3 h，浴比 1∶15 左右。目的是脱除部分果胶、半纤维素，提高加工原麻质量的均一程度，减轻碱液煮练工艺的负担，缩短煮练时间，节省化工原料的消耗。

(2) 碱液煮练。这是麻纤维化学脱胶中最主要的一个工艺过程，原麻中的各种胶质成分大都在该工序被去除。氢氧化钠是碱液煮练中的主要化工原料，其用量直接决定脱胶的质量，过多过少都会降低麻纤维的品质。为保证煮练后期煮液仍有一定的氢氧化钠浓度，一般控制苎麻脱胶的氢氧化钠用量为 6.5%～15%，煮练温度为 128～134 ℃，浴比 1∶10～1∶20。

(3) 后处理。包括酸洗、漂白、精练等工艺，其中，酸洗是后处理的主要工序之一，目的是中和残留于纤维上的碱剂，水解残胶，降低精干麻残胶率，提高纤维的白度、柔软性及松散性。常用的工艺参数：[H_2SO_4]=1.0～1.5 g/L，常温下处理 2～3 min，浴比 1∶15 左右。

麻脱胶也可以采用细菌脱胶，主要利用微生物破坏麻茎中的黏性物质(如果胶等)，使韧皮层中的纤维素物质与其周围组织分开，达到麻纤维脱胶的目的。

3.2.4 其他天然纤维素纤维

3.2.4.1 竹纤维

纺织用竹纤维按照加工方法的不同，分为竹原纤维、竹浆纤维和竹炭纤维三大类。竹纤维的主要成分是纤维素，还有一些半纤维素、木质素、果胶及矿物质等伴生物。各成分的含量与竹子品种、竹龄、竹茎部位等有关。比如：一年生毛竹的纤维素含量为 66%，2～3 年生毛竹的纤维素含量为 58%，初生春毛竹的纤维素含量为 75%。纤维素含量越大，原料的利用率就越高。竹纤维的相对分子质量一般为 90 000～170 000，其中竹原纤维素分子的聚合度为740～1050，可溶性竹浆粕分子的聚合度在 480～520，竹浆纤维的聚合度在 600～700。多缩戊糖在竹纤维中的含量较高，在制取过程中，这部分物质能溶解在碱液中而去除。果胶含量过高会降低竹纤维的芯吸能力，通过碱液煮练可去除。竹子中的蛋白质和其他含氮化合物的存在会影响竹纤维的抗菌、抑菌效能，应去除；竹子中的灰分主要是竹粉及铁、钙等的金属氧化物，在纤维制取过程中应经蒸煮、水洗而去除。

3.2.4.2 彩色棉

彩色棉花又称有色棉，是利用现代生物工程技术选育出来的一种吐絮时棉纤维就具有红、黄、棕、灰、紫等天然色彩的特殊棉花。彩色棉的种植和加工过程对环境均无污染，是一种不可替代的绿色生态纺织品。由于彩色棉需专门育种而不能自然繁殖，其种植成本高；还有，彩色棉生产过程中使用的无毒加工制剂远比传统制剂的价格高，这使得彩色棉的价格居高不下。

3.2.4.3 菠萝叶纤维

菠萝叶纤维外观上略显淡黄色，具有与棉纤维相当或比棉纤维高的强度，断裂伸长率接近苎麻、亚麻，初始模量很大，有很好的吸湿性和染色性。

3.2.4.4 香蕉茎纤维

香蕉是一种生长在热带的园艺作物，其果实可供人们食用，树干可用于纸浆造纸和层压板。目前，印度等国家已利用香蕉纤维通过黄麻纺纱机纺纱，用于制作绳索和包装袋。

3.2.5 再生纤维素纤维

将天然高分子或失去纺纱加工价值的纤维原料，经溶解或熔融再纺丝所制成的纤维，称为再生纤维。再生纤维素纤维包括黏胶纤维、铜氨纤维、天丝纤维等。

3.2.5.1 黏胶纤维

黏胶纤维是再生纤维素纤维的主要品种，它采用不能直接纺织加工的棉短绒、木材、芦苇、甘蔗渣、竹等为原料，经过亚硫酸钠溶液蒸煮，去除非纤维素物质，再经过打浆、漂白、酸处理、碱处理、干燥等得到纯净的纤维素浆粕。后经烧碱、二硫化碳处理后制备成黏稠的纺丝溶液，采用湿法纺丝而成。黏胶纤维的化学组成与棉纤维相同，基本结构单元都是葡萄糖残基，但聚合度比棉纤维低得多，结晶度较小，取向度也低，结构中空隙含量比棉纤维大。截面呈不规则的锯齿形，有明显的皮芯结构。生产黏胶纤维，从原料浆粕到制成纤维需40～72 h。传统的黏胶纤维生产工艺对环境有污染，会产生很多的有毒气体。

(1) 黏胶溶液的制备。先将纤维素原料和氢氧化钠溶液作用生成碱纤维素，再与二硫化碳发生反应生成纤维素黄酸酯。反应式如下：

$$C_6H_9O_4ONa + CS_2 \rightleftharpoons C\begin{matrix} \diagup OC_6H_9O_4 \\ =S \\ \diagdown SNa \end{matrix} \quad 或\ C_6H_{10}O_5NaOH + CS_2 \rightleftharpoons C\begin{matrix} \diagup OC_6H_9O_4 \\ =S \\ \diagdown SNa \end{matrix} + H_2O$$

纤维素黄酸酯溶解在稀碱溶液中，经过滤、溶解、熟成，得到黏胶溶液。在此过程中，纤维素会发生部分氧化、水解，相对分子质量降低，同时发生酯交换，使黄化反应均匀。

副反应：

$$6NaOH + 3CS_2 \longrightarrow Na_2CO_3 + 2Na_2CS_3 + 3H_2O$$

Na_2CS_3为橘黄色，纯的纤维素黄酸酯无色。

(2) 黏胶纤维的成型。将制备好的黏胶溶液在一定的压力下均匀地从喷丝头喷到凝固浴中，凝固浴的作用是使纤维素再生、凝固，形成丝条。反应式如下：

$$S{=}C(OC_6H_9O_4)(SNa) + H_2SO_4 \longrightarrow C_6H_{10}O_5 + NaHSO_4 + CS_2$$

副反应：$Na_2CS_3 + H_2SO_4 \longrightarrow Na_2SO_4 + H_2S\uparrow + CS_2\uparrow$

$Na_2S + H_2SO_4 \longrightarrow Na_2SO_4 + H_2S\uparrow$

$Na_2S_x + H_2SO_4 \longrightarrow Na_2SO_4 + H_2S\uparrow + (x-1)S\downarrow$

$Na_2S_2O_3 + H_2SO_4 \longrightarrow Na_2SO_4 + H_2S\uparrow + SO_2 + S\downarrow$

$2NaOH + H_2SO_4 \longrightarrow Na_2SO_4 + 2H_2O$

黏胶纤维的凝固浴由硫酸、硫酸锌和硫酸钠溶液混合配制而成。其中，硫酸的作用是使纤维素黄酸酯分解并与碱中和，使黏胶凝固。硫酸的浓度至关重要，浓度过高，黏胶纤维结构疏松，内外层差异大，纤维强度低，这是由于黏胶凝固后大分子还未来得及拉伸就迅速分解。硫酸浓度过低，则容易出现黏胶块。硫酸钠的作用是使黏胶脱水凝固，减慢纤维素黄酸酯的分解速度，并渗入皮层内部，使纤维素黄酸酯均匀凝固、分解，从而缩小皮芯层结构和性能的差异。硫酸锌除了具有和硫酸钠相同的作用外，还能使黏胶均匀凝固而形成较小的结晶颗粒，从而提高纤维的干、湿强度与钩接强度。

(3) 黏胶纤维的后处理。成型后的纤维上还残留硫酸、硫酸盐和二硫化碳等，这些物质长期存在会恶化纤维品质，并使加工机件中的铜质零件发黑，所以必须通过水洗除去。成型后黏胶纤维含硫量为0.3%～0.6%，经70～80 ℃热水洗，含硫量降至0.1%～0.2%。工业用帘子线或某些短纤维不需要进行脱硫，大多数民用纤维必须脱硫，使硫含量低于0.02%。另外，纤维须经漂白以提高纤维的白度；须经酸洗，以除去纤维中的酸及其他物质；还必须加上油剂，以降低纤维的动、静摩擦系数，使纤维柔软平滑及具有抗静电性，易于纺织加工。

(4) 黏胶纤维的皮芯层结构。当黏胶细流从喷丝孔挤入凝固浴时，凝固浴中的各组分向黏胶细流扩散，而细流中的 NaOH 和 H_2O 向凝固浴扩散。由于各自扩散的速度不同，黏胶纤维内部凝固干燥先后不一，从而形成明显的皮芯结构。皮层和芯层在结构和性质上的差异：皮层的结晶度较低，具有较高的取向度和均匀的微晶结构，断裂强度较高，耐磨耐疲劳，具有较高的吸湿性；芯层的结晶度较高而取向度低，断裂伸长率较小。

(5) 黏胶纤维的性质。黏胶纤维的聚合度低(小于400)，结晶度比较低(40%左右)，为纤维素Ⅱ结构，导致它的力学性能比棉差。尤其是湿态强度会下降50%左右，所以不耐洗，洗后尺寸稳定性差。黏胶纤维的吸湿性很好，回潮率达13%以上，穿着舒适。伸长率较高，达到18%～24%，湿态伸长率达到24%～35%。黏胶纤维的回弹率较低，为60%～80%(伸长8%)，织物易变形起皱。

(6) 高湿模量和强力黏胶纤维。为了克服普通黏胶纤维的湿强度较低，容易缩水，尺寸稳定性差等缺陷，研究人员研制出高湿强度和高湿模量黏胶纤维。高湿强度纤维是改变黏胶的成型工艺使之形成全芯层结构，提高纤维的结晶度，代表品种有富强纤维；高湿模量黏胶纤维以加强溶剂缓冲析出和凝固作用，增强纤维的皮层结构和分子间的微晶物理交联，如木代尔(modal)纤维；强力黏胶纤维是在成型时采用变形剂，使成型过程缓慢而均匀，形成全皮层结构，纤维的横截面为均匀的圆形或圆滑的豆形。

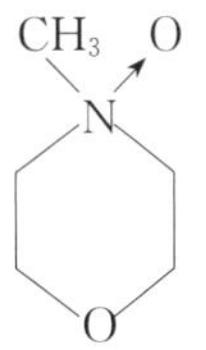

3.2.5.2　天丝纤维

天丝纤维是也称 Tencel 纤维或 Lyocell 纤维。

CH_3　O
N
O

NMMO 分子结构

(1) 天丝纤维的制备。天丝纤维的制造不像黏胶纤维那样形成间接化合物，而是将纤维素直接溶解在有机溶剂 N-甲基吗啉-N-氧化物(NMMO)和水的体系中。NMMO 中的 N—O 键可以看成一个配位键，氮上的一对孤对电子进入氧的原子轨道，使氧原子形成 8 电子的稳定结构。其中，氮形成四个共价键而带有正电荷，氧上则带有负电荷，所以 NMMO 的极性极强，可以看成是离子有机化合物，它的熔点也非常高，达到 170 ℃。虽然纯 NMMO 对纤维素纤维的溶解性最好，但是熔点太高，一般使用 NMMO 的一水合物。一水合 NMMO 的熔点约为 76 ℃，含水率为 13.3%，比较容易制成纤维素 NMMO 溶液。

NMMO 溶解纤维素的机理：NMMO 分子中的强极性官能团 N→O 上氧原子的两对孤对电子可以和纤维素大分子中的羟基(Cell—OH)形成一两个强的氢键 Cell—OH…O←N，生成纤维素-NMMO 络合物，破坏纤维素分子间的强氢键。之后，络合物在过量的 NMMO 中溶解，从而达到溶解纤维素的目的。在纤维素溶解过程中并不发生化学反应，形成新的共价键，而是氢键的破坏与形成，所以不需要像黏胶纤维那样经过长时间的熟化均匀过程，相对来说，纤维素的氧化降解较少，能够保持较高的相对分子质量。

天丝纤维的纺丝工艺是干喷湿纺技术。纤维素 NMMO 溶液在 85～125 ℃ 的温度下纺丝，从喷丝孔中喷出的纺丝细流在进入凝固浴之前通过一定长度(10～300 mm)的甬道，通入热空气使 NMMO 部分挥发。纺丝细流在此阶段经一定程度的拉伸取向后进入凝固浴凝固成型。凝固浴一般采用低温水浴或水/NMMO 的稀溶液，再经拉伸、水洗、切断、上油、干燥、溶剂回收等工序，制成天丝纤维。

(2) 天丝纤维生产工艺的特点。

① 生产工艺流程短。在制备天丝纤维时，整个过程没有化学反应，只需要将纤维素浆粕溶解在有机溶剂中，然后纺丝形成纤维。生产周期短，从原料浆粕到纤维只需要约 3 h 左右。纤维素的氧化降解较少，能够保持较高的相对分子质量，反应式如下：

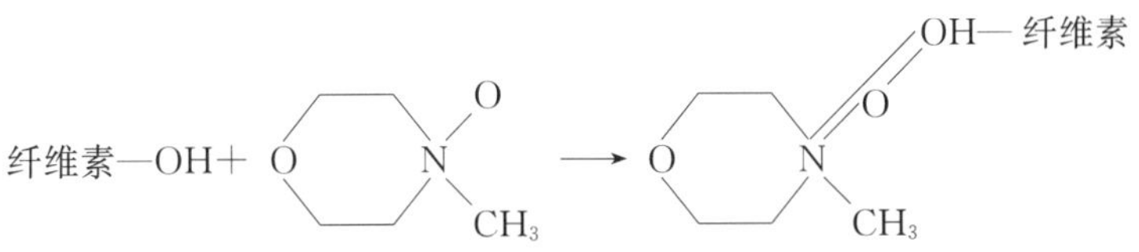

OH—纤维素
O　　　　　　　　　O
纤维素—OH+ O　N　⟶　O　N
CH_3　　　　　CH_3

② 原材料消耗少。天丝纤维的生产工序较少，原材料的消耗也较少，生产成本比较低。

只是对于设备的要求较高,需要高温及回收装置。

③ 溶剂无毒且可回收再利用,属绿色生产工艺。天丝纤维的生产过程中所用的溶剂NMMO是无毒的,并且可以回收利用,基本无废弃物,既减少了原料的消耗,又不会产生很多的环境污染。所以天丝纤维的生产过程被称为绿色工程,纤维被称为绿色纤维,如图3-11所示。

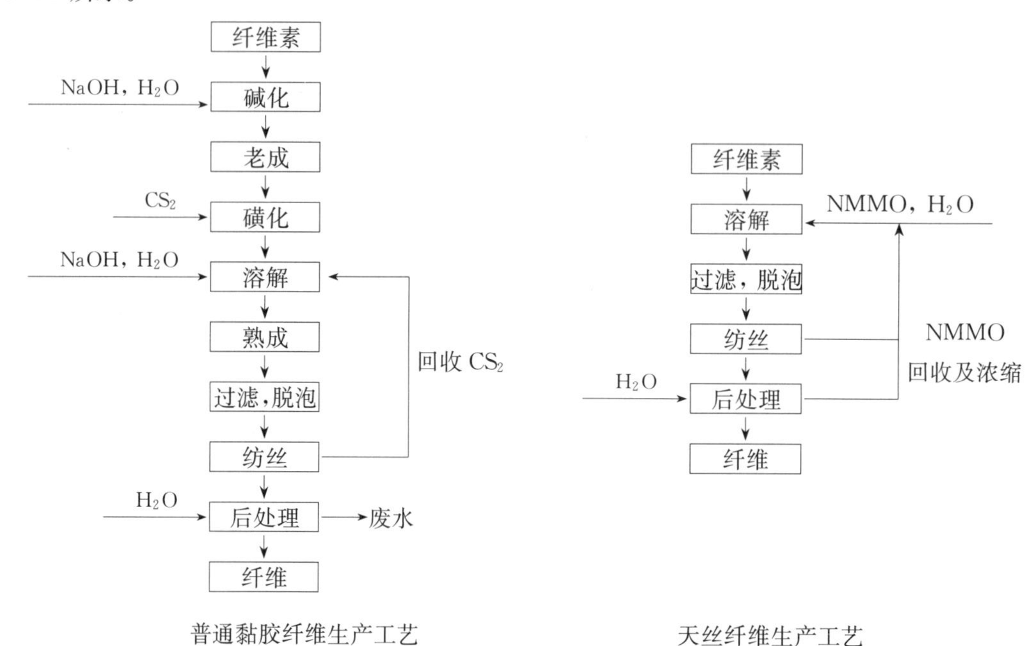

图 3-11　两种纤维素纤维生产工艺的比较

(3) 天丝纤维的结构和性能。天丝纤维由纤维素构成,其聚合度一般为500～550,结晶度和取向度都比普通黏胶纤维高得多,横截面呈圆形,表面光滑。所以天丝纤维的物理力学性能超过普通黏胶纤维,能与棉和合成纤维媲美。它具有较高的干强、湿强和拉伸模量,几乎是普通黏胶纤维的两倍。其湿强仅比干强低15%左右,更耐洗。天丝纤维织物有丝绸一般的光泽,还有较低的缩水率,尺寸稳定性好。另外,天丝纤维织物的染色性能好,和传统的黏胶纤维织物一样,可用直接染料、活性染料、硫化染料等染色。

3.2.6 甲壳胺纤维

3.2.6.1 甲壳素和甲壳胺

甲壳素大量存在于昆虫和甲壳类动物的甲壳之中,也称为甲壳质、几丁质。纯甲壳素为白色或灰白色无定型的半透明物质,无毒、无味,不溶于水、稀酸、稀碱及一般的有机溶剂,仅溶于浓的无机酸和一些特殊的有机溶剂。据估计,自然界中每年生成的甲壳素约有一百亿吨。甲壳素也可称为聚乙酰胺基葡萄糖,其化学名称为2-乙酰氨基-2-脱氧-β-D-葡萄糖,由1000～3000个乙酰葡萄糖胺残基通过β-1,4糖苷链联结而成。甲壳素也可视为纤维素的类似物,相当于纤维素第二位上的羟基被乙酰胺基取代的产物。甲壳素难以单独存在于自然界,一般与蛋白质络合或呈现共价的结合。

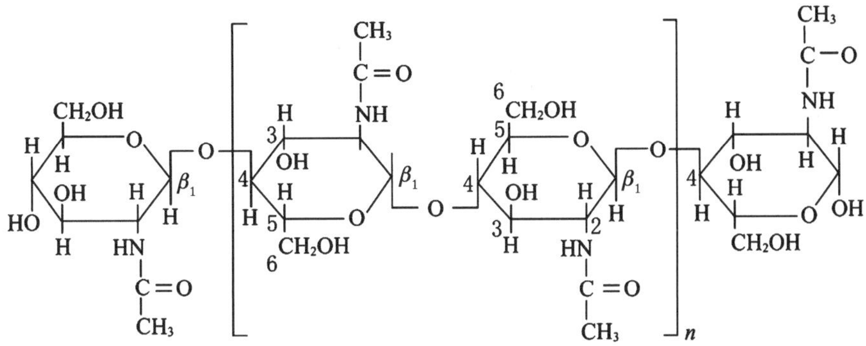

甲壳胺又称壳聚糖，是由甲壳素在碱性条件下加热，酰胺键水解脱去乙酰基后得到的一种高分子胺基多糖，其化学名称为(1，4)-2-氨基-2-脱氧-β-D-葡聚糖。甲壳胺是一种白色或灰白色，略带珍珠般光泽的半透明固体。甲壳胺不溶于水和碱溶液，可溶于大多数稀酸，如盐酸、醋酸、苯甲酸等。甲壳胺的溶液可以通过湿法纺丝制备甲壳胺纤维。

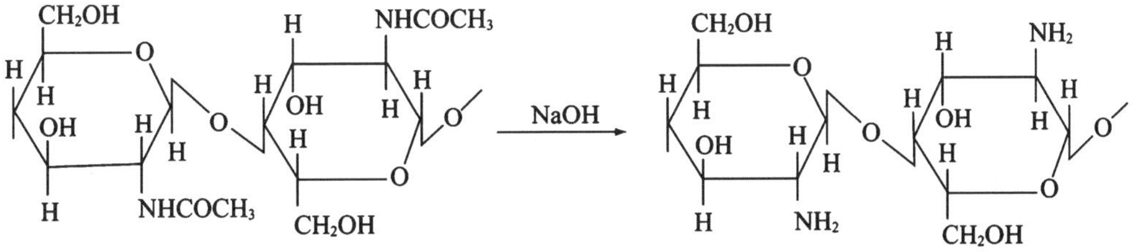

甲壳质　　　　甲壳胺

3.2.6.2 甲壳胺纤维的制造方法

由于甲壳胺分子链上有很多的氨基和羟基等极性基团，分子间的氢键作用很强，分子间结合紧密，加热时在熔融之前就分解，所以无法进行熔融纺丝。甲壳胺的溶剂由于极性强、沸点高而难使用干法纺丝。目前普遍采用的纺制甲壳胺纤维的方法是湿法成型法。首先将甲壳胺溶解在合适的酸性溶剂中，配制成一定浓度的纺丝原液，纺丝原液经过滤脱泡后，在一定压力下通过喷丝头的小孔喷入凝固浴槽中，呈细流状的原液在凝固浴中形成固态纤维。甲壳胺纺丝的工艺流程如下：

溶解→过滤→脱泡→计量→纺丝→凝固浴→拉伸→二浴→定型→洗涤→干燥→纤维

3.2.6.3 甲壳胺纤维的结构与性能

甲壳胺纤维一般呈深黄色，外观近似黏胶纤维，其纤维截面形态边缘为不规则的锯齿形或呈皮芯结构。芯层有较多细小的空隙，纵向表面有很多清晰的沟槽。

由于甲壳胺纤维大分子链上存在大量的羟基(—OH)和氨基(—NH_2)等亲水性基团，故纤维有很好的亲水性和很高的吸湿性。甲壳胺纤维的平衡回潮率一般在12%～16%。与棉纤维相比，甲壳胺纤维的线密度偏大，强度偏低，这在一定程度上影响了甲壳胺纤维的成纱强度。在一般条件下用甲壳胺纤维进行纯纺还有一定困难，通常采用甲壳胺纤维与棉纤维或其他纤维混纺来改善其可纺性。甲壳胺纤维具有优良的染色性能,可采用直接、活性、还原、碱性及硫化等多种染料进行染色,且色泽鲜艳。

甲壳胺纤维的大分子结构与人体内的氨基葡萄糖的构成相同,而且具有类似于人体骨胶原组织结构,这种双重结构赋予其极好的生物医学特性:对人体无毒无刺激,可被人体内的溶菌酶分解而吸收,与人体组织有良好的生物相容性,具有抗菌、消炎、止血、镇痛、促进伤口愈合等功能。甲壳胺纤维的废弃物可生物降解,不会污染周边环境。

甲壳胺纤维可纺成长丝或短纤维两大类,可用于制作医用缝合线等或以无纺布形式制作医用敷料,用于治疗各种创伤,有促进伤口愈合和消炎抗菌作用。甲壳胺纤维还可加工成各种功能性产品,如保健针织内衣、抗菌休闲服、抗菌防臭床上用品、抑菌医用护士服、医用敷料等。

3.3 蛋白质纤维

蛋白质纤维是指其基本组成物质为蛋白质的一类纤维,按其来源可分为天然蛋白质纤维和再生蛋白质纤维两类。它们都是以存在于自然界中的各种聚 α-氨基酸为成纤高聚物构成的纤维。羊毛和蚕丝是两种最为常见的天然蛋白质纤维。

3.3.1 蛋白质的基础知识

蛋白质是一种含氮的天然生物高分子化合物,广泛存在于生物体内,是组成生命的基础物质。它存在于生物机体的组织、血液、内分泌腺及骨骼中。肌肉、毛发、指甲、皮革、角、蹄、羊毛、蚕丝等都是由不同的蛋白质构成的。绝大多数酶甚至于滤过性病毒也属于蛋白质。

蛋白质中主要含有碳、氢、氧、氮以及少量硫。有的蛋白质还含有微量的磷、铁、锌、镁等元素。各种蛋白质的元素组成,虽有不同,但相差不多,其中含氮量均很接近,其平均值约为 16%。工业上可以用含氮量粗略表示蛋白质的含量。

根据水解后所生成的产物,蛋白质可以分为简单蛋白质和结合蛋白质两类。水解后只生成 α-氨基酸的,称为简单蛋白质,例如,鸡蛋中的卵清蛋白、牛乳中的乳清蛋白和乳球蛋白、毛发角蹄中的角蛋白及桑蚕丝中的丝素蛋白等。水解后,除生成 α-氨基酸外,还生成非蛋白物质,例如糖类、核酸、含磷或含铁化合物等的蛋白质,均为结合蛋白质。细胞中的核蛋白(含核酸)、牛乳中的酪蛋白(含磷)等是结合蛋白质。还有糖蛋白、脂蛋白等结合蛋白质。

根据分子的形状,可将蛋白质分为球状蛋白和纤维状蛋白。球状蛋白的分子似球形,较易溶于水,如血液中的血红蛋白、蚕丝中的丝胶蛋白等。纤维状蛋白的形状似纤维,难溶于水,如羊毛、指甲中的角蛋白、蚕丝中的丝素蛋白等。

3.3.1.1 蛋白质的化学结构

蛋白质是由 20 种 α-氨基酸通过细胞体内的蛋白质合成酶催化生成的聚酰胺类高分

子，其联结键是羧酸与胺反应形成的酰胺键—CONH—，也称为肽键。一般天然蛋白质中的氨基酸是L构型。

（1）α-氨基酸。氨基酸是指在同一分子中既有氨基（$—NH_2$）、又有羧基（—COOH）的一类有机化合物。按照分子中氨基和羧基相对位置的不同，氨基酸可以分为α、β、γ、……、ω氨基酸。氨基位于α-C原子上的氨基酸称为α-氨基酸，一般组成蛋白质的都是α-氨基酸（极个别例外）。α-氨基酸的结构通式如下：

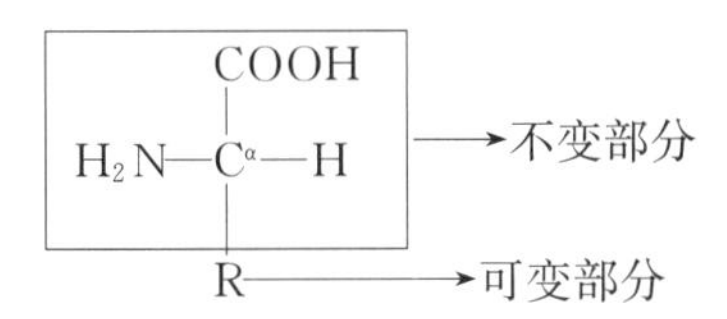

各种氨基酸的区别在于侧链R基的不同。20种氨基酸按R的极性可分为非极性氨基酸、极性氨基酸；按照带有氨基、羧基的多少分为酸性氨基酸、碱性氨基酸和中性氨基酸。氨基和羧基数目相等的氨基酸称为中性氨基酸，氨基数目多于羧基数目的称为碱性氨基酸，反之，氨基数目少于羧基数目的称为酸性氨基酸。表3-10列出了一般蛋白质中存在的各种氨基酸。

α-氨基酸都是无色晶体，熔点较高，常在200～300 ℃。大多数氨基酸（胱氨酸、酪氨酸除外）易溶于水，几乎不溶于非极性溶剂（如乙醚及烃类），大多数氨基酸（脯氨酸及羟基脯氨酸除外）均不易溶于无水乙醇。氨基酸的碳链愈长，在水中的溶解度就愈小。

表3-10 氨基酸的分类

类别	名称	单字母符号	三字母符号	结构式	相对分子质量	水中的溶解度[g/(100 g)]
中性氨基酸	乙氨酸	G	Gly	$CH_2(NH_2)COOH$	75.07	25.0
	丙氨酸	A	Ala	$CH_3CH(NH_2)COOH$	89.09	16.5
	缬氨酸	V	Val	$(CH_3)_2CHCH(NH_2)COOH$	117.15	8.85
	亮氨酸	L	Leu	$(CH_3)_2CHCH_2CH(NH_2)COOH$	131.17	2.3
	异亮氨酸	I	Lle	$CH_3CH_2CHCH(NH_2)COOH$ | CH_3	131.17	4.12
	苯丙氨酸	F	Phe	⌬$—CH_2CH(NH_2)COOH$	165.19	2.97
	酪氨酸	Y	Tyr	HO—⌬$—CH_2CH(NH_2)COOH$	181.19	0.05
	丝氨酸	S	Ser	$CH_2(OH)CH(NH_2)COOH$	105.09	5.0
	苏氨酸	T	Thr	$CH_3CH(OH)CH(NH_2)COOH$	119.12	20.5
	半胱氨酸	C	Cys	$CH_2(SH)CH(NH_2)COOH$	121.16	易溶

（续表）

类别	名称	单字母符号	三字母符号	结构式	相对分子质量	水中的溶解度 $/g\cdot100\ g^{-1}$
中性氨基酸	蛋氨酸	M	Met	$CH_3SCH_2CH_2CH(NH_2)COOH$	149.21	3.5
	色氨酸	W	Try	（吲哚环，N—H）$-CH_2CH(NH_2)COOH$	204.22	1.14
	脯氨酸	P	Pro	（吡咯烷环，N—H）$-C(=O)OH$	115.13	162.3
酸性氨基酸	天门冬氨酸	D	Asp	$HOOC-CH_2CH(NH_2)COOH$	133.10	0.5
	谷氨酸	E	Glu	$HOOC-CH_2CH_2CH(NH_2)COOH$	147.13	0.84
碱性氨基酸	精氨酸	R	Arg	$HN{=}\underset{\underset{NH_2}{\vert}}{C}-NH(CH_2)_3CH(NH_2)COOH$	174.20	15.0
	赖氨酸	K	Lys	$H_2N(CH_2)_4CH(NH_2)COOH$	146.19	易溶
	组氨酸	H	His	（咪唑环：N—CH，HC，C，N—H）$-CH_2CH(NH_2)COOH$	155.16	7.59

(2) 肽键和肽链。氨基酸之间可以通过酰胺键（即肽键）结合而形成肽链，由氨基酸以肽键相互联结而形成的长链便称为肽链或多肽链，而这些物质称为多肽或简称肽。肽链是蛋白质分子的骨架，也称主链。天然蛋白质的肽链大多为开链结构，具有自由氨基端和自由羧基端。最简单的肽是二肽。由两个不同的氨基酸分子生成的二肽可能有两种不同的构造。例如：

$$N_2NCH_2-\overset{\overset{\displaystyle O}{\|}}{C}-OH + H-NH-\overset{\overset{\displaystyle CH_3}{|}}{C}HCOOH \longrightarrow H_2NCH_2-\overset{\overset{\displaystyle O}{\|}}{C}-\underset{\underset{\displaystyle H}{|}}{N}-\overset{\overset{\displaystyle CH_3}{|}}{C}HCOOH + H_2O \quad (\text{Ⅰ})$$

$$H_2N\overset{\overset{\displaystyle CH_3}{|}}{C}H-\overset{\overset{\displaystyle O}{\|}}{C}-OH + H-NH-CH_2COOH \longrightarrow H_2N\overset{\overset{\displaystyle CH_3}{|}}{C}H-\overset{\overset{\displaystyle O}{\|}}{C}-\underset{\underset{\displaystyle H}{|}}{N}-CH_2COOH + H_2O \quad (\text{Ⅱ})$$

它们的区别在于：（Ⅰ）式中的肽键是由甘氨酸的羧基与丙氨酸的氨基缩合形成的，而（Ⅱ）式中的肽键则是由丙氨酸的羧基与甘氨酸的氨基生成的。二肽分子的两端各有一个自由的氨基和自由的羧基，所以还可以和其他的氨基酸分子缩合，生成三肽及多肽。两个不同的氨基酸组成二肽时，有两种联结方式。组成肽的氨基酸的数目增多，理论上的联结方式也增多，由三种不同氨基酸形成的三肽就可能有 6 种，四肽可能有 24 种，二十肽可以组成无限种多肽。

$$\begin{array}{c} \quad\ \ H\quad O\qquad\ \ H\qquad\ \ H\quad H\quad O\qquad\quad\ \ H \\ \quad\ \ |\quad\ \ \|\qquad\ \ |\qquad\ \ |\quad\ \ |\quad\ \ \|\qquad\quad\ \ | \\ H_2N-C-C-N-C-C-N-C-C\cdots N-C-COOH \\ \quad\ \ |\qquad\quad |\quad |\quad\ \|\qquad\ \ |\qquad\quad\ \ |\quad | \\ \quad\ \ R_1\qquad\ \ H\ \ R_2\ \ O\qquad R_2\qquad\quad H\ \ R_n \end{array}$$

肽链的头尾各有一个没有反应的氨基和羧基，一般把氨基的一端称为氨端或 N 末端，另一端具羧基的称为羧端或 C 末端(习惯上将 N 端写在左边)。在肽链中氨基酸由于缩合时失去了羧基中的羟基和氨基中的氢，故已经不是原来的氨基酸分子，而是—NH—HCR—CO—，称为氨基酸残基。不同的氨基酸残基其侧链 R 不相同，侧链在形成肽链时没有发生反应，R 上的基团还保留着各自原有的性质，并对肽链的空间结构和蛋白质的性质产生影响。从化学结构的角度看，蛋白质的肽链可看成是由不同的氨基酸残基构成的，而且这些氨基酸残基在肽链中有确定的排列顺序。

一条完全伸展的肽链中的键长和键角：肽键 —CO—NH— 中 C—N 的键长为 0.132 nm，比 C—N 单键的键长 0.147 nm 要短些，比 C═N 双键的键长 0.127 nm 要长些，即肽键的键长在这两者之间。肽键具有部分双键的性质，在 C 与 N 原子之间不能自由旋转。从肽链空间结构的角度看，肽链亦可看作由许多结构单元 $-\overset{|}{\underset{|}{C^{\alpha}}}-\overset{O}{\overset{\|}{C}}-\underset{H}{\underset{|}{N}}-$ 重复而成，$-\overset{|}{\underset{|}{C^{\alpha}}}-\overset{O}{\overset{\|}{C}}-\underset{H}{\underset{|}{N}}-$ 被称为肽单元。这样，肽链可以看作是由许多肽单元在各个 C^{α} 原子上互相联结而成的。每个肽单元的两端是两个 C^{α} 原子。如图 3-12 所示，C^{α} 原子相邻的两个键($N—C^{\alpha}$ 与 $C—C^{\alpha}$) 都是 σ 单键，可以绕键轴自由旋转。$N—C^{\alpha}$ 单键的旋转角用 φ 表示，$C—C^{\alpha}$ 单键的旋转角用 ψ 表示，这两个旋转角度叫作一对二面角，肽链中相邻的两个肽单元平面通过 α-碳原子联结起来，一对二面角(ϕ 与 ψ)决定相邻两个肽单元平面的相对位置。因此，多肽链主链的空间结构便由各个 α-碳原子上的二面角(ϕ 与 ψ)决定。由于每个 C^{α} 上的 ϕ 与 ψ 各不相同(可在 0～360°范围内变化)，因此蛋白质肽链具有众多的空间结构。

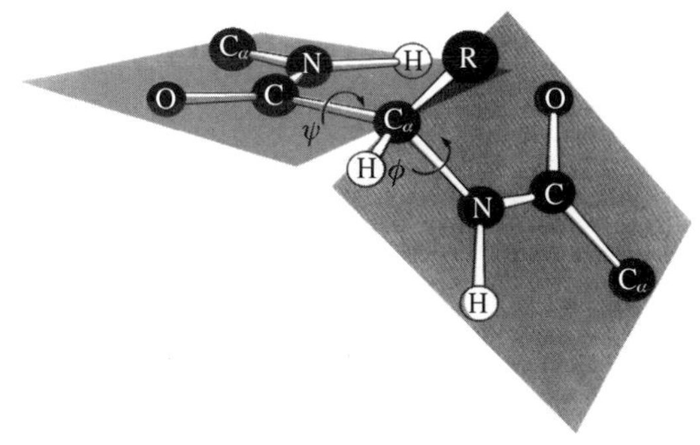

图 3-12 两个相邻肽单元平面绕 C^{α} 的旋转情况

3.3.1.2 蛋白质分子的结构

由于蛋白质分子的结构复杂，蛋白质的结构可分为不同层次，即所谓蛋白质的一级、二级、三级和四级结构。蛋白质的一级结构又称初级结构，为分子“构型”(configuration)，而其二、三、四级结构统称为高级结构，采用“构象”(conformation)一词来表达。蛋白质的高级结构亦即蛋白质的空间结构(或三维结构)，指的是蛋白质分子中的原子或原子团在三维空间的排列和肽链的走向。一级结构对高级结构有决定作用。

(1) 蛋白质的一级结构。一级结构是指蛋白质肽链中氨基酸残基的排列顺序(还包括半胱氨酸残基的侧链间形成的二硫键)。一级结构的表达，一般都是自左至右来表示 N 端到 C 端，并顺序用氨基酸的符号表示各个残基，肽链的氨基酸排列顺序是蛋白质化学结构的最基本内容。目前已有数以万计的蛋白质的氨基酸排列顺序被测定出来，包括丝素蛋白的 H 链。

(2) 蛋白质的二级结构。蛋白质的二级结构是指蛋白质肽链主链中的不同链段，各自沿着某个轴盘旋或折叠，以氢键等作用力维系，从而形成的某种构象，为主链的构象，如 α-螺旋、β-折叠和 β-转角等。以下分别对 α-螺旋、β-折叠、β-转角及无规卷曲构象做简要说明：

① α-螺旋。螺旋是借主链中 C═O 基的氧原子与N—H基的氢原子形成氢键维系的(图 3-13)。肽链主链围绕中心轴，一圈一圈地螺旋式上升。每隔 3.6 个氨基酸残基，螺旋上升一圈，每上升一圈相当于沿中心轴方向向上平移 0.54 nm。在相邻螺旋圈之间形成肽链内的氢键时，一个肽单元的 N—H 基的氢原子与其前的第三个肽单元的C═O基的氧原子形成氢键。氢键的键长为 0.286 nm。氢键的取向与螺旋的轴向几乎平行。每一个由氢键所封闭的环 $-\overset{\overset{O}{\|}}{C}-[NH-CHR-CO]_3-\overset{\overset{H}{|}}{N}-$（O 与 H 之间以氢键相连） 环包含 13 个原子。

按照肽链主链旋转方向的不同，α-螺旋又可分为左手 α-螺旋和右手 α-螺旋。因右手 α-螺旋中非键原子间斥力小于左手 α-螺旋，故右手 α-螺旋构象最易形成，最稳定，它存在于绝大多数的蛋白质分子中。

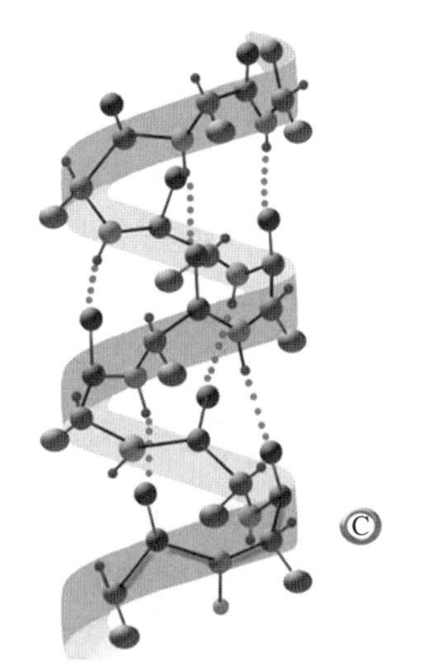

图 3-13 蛋白质的 α-螺旋结构

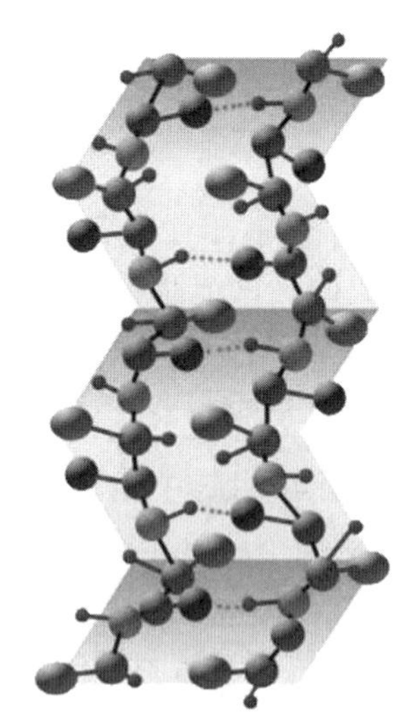

图 3-14 蛋白质的 β-折叠结构

② β-折叠。β-折叠是蛋白质肽链构象的另一种常见类型(图 3-14)。具有 β-折叠构象

的肽链与其他构象相比是高度伸展的。在两条相邻β-折叠肽链的N—H和C═O间形成链间氢键。这些肽链的长轴互相平行,而链间形成的氢键与长轴接近垂直,相邻肽链之间便依靠这种氢键维系。为了在主链之间形成尽可能多的氢键,避免相邻侧链间的空间障碍,因此,伸展的肽链须做一定的折叠,从而由许多肽链形成一个折叠的片层。在图3-15中,肽链呈锯齿状是由组成肽链的各原子的键长、键角所决定的,而锯齿状的肽链还须进一步做一定的折叠,这样,与C^{α}原子相连的侧链R便交替地位于折叠链的上方和下方,从而不造成空间障碍,有利于肽链间形成氢键。具有β-折叠构象的肽链形成的折叠片层如图3-15所示,侧链R分布在折叠片层的两侧且与之垂直。

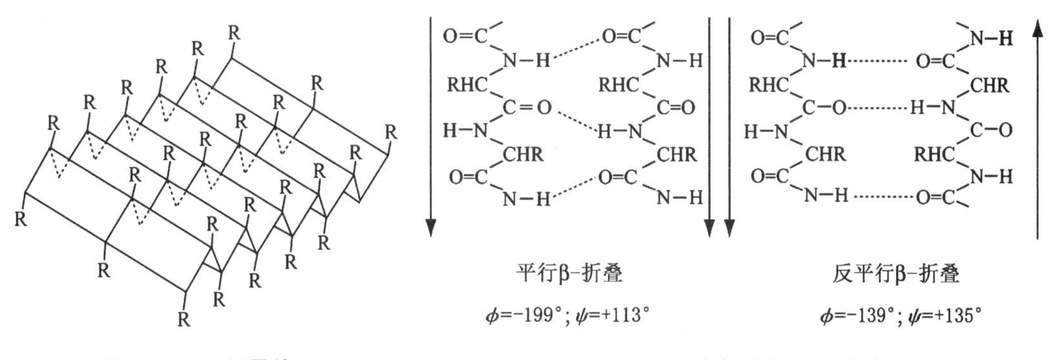

图3-15 β-折叠片层

图3-16 两种类型的β-折叠片层

β-折叠片层有两种类型,如图3-16所示。一种是肽链的平行方式,即所有肽链的N端都在同一端;另一种是肽链的反平行方式,即所有肽链的N端按正、反方向交替排列。从能量上看,反平行β-折叠更为稳定,形成的氢键键长较短,结构稳定。

将β-折叠与α-螺旋构象进行比较,可以看到:两个氨基酸残基的轴心距,在反平行β-折叠中为0.35 nm,而在α-螺旋中仅为0.15 nm;在使结构稳定的作用力方面,β-折叠中是相邻肽链之间的氢键,而在α-螺旋中则是同一肽链内部形成的氢键。β-折叠构象大量存在于蚕丝丝素蛋白中。羊毛为α-螺旋构象,拉伸后可形成平行的β-折叠,但不稳定,很容易自发地变为α-螺旋构象。

③ β-转角。在蛋白质分子中,肽链经常出现180°的回折,此回折部分称为β-转角结构(也叫作β-回折、发夹结构、U形转折结构等)。它是由四个连续的氨基酸残基构成的,其第一个残基的C═O与第四个残基的N—H形成氢键。β-转角是近年来受人注意的结构单元。有些β-转角不是依靠氢键维系的。也许,肽链在这种位置上的转角可以单纯地依靠邻近的侧链间的作用加以稳定,也可能是远距离的作用力在起作用。

④ 无规卷曲。没有规则的那部分肽链的构象,通常称为无规卷曲(或称无规线团)。在无规卷曲中,不同C^{α}原子形成的二面角,可以取所有被允许的不同值,因而产生许多互不相同的构象。在一般球蛋白分子中,肽链除含有α-螺旋构象和β-折叠外,往往会含有大量的无规卷曲部分,而分子整体则倾向于形成球状构象。

(3) 蛋白质的三级结构。一条肽链在二级结构的基础上,由于顺序上相隔较远的氨基酸残基侧链的相互作用，可在大范围内再进行盘旋和折叠，从而形成特定的球状构象。也可以说，三级结构指的是一条多肽链中所有原子的空间排布形成的三维空间结构。

(4) 蛋白质的四级结构。不同于一般的高分子，蛋白质还含有四级结构。有些蛋白质分子含有两条或更多条多肽链，这些肽链彼此以非共价键相连。每条多肽链都有自己的三级结构，此多肽链称为该蛋白质分子的亚单位（或称亚基）。亚单位之间并非由共价键联结，这称为缔合。由亚单位缔合而成的蛋白质分子称寡聚蛋白。所谓蛋白质的四级结构，就是指各个亚单位在寡聚蛋白中的空间排布及亚单位之间的相互作用。当然，如一个蛋白质分子只由一条多肽链构成，那么它就不存在四级结构。

3.3.1.3 稳定蛋白质空间结构的作用力

一个蛋白质分子可以只含一条肽链，也可以由几条肽链组成。在一条肽链的各个部分之间或几条肽链之间，存在着各种作用力，从而使蛋白质分子具有稳定的空间结构。这些稳定蛋白质空间结构的作用力包括：①氢键，②范德华力，③疏水作用，④离子相互作用，⑤酯键，⑥酰胺键，⑦二硫键，⑧配位键等。图 3-17 所示为以上几种作用力。氢键、离子相互作用存在于极性基团之间，疏水作用存在于非极性基团之间，范德华力在极性基团、非极性基团之间都能存在，二硫键存在于两个半胱氨酸之间，配位键存在于金属离子与蛋白质之间。其中，疏水作用、范德华力、氢键与离子作用常称作次级键或副键，二硫键、酯键、酰胺键为共价键，配位键则是一种特殊的共价键。

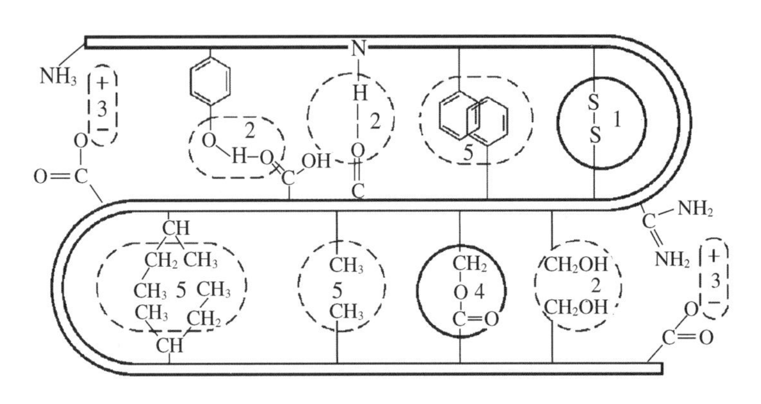

(1) 二硫键 (2) 氢键 (3) 离子作用 (4) 酯键 (5) 疏水作用

图 3-17 稳定蛋白质空间结构的作用力

疏水作用是一种在水溶液中形成的特殊的熵作用。在水溶液中，蛋白质分子疏水性较强的一些侧链，如丙氨酸、缬氨酸、苯丙氨酸等的侧链，有一种避开水而相互黏结的自然趋势（像两个油滴在水中接触时会相互联结一样），并且藏于分子内部。这种作用力称为疏水作用。疏水作用对蛋白质结构的稳定性和功能起重要的作用。

3.3.1.4 蛋白质的两性性质和等电点

蛋白质分子中除末端的氨基与羧基外，侧基 R 中也有氨基与羧基，所以蛋白质既可给出 H^+ 而具有酸性，又可接受 H^+ 而具有碱性。蛋白质是典型的两性高分子电解质。

蛋白质分子可用通式 $P\begin{matrix}\diagup COOH \\ \diagdown NH_2\end{matrix}$ 表示。蛋白质在水溶液中氨基与羧基可相互作用而形成双极离子 $P\begin{matrix}\diagup COO^- \\ \diagdown NH_3^-\end{matrix}$。在 H^+ 浓度大的溶液中，蛋白质以正离子形式存在。在 OH^- 浓度大的溶液里，蛋白质以负离子形式存在。蛋白质加酸或者加碱时发生的变化可用下列平衡式来表示：

$$\underset{pH<PI}{P\begin{matrix}\diagup NH_3^+ \\ \diagdown COOH\end{matrix}} \underset{+H^+}{\overset{+OH^-}{\rightleftharpoons}} \underset{pH=PI}{P\begin{matrix}\diagup NH_3^+ \\ \diagdown COO^-\end{matrix}} \underset{+H^+}{\overset{+OH^-}{\rightleftharpoons}} \underset{pH>PI}{P\begin{matrix}\diagup NH_2 \\ \diagdown COO^-\end{matrix}}$$

如果把溶液的 pH 值调节到某一个值，蛋白质正、负离子所带的电荷数相等，此时中性的双极离子浓度达最大值，这个 pH 值称为蛋白质的等电点(PI)。

因为溶液 pH 到达等电点时的蛋白质分子净电荷为零，此时在蛋白质溶液中通以电流，它既不会向正极也不会向负极移动。当加酸使溶液的 pH 值小于等电点时，蛋白质正离子增多，通电时向负极移动；当加碱使溶液的 pH 值大于等电点时，蛋白质负离子增多，通电时向正极移动，这称为电泳。在等电点时，蛋白质不发生电泳。

由于各种蛋白质的氨基酸组成不同，故蛋白质的等电点也不相同。含碱性氨基酸残基较多的蛋白质，其等电点偏碱性；含酸性氨基酸残基较多的蛋白质，其等电点偏酸性。而主要是由中性氨基酸残基组成的蛋白质，则其等电点偏酸性。结构复杂的蛋白质，它的等电点不但取决于氨基酸组成，而且与其空间结构有密切关系。表 3-11 列出了几种蛋白质的等电点。

表 3-11 几种蛋白质的等电点

蛋白质名称	等电点	蛋白质名称	等电点
桑蚕丝素蛋白质	3.5～5.2	卵清蛋白	4.6～4.9
桑蚕丝胶蛋白质	3.8～4.5	血红蛋白	6.7～6.8
柞蚕丝胶蛋白质	4.2	胰岛素	5.2～6.4
酪蛋白	4.6	胃蛋白酶	约 10
羊毛的角蛋白	4.2～4.8	鱼精蛋白	12.0～12.4
明胶	4.8	—	—

蛋白质在等电点时，除不带电荷外，很多物理性质都发生变化，特别是溶解度降至最低。这种性质与生产的关系很密切。例如，当 pH 值接近丝胶等电点时，丝胶溶解度变小，会抑制茧的解舒。此外，在煮茧过程中有一部分丝胶溶于煮茧汤中，因丝胶蛋白质具有两性性质，既能与酸作用，又能与碱作用，所以它能起缓冲作用，在使煮茧汤保持一定的 pH 值方面起重要作用。在提取蛋白质时，常采用将溶液 pH 值调至其等电点而使蛋白质析出的

方法。

3.3.1.5 蛋白质溶液的胶体性质

蛋白质是一种高分子化合物，在溶液中其颗粒直径在 1～100 nm。由于颗粒大小在胶体粒子的范围内，因而蛋白质溶液也显示出溶胶所具有的性质，包括丁道尔现象、布朗运动、半透膜不透性、吸附性、胶凝性、黏性等。

(1) 半透膜不透性-透析。蛋白质由于分子比较大，几乎不能穿过半透膜（如人工制的胶棉薄膜等），而小分子和离子能穿过半透膜。这样，就可以通过透析将低分子物质分离出去，得到较纯的蛋白质。透析装置如图 3-18 所示。

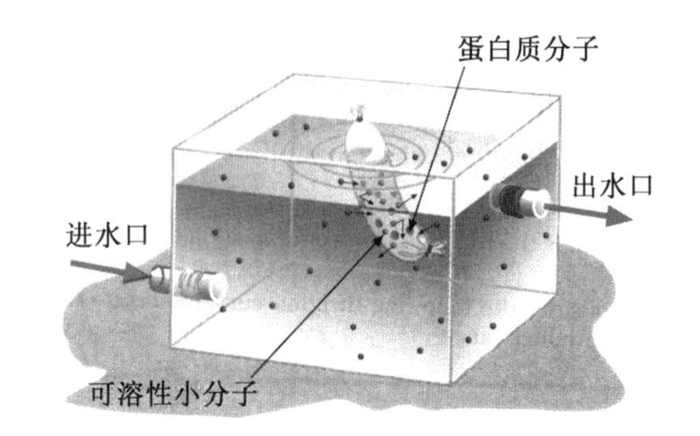

图 3-18 透析装置

(2) 凝聚。蛋白质溶于水成为一种高分子溶液，一般比较稳定，不会沉淀析出。其主要原因有两点：一是蛋白质分子表面有许多亲水基团，在水溶液中，由于静电引力的作用，这些亲水基团会使极性的水分子定向排列在蛋白质分子颗粒的表面，从而形成水化层，使大分子之间不易直接接触，因此不易聚成大颗粒而沉淀；二是蛋白质分子在一定的 pH 值的溶液中带有同性电荷，由于同性电荷的互相排斥，使蛋白质分子不致聚成大颗粒而沉淀。

若要使蛋白质分子颗粒聚集起来，从溶液中析出沉淀（这称为凝聚），就必须破坏上述两个因素，即破坏水化层和去除同性电荷。

① 破坏水化层。通常使用大量浓的或饱和的盐类溶液（常用的盐类是硫酸铵、硫酸钠、氯化钠等）。当这些盐类加入蛋白质溶液中，由于它们都是强电解质，在水中全部电离成离子，大量的离子会夺取与蛋白质相结合的水分子，从而破坏蛋白质周围的水化层。这时，蛋白质分子互相碰撞，发生凝聚作用。这种由盐类离子的水化作用使蛋白质从溶液中沉淀的方法称为盐析法。

② 去除同性电荷。通过加酸或加碱，将溶液的 pH 值调整到蛋白质的等电点，使蛋白质分子正负电荷相等，其颗粒显电中性。此外，也可加入其他带有相反电荷的胶体，以除去或减少蛋白质颗粒上的电荷。

(3) 胶凝和胶溶。当温度下降时，蛋白质溶液（溶胶）会凝结成冻胶状态，称为胶凝作用，而生成的物质称为凝胶；当温度升高（加热）时，凝胶会溶解成溶液状态，称为胶溶作用，生成的物质称为溶胶。

3.3.1.6 蛋白质的变性

天然的蛋白质在受到某些物理或化学因素的作用，有序的空间结构被破坏，致使生物活性丧失，并伴随发生一些理化性质的异常变化，但一级结构并未破坏，这种现象称为蛋白质的变性作用（denaturation）。蛋白质的变性不涉及一级结构的改变及肽链共价键的断裂，只是由于蛋白质分子构象的改变而引起蛋白质性质的改变。引起蛋白质变性的因素主要有以下几个：

(1) 温度。蛋白质在 50 ℃以上的溶液中，经过一定时间，就会发生变性。加热引起变性，主要是因热运动动能增加，分子碰撞时易引起氢键破坏而发生变性。

(2) pH 值。大多数蛋白质仅在 pH 值为 4～10 的范围内是稳定的。超过此范围，就易发生变性。在上述 pH 值范围以外，蛋白质分子带有较多的同种电荷，分子内强烈的静电排斥也会使蛋白质的空间结构变化，从而导致构象变化。

(3) 有机溶剂。有机溶剂可使蛋白质溶液的介电常数减小，造成蛋白质分子中的静电斥力增大，稳定性下降。在与蛋白质生成强氢键的溶剂中，不利于蛋白质分子内氢键的形成；使蛋白质稳定的疏水作用，可以由于溶剂极性的减小而削弱。

变性的蛋白质可能有下列几种表现：

(1) 物理性质发生变化。如溶解度下降、黏度增加、失去结晶能力等。

(2) 化学性质发生变化。蛋白质在变性时，有些原来包藏在分子内部而不易与化学试剂起反应的侧链活性基团(巯基、苯酚基、咪唑基等)，由于结构变得伸展、松散而暴露出来，更加容易发生化学反应。另外，蛋白质变性前不易被蛋白酶水解；变性后，水解速度加快，水解部位亦大大增加。

(3) 生物活性的丧失。如酶失去催化活性，激素失去生理调节作用等。生物活性丧失是蛋白质变性的主要特征。蛋白质的空间结构即使仅有轻微的局部改变，当这些变化还没有反映到其他物理化学性质上时，却已经引起生物活性的丧失。

3.3.1.7 蛋白质的颜色反应

蛋白质的颜色反应是指蛋白质与某种试剂作用后可以生成具有特征颜色的物质，据此可以鉴别蛋白质和测定蛋白质的含量。

(1) 双缩脲反应。双缩脲是两个分子的脲(或称尿素)经加热作用后失去一分子氨后缩合而成的产物。双缩脲在强碱(NaOH 或 KOH)溶液中能与 Cu^{2+} 生成紫红色物质，可能形成如下的螯合离子：

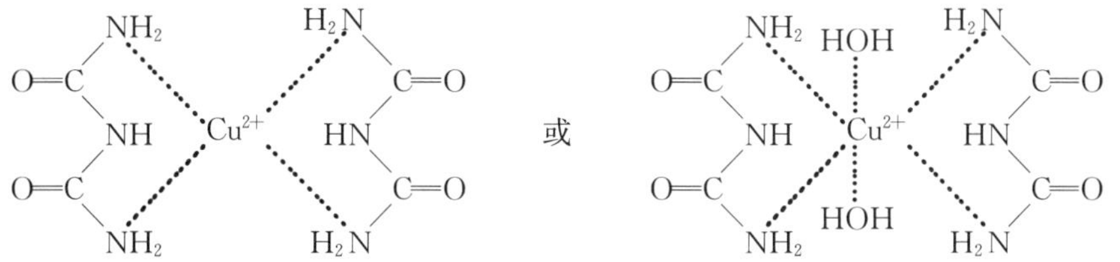

NH_2 H_2N
O=C C=O
NH Cu^{2+} HN
O=C C=O
NH_2 H_2N

或

NH_2 HOH H_2N
O=C C=O
NH Cu^{2+} HN
O=C C=O
NH_2 HOH H_2N

在双缩脲分子中含有两个酰胺键，从而能够形成稳定的紫红色螯合离子。而在蛋白质和它水解的中间产物同样含有多于两个酰胺键，也能起这种颜色反应。当蛋白质溶液中加入强碱与稀的硫酸铜溶液时，便显现颜色反应。含肽键愈多，反应产物的颜色也愈深。

蛋白质能发生双缩脲反应，而氨基酸不发生双缩脲反应。因此，双缩脲反应不仅可用来检验溶液中蛋白质的存在，而且可区别出氨基酸与蛋白质。可用此反应来检查蛋白质水解是否完全。如蛋白质已完全水解为氨基酸，则不发生双缩脲反应。

(2) 茚三酮反应。任何蛋白质或其水解产物(包括氨基酸)均能与茚三酮溶液发生反应，经加热后呈现深蓝色至紫色。其作用机理如下：

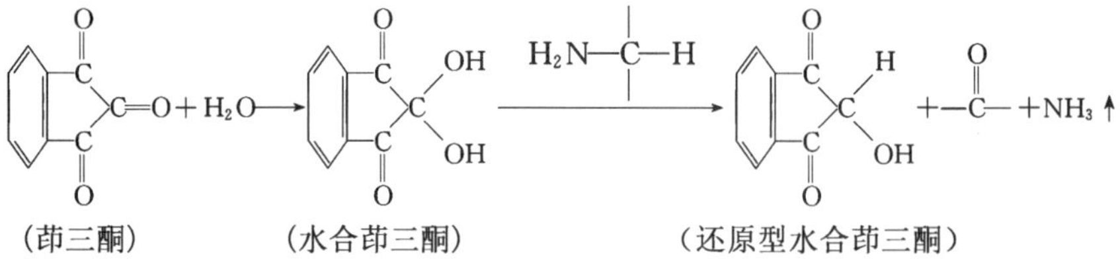

（茚三酮） （水合茚三酮） （还原型水合茚三酮）

还原产物与氨及过量的水合茚三酮进一步缩合并发生互变异构现象，生成烯醇式，无色变成蓝紫色，反应式如下：

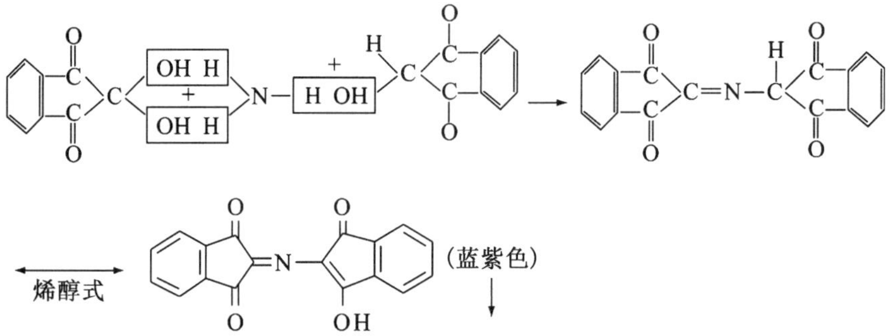

烯醇式 （蓝紫色）

由于这种颜色反应很灵敏，故可用它来分析蛋白质和氨基酸。在研究蛋白质纤维的组成，测定各种氨基酸的含量时，常用到这个反应。

(3) 蛋白质黄色反应。在蛋白质溶液中加入浓硝酸时，蛋白质先析出沉淀。再加热时，沉淀溶解而产生柠檬黄色溶液，遇碱则颜色转深成为红橙色。这一反应称为蛋白质黄色反应。它是蛋白质中含有苯环的氨基酸（如酪氨酸、苯丙氨酸、色氨酸等）所特有的颜色反应。尤其是当酪氨酸存在时，反应更为明显。在日常生活中，皮肤遇浓硝酸变成黄色，便是这种反应的结果。

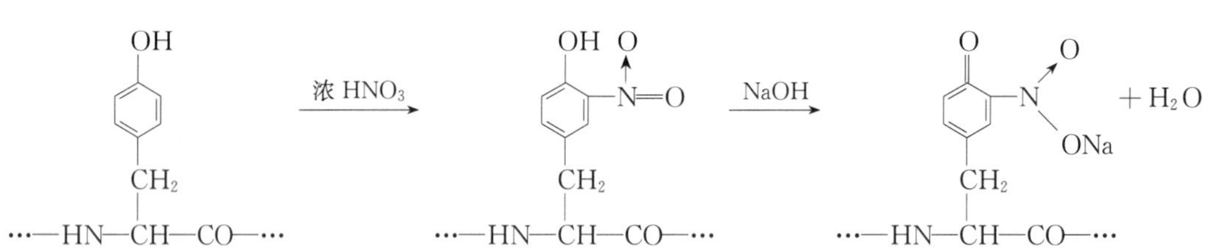

(4) 米伦反应。米伦试剂是由浓硝酸与汞反应配制成的。米伦试制与蛋白质作用，先生成白色蛋白质汞盐沉淀，加热后白色沉淀转变成红色。含有酚基的试剂可以与米伦试剂发生反应。由于蛋白质中一般都含有酪氨酸，故米伦反应亦可作为检验各种蛋白质的共同反应。

3.3.1.8 蛋白质的水解

蛋白质经水解可以成为相对分子质量较小的中间产物直至氨基酸。蛋白质水解所用

的催化剂有酸、碱、酶三种。蛋白质以酸或碱为催化剂水解时,可用以下通式表示:

$$\cdots-\underset{\underset{H}{|}}{N}-\overset{\overset{R'}{|}}{CH}-\overset{\overset{O}{\|}}{C}-\underset{\underset{H}{|}}{N}-\overset{\overset{R''}{|}}{CH}-C-\cdots \xrightarrow[H^+\text{或}OH^-]{H_2O} \cdots-\underset{\underset{H}{|}}{N}-\overset{\overset{R'}{|}}{CH}-COOH + H_2N-\overset{\overset{R''}{|}}{CH}-\overset{\overset{O}{\|}}{C}-\cdots$$

(1) 酸水解。通常用 6 mol/L 的盐酸或 3 mol/L 的硫酸水解。若用硫酸水解,水解后可加 $Ba(OH)_2$除去 H_2SO_4。在食品工业中常用盐酸水解,水解后可蒸发或加 NaOH 中和除去盐酸。大多数氨基酸在水解沸酸液中是稳定的,受到的破坏极微。酸水解的缺点是色氨酸会被破坏而生成一种暗黑色不溶物(这种暗黑色不溶物可过滤除去)。此外,丝氨酸、苏氨酸也会遭到部分破坏。

(2) 碱水解。用碱水解比用酸水解效能高得多,因此可以用较稀的碱液进行水解(通常采用 0.25 mol/L 的 NaOH)。碱水解并不破坏色氨酸,但其他氨基酸被破坏得相当厉害,如精氨酸、半胱氨酸等均被破坏。碱水解时还发生外消旋作用,使原来具有旋光性的氨基酸的一半变成它的对映体,以致得不到具有一定旋光性的氨基酸。

(3) 酶水解。能催化蛋白质水解反应的酶,称为蛋白酶。用蛋白酶进行蛋白质水解时,组成蛋白质的各种氨基酸不会被破坏。另外,蛋白酶具有专一性,不同的酶水解不同的氨基酸序列。在丝绸工业中也可利用酶使丝胶水解,以进行脱胶。

3.3.2 蚕丝蛋白纤维

蚕丝纤维是从鳞翅目昆虫结的茧中抽取出来的。会结茧的昆虫有很多种,能够人工饲养大量生产丝的不多,主要有桑蚕(常称为家蚕, Bombyx mori)、中国柞蚕(Antheraea pernyi)、天蚕(Antheraea yamamai)、蓖麻蚕(Philosamia Cynthia ricini)等。其中常见的主要是桑蚕丝,以下主要以桑蚕丝为例介绍蚕丝纤维。

3.3.2.1 茧丝的化学组成和形态结构

(1) 茧丝的化学组成。从茧中抽出的丝简称茧丝。茧丝的主要成分是丝素和丝胶,还含有一些其他物质,如蜡、碳水化合物、色素和无机成分等。这些物质的含量很少,大部分分布在丝胶中。表 3-12 所示为茧丝的一般组成。

茧丝蜡为高级烃、酯、醇和脂肪酸,碳水化合物以 N 配糖体、多糖等形式存在,色素为黄酮类、胡萝卜素类色素,而无机物主要是钙、镁、钠、钾等金属离子的盐类。

表 3-12 茧丝的一般组成

成分	丝素	丝胶	茧丝蜡	碳水化合物	色素	无机物
含量(%)	70～80	20～30	0.4～0.8	1.2～1.6	约 0.2	约 0.7

茧丝中各种成分的含量,随蚕茧的品种和养蚕的饲料、地区、季节等条件的不同会在一定范围内发生变动。从养蚕的季节来说,一般春茧的丝胶比夏秋茧略多一些。在同一蚕茧中,茧丝成分也会因茧的层次不同而有差异,见表 3-13。

表 3-13　同一蚕茧不同层次的茧丝成分变化情况

层次	丝素(%)	丝胶(%)	乙醚浸出物①(%)	灰分(%)
外层	64.94	32.41	1.36	1.23
中间层	77.65	20.27	0.98	1.10
内层	79.09	17.78	1.76	1.39

① 乙醚浸出物是指茧丝中能溶于乙醚的蜡和色素等。

在进行丝素、丝胶含量的测定时，首先要把丝胶和丝素分离，然后称重。一般采用中性丝光皂溶液，在煮沸条件下脱除丝胶。丝胶是否脱净，则用苦味酸胭脂红溶液检验(苦味酸胭脂红溶液是由苦味酸和胭脂红两种试剂配制而成的，并用氨水调节 pH 值为 8.0～9.0)。

茧丝蛋白质的氨基酸组成如表 3-14 所示。从表中可以看出丝素和丝胶的氨基酸组成是显然不同的，而柞蚕丝素与桑蚕丝素的氨基酸组成也有差异。丝素蛋白含有的非极性氨基酸比较多，而丝胶含有的极性氨基酸比较多，所以丝胶易溶于水。

表 3-14　茧丝蛋白质的氨基酸组成[g/(100 g)]

氨基酸	桑蚕丝胶	桑蚕丝素	柞蚕丝素
乙氨酸	8.8	42.8	23.6
丙氨酸	4.0	32.4	50.5
亮氨酸	0.9	0.68	0.51
异亮氨酸	0.6	0.87	0.69
苯丙氨酸	0.6	1.15	0.52
缬氨酸	3.1	3.03	0.95
半胱氨酸	0.3	0.03	0.04
蛋氨酸	0.1	0.10	0.03
酪氨酸	4.9	11.8	8.8
色氨酸	0.5	0.36	1.41
脯氨酸	0.5	0.63	0.44
苏氨酸	8.5	1.15	0.69
丝氨酸	30.1	14.7	11.3
赖氨酸	5.5	0.45	0.26
精氨酸	4.2	0.90	6.06
天门冬氨酸	16.8	1.73	6.58
谷氨酸	10.1	1.74	1.34
组氨酸	1.4	0.32	1.41
总计	100.9	114.84	115.13

注：采用微生物定量法测定。

同属于桑蚕的不同品种，茧丝蛋白质的氨基酸组成基本接近。而柞蚕中的丙氨酸含量较多，酸性氨基酸、碱性氨基酸含量也较多。

(2) 茧丝的形态结构。每根茧丝是由两根单丝平行黏合而成。每根单丝的中间为丝素纤维，外围为丝胶。茧丝的形态结构如图 3-19 所示。

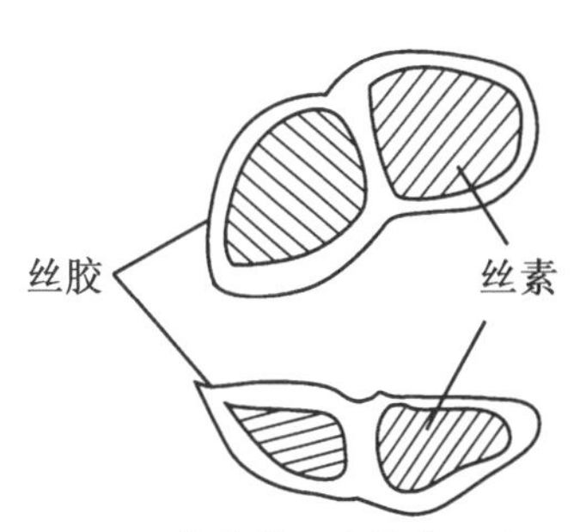

图 3-19 茧丝的形态结构示意

茧丝中的丝素为半结晶结构，可用“缨状原纤结构”模型表示。丝素的多肽链长约 140 nm，链整齐排列的部位形成结晶性原纤，链间有氢键联结，丝素的结晶原纤大小通常认为约 50 nm×5 nm(宽×厚)。

3.3.2.2 丝素的结构

(1) 丝素的相对分子质量和化学结构。丝素蛋白包括一条相对分子质量很大的肽链(称为 H 链，相对分子质量约为 35 万)、一条相对分子质量小的肽链(称为 L 链，相对分子质量约为 2.5 万)，以及 p25 糖蛋白(相对分子质量约为 3 万)。三种多肽以 6∶6∶1 组合成一个完整的丝素蛋白。

丝素蛋白 H 链是蚕丝中最主要的组分，其核心区域是高度重复的。其主要重复区域是一种六肽，即著名的 GAGAGS 序列。丝素 H 链是含有5263个氨基酸残基的多肽链。该多肽链由 45.9%的甘氨酸，30.3%的丙氨酸，12.1%的丝氨酸，5.3%的酪氨酸，1.8%的缬氨酸，以及 4.7%的其他 15 种氨基酸组成。大部分序列是低复杂度的，由2377个 Gly-X(GX)二肽重复单元组成。丝素 H 链的氨基酸序列包含有很长且高度伸展的 GX 重复序列，通常称为蚕丝丝素蛋白的“结晶”成分，组成整个纤维的 β-折叠片层。X 残基中含有的丙氨酸为 64%，丝氨酸为 22%，酪氨酸为 10%，缬氨酸为 3%，苏氨酸为 1.3%。

丝素结晶区中的 H 链主要由侧链较小的乙氨酸、丙氨酸和丝氨酸残基组成，其比例接近于乙氨酸∶丙氨酸∶丝氨酸＝3∶2∶1。另一方面，在丝素的非晶区中，除含有多量的乙、丙、丝三种氨基酸外，侧链具有体积较大和极性基团的氨基酸残基绝大部分也集中在此。

简单地说，丝素 H 链包含一个头部序列和一个尾部序列，以及十一个结晶系列和十一个非结晶序列，如图 3-20 所示。实际上，丝素的 H 链可以看成是由两部分嵌段联结而成的。一部分主要是由乙氨酸、丙氨酸和丝氨酸组成。这些氨基酸的侧链较小，结构简单，链间整齐而排列紧密，形成许多氢键，组成晶区。另一部分则含有侧链较大而复杂的氨基酸残基，如酪氨酸、赖氨酸和精氨酸等，大侧基的空间位阻使这部分形成松散的无定型部位，并含有很多活泼基团。

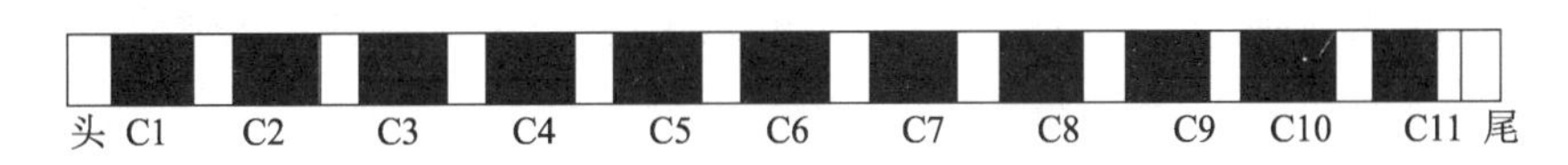

图 3-20 H 链的结构模式图(C 表示结晶序列)

茧丝丝素中的 H 链交替地穿过结晶区和非晶区，L 链只存在于非晶区。L 链与 H 链之间以一个二硫键联结。

(2) 丝素的结晶结构。丝素的结晶区结构是指在结晶区中丝素肽链及其组成原子的规则排列。随形成条件的不同,丝素存在两种不同的晶体结构方式,一般称为丝素Ⅰ(SilkⅠ)和丝素Ⅱ(SilkⅡ)。丝素Ⅱ处于低能态,热力学稳定状态。在经蚕的吐丝作用而形成的茧丝中,通过蚕头部拉伸取向,丝素溶液固化结晶,形成以丝素Ⅱ为主的丝素蛋白结晶结构,用X射线衍射方法测得丝素的结晶度为40%~50%。丝素Ⅱ晶体为β-折叠结构,由肽链构成折叠片层,再由折叠片层形成整个丝素Ⅱ的晶体。丝素Ⅰ结构既不同于丝素Ⅱ的β-折叠结构,也不同于α-螺旋结构,呈曲柄型结构,类似于反复折叠的β-转角。

3.3.2.3 丝素的性质

丝素是茧丝的主体,生丝或丝织物经精练除去大部分丝胶后,剩余部分主要是丝素。丝素的性质直接决定蚕丝纤维的性能。桑蚕丝素纤维的断裂强度高,断裂伸长度也较大,具有较好的弹性回复率。

(1) 水的作用。丝素难溶于水,但与水接触时能吸收一定量的水,同时体积膨胀,即发生溶胀。当空气的相对湿度分别为60%和90%时,丝纤维的直径将增加3.8%和8.9%。当丝纤维完全浸在水中时,直径更可增大到16.5%或更大,但沿纤维轴向的伸长仅增加1.3%~1.6%。纤维吸收水分后膨化的各向异性与纤维中大分子沿纤维轴取向排列有关。吸湿以后,水分子进入纤维内部,使肽链之间的作用力减弱,故丝素吸湿后强力降低。吸湿后肽链间的滑移能力增加,故伸度有所增大。在缫丝过程中,茧丝处于湿润状态,在肽链间作用力减弱的条件下发生拉伸,有可能使肽链中原来弯曲的链段伸直,对纤维轴的取向程度也有所提高。结果就可能使强力增加而伸度降低,特别是在高速缫丝时会出现低伸度的生丝。

丝素的吸湿性比较高,在标准状态下,丝素的吸湿率在9%以上,而含有丝胶的桑蚕丝吸湿率为10%~11%,在饱和湿度下(相对湿度100%)吸湿量可达30%。柞蚕丝比桑蚕丝的吸湿性好,丝胶比丝素的吸湿性更好。生丝因从空气中吸收水分,其重量会发生变化。所以在生丝贸易中为公平合理起见,规定以140~145 ℃干燥至恒重时的生丝重量(称为干量),再加11%的水作为标准重量,称为公量,以公量进行计价。此处的11%是生丝的公定回潮率。

丝素在常温水中只膨胀不发生溶解,X射线衍射图像不发生变化,说明水只进入到丝素的非晶区。丝素在100 ℃水中短时间处理,其形态无明显变化。但长时间煮沸,则因发生轻度水解而使丝素部分溶解,并失去光泽,损伤手感和柔软性。若在120 ℃水中(在加压下)经9~12 h处理,丝素直径将减小1/3。

(2) 盐类的作用。在某些中性盐如氯化钠、硝酸钠的稀溶液中,丝素发生有限膨润,与在水中相似。但是在某些盐,如锂、钙、锶、钡的氯化物、溴化物、碘化物、硝酸盐、硫氰酸盐及氯化锌等的浓溶液中,丝素能无限膨润而最后溶解成为黏稠的溶液。丝素大分子间的交联很少,主要以氢键形成结晶区。当盐离子进入结晶区,破坏结晶区的氢键后,丝素分子便无限膨润成为黏稠的溶液。在溶解之前,蚕丝会首先发生明显的收缩,称为盐缩。用浓的$CaCl_2$、$Ca(NO_3)_2$溶液等处理,蚕丝会急剧收缩,即使水洗去除盐,收缩后的蚕丝也难以恢复,会形成特殊的皱缩结构。当阳离子相同时,溶液中负离子对丝素溶解作用的顺序为:

SCN^-（硫氰酸根）＞I^-＞Br^-＞NO_3^-＞Cl^-＞CH_3COO^-（醋酸根）＞$C_4H_4O_6^{2-}$（酒石酸根）＞$C_6H_5O_7^{3-}$（柠檬酸根）＞SO_4^{2-}＞F^-。盐类对丝素膨润溶解性的影响，一方面与负离子的水化能力有关。负离子水化能力越大，与丝素争夺水分子的能力愈强，丝素便越不易发生水化，从而使丝素的膨润溶解性下降；另一方面，盐类在水中溶解时生成的离子，会促使水分子的极性增加，有利于丝素的膨润溶解。盐类对丝素的溶解要看这两方面的综合结果。此外当盐溶液中加入一元醇（甲醇或乙醇）时，丝素的溶解性会急剧增加，在加入二元醇（乙二醇）和三元醇（甘油）时有所降低。

在一些络盐溶液如铜氨溶液、镍氨溶液及铜乙二胺等溶液中，丝素比较容易溶解。这可能是由于蚕丝中的丝素分子与上述络盐形成络合物，改变了丝素分子中原来具有的β-折叠结构，从而使其变得易于溶解。利用一些络盐对丝素的溶解作用，可以检查丝纤维多肽链的破坏程度。用络盐溶液将丝素溶解后，再测定溶液的黏度。黏度大的，表明丝素分子链较长，即受水解破坏的程度较小。还可用于交织物中蚕丝含量的测定，例如绢棉交织物在镍氨溶液中煮沸，待丝素完全溶解后测定残留质量，计算获得蚕丝含量。棉纤维的溶解不超过1%。

一般铁、铝、铬、锡等多价金属盐类对丝素的溶胀作用较弱。然而，它们易被丝素吸收，可以起到增加丝重的作用。因此这些金属盐可以用作蚕丝的增重整理剂，增重后的蚕丝强度有所降低，手感发硬。

(3) 酸和碱的作用。酸和碱都会促使丝素蛋白发生水解而破坏。丝素对酸的抵抗力比碱强些，这是因为在碱溶液中丝素更容易水解。丝素是两性物质，其等电点为 pI＝4～5，在等电点以下，丝素能够结合一定量的酸而无损于多肽链，100 g 丝素可以结合 0.019～0.024 mol 的盐酸。桑蚕丝对酸具有一定的抵抗能力，抗酸性比棉纤维强，比羊毛差，是较耐酸的纤维之一。

丝素在强的无机酸（如 HCl、H_2SO_4 等）的稀溶液中加热，虽无显著的破坏，但丝的光泽、手感都受到一定的损害，强力、伸度亦有降低。特别是长时间储藏后，降低更为明显。在强无机酸的浓溶液中，即使不加热亦可能损伤丝素，时间长会溶解丝素，加热则溶解更加迅速。若酸的浓度适中，于室温下处理短时间（如 1～2 min），然后立即水洗除酸，丝的强度不受影响，而长度将发生显著的收缩，这称为蚕丝的酸缩。如 50%的硫酸，28.6%的盐酸可分别使蚕丝收缩 30%～40%。酸缩后的丝纤维，因与酸接触的时间短，尚不致受到明显的损伤，因而可利用此原理制作皱缩的织物。弱的无机酸的稀溶液，在常温下并不损伤丝纤维。

有机酸不会使丝素脆损和溶解，稀溶液被丝吸收后，还能长期保存，增加丝的光泽和赋予丝鸣的特性（精练后的蚕丝或其织物，在相互摩擦时，会发出清晰的特有声响，称为丝鸣），其中丹宁酸的效果最为显著。若在有机酸溶液中高温煮沸，则丝纤维将会受到损伤，并失去光泽。酸浴中增添盐分或提高温度，均会增加酸对丝的损伤，如甲酸中含有一定的氯化钙，在室温下可使丝素溶解。

丝素对碱的作用比较敏感，耐碱能力很差，但比羊毛的耐碱性要好。各种不同种类的碱性物质，对丝素的破坏程度有显著差异，其中以氢氧化钠的作用最为强烈。氢氧化钠溶液，即使在 0.01～0.06 mol/L 的低浓度下，亦会使丝素显著膨化，同时柔软性降低，光泽减退；在 3 mol/L 的中等浓度的氢氧化钠溶液中膨化更甚，加热即发生水解和溶解。与氢氧化钠相比，碳酸钠、碳酸氢钠、硅酸钠、磷酸钠等碱性盐对丝素的作用则较弱，但它们的浓溶液也会使一部分丝素溶解，温度高时溶解作用更强。弱碱性的肥皂液对丝素的破坏作用在短时间内并不发生，长时间煮沸才会出现。一般认为溶液的 pH 值大于 10，较长时间处理时会显著损伤丝素。故制丝用水加热时的 pH 值应控制在 10 以下，并要控制温度和时间。

(4) 氧化剂和还原剂的作用。丝素对氧化剂很敏感。所以在蚕丝纤维漂白时要注意氧化剂的选择以及对其浓度、温度、pH 值、时间等条件的控制。丝素经氧化破坏后，纤维的强力等性能受到损伤。丝素中的酪氨酸、色氨酸残基被氧化后，还会生成有色物质。含氯的氧化剂对丝素作用时，不仅有氧化作用，还伴随有氯化反应，所以破坏更大。生成氯胺类带色物质，达不到漂白目的。次氯酸钠的氯化反应如下：

$$\underset{\textstyle R}{H_2N-\overset{}{CH}-COOH} \xrightarrow{NaClO} \underset{(\text{氯氨酸})}{\underset{\textstyle R}{ClNH-CH-COOH}} \longrightarrow \underset{(\text{酮酸})}{\underset{\textstyle R}{O=C-COOH}} + NH_2Cl$$

氯氨酸、酮酸极不稳定，会进一步分解，使肽链断裂。因此，蚕丝的漂白应避免使用含氯的氧化剂。生产上常采用过氧化氢与过氧化钠作为漂白剂，但也应控制漂浴的 pH 值，pH 值越高，对丝素的损伤也越强烈。重金属（铁、铜、铅、锡等）离子被茧丝或生丝吸附后，将促进氧化作用，使丝素分解，影响强力。

还原剂对丝素一般起保护作用，它能抑制丝素的氧化。实际生产中，丝素用连二亚硫酸钠、亚硫酸及亚硫酸盐等还原剂进行处理时，是稳定的。在生丝精练中，保险粉常用作漂白剂，但还原漂白的效果往往不如氧化漂白。

(5) 光氧化作用。蚕丝纤维是纺织纤维中耐光性较差的一种。这是因为丝素分子中含有许多肽链及芳香结构的氨基酸，对光很敏感。当其在日光照射下、水汽存在下，很易被空气中的氧气氧化，使分子间的肽键断裂，导致纤维强度和伸度的下降。这种因光的作用而引起纤维强度、伸度降低的现象，称为光敏脆化作用。在夏天的光照和气候条件下，经 10 d 光照，蚕丝的强力会降低约 30%，同时亦引起伸长率降低。光照射下蚕丝还会发黄。蚕丝发生黄变与其肽链中的芳香侧链，特别是酪氨酸与色氨酸的变化有关。为了克服耐光性差这个缺点，曾采用过对蚕丝中的活泼基团的封闭、紫外线吸收剂、紫外线反射剂及阻碍丝素光氧化作用的还原性物质方法，但是有效果的实用方法尚在研究之中。

(6) 热性能。蚕丝的 T_g 在 160 ℃左右，耐热性比较好，对热的作用显示相当大的稳定性。于 100 ℃干燥，不起明显的变化，只是含有的水分散发；110 ℃时，也无损于纤维，但长时间放置则会变成淡黄色；加热到 130 ℃以上时，强力、伸度明显下降；温度提高到 170 ℃时，纤维即发生明显收缩；200 ℃时，5 min 内即变成淡黄色；至 250 ℃时，15 min 内变成黑褐色；280 ℃时，短时间内即冒黑烟，发出特有的燃烧毛发的臭味，并迅速分解。

(7) 染料的作用。蚕丝的氨基和羧基可分别以—NH_3^+ 和—COO^- 离子形式与阴离子或阳离子染料结合。蚕丝中的—NH_2、—OH 等基团还能与活性染料形成共价结合，故蚕丝具有良好的染色性能。因蛋白质纤维不耐碱，故蚕丝染色宜在酸性或近中性的染浴中进行。

蚕丝织物的染色一般在精练脱胶后进行。丝素在水中的膨化作用对染色十分重要。在丝纤维采用酸性或直接染料进行染色的过程中，要使它们之间有良好的接触和吸附作用，需采用染料的水溶液进行染色。水的作用除了作为染料的溶剂外，同时又是丝纤维的优良膨化剂。它使纤维加剧膨化，孔隙增大，染料分子得以进入丝纤维，与丝素非晶区中的活性基团产生良好的接触和吸附，达到染色的目的。相反，若采用染料(醇溶性染料)的乙醇溶液进行染色，则丝纤维膨化甚微，难以染色。

(8) 蚕丝的增重。丝绸进行增重加工，不仅是为了增重，也是为了改善丝绸的手感、光泽和悬垂性等。蚕丝的增重方法有丹宁增重、锡增重及膨润土增重等，其中主要的是锡增重。按照一定的步骤，使丝素吸附 $SnCl_4$ 后，促进其水解。$SnCl_4$ 水解后产生的锡酸凝胶($SnO_2 \cdot H_2O$)沉淀在丝纤维结构的间隙中达到增重的效果。丝织物经锡增重加工后，成品挺括，手感丰满。最明显的特点是织物有轻微下垂的趋势，使外观更加优美，尤其适于作男子的领带、妇女的长裙等。但经锡增重后的丝织物，强力将受到一些影响，且对光敏感，易加速脆化。

(9) 酶和微生物的作用。酶对丝素的作用比对丝胶弱。由于高结晶度，在一般情况下丝素不受大多数常见蛋白酶的作用，但经长时间作用，丝素亦会逐渐水解而成为小分子多肽。由于一些细菌和霉菌会分泌出蛋白酶，丝素发生某种程度的水解，而且蚕丝本身为蛋白质纤维，它为微生物的生长和繁殖提供养料，故蚕丝对微生物的稳定性欠佳。受微生物繁殖而霉烂变质的茧子缫成的生丝，品质不高，强伸度大大降低。一些细菌的分泌物还可能使生丝黏上颜色或使染色后的丝绸发生褪色。为此，存放蚕丝制品，一定要洗净，存放于干燥通风良好的地方。

3.3.2.5 丝胶的结构和性质

丝胶存在于茧丝的外围，它的性状与动物胶相似。它对丝素起着保护作用和胶黏作用(黏合原纤成丝素纤维，黏合单丝成茧丝，黏合茧丝成茧层，并且黏合茧丝成生丝)。

(1) 丝胶的组成和结构。蚕丝中丝胶的含量随品种的不同而不同。一般桑蚕丝中丝胶占 20%～30%，丝胶蛋白具有复合组成，由大概 9 种多肽组成。柞蚕丝中丝胶含量较少，约占 12%。丝胶中乙氨酸、丙氨酸的含量远小于丝素，而丝氨酸的含量很高，约占 30%。另外，苏氨酸约占 9%，天门冬氨酸和谷氨酸分别占 16.8%和 10%，赖氨酸占 5.5%。这些极性氨基酸的含量都比丝素中的高。这些极性氨基酸的存在增加了丝胶的吸湿性，使丝胶能够溶于热水。

在液状绢丝腺或从茧丝上溶解所得的丝胶溶液中，丝胶分子的构象主要是无规卷曲，部分为 β-折叠构象，而 α-螺旋构象则很少。茧丝上的丝胶也存在结晶区和非晶区，但其结晶度(约 15%)远低于丝素。

(2) 丝胶的膨润和溶解。茧丝上丝胶的膨润和溶解对制丝工程至关重要。一般认为丝胶是分层分布在丝素外面的，最外层的丝胶比较容易溶解，而内层的丝胶溶解度较小。这可能是由于吐丝过程中，靠近丝素纤维的丝胶受到的拉伸剪切应力比较大，取向度、结晶度增加,从而导致这部分丝胶的溶解度下降。

一般情况下,丝素在水中只膨润而不溶解,但丝胶能在热水中溶解。从表3-14可以看到:桑蚕丝胶中具有亲水极性侧基的氨基酸多达80%左右,而桑蚕丝素中只有30%左右。柞蚕丝素与柞蚕丝胶中氨基酸组成的差异与此类似。正是因为丝胶中含有大量亲水基团(—OH、—COOH、$—NH_2$、═NH等)的氨基酸残基,故丝胶能溶解于水。另外丝胶分子结晶度低,链的排列不够规整紧密,分子间力较小,水分子易渗入丝胶而使其溶解。

丝胶在水溶液中强烈吸收水分发生膨润。在温度低于60 ℃时,水分子进入非晶区,只出现有限膨润;温度高于60 ℃,水分子部分地进入结晶区,膨润作用剧烈;温度达到90 ℃,丝胶的溶解量迅速增加。但在100 ℃以下的水中,只有部分丝胶溶解,主要是外层丝胶的溶解。在100 ℃沸水中处理10 min,约有40%的丝胶溶解,这是茧丝纤维表面层的丝胶被溶解。其后溶解速度降低,沸煮2 h又可溶解40%~50%。这可能是中间层的有一定结晶度和取向度的丝胶被溶解。最后的10%~20%最难溶解,沸煮5~6 h,内层丝胶才能完全溶解。这是因为内层丝胶结晶度和取向度较高,同时蜡状物质明显增加,造成水溶性降低。丝胶经膨润后,若再干燥,会引起丝胶分子重排而再结晶,再结晶后的丝胶的溶解性显著下降。

缫丝时,为了使茧丝依次离解,便需要使茧层上的丝胶适当地膨润溶解。如茧煮得过生,丝胶膨润溶解不够,茧丝黏合太牢,则落绪多,易生小颣;如茧煮得过熟,丝胶溶解过度,则丝胶流失多,产量低,且易生大颣,继而造成缫丝故障。不论过生或过熟,都可能使生丝抱合性能降低,影响强力和伸度。因此,使丝胶膨润溶解适当,解舒良好,对于生丝品质有重要作用。影响丝胶膨润溶解性的主要因素:

① 溶剂。丝胶的膨润对溶剂是有选择性的。凡能与丝胶发生溶剂化作用的溶剂都能使丝胶膨润,例如丝胶在水中能膨润,而在苯中就不能。

② 温度。温度是影响其在水中膨润溶解的最主要因素。温度升高,增加丝胶分子的热运动,促使丝胶达到无限膨润,最后使丝胶溶解。

③ pH值。pH值对丝胶的膨润溶解影响很大。在丝胶的等电点时,膨润和溶解程度最小。当溶液pH<2.5或pH>9时,丝胶的溶解度迅速增加,尤其在碱性溶液中,肽键发生水解而促进其溶解。生产上常采用弱碱性溶液进行生丝脱胶,温度可降到95 ℃以下,在30 min以内可达到全脱胶。

④ 盐。盐类起主要作用的是负离子。不同的负离子可以促进丝胶膨润,也可以抑制丝胶膨润。各种负离子对丝胶膨润影响程度的大小顺序为$SCN^- > I^- > Br^- > NO_3^- > Cl^- > CH_3COO^- > C_4H_4O_6^{=}$(酒石酸根)$> C_6H_5O_7^{\equiv}$(柠檬酸根)$> SO_4^{=}$。其中以$Cl^-$为界线,$Cl^-$以上的负离子促进膨润,$Cl^-$以下的负离子抑制膨润,如图3-21所示。由于上述的一些离子,在一定的浓度范围内,对丝胶的膨润溶解有促进作用,所以制丝生产上采用纯水并不一定有利。近海地区的河水,由于含有少量的NaCl,

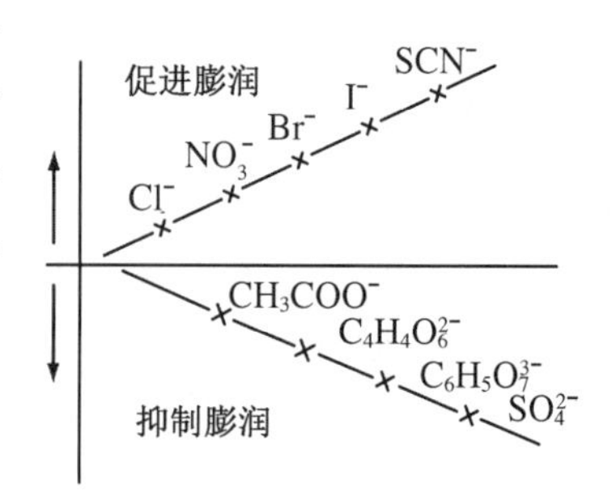

图3-21 各种负离子对丝胶膨润的影响

对丝胶的膨润溶解具有促进作用。但不能超过一定的浓度范围，超过了会产生不利的影响。与 Cl^- 相比，SO_4^{2-} 一般表现为抑制丝胶的膨润溶解，故在制丝用水的水质标准中，SO_4^{2-} 允许含量比 Cl^- 小。

虽然盐类中对膨润溶解起主要影响的是负离子，但如果水中存在铝、铜、铁、锰、铅等金属多价阳离子时，丝胶会吸附金属离子，从而使丝胶的膨润溶解性显著下降。

(3) 丝胶的变性。丝胶从可溶性转变为不溶性的过程称为丝胶的变性。作为一种蛋白质，其结构从热力学上趋向于形成稳定的结晶结构，一旦结晶则其水溶性将大大降低。高分子的热运动取决于环境温度与玻璃化转变温度。环境温度高于玻璃化转变温度，则分子运动加速，更加容易变性。而玻璃化转变温度则与丝胶蛋白中起增塑剂效果水分子有关。含水量高则玻璃化转变温度降低，丝胶分子更加容易运动。从蚕结茧开始，茧层丝胶受环境因素的作用，即使处于固态，丝胶也会发生变性。在变性过程中，丝胶分子的构象从无规卷曲向伸展的β-折叠变化。在肽链之间形成氢键的同时，丝胶的结晶度增大，空间结构变得密实，水分子难以渗入，导致丝胶的膨润溶解性下降。

影响蛋白质变性的物理、化学因素很多，这些因素也会引起丝胶变性。在生产过程中，对茧层丝胶的变性，以温度和湿度的影响最大。首先，在蚕吐丝结茧时，如环境的相对湿度大，茧丝上的丝胶干燥速度减慢，使丝胶大分子有充分的时间调整空间结构，形成规则整齐的排列。这样，原来在绢丝腺中以无规卷曲构象存在的丝胶分子，便有可能转变成β-折叠构象，即发生变性。相反，如结茧时环境的相对湿度小，丝胶的干燥速度快，变性程度便较小。常温下，如相对湿度在60%以下，蚕吐出的茧丝中，丝胶可保持不变性。

其次，茧丝上的丝胶干燥以后，在存放中还会继续发生变性。其变性的程度决定于环境的湿度。因为湿度大时，空气中的水分子容易进入丝胶分子链段间的空隙，破坏其中的作用力，降低玻璃化转变温度，从而使肽链变得容易运动形成规整的结构。继而水分蒸发，玻璃化转变温度升高，肽链固化，肽链间形成较规整的β-折叠构象就保留下来。

温度对变性亦有促进作用。温度的升高，使水分子更易于进入丝胶的空隙，加速丝胶分子的运动以形成更规整的结构。温度越高，受热时间越长，变性作用也越强烈。

由此可见，茧丝上的丝胶经过反复的吸湿、放湿处理，或在吸收水分后经加热处理，都易使其变性，从而降低其水溶性。没有水分，干热不易引起丝胶变性，在有水分存在下，加热可以加剧变性。当然，丝胶的变性是有一定限度的，达到这个限度后再进行处理，变性的程度就很难再增加。

(4) 丝胶的吸附。茧丝上的丝胶蛋白质，等电点为3.8～4.5，中性水中丝胶主要以负离子形式存在，丝胶能够吸附水中的多价阳离子(如铁、锰、铜、钙等离子)。在制丝生产中，这种化学吸附会使生丝产生色斑。因为化学吸附的作用力较强，吸附后较难除去，故发生化学吸附对生丝品质的影响较为严重。丝胶吸附正离子的能力一般随正离子电荷的增大而增大，其规律如下：

$$Na^+ < K^+ < NH_4^+ < Mg^{2+} < Ca^{2+} < Al^{3+} < Fe^{3+}$$

综观蚕丝的性质，我们可以看到：蚕丝质量轻而细长，具有良好的强力、伸度，织物的光泽和染色性能好，穿着舒适，手感滑爽丰满，导热差，吸湿透气，采用不同的织物结构时既能轻薄透凉，又能厚实丰满而有保暖作用，所以蚕丝是一种非常优良的纺织纤维。但蚕丝又存在耐光性、抗皱性、耐摩擦性差等弱点。如何克服蚕丝的这些缺点而又不损害它原有的优良性能，便成为丝绸生产中重要的研究课题。

3.3.3 羊毛纤维

羊毛纤维与蚕丝同属于天然蛋白质纤维。常见的羊毛为绵羊毛。羊毛具有光泽柔和，手感柔软有弹性，不易沾污，吸湿性、保暖性及耐磨性好等许多优良特性。羊毛纤维一般由外层的鳞片层、中间的皮质层及最中心的髓质层组成(图 3-22)。其中，皮质层是羊毛的主要组成部分，也是决定羊毛物理化学性质的基本物质。羊毛表面的鳞片给羊毛带来特殊的缩绒效果。

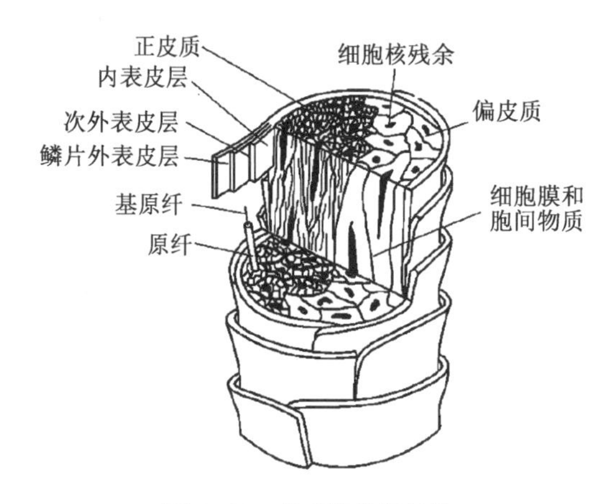

图 3-22　羊毛纤维的结构

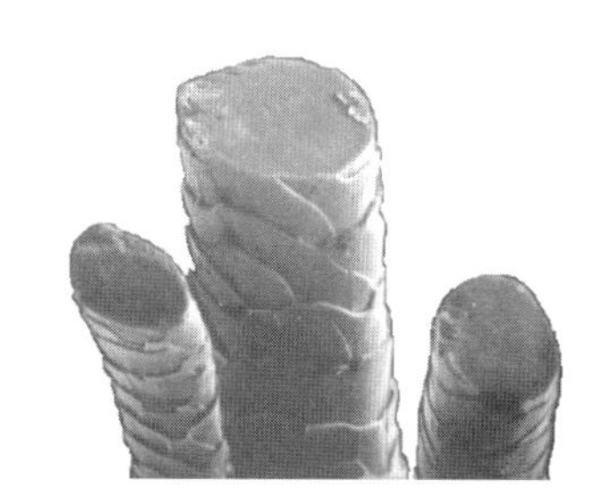

图 3-23　羊毛纤维的鳞片结构

毛纤维在湿热条件下，经机械外力的反复作用，纤维集合体逐渐收缩紧密，并相互穿插纠缠，交编毡化，这一性能称为毛纤维的缩绒性。羊毛纤维表面鳞片的自由端指向羊毛纤维尖端方向(图 3-23)。当羊毛纤维被润湿而膨胀时，鳞片张开，此时对羊毛施加一定的外力，羊毛纤维将产生移动。由于表面鳞片的运动具有方向性摩擦效应，其运动方向必然是指向根端的。去掉外力后，由于相邻的羊毛纤维鳞片互相交错，就使得羊毛停留在新的位置。当再次受到外力的作用时，又使羊毛纤维产生相对位移。这样反复多次外力作用，使羊毛不断产生缓缓蠕动，从而使纤维缠结，毛端突出在表面，产生缩绒现象。鳞片的存在是纤维能够发生缩绒的根本性原因。外表具有鳞片结构的纤维具有缩绒性，鳞片越多，则越容易缩绒。

3.3.3.1 羊毛的组成净化

刚剪下来的羊毛为原毛，主要为毛干部分，不含毛根，含有比较多的杂质。原毛含有羊毛纤维、羊毛脂、羊毛汗、植物性杂质、泥沙、水分等杂质。净毛率是指羊毛纤维在原毛中的含量百分率，一般在 40%～70%。羊毛脂是含 C9～C20 的饱和、不饱和脂肪酸与高级醇类等的酯类混和物，少量游离脂肪酸和醇类。羊毛汗包括 75%～85%的 K_2CO_3，其次是少量 KCl、K_2SO_4 及脂肪酸盐。原毛不能直接使用，要经过一系列初步加工，包括选毛、开毛、洗毛、炭化等工艺。

利用机械与化学相结合的方法去除原毛中的羊毛脂、羊汗和沾附的砂土等杂质，获得洗净毛的工艺过程称为洗毛。洗净毛中如含有未除去的尘土和羊毛脂，会影响后道工序和成品质量。梳毛机针布和针梳机针板易被油泥堵塞，纺纱时牵伸困难，断头增多。织机断头多，消耗大，染色不良等等。因此，洗毛是毛纺工程中非常重要的工序。羊毛脂在碱性介质中起皂化作用，容易去除。长链醇类物质不溶于水，在碱性介质中不易皂化，只能依靠乳化方法洗去。羊汗溶解后溶液呈碱性，可皂化羊毛脂。羊毛中所含土杂的性质与洗毛关系极大，不同地区的羊毛含杂差异很大。中国新疆细羊毛含杂中，钙、镁等化合物比澳毛多。如硅酸盐、碳酸盐、氯化物、硫酸盐等，有的溶于水，生成钙、镁、铁等离子，使水质变硬，影响洗涤效果。采用合成洗涤剂效果较好。

植物性杂质细长而难溶于水，比较难以去除，需要做炭化工艺。炭化是指用化学方法结合机械处理去除羊毛中植物性纤维素物质的工艺过程。利用纤维素与蛋白质耐酸性的不同，将含有植物质的羊毛浸渍于稀硫酸液中，轧去多余酸液后烘干，高温烘烤，使植物质的主要成分纤维素在浓缩的硫酸作用下脱水成焦黑的脆性炭质，然后用机械压碎成粉末而去除。炭化时在硫酸液中加入表面活性剂，一般采用非离子型或阳离子型活性剂。其作用是使酸液容易在羊毛纤维上扩散，分布均匀，避免羊毛因局部酸液过多而损伤；降低酸液表面张力，提高压辊去酸效果，使羊毛含水率降低，从而提高烘干效率，减少羊毛在烘干时受到损伤。

炭化工艺包含：含草净毛→浸酸→轧酸→烘干和烘烤→轧炭和除炭→中和→烘干→净毛。各工序的作用和要求如下：

① 浸酸。一般用稀硫酸，有两只槽，第一槽为浸渍槽，浸湿羊毛，用水加浸润助剂如拉开粉、平平加O等，使羊毛润湿吸水均匀。第二槽为浸酸槽，酸液浓度为32～54.9 g/L，视净毛品种和含杂量和酸液温度而不同。酸液温度为室温，浸酸时间约4 min。

② 轧酸。浸酸槽出来的羊毛经两对压辊轧去多余酸液。

③ 烘干和烘烤。这是植物质炭化的主要阶段。在烘干过程中水分蒸发，硫酸浓缩，在高温烘烤过程中植物质炭化。为保护羊毛，先将羊毛在较低温度下预烘，一般为65～80 ℃，再经102～110 ℃高温烘烤。这时因硫酸浓缩植物质脱水成炭，而羊毛损伤较小。若将含酸的湿羊毛直接进行高温烘烤，则会造成羊毛角质的严重破坏，形成紫色毛，含水愈多破坏愈大。

④ 轧炭和除炭。使羊毛通过表面有沟槽的加压辊，粉碎已炭化的草杂质。各对压辊速度逐渐加快且上下压辊速度不同，所以羊毛和草杂质受到轧和搓的作用，使炭化的草杂质被粉碎并经螺旋除杂机排除。

⑤ 中和。先用清水洗后用碱中和羊毛上的残余硫酸。中和工序使用三只槽，第一槽为清洗槽，洗去羊毛上附着的硫酸，第二槽用纯碱中和羊毛中化学结合酸，第三槽用清水冲洗羊毛上的残碱。最后压去羊毛中水分并烘干，遂成为除去草杂质的净毛。

3.3.3.2 羊毛纤维的结构与性能

在羊毛纤维的元素组成中，除碳、氢、氧、氮外，还含有一定量的硫。各元素的含量因羊毛的品种、饲养条件、羊体的部位等不同而有一定的差异，其中以含硫量的变化较为明显。毛越细，含硫量越多。

组成羊毛的蛋白质属于纤维蛋白中的角蛋白，其中，主要的 α-氨基酸有谷氨酸(14.41%)、胱氨酸(12.02%)、精氨酸(9.58%)、亮氨酸(8.26%)、天门冬氨酸(6.65%)、苏氨酸(6.54%)、赖氨酸(3.22%)等。

在这些含量较多的 α-氨基酸中，谷氨酸和天门冬氨酸属于含二羧基的氨基酸，胱氨酸属于含二硫键的氨基酸，精氨酸属于含二氨基的氨基酸，苏氨酸属于含羟基的氨基酸。羊毛分子中含有两个氨基和两个羧基以及巯基的氨基酸较多，因此，由它们为主缩合组成的长链分子之间，产生多种形式的横向联结，形成大量的离子键、二硫键和氢键，使蛋白大分子间具有网状结构。羊毛中的二硫键见图 3-24。所以，构成羊毛的角蛋白分子实际上是网状结构的大分子。其中含硫量也就是二硫键的含量，鳞片层＞皮质层＞髓质层。

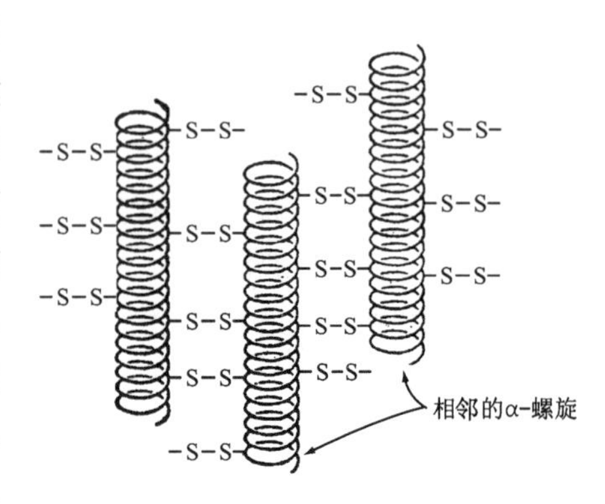

图 3-24　羊毛中的二硫键

羊毛分子链的空间构象比较复杂。总的来说，羊毛蛋白质属 α-螺旋结构。并不是所有的羊毛蛋白质和分子链都呈螺旋构象。皮质细胞中有两种蛋白质：一种是低硫蛋白质，呈 α-螺旋结构；另一种是高硫蛋白质，呈无规卷曲状。

羊毛在有水分存在下拉伸，当伸长率超过 20%以上时，羊毛蛋白分子 α-螺旋开始向 β-折叠转变；当伸长率达到 35%时，转变明显；当伸长率达到 70%时，则全转变为 β-折叠结构。去除外力后，羊毛蛋白分子构象产生可逆的变化，最后回复到 α-螺旋构象。在拉伸过程中，如果在多肽链间形成新的稳定交联键，则会阻止羊毛蛋白分子构象的回复，使羊毛纤维较长久地保持在伸长后的状态，可以起到定型的作用。其他的毛发也有这样的现象，这也是卷发(烫发)行业的生化基础。

由于羊毛与蚕丝长链分子的化学结构与空间结构不同，导致它们的聚集态结构，以至纤维的性能均有所不同。表 3-15 所示为羊毛和蚕丝的结构和性能的对比。

表 3-15　羊毛和蚕丝的结构和性能的对比

指标	羊毛	蚕丝
平均相对分子质量	—	390 000
密度(g/cm^3)	1.32	1.33～1.45
结晶度(%)	—	40～50
双折射	0.000 9～0.011	0.053～0.055
比热容[J/(kg・K)]	0.037 1	0.033 1
回潮率(%)	15～17	8～9

（续表）

指标	羊毛	蚕丝
线密度(tex)	0.33～0.83	0.12～0.19
长度(mm)	48～70	—
断裂强度(cN/tex)	8.82～14.99	26.46～35.28
湿干态强度比(%)	76～96	70
断裂伸长率(%)	25～35	15～25
湿干态伸长率比(%)	150 左右	130 左右
初始模量(N/tex)	1.94～4.85	7.06～11.03
回弹率(%)	99(2%) 89(5%) 74(10%) 67(15%) 63(20%)	92(2%)[①] 70(5%) 51(10%) 40(15%) 33(20%)

注：① 括号中数字表示回弹的给定伸长率。

(1) 水的作用。羊毛纤维不溶于水，只是单纯吸水溶胀。但是在较剧烈的条件下，水会与羊毛纤维起化学反应，导致羊毛蛋白分子中的二硫键、肽键水解，从而使羊毛纤维受到损伤。如将羊毛在 90～110 ℃的蒸汽中处理 3 h、6 h、60 h，其重量损失分别为 18%、23%、74%。在 120 ℃ 有压力的水中，羊毛即发生分解。在沸水中经较长时间处理，羊毛蛋白中的二硫键会遭到破坏，生成的—CH_2—SOH 基是不稳定的，可释放出 H_2S 而转变为醛基。—SOH 也可与邻近的氨基反应，生成新的共价交联。羊毛在水中处理，既有降解又有交联。反应式如下：

$$\begin{array}{c} | \\ CO \\ | \\ CH—CH_2—S—S—CH_2—CH \\ | \\ NH \\ | \end{array} \xrightarrow{H_2O} CH—CH_2—SOH + HS—CH_2—CH$$

（各 CH 上方连 CO，下方连 NH）

$$\begin{array}{l} | \\ CO \\ | \\ CH—CH_2—SOH \\ | \\ NH \\ | \end{array} \longrightarrow \begin{array}{l} | \\ CO \quad H \\ | \quad\quad | \\ CH—C \\ | \quad\quad \| \\ NH \quad O \\ | \end{array} + H_2S$$

$$\begin{array}{l} | \\ CO \\ | \\ CH—CH_2—SOH \\ | \\ NH \\ | \end{array} + H_2N\text{—}(CH_2)_4\text{—}\begin{array}{l} | \\ CO \\ | \\ CH \\ | \\ NH \\ | \end{array} \longrightarrow \begin{array}{l} | \\ CO \\ | \\ CH—CH_2—SNH\text{—}(CH_2)_4\text{—}CH \\ | \\ NH \\ | \end{array}$$

上述的反应产物还有可能继续发生其他反应，甚至在大分子中建立其他交联键，起到一定的定型作用，这是毛发纤维高温蒸汽定型的原理之一。表3-16所示为羊毛在100 ℃水中经不同时间处理时硫含量及胱氨酸残基含量的变化。

表3-16 羊毛在沸水中处理时硫含量及胱氨酸残基含量的变化

处理时间(d)	羊毛溶解(%)	硫含量(%)	胱氨酸残基含量(%)
0	0	3.65	10.6
0.5	1.0	3.44	9.4
1	4.0	3.33	8.6
2	7.3	3.11	7.5
4	10.7	3.07	6.9
8	37.2	2.66	4.6

(2) 酸的作用。羊毛对酸的作用比较稳定，属于耐酸性较好的纤维，可以用强酸性染料染色。在羊毛加工过程中，可以用浓硫酸进行炭化，以去除原毛中的草籽、草屑等植物性杂质，但只限于低温和短时间。若采用长时间和高温处理，肽键也会受到不同程度的水解。在浓度一定的酸液中，有盐存在时，羊毛的损伤更强烈。

(3) 碱的作用。羊毛对碱的稳定性比蚕丝还差，碱能使羊毛肽链中的肽键发生水解，还能使羊毛蛋白的二硫键和盐键断裂。羊毛经碱作用后受到严重损伤，变黄，含硫量降低，溶解性增加。在其他条件相同时，氢氧化钠的作用最强烈，而碳酸钠、磷酸钠、焦磷酸钠、硅酸钠、氢氧化铵及肥皂等弱碱性物质对羊毛的作用较为缓和，如果条件控制得好，不会造成明显的损伤。

羊毛纱经碱处理后其强度的变化很奇特。当羊毛纱在浓度逐渐增加的氢氧化钠溶液中短时间处理时，氢氧化钠的浓度在15%以下，纱的强度逐渐降低，浓度在15%以上，强度却随氢氧化钠浓度的提高而增加，直到38%时，羊毛纱的强度最大(可比原样提高30%)。这可能是由于浓碱渗入纤维非常缓慢，较短时间处理的情况下，碱的作用只在纱表面进行。羊毛纤维被水解而溶出的部分变为蛋白凝胶态，再经过挤压和干燥，则更加紧密地与纤维黏结在一起而导致纱强度的增加。

(4) 盐的作用。盐类水溶液主要有促进羊毛纤维溶胀的作用。纤维在盐溶液中可以溶胀，这一特性有利于各种化学试剂进入纤维的内部，使反应更易进行。

(5) 氧化剂的作用。羊毛对氧化剂比较敏感，尤其是在高温、强氧化剂的作用下，反应更为激烈。次氯酸盐和氯等与羊毛容易生成黄色氯胺类化合物，不仅使纤维强度破坏，而且导致纤维发黄，因此，不宜用于漂白。羊毛蛋白中的某些基团，如巯基、二硫键以及咪唑基等也可与氧化剂反应。过氧化氢与羊毛的反应，主要集中在含硫氨基酸残基部分。铜、镍等金属离子的存在有催化作用，加速反应的进行。

在羊毛加工中使用含氯氧化剂会破坏羊毛的鳞片层，降低羊毛的缩绒效果。缩绒将使纺织品结构紧密，降低毛线、羊毛织物的篷松柔软性，影响织物表面织纹的清晰度；使织物的面积收缩，形状不稳定，降低产品的服用性能。氧化法防缩绒整理就是通过氧化剂破坏羊毛表面的鳞片，使羊毛纤维之间在发生相对移动时，不能产生缩绒现象。为了获得防缩效果，特意用次氯酸钠溶液处理羊毛，并调节 pH 值控制作用的程度。当 $pH<4$ 时，溶液中游离的氯较多，与羊毛的作用剧烈；当 pH 值为 5～6 时，溶液中次氯酸的含量较高，与羊毛的作用缓和。所以控制溶液的 pH 值可以调节羊毛的氯化程度。经氯化处理后，羊毛的表面鳞片的边缘变钝，端部变得平滑，部分鳞片被氧化溶去，最终得到防缩绒的效果。除了次氯酸钠溶液以外，还可直接采用氯气干法氯化及二氯异氰酸盐或者高锰酸钾/食盐溶液进行氧化，除去鳞片，达到防缩绒的效果。

氯气与羊毛的反应中，先与酪氨酸和胱氨酸的残基作用。氯在水中因溶液的 pH 值不同，可以 Cl_2、HOCl 及 OCl^- 等形式存在，Cl_2 和 HOCl 可氧化全部的胱氨酸残基成为磺基丙氨酸残基，而 OCl^- 仅能氧化约 25%的胱氨酸残基。HOCl 除氧化胱氨酸残基外，还可使羊毛蛋白中的游离氨基形成 N-氯代氨基酸。含氯氧化剂总的来说对纤维的氯化作用会使羊毛受到一定损伤，手感变得粗糙，且有泛黄和染色不匀等缺点，使用时要慎重。溴与羊毛的作用与氯相似，而碘的活泼性较低。

(6) 还原剂的作用。与蚕丝不同的是，羊毛纤维不耐还原剂。这主要是因为还原剂会破坏羊毛中的二硫键，在碱性介质中尤为剧烈。这些反应与溶液的 pH 值有关，pH 值越大，反应越剧烈。硫化钠对胱氨酸的破坏反应如下：

$$Na_2S + H_2O \rightleftharpoons NaOH + NaHS$$

$$P—S—S—P' \underset{OH^-}{\overset{NaHS}{\rightleftharpoons}} P—S^- + P'—S^-$$

亚硫酸氢钠与羊毛胱氨酸键的反应如下：

$$P—S—S—P' + NaHSO_3 \longrightarrow P—SH + P'—S—SO_3Na$$

在还原反应中所形成的巯基是很不稳定的，很容易被再氧化成二硫键。此外，巯基还可与二卤代烷或甲醛作用，生成—S—R—S—类型的共价交联键。上述二硫键经还原拆散后，引入 R 基所形成的新共价键是比较稳定的。将亚硫酸盐在温和条件下用于羊毛漂白、卤素防毡缩整理中的脱氯处理、羊毛纤维的定型以及羊毛经高锰酸盐防缩处理后除去残留在纤维上的二氧化锰等羊毛加工中有一定的意义。

(7) 耐热性能。羊毛在 112 ℃时发生脱水，135 ℃产生不可逆的收缩，200～250 ℃时二硫键开裂，258 ℃则发生剧烈分解，若温度升到 400 ℃时羊毛就被点燃。当羊毛被加热到 100～110 ℃，一定时间后，颜色泛黄，手感粗糙，强力降低。因此，通常要求干燥加热时不得超过 70 ℃，洗毛时洗液的温度不应超过 40～50 ℃。羊毛纤维在干燥情况下加热至 150 ℃，4 h 后，强力下降 8%；加热至 170 ℃时，强力下降 25%；在 100 ℃下加热若超过 48 h，则羊毛纤维内部的分子结构被分解而变黄，放出氨气和硫化氢气体。

蛋白质纤维中都含有 15%～17%的氮，在燃烧过程中将释放出氮气，从而抑制纤维的迅速燃烧。羊毛的极限氧指数为 25%，所以它的可燃性要比其他纤维低。

(8) 耐光性能。与蚕丝一样，羊毛蛋白分子中的酰胺键对日光作用比较敏感。肽键在日光中紫外线的作用下容易降解，所有含有酰胺键的纤维，对日光的稳定性都不好。然而，羊毛的耐日光稳定性比蚕丝和聚酰胺66纤维好得多，这是由于羊毛大分子间的二硫键及横向联结作用力。从表3-16可以看出，在这些含酰胺键的纤维中，蚕丝的耐日光稳定性最差，聚酰胺66纤维次之，羊毛最优。

表3-16　几种含酰胺键的纤维和棉花对日光的稳定性

纤维	羊毛	聚酰胺66纤维	蚕丝	棉花
纤维强度损失50%时的日照时间(h)	1100	376	305	940

另外，日光的照射会引起羊毛蛋白分子中的二硫键开裂，使其含硫量下降，当进行染色时，纤维的得色量也发生变化。因此，在强烈日光照射下，羊毛染色不容易获得均匀效果，即所谓的“毛尖染色”不均，因毛尖接触日光照射的机会最多。

(9) 其他化学试剂的作用。羊毛蛋白分子肽链中氨基酸残基的侧基R中含有一些可反应性基团，如羟基、酚基、羧基和胺基等，能与许多化学试剂反应，使纤维的某些性能发生改变，如提高强伸度，增进化学稳定性，改善防缩、防皱、染色等性能。硝酸除可使羊毛蛋白分子中的肽链发生水解、分解外，还具有硝基取代作用，其主要发生在酪氨酸与苯丙氨酸残基的芳环上。酰化试剂可使羊毛蛋白分子中某些氨基酸残基酰化。重氮甲烷、溴甲烷、碘甲烷及硫酸二甲酯等，可使羊毛蛋白分子中某些氨基酸残基甲基化。甲基化后使芳环稳定性提高，并可防止因氧化剂及光氧化所引起的羊毛发黄现象，但强力并不改变。

(10) 羊毛的可塑性。羊毛的可塑性与塑料的可塑性不同，是指羊毛在含水的条件下，可按外力作用改变现有形态，再经冷却或烘干，使其形态保持下来。

羊毛的可塑性与其多肽链构象的变化，以及肽链间副键的拆散和重建密切相关。将受到拉伸应力的羊毛纤维在热水或蒸汽中处理很短时间，然后除去应力并在蒸汽中任其收缩，纤维能够收缩到比原来的长度还短，这种现象称为“过缩”。这是因为，拉伸应力在湿、热的作用下使肽链的构象发生变化，α-螺旋中的氢键以及一些二硫键和其他副键被拆散，但因处理时间很短，还来不及在新的位置上建立起新的副键。清除应力后，多肽链形成无规卷曲构象，自由收缩，故产生过缩。若在拉伸应力下在热水或蒸汽中处理较长时间，除去外力后羊毛纤维并不回复到原来长度，这种现象称为“暂定”。这是由于副键被拆散后，在新的位置上尚未全部建立起新的副键或结合得尚不够稳固，因此使形态暂时稳定在拉伸状态。在更高的温度下处理，纤维仍会回缩。如果在拉伸应力下，羊毛纤维在热水或蒸汽中处理更长时间(如1～2 h)，则外力去除后，即使再经蒸汽处理，也仅能使纤维稍有收缩，这种现象称为“永定”。这是由于处理时间较长，副键被拆散后，在新的位置上又建立起新的、稳固的副键，使多肽链的构象稳定下来，从而阻止羊毛纤维从拉伸形变中回复原状，产生“永定”。毛织物的定型就是利用羊毛纤维的可塑性，将毛织物在一定的温度、湿度及应力作用下处理一定时间，通过蛋白质副键的拆散和重建，使其获得稳定的尺寸和形态。毛料服装的熨烫也是利用羊毛纤维的可塑性，在湿热和压力作用下，使服装变得平整无皱。

3.3.3.4 其他毛类纤维

(1) 羊绒。羊绒一般是指山羊绒,是从山羊身上梳取下来的绒毛。国外称其为“纤维的钻石”,“软黄金”,其价格与蚕丝相当。由于亚洲克什米尔地区在历史上曾是山羊绒向欧洲输出的集散地,所以国际上习惯称山羊绒为“克什米尔(Cashmere)”,中国采用其谐音为“开司米”。每年春季是山羊脱毛之际,用特制的铁梳从山羊躯体上抓取新生的绒毛,称为原绒。洗净的原绒经分梳,去除原绒中的粗毛,死毛和皮屑后得到的山羊绒,称为无毛绒。山羊绒没有髓质层,直径比羊毛细,纤维强力适中,富有弹性,并具有一种天然柔和的色泽。山羊绒对酸、碱、热的反应比羊毛敏感,即使在较低的温度和较低浓度酸、碱液的条件下,纤维损伤也很显著,对含氯的氧化剂尤为敏感。由于羊绒的鳞片少而紧密,缩绒性较小。细羊毛经过氯化或者酶处理防缩绒化处理后,也能够达到近似羊绒的效果。

(2) 兔毛。兔毛的纤维较细,卷曲少,其皮质层所占的比例较小而髓质层较多,导致断裂强度较小,吸湿性较高,湿热天气容易霉变。其表面的鳞片少而呈斜条状,纤维间摩擦系数小,手感滑,缩绒性较小。较耐酸而不耐碱,染色性类似羊毛。

(3) 马海毛。马海毛是 mohair 的音译名称。也就是安哥拉山羊毛(Angora)。马海毛的表面鳞片少,约为细羊毛的一半,紧贴毛干从而使表面光滑平直,具有蚕丝的光泽。马海毛强度高,富有弹性,有光泽,不易缩绒。马海毛的耐磨性比羊毛差,静电现象较严重。其对酸、碱的反应比羊毛敏感,对氧化剂和还原剂的敏感程度与羊毛类似,染色性好,白度好,不易受腐蚀而发黄。

其他毛类纤维还有骆驼绒、牦牛绒等。

3.3.4 再生蛋白质纤维

再生蛋白质纤维是由从动物或植物(如花生、玉米、大豆等)中提炼出来的蛋白质溶液经纺丝而成的。人们对再生蛋白质纤维的研究很早就开始了,但由于技术上的原因,早期的研究没能实现产业化。由于现代人对服装的追求趋向自然化,天然纤维越来越受到人们的青睐。但是天然纤维的产量受到限制远不能满足人们的需求。从 20 世纪 90 年代开始,再生蛋白质纤维的研究开始受到重视。

大豆蛋白纤维属于再生性植物蛋白纤维,它用从大豆的豆粕中提炼出的蛋白质与聚乙烯醇或其他高分子共混,再以湿法纺丝而制成。由于大豆蛋白是球状蛋白质,溶于水,所以纺丝时一般需要在溶液中加入甲醛、乙二醛、多聚羧酸等交联剂来交联蛋白质,从而减小蛋白质的水溶性。交联剂的加入,还可提高大豆蛋白质的强度和耐热性。大豆蛋白纤维既具有天然蚕丝的优良特性,又具有合成纤维的力学性能,它的出现满足了人们对穿着舒适性、美观性的追求。

除大豆蛋白纤维外,也有以牛奶为原料的再生蛋白质纤维,这是一种工业化生产的酪素蛋白质纤维。其他的再生蛋白质纤维还处于实验室研究阶段,即使能够得到比较纯的蛋白质,蛋白质纺丝技术还要加强研究。

第四章　纺织助剂化学

现代纺织工业主要包括两个重要部分：一是纺织品的制造，主要包括纺丝(纱)和织造，是纺织品的形成过程；二是纺织品的整理，即坯布的练漂、染色、印花和后整理，是纺织品的再加工、修饰和美化的过程。在上述各道工序中，常常需要加入一些辅助的化学品，使加工顺利进行，改善纺织品的风格和品质，赋予纺织品各种优异的应用性能，或者使产品获得某些特殊效果，同时提高生产效率，简化工艺过程，降低生产成本，提高附加值。这种用于纺织生产和染整加工的辅助化学品，统称为纺织染整助剂，简称纺织助剂。

纺织助剂种类繁多，其中多数是表面活性剂和含表面活性剂的助剂，如润湿剂、渗透剂、净洗剂、乳化剂、匀染剂、柔软剂、平滑剂、抗静电剂等。本章着重介绍表面活性剂的基础知识、结构、作用原理及其在纺织生产中的应用，同时也涉及纺丝(纱)和经纱上浆工程所采用的油剂和其他纺织助剂。

4.1　表面活性剂的基础知识

表面活性剂的用途极为广泛，从合成洗涤剂、化妆品、食品工业、纺织、染整工业，乃至皮革工业、橡胶、塑料工业等都广泛使用表面活性剂，可以起到改进生产工艺、提高产品质量、降低消耗、节约能源及改善生产环境等作用。本节主要介绍表面活性剂的基本概念、分子结构特征及其水溶液特征。

4.1.1　表面张力

物质以固体、液体、气体三态存在，可以形成液-气、液-液、固-气、固-液、固-固五类界面，习惯上把液-气、固-气界面称为表面。

任何自然状态下的液体都有自发地减少其自身表面积的趋势，表面积的减少是降低其状态能量的有效途径。液体分子之间存在吸引力，液体内部所有分子所受到的合力为零。对于液体表面的分子来说，由于液体表面以外的气相中分子密度很小，分子受到的来自气相的吸引力远比来自液体内部分子的吸引力小。因此，液体表面的分子实际上受到垂直于液体表面指向液体内部的合力。上述作用如图 4-1 所示。

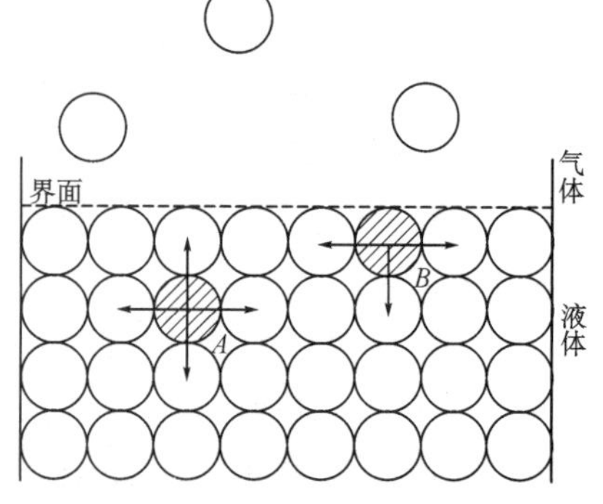

图 4-1　分子在液体内部和表面所受不同引力的示意

将作用于液体表面单位长度直线上的使液体表面

收缩的力称作表面张力系数，简称为表面张力，其方向与该直线垂直并与液面相切，常以γ表示，单位常用 mN/m 或 dyn/cm。

表面张力是物质的特性，其大小主要取决于物质自身和与其接触的另一种物质。部分液体在一定条件下的表面张力见表 4-1。

表 4-1　一些液体的表面张力

液体	温度（℃）	表面张力（mN/m）	液体	温度（℃）	表面张力（mN/m）
全氟戊烷	20	9.89	三氯甲烷	25	26.67
全氟庚烷	20	13.19	乙醚	25	20.14
全氟环己烷	20	15.70	甲醇	30	22.50
正己烷	20	18.43	乙醇	20	22.39
正庚烷	20	20.30	硝甲苯	20	43.35
正辛烷	20	21.80	苯	20	28.88
水	20	72.80		30	27.56
	25	72.00	甲苯	20	28.52
	30	71.20	四氯化碳	22	26.76

4.1.2　表面活性和表面活性剂

物质溶解于水后，水溶液的表面张力随着溶质浓度的增加而有不同的变化，基本上可以归结为如下三种情况（图 4-2）：

第一类物质（Ⅰ）：在其较低浓度时，表面张力随浓度的增加而急剧下降，肥皂及各种合成洗涤剂等的水溶液具有此类性质；

第二类物质（Ⅱ）：表面张力随浓度的增加而逐渐的下降，乙醇、丁醇、醋酸等的水溶液具有此类性质；

第三类物质（Ⅲ）：是表面张力随着浓度的增加而稍有上升，NaCl、KNO_3、NaOH、HCl 等无机物的水溶液具有此类性质。

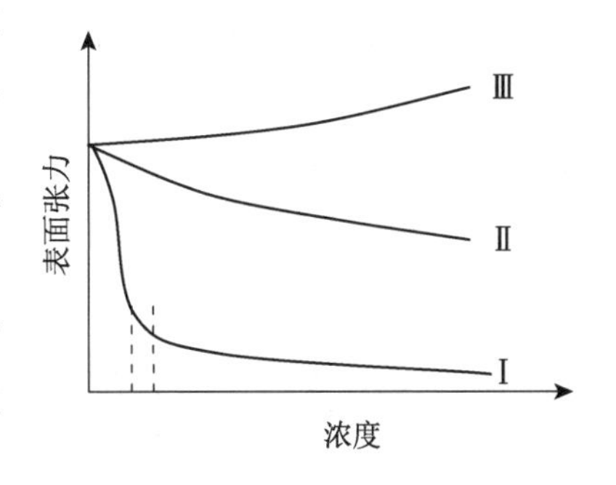

图 4-2　溶液浓度与表面张力的关系

原则上，将能使水的表面张力降低的性质称为对水具有表面活性，因此将第一和第二两类物质称为表面活性物质，而第三类物质不具有表面活性称为非表面活性物质。第一类物质的特点在于其以很低浓度存在于水中，就能够使水的表面张力降低。一般将能够显著降低液体（如水）的表面张力或两相界面张力的物质，称为表面活性剂。上述的第一类物质就是表面活性剂。

4.1.3 表面活性剂的分子结构特征及水溶液特征

表面活性剂的种类很多，性质也各有区别，但它们的分子结构都有一个共同特点，即都具有两亲结构，其分子结构由两部分组成：一部分为具有亲水性质的极性基团，称为亲水基，又称疏油基或憎油基；另一部分为具有亲油性质的非极性基团，称为亲油基，又称为疏水基或憎水基。表面活性剂的结构特征如图 4-3 所示。表面活性剂的亲油基一般由长链烃基或其他非极性基团构成，结构上差别相对较小，而亲水基的基团种类很多，差别相对较大。随着人们对具有两亲结构物质研究的深入，发现也有一些两亲结构物质如：聚乙二醇、聚乙烯醇等，虽降低水表面张力的作用不显著，但具有优良的乳化作用。因此在应用上，往往将少量使用即可使表面或界面的一些性质（如乳化、增溶、分散、润湿、渗透等）发生显著变化的物质也称表面活性剂。

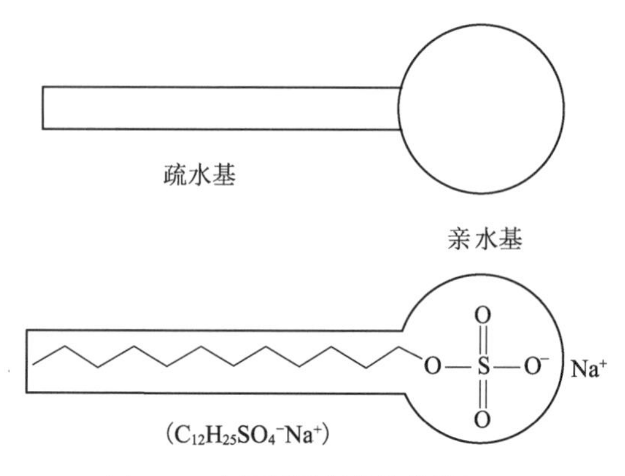

图 4-3　表面活性剂的结构特征

由于表面活性剂分子具有两亲结构，所以它在水溶液中单独存在时总是处于一种既被吸引又被排斥的不稳定状态中，因此表面活性剂分子总是力图尽量减少与水的接触面积，使自身具有的能量保持最低，从而达到稳定状态。表面活性剂在水中一般通过正吸附和胶束化获得稳定。

如图 4-4 所示，将少量表面活性剂溶于水中，则表面活性剂分子中疏水基在水的排斥作用下移向水溶液表面，使疏水基指向空气，而亲水基指向水中，并渐渐将水溶液表面定向排满，结果导致液面处的表面活性剂浓度高于溶液内部的表面活性剂浓度，这种现象叫作“正吸附”。这种排列使原来的水与空气的界面变为表面活性剂疏水基与空气的界面，于是水的表面张力急剧下降。

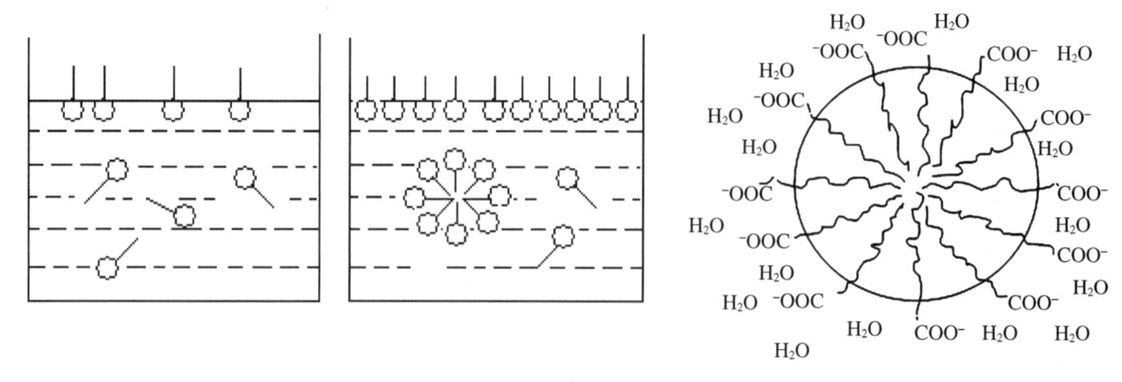

图 4-4　表面活性剂在水溶液中的状态

随着水溶液中表面活性剂浓度的增加，当表面活性剂在水溶液表面定向排满后，会通过自身相互吸引的形式而寻求稳定。表面活性剂分子的疏水基与疏水基之间通过分子间作用力相互吸引在一起，而它们的亲水基朝向水，形成一种自聚型缔合体，称为“胶束”，形成胶束的过程叫作“胶束化”。胶束的形状可有板状、球状、棒状、层状等多种形式。

表面活性剂形成胶束所需的最低浓度称为临界胶束浓度(CMC)。CMC 越小，表示该表面活性剂使水的表面张力降到最低值所需的浓度越低，则其表面活性越大，以临界胶束浓度为界限，溶液的表面张力及一些物理性质(如电导率、渗透压、黏度、增溶性、去污能力等)都将发生显著变化。使用表面活性剂时，浓度要稍高于临界胶束浓度，才能充分显示其作用。

4.2　表面活性剂的分类和化学结构

从结构看，所有的表面活性剂都是由极性的亲水基和非极性的亲油基两部分组成。表面活性剂分子的亲油基一般是由有机基团构成的，因此，表面活性剂在性质上的差异，除与有机基团的大小和形状有关外，主要与亲水基的类型有关。亲水基在种类和结构上的改变远比亲油基的改变对表面活性剂性质的影响大，故表面活性剂一般以亲水基的结构为依据进行分类。表面活性剂按亲水基是否带电荷分为离子型和非离子型两大类。离子型表面活性剂的分子在水中能电离，形成带正电荷、带负电荷或者同时既带正电荷又带负电荷的离子。起表面活性作用的基团带正电荷的称为阳离子型表面活性剂；带负电荷的称为阴离子型表面活性剂；同时带有正电荷和负电荷的则称为两性表面活性剂。非离子型表面活性剂分子在水中不电离，呈电中性。

根据表面活性剂的来源有时把表面活性剂分为合成表面活性剂、天然表面活性剂和生物表面活性剂三大类。表面活性剂的相对分子质量一般为几百至几千，而几千至几万以上的则称为高分子表面活性剂。此外，还有疏水基的氢部分被氟取代的含氟类表面活性剂，聚硅氧烷类表面活性剂，含钛等特种金属表面活性剂，以及冠醚类表面活性剂。这些表面活性剂均有其独特的性能，故统称为特种表面活性剂。

4.2.1　阴离子表面活性剂

阴离子表面活性剂的发展历史最久，18 世纪兴起的制皂业所生产的肥皂就是阴离子表面活性剂，由于其性能和价格等方面的优越性，应用最广，至今产量仍占第一位。

按亲水基的种类，主要有脂肪酸盐类、硫酸酯盐类、磺酸盐类和磷酸酯盐类，而疏水基又可由多种结构构成，故种类很多。消费量最大的品种是烷基苯磺酸盐、烷基硫酸酯盐和烃基羧酸盐，它们是合成洗涤剂和肥皂的基本原料。

阴离子表面活性剂一般具有良好的润湿、渗透、乳化、分散、增溶、起泡、抗静电和润滑等性能。阴离子表面活性剂有良好的去污能力，因而在纺织加工中被大量用作洗涤剂。许多复配产品，如润湿剂、渗透剂、精练剂、起泡剂、匀染剂、润滑剂和乳化剂，大多以阴离子表面活性剂为主要成分。主要有以下几种：

4.2.1.1 高级脂肪酸盐

肥皂属高级脂肪酸盐，其化学式为 RCOOM，这里的 R 为烃基，可以是饱和的，也可以是不饱和的，其碳原子数在 8～22，一般为 C_{16}～C_{18}；M 为金属原子，一般为钠，也可以是钾或铵等。

肥皂是以油脂与碱的水溶液加热起皂化反应制得的。

$$\begin{matrix} RCOOCH_2 \\ | \\ RCOOCH \\ | \\ RCOOCH_2 \\ \text{(油脂)} \end{matrix} + \underset{\text{(碱)}}{3NaOH} \xrightarrow{\text{皂化}} \underset{\text{(肥皂)}}{3RCOONa} + \begin{matrix} CH_2OH \\ | \\ CHOH \\ | \\ CH_2OH \\ \text{(甘油)} \end{matrix}$$

此外，也可先将油脂水解，分离出脂肪酸，然后再用碱中和制取。

肥皂的性质与脂肪酸部分的烃基组成有关，脂肪酸的碳链越长，饱和度越大，凝固点越高，用其制成的肥皂越硬。例如用硬脂酸、月桂酸和油酸制成的三种肥皂中，硬脂酸皂最硬，月桂酸皂次之，油酸皂最软。肥皂能显著降低水的表面张力，具有起泡、润湿、乳化、洗涤作用，广泛用作洗涤剂。

皂类制造容易，价格便宜，但存在两个缺点：一是不耐硬水，容易与水中的钙、镁离子形成不溶于水的钙皂和镁皂沉淀，失去洗涤作用并黏在织物上；二是不耐酸，当水溶液 pH 低于 7 时会产生不溶于水的游离脂肪酸。

4.2.1.2 磺酸盐

磺酸盐型表面活性剂的化学式为 RSO_3Na，R 的碳原子数在 8～20。这类表面活性剂易溶于水，在酸性溶液中不发生水解，具有洗涤、润湿、渗透及起泡作用。

(1) 烷基苯磺酸盐。烷基苯磺酸盐是代表性的阴离子表面活性剂，按烷基的结构，可将其分为支链烷基苯磺酸盐和直链烷基苯磺酸盐。目前，大多数日用洗衣粉为十二烷基苯磺酸钠盐。

$$C_{12}H_{25}-C_6H_4-SO_3Na$$

烷基带支链的称为硬性型(ABS)。烷基是直链的软性型(LAS)。ABS 和 LAS 的去污能力相近，但前者生物降解性明显低于后者，对环境的污染较大，应用 LAS 可减轻对环境的污染。

烷基苯磺酸盐在硬水中不与钙、镁离子形成沉淀，既耐酸又耐碱，有良好的去污力、渗透力、润湿力和起泡力，大量用于洗衣粉和民用洗涤剂，但被洗纤维或织物的手感差。在纺织工业可用作煮练剂、洗涤剂和染色助剂，在毛纺工业用于洗涤原毛，回收羊毛脂。

(2) 烷基磺酸盐。烷基磺酸盐的耐硬水性和生物降解性均优于烷基苯磺酸盐，两者的洗涤去污能力相近。其结构通式为 RSO_3Na，一般以 C_{12}～C_{18} 为多，具有良好的润湿性、净洗性、乳化性、分散性。

（3）α-烯烃磺酸盐。α-烯烃磺酸盐简称AOS，为链烯基磺酸盐和羟基烷基磺酸盐的混合物。

AOS的碳链中碳原子数为16～18时，具有优异的去污力、起泡力和渗透力，其中以C_{16}的AOS在硬水中的去污力最好，起泡力最高。

AOS较烷基苯磺酸盐的生物降解性好，对皮肤的刺激性低、毒性小，用作洗涤剂可使织物有良好的手感，此外还能防止粉状洗涤剂结块。AOS广泛用作粉状合成洗涤剂、厨房用洗涤剂和香波等的原料，现在也是工业用合成洗涤剂的原料。

（4）琥珀酸酯磺酸盐。将琥珀酸的两个羧基用各种醇进行酯化，可获得一系列磺化琥珀酸酯的产品。磺化琥珀酸双烷基酯型表面活性剂中最著名的是渗透剂OT和渗透剂T。渗透剂OT即磺化琥珀酸双2-乙基己醇酯钠盐，它由2-乙基己醇与失水苹果酸酐制成酯，然后再与亚硫酸氢钠水溶液反应，在苹果酸不饱和双键处导入磺酸基制成。渗透剂T为磺化琥珀酸双1-甲基庚醇酯钠盐。

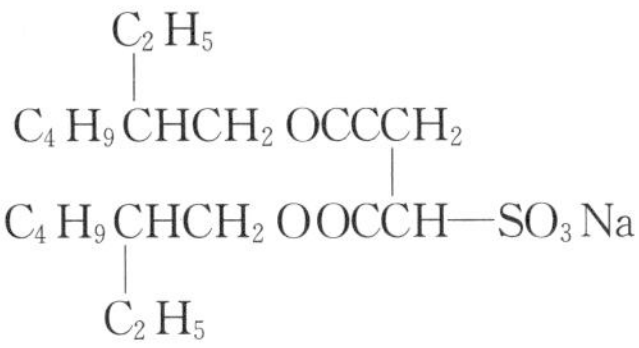

$$\begin{array}{l}
\quad\;\; C_2H_5 \\
\quad\;\; | \\
C_4H_9CHCH_2OOCCH_2 \\
\qquad\qquad\qquad\quad | \\
C_4H_9CHCH_2OOCCH—SO_3Na \\
\quad\;\; | \\
\quad\;\; C_2H_5
\end{array}$$

渗透剂OT

$$\begin{array}{l}
\qquad\; CH_3 \\
\qquad\; | \\
C_6H_{13}CHOOCCH_2 \\
\qquad\qquad\qquad | \\
C_6H_{13}CHOOCCH—SO_3Na \\
\qquad\; | \\
\qquad\; CH_3
\end{array}$$

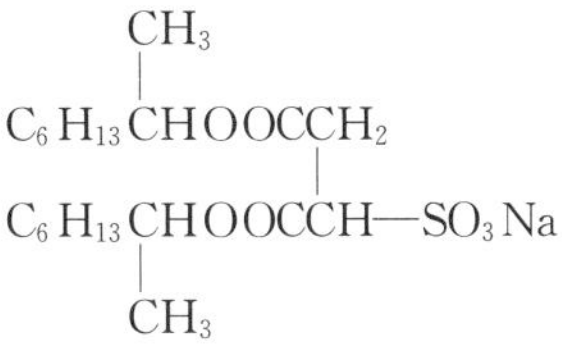

渗透剂T

由于亲水基处于表面活性剂分子的中央位置，同时疏水基烷链带有支链，此类表面活性剂的特点是净洗作用较小，而润湿性、渗透性特别强。主要用于织物的快速渗透，例如可用于棉织物煮练前或染色前的润湿；将其加入煮茧机的低温渗透部，可促进茧子内外层均匀煮熟，提高茧的解舒。其主要缺点是不耐强碱、强酸，不耐热。这是因为该分子的疏水基中含酯键。另外，还不耐还原剂和重金属盐。

仲醇聚氧乙烯醚琥珀酸酯磺酸盐是阴离子表面活性剂的新品种，化学结构式如下：

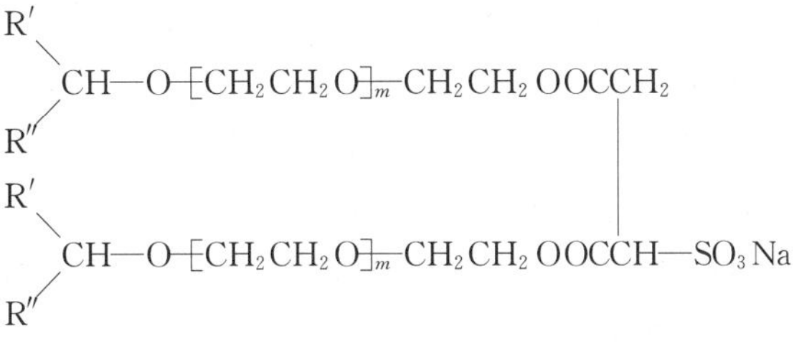

$$\begin{array}{l}
R' \\
\quad \diagdown \\
\quad\; CH—O\!\!\left[CH_2CH_2O\right]_m\!CH_2CH_2OOCCH_2 \\
\quad \diagup \qquad\qquad\qquad\qquad\qquad\qquad\qquad\quad | \\
R'' \qquad\qquad\qquad\qquad\qquad\qquad\qquad\quad\;\; | \\
R' \qquad\qquad\qquad\qquad\qquad\qquad\qquad\quad\;\;\; | \\
\quad \diagdown \qquad\qquad\qquad\qquad\qquad\qquad\qquad | \\
\quad\; CH—O\!\!\left[CH_2CH_2O\right]_m\!CH_2CH_2OOCCH—SO_3Na \\
\quad \diagup \\
R''
\end{array}$$

该产品为浅黄色黏稠液体，具有表面张力低、抗硬水性强的特点。

（5）N，N-油酰甲基牛磺酸钠。我国的商品名称为209洗涤剂，国外商品名为胰加漂T(Igepon T)。分子式如下：

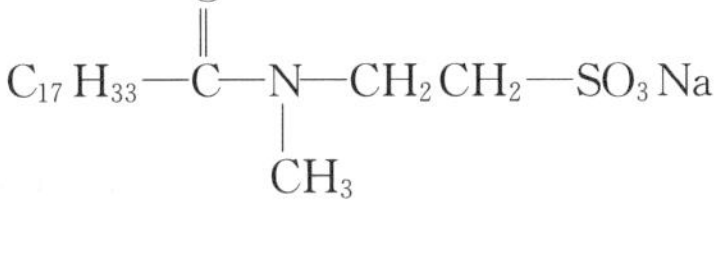

$$\begin{array}{l}
\qquad\qquad\; O \\
\qquad\qquad\; \| \\
C_{17}H_{33}—C—N—CH_2CH_2—SO_3Na \\
\qquad\qquad\qquad\; | \\
\qquad\qquad\qquad\; CH_3
\end{array}$$

该产品一般为液状或浆状体，也可喷雾干燥成乳白色粉末状物。易溶于水，呈中性，对酸、碱、金属盐稳定性好(遇钙、镁等盐生成可溶性盐)，耐过氧化氢、次氯酸钠漂白，是一种优异的润湿剂、渗透剂和洗涤剂。价格较高。在纺织工业中主要用于羊毛和丝绸的净洗。

(6) 烷基萘磺酸盐。烷基萘磺酸盐的主要品种有异丙基和丁基萘磺酸盐，俗称拉开粉。拉开粉 A 即二异丙基萘磺酸，拉开粉 BX 即二丁基萘磺酸盐，具有良好的润湿力、乳化力和分散力。

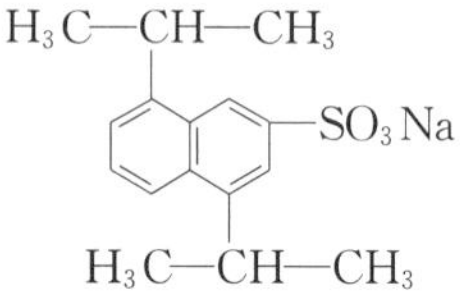

$H_3C—CH—CH_3$

SO_3Na

$H_3C—CH—CH_3$

拉开粉 A

C_4H_9

C_4H_9

SO_3Na

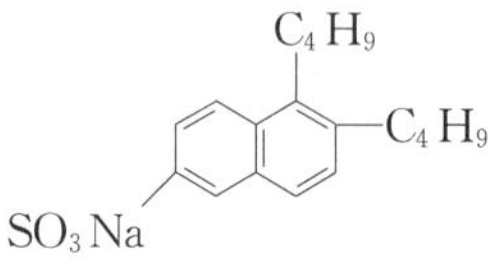

拉开粉 BX

拉开粉 BX 由萘与丁醇经烷基化、磺化、中和而得到，为米白色或微黄色粉末，在纺织、印染、皮革、造纸工业及农药中用作润湿渗透剂。

(7) 脂肪酰胺磺酸钠。脂肪酰胺磺酸钠代表产品为 Lissapol LS，也称为净洗剂 LS，化学结构式如下：

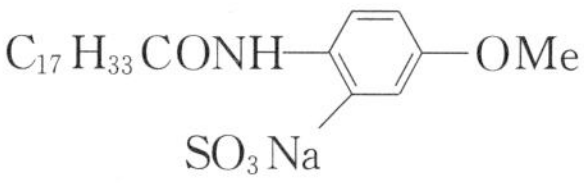

$C_{17}H_{33}CONH$— —OMe

SO_3Na

净洗剂 LS 具有良好的洗涤、乳化、渗透、起泡作用，也具有很好的匀染、柔软性能，对钙皂的分散力强，耐酸、耐碱、耐硬水、耐电解质和耐热等性能均好，但耐氧化剂性能较差。

4.2.1.3 硫酸酯盐

硫酸酯盐表面活性剂的化学通式为 $ROSO_3M$，其中 M 为 Na、K、$N(CH_2CH_2OH)_3$，碳链中碳原子数为 8～18。硫酸酯盐表面活性剂具有良好的发泡力和去污力，耐硬水性能好，但因其分子中含有酯键，在酸性溶液中容易水解。

(1) 脂肪醇硫酸酯盐。脂肪醇硫酸酯盐简称 AS，与肥皂比较，脂肪醇硫酸酯盐溶解性大，即使在高浓度水溶液中也不会形成象肥皂那样的凝胶，而保持液体状态。水溶液呈中性，耐硬水，在碱性至弱酸性条件下不水解，性能稳定。但是强酸性水溶液中易水解生成原来的高级醇，此外高温时也易分解。

最有代表性的脂肪醇硫酸酯盐是十二烷基硫酸钠，或称月桂醇硫酸酯钠($C_{12}H_{25}SO_4Na$)，可用作洗涤剂、乳化剂、起泡剂。工业生产中常用的脂肪醇硫酸酯盐还有鲸蜡醇(十六醇)硫酸酯钠盐 $C_{16}H_{33}SO_4Na$、硬脂醇(十八醇)硫酸酯钠盐 $C_{18}H_{37}SO_4Na$、油醇(十八烯醇)硫酸酯钠盐 $C_{18}H_{35}SO_4Na$。脂肪醇硫酸酯盐具有良好的洗涤性、起泡性和乳化性，水溶性和去污力都比肥皂好，且不损伤羊毛、丝绸，适用于羊毛和蚕丝的常温洗涤。由于其耐碱性好，它也常用作棉织物的精练剂和丝光渗透剂。

含有羟基和不饱和双键的脂肪酸或其酯类经硫酸化后同样可制得仲醇硫酸酯盐，分子式如下：

$$\begin{array}{l} R—CH—R' \\ \quad\ | \\ \quad OSO_3Na \end{array}$$

仲醇硫酸酯盐与高级伯醇硫酸酯盐有很大的不同，因为其亲水的硫酸基位于分子中间，故其润湿、渗透性很好，而洗涤性较差。

磺化蓖麻油是蓖麻油经硫酸化的产物，属脂肪醇硫酸酯盐。硫酸化蓖麻油也称土耳其红油或太古油。将蓖麻油与浓硫酸进行反应，然后用水或食盐、芒硝等浓溶液洗涤，除去多余的硫酸，分离后用碱中和，即得硫酸化蓖麻油，化学结构式如下：

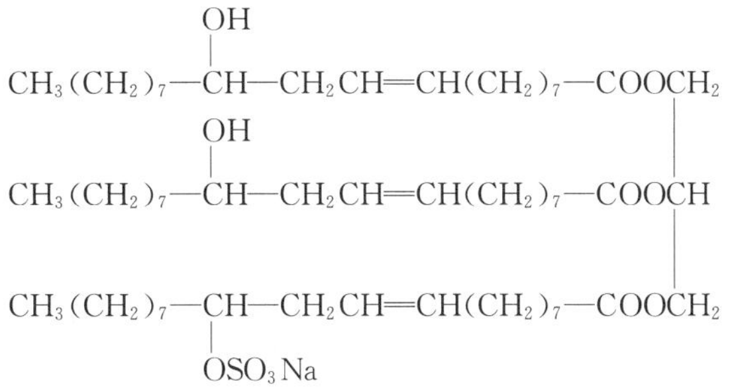

$$\begin{array}{l} CH_3(CH_2)_7—\overset{\displaystyle OH}{\overset{|}{C}}H—CH_2CH═CH(CH_2)_7—COOCH_2 \\ \qquad\qquad\qquad\qquad\qquad\qquad\qquad\qquad\qquad\qquad\quad | \\ CH_3(CH_2)_7—\overset{\displaystyle OH}{\overset{|}{C}}H—CH_2CH═CH(CH_2)_7—COOCH \\ \qquad\qquad\qquad\qquad\qquad\qquad\qquad\qquad\qquad\qquad\quad | \\ CH_3(CH_2)_7—\underset{\displaystyle OSO_3Na}{\underset{|}{C}}H—CH_2CH═CH(CH_2)_7—COOCH_2 \end{array}$$

土耳其红油对水的溶解度大，比普通肥皂具有更优良的耐硬水性和耐酸性，润湿力、渗透力、乳化力高，但去污力比肥皂低。主要用作柔软剂、润湿剂和乳化剂，也可用作锦纶和醋酯纤维分散染料染色时的匀染剂。缺点是在热的酸性溶液中或碱性溶液中易水解。

(2) 脂肪醇聚氧乙烯醚硫酸钠。脂肪醇聚氧乙烯醚硫酸钠简称 AES，分子式如下：

$$RO—[CH_2CH_2O]_n—SO_3Na$$

脂肪醇聚氧乙烯醚硫酸钠由于分子中连有聚乙二醇链，所以其溶解性和起泡性均优于脂肪醇硫酸酯盐。脂肪醇聚氧乙烯醚硫酸钠性能较温和，抗电解质和耐硬水性更好，具有良好的增溶性。由于黏度较高，脂肪醇聚氧乙烯醚硫酸钠适用于在化妆品工业中制造洗发香波。

(3) 脂肪胺聚氧乙烯硫酸钠。脂肪胺聚氧乙烯硫酸钠的代表产品为 Lipotol SK，化学结构式如下：

$$R—N\begin{cases} (CH_2CH_2O)_nH \\ (CH_2CH_2O)_nSO_3Na \end{cases}$$

Lipotol SK 具有良好的去污力，适合用作丝绸、锦纶织物印染后的净洗剂。

4.2.1.4 磷酸酯盐

磷酸酯表面活性剂有单酯盐或双酯盐两种结构，如下式：

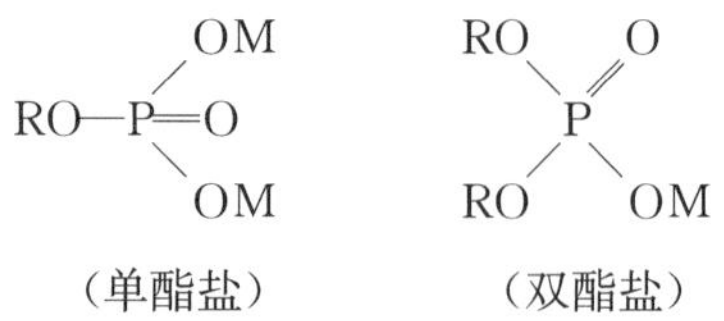

$$RO-P(=O)(OM)_2$$

（单酯盐）

$$(RO)_2P(=O)OM$$

（双酯盐）

其中 R 为 C_{12}～C_{18}的长碳链烷基，M 为钠、钾、乙醇胺等。通常由高级醇与五氧化二磷酯化、中和制得。产物为单酯和双酯的混合物，呈白色或浅黄色黏稠状液体，易溶于水。此类表面活性剂耐硬水性好，具有优异的抗静电性能。

4.2.2 阳离子表面活性剂

阳离子表面活性剂的亲水基可以含氮、磷或硫，但目前工业上具有实际意义的主要是含氮类。在含氮的阳离子表面活性剂中，按氮原子在分子结构中的位置又可分为胺盐、季铵盐、氮苯和咪唑啉四类，其中以季铵盐类用途最广，其次是胺盐类。

阳离子表面活性剂与非离子和两性表面活性剂相容。由于带有正电荷，可以很强地吸附在大多数固体的表面（因固体表面通常带有负电荷）而赋予特殊的性能。除可做纤维用柔软剂、抗静电剂、防水剂和染色助剂外，还可用作杀菌剂和特殊乳化剂等。缺点是大多数与阴离子表面活性剂不相容，且价格较贵。

4.2.2.1 胺盐型阳离子表面活性剂

按氮原子上的有机取代基的个数，胺盐可分为伯胺盐、仲胺盐和叔胺盐三种，它们在性质上比较接近，且往往混合在一起，所以统称胺盐型阳离子表面活性剂。按化学结构可分为以下几种：

（1）烷基胺盐型阳离子表面活性剂。伯胺、仲胺、叔胺分别与盐酸中和形成相应的伯胺盐酸盐（$RNH_2 \cdot HCl$）、仲胺盐酸盐（$R_2NH \cdot HCl$）和叔胺盐酸盐（$R_3N \cdot HCl$）。其中胺类有十二烷基胺和十八烷基胺，这类表面活性剂可用作纤维柔软剂、匀染剂、乳化剂等。

（2）氨基醇脂肪酸衍生物型阳离子表面活性剂。硬脂酸与三乙醇胺加热缩合成三乙醇胺硬脂酸酯，再以甲酸或醋酸中和制得氨基醇脂肪酸衍生物型阳离子表面活性剂，分子中含酯键。如沙罗明 A，结构式如下：

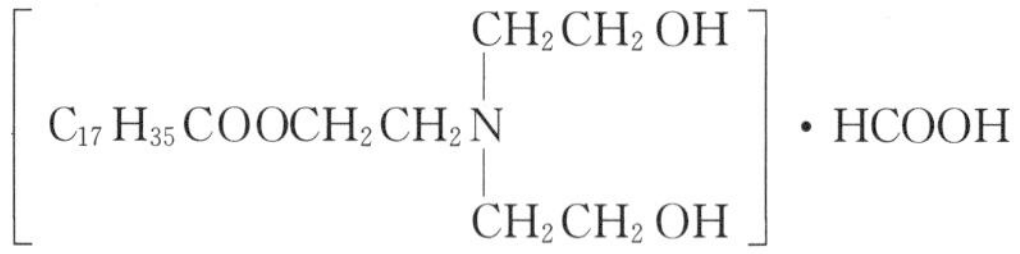

$$\left[C_{17}H_{35}COOCH_2CH_2N \begin{matrix} CH_2CH_2OH \\ | \\ \\ | \\ CH_2CH_2OH \end{matrix} \right] \cdot HCOOH$$

此类表面活性剂由于原料便宜、制造简单和性能良好，所以是阳离子表面活性剂中用途较广的产品。主要用作纤维柔软剂和匀染剂。

（3）多胺脂肪酸衍生物型阳离子表面活性剂。这类表面活性剂以色派明 A（Sapamine A）为代表，由硬脂酸与 N，N-二乙基乙二胺加热缩合，再与乙酸作用制得，分子中含酰胺键。主要用作纤维柔软剂。

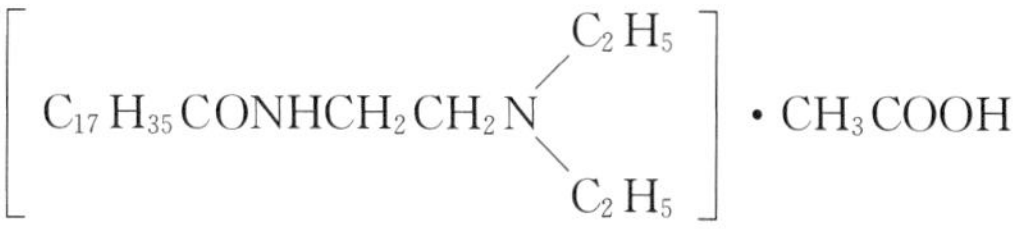

$$\left[C_{17}H_{35}CONHCH_2CH_2N\begin{matrix} C_2H_5 \\ C_2H_5 \end{matrix} \right] \cdot CH_3COOH$$

（4）咪唑啉型阳离子表面活性剂。N-羟乙基乙二胺或多亚乙基多胺类与脂肪酸在200～250 ℃下进行反应，即可制得咪唑啉衍生物，再以盐酸中和得咪唑啉型阳离子表面活性剂，可用作纤维柔软剂。典型代表的分子结构式如下：

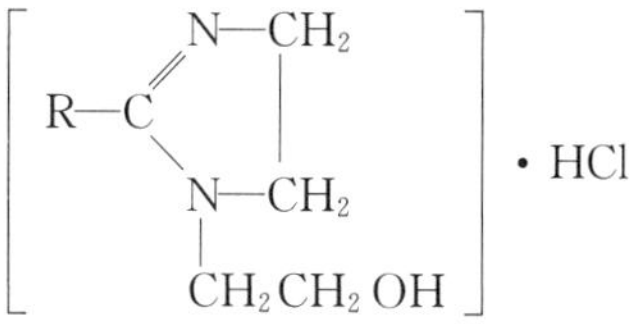

$$\left[R-C\begin{matrix} =N-CH_2 \\ | \qquad | \\ -N-CH_2 \\ | \\ CH_2CH_2OH \end{matrix} \right] \cdot HCl$$

4.2.2.2　**季铵盐型阳离子表面活性剂**

季铵盐型阳离子表面活性剂的结构通式如下：

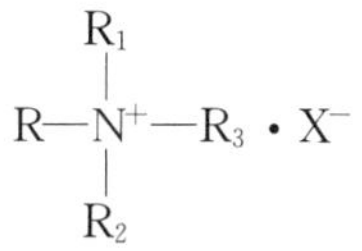

$$R-\overset{\overset{R_1}{|}}{\underset{\underset{R_2}{|}}{N^+}}-R_3 \cdot X^-$$

其中：R为C_{12}～C_{18}长链烷基；R_1，R_2，R_3为甲基、乙基、苄基等；X为氯、溴或其他负离子基团。通常用叔胺与烷基化剂反应制得。所用的烷基化剂有氯甲烷、苄基氯等卤代烷，硫酸二甲酯等硫酸二烷酯，环氧乙烷等环氧化物，对甲苯磺酸甲酯等磺酸酯。

季铵盐阳离子表面活性剂性质稳定，既耐酸又耐碱。可用作纤维的抗静电剂、柔软剂、缓染剂和固色剂等，也可用作杀菌消毒剂和护发剂等。

季铵盐型阳离子表面活性剂主要有烷基三甲基铵盐型、二烷基二甲基铵盐型、烷基二甲基苄基铵盐型、吡啶季铵盐型等。

例如：十二烷基二甲基苄基氯化铵，易溶于水，呈透明状，浓度为万分之几即有杀菌消毒能力，对皮肤无刺激，无毒性，对金属不腐蚀，即使在沸水中亦稳定，结构式如下：

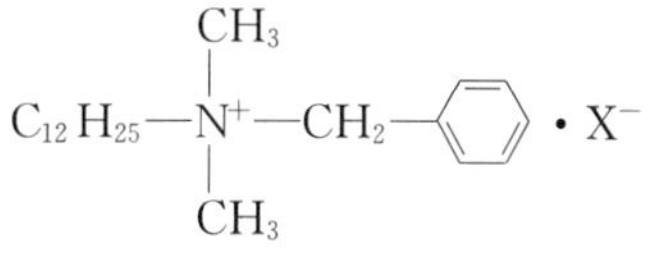

$$C_{12}H_{25}-\overset{\overset{CH_3}{|}}{\underset{\underset{CH_3}{|}}{N^+}}-CH_2-C_6H_5 \cdot X^-$$

又如：油酸与N，N-二乙基乙二胺加热缩合，再用苄基氯季铵化，便制得色派明BCH（Sapamine BCH），用作纤维的柔软剂等，结构式如下：

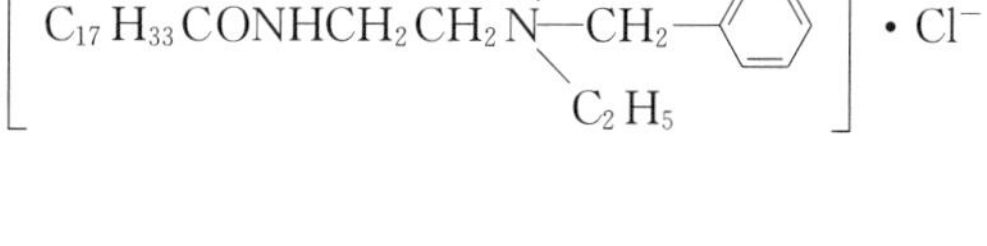

$$\left[C_{17}H_{33}CONHCH_2CH_2\overset{+}{N}\begin{matrix} C_2H_5 \\ -CH_2-C_6H_5 \\ C_2H_5 \end{matrix} \right] \cdot Cl^-$$

4.2.3 两性表面活性剂

两性表面活性剂通常指兼有阴离子性和阳离子性亲水基的表面活性剂，在酸性溶液中呈阳离子性，在碱性溶液中呈阴离子性，而在中性溶液中有类似非离子表面活性剂的性质。

其阳离子部分可以是胺盐、季铵盐或咪唑啉类，阴离子部分则为羧酸盐、硫酸酯盐、磺酸盐或磷酸酯盐。

两性表面活性剂易溶于水，溶于较浓的酸、碱溶液和无机盐溶液中，与各类其他的表面活性剂相容性好，可吸附在带有负电荷或正电荷的表面而不会形成疏水膜。两性表面活性剂具有良好的润湿、起泡、洗涤和乳化、分散作用。具有良好的杀菌作用，毒性小，比其他表面活性剂对皮肤和眼睛的刺激小，耐硬水性和耐热性也良好。因此，可作为安全性高的香波用起泡剂、护发剂、纤维的柔软剂、抗静电剂、杀菌剂等。缺点是不溶于大多数有机溶剂，包括乙醇；价格高于阴离子和阳离子表面活性剂。

两性表面活性剂可分为氨基酸型、甜菜碱型、咪唑啉型和氧化胺型等。

4.2.3.1 氨基酸型两性表面活性剂

氨基酸型两性表面活性剂是一种在一个分子中具有胺盐型的阳离子部分和羧酸型的阴离子部分的表面活性剂。现在使用的氨基酸型两性表面活性剂主要是丙氨酸型和甘氨酸型两类。

代表性产品如十二烷基氨基丙酸钠 $C_{12}H_{25}NHCH_2CH_2COONa$。这类表面活性剂具有良好的去污力、起泡力，对皮肤刺激性小，易溶于水。在微酸性等电点（pH4 左右）时，溶解度最小，去污力差，在偏碱性（pH 为 8.2）时去污力强。又如：

$$C_{12}H_{25}N\begin{cases}CH_2COONa\\CH_2COONa\end{cases}\qquad C_8H_{17}NHCH_2CH_2\underset{\displaystyle CH_2COOH}{\underset{|}{N}}CH_2CH_2NHC_8H_{17}$$

这类表面活性剂性质温和，刺激性和毒性小，杀菌力强，为广谱性杀菌剂，可用于家庭、食品工业、发酵工业和乳制品业中，也可用作特殊洗涤剂。

4.2.3.2 甜菜碱型两性表面活性剂

甜菜碱是一种在分子内以季铵盐基为阳离子部分、以羧基为阴离子部分的两性表面活性剂，其中最有代表性的结构通式如下：

$$R—\underset{\underset{\displaystyle R_2}{|}}{\overset{\overset{\displaystyle R_1}{|}}{N^+}}—CH_2COO^-$$

上式中：R 为 C_{12}～C_{18} 的长链烷基，R_1、R_2 可为甲基或羟乙基。如碳原子数为 12 的十二烷基二甲基甜菜碱易溶于水(在等电点时仍有较好的溶解性),具有良好的起泡和洗涤性,对皮肤的刺激性小,耐硬水,可用作香波起泡剂,也可用作染色助剂。碳原子数为 18 的十八烷基二甲基甜菜碱有柔软、润滑、抗静电性能,可用作纤维的柔软剂和润滑剂,提高手感性能,也可用作护发剂和家庭用柔软剂的成分。

又如,以十二烷基二羟乙基叔胺与卤代乙酸盐进行反应,可制得十二烷基二羟乙基甜菜碱,在纺织工业中用作缩绒剂、染色助剂、柔软剂、抗静电剂和洗涤剂,结构式如下:

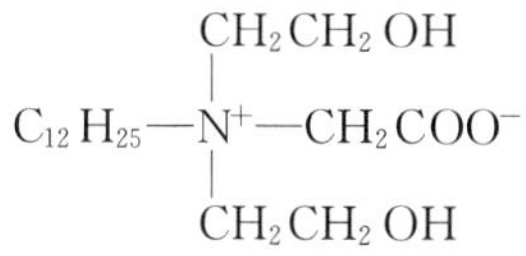

$$C_{12}H_{25}-\overset{\overset{\displaystyle CH_2CH_2OH}{|}}{\underset{\underset{\displaystyle CH_2CH_2OH}{|}}{N^+}}-CH_2COO^-$$

4.2.3.3 咪唑啉型两性表面活性剂

咪唑啉型两性表面活性剂的结构式如下:

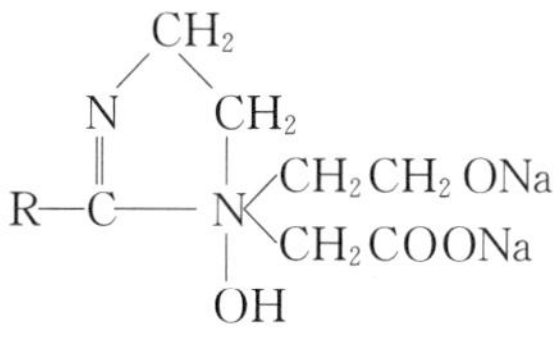

$$R-C\begin{matrix} N=\!\!=\!\! \\ \end{matrix}\!\!\!\!\! \quad \text{(imidazoline ring: } N, CH_2, CH_2\text{)}\ N(OH)\begin{cases}CH_2CH_2ONa\\ CH_2COONa\end{cases} \quad \text{或} \quad R-C\ (\text{ring: } HO-N, CH_2, CH_2)\ N-CH_2COONa$$

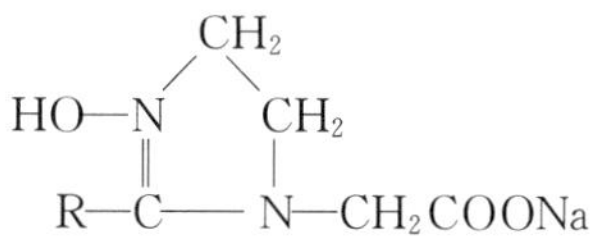

上式中:R 可以是 $C_{11}H_{23}$—、$C_{17}H_{35}$—等。

咪唑啉型两性表面活性剂对酸碱稳定,耐硬水和电解质,性质温和,对皮肤和眼睛的刺激小,有良好的起泡力,广泛用于婴儿用香波和低刺激性香波中,也可用作纤维的柔软剂和抗静电剂,是生丝浸泡助剂中的重要成分。咪唑啉型两性表面活性剂的生物降解性好,是一种环保型助剂。

4.2.4 非离子表面活性剂

非离子表面活性剂溶于水时不发生离解,而是以分子状态形式存在,其亲水基团主要由一定数量的含氧基团(如羟基、聚氧乙烯)构成,羟基和醚键的亲水性弱。为了使分子具有足够的亲水性,通常要求分子内含较多数量的羟基或醚键。

非离子表面活性剂在水溶液中不是以离子状态存在,因此,稳定性高,不易受强电解质影响,也不易受酸、碱的影响,与其他表面活性剂的相容性好,在各种溶剂中溶解性均较好,在固体表面上亦不发生强烈吸附。

非离子表面活性剂大多为液态或浆状物质,具有良好的洗涤、分散、乳化、增溶、润湿、发泡、抗静电、杀菌和保护胶体等多种性能,广泛地应用于纺织工业、造纸工业、洗涤工业等。按亲水基可以分为聚乙二醇型和多元醇型两大类。

4.2.4.1 聚乙二醇型非离子表面活性剂

聚乙二醇型非离子表面活性剂是用具有活泼氢原子的疏水性原料(如高级脂肪醇或脂肪酸、烷基酚等),在酸或碱催化剂作用下与环氧乙烷起加成反应制得。环氧乙烷加成量愈多，亲水性愈大，因此，实际生产中往往根据使用要求调整疏水性原料和环氧乙烷的加成摩尔数。

非离子表面活性剂中的聚氧乙烯链在无水状态时为锯齿形，而溶于水后则呈曲折型，见图 4-5。曲折型的分子链中疏水的—CH_2—蜷缩在里面，而亲水的醚键氧原子都置于链的外侧，有利于氧原子与水分子通过氢键结合，这也是此类表面活性剂具有水溶性的内在原因。但是醚键氧原子与水分子的氢键作用是微弱的，随着温度的上升，结合的水分子由于热运动而逐渐脱离，因而亲水性逐渐降低，溶解度减小，当达到一定温度时则不溶于水，以致原来透明的溶液变成混浊的乳状液。当再冷却时，又恢复为透明溶液。非离子表面活性剂溶液在缓慢改变温度时，由透明变混浊或由混浊变透明的平均温度称为“浊点”，这是反映聚乙二醇型非离子表面活性剂亲水性的一个特征常数，也是表示其使用温度范围的重要指标。随着环氧乙烷加成摩尔数增多，表面活性剂的亲水性提高，浊点升高。

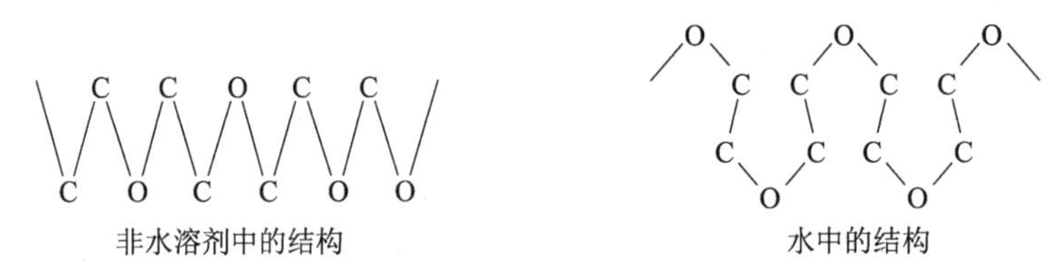

图 4-5　聚氧乙烯链在不同状态下的结构

根据疏水基的种类可分为长链脂肪醇聚氧乙烯醚、烷基酚聚氧乙烯醚、脂肪酸聚氧乙烯酯、聚氧乙烯烷基胺、聚氧乙烯烷基酰胺等。

(1) 长链脂肪醇聚氧乙烯醚。由长链脂肪醇与环氧乙烷加成制得，反应式如下：

$$ROH + n\underset{\diagdown O \diagup}{CH_2—CH_2} \xrightarrow[\text{催化剂}]{NaOH} RO\text{—}(CH_2CH_2O)_n\text{—}H$$

常用的长链脂肪醇有月桂醇、油醇、棕榈醇、硬脂醇、环己醇、萜烯醇等。

这类表面活性剂是非离子表面活性剂的代表产品(平平加 O 型)，产量大、品种多，应用面广。采用不同规格的脂肪醇，加成不同摩尔数的环氧乙烷可以制得不同性能的产品。一般而言，随着疏水链长的增加(从 C_8 增至 C_{16})，洗涤性提高。以 C_{12}～C_{16} 长链烷基配合 6～9 个环氧乙烷分子，洗涤性最好，而 C_8～C_{12} 长链烷基配合 6～9 个环氧乙烷分子，润湿性最佳，如渗透剂 JFC 的 R 为 C_8～C_{10} 的烃基，n=6～7。当氧乙烯链低于 5 个或高于 11 个时，洗涤性和润湿性都减弱，而乳化分散性增加。如平平加 O 的 R 为 C_{16}～C_{18} 的烃基，n=15～22。

这类表面活性剂稳定性高，耐强酸和强碱，生物降解性和水溶性均较好，具有良好的乳化、润湿、渗透、分散和增溶的能力。在纺织行业广泛用作渗透剂、乳化剂、匀染剂，也常用于洗涤剂、洗发香波、浴用香波中。

(2) 烷基酚聚氧乙烯醚。由烷基酚与环氧乙烷起加成反应制得(OP 型)，结构通式如下：

$$R-\langle\bigcirc\rangle-O-(CH_2CH_2O)_n H$$

常用的酚有辛基酚、壬基酚、十二烷基酚等，$n=4\sim10$。烷基酚聚氧乙烯醚的化学稳定性高，即使在高温下也不易被强酸、强碱破坏。常用于乳化、分散。但因其生物降解性差，用量呈逐渐减少的趋势，已被许多国家禁用。

(3) 脂肪酸聚氧乙烯酯。由脂肪酸与环氧乙烷加成反应制得，结构式如下：

$$RCOO-(CH_2CH_2O)_n H$$

这种表面活性剂的渗透性、洗涤性比脂肪醇和烷基酚的聚氧乙烯醚类差，还易受酸、碱溶液水解成脂肪酸和聚乙二醇而失去洗涤性能。在纺织工业中主要用作柔软剂、纤维油剂、乳化剂、分散剂和染色助剂等，在生丝浸泡助剂中也有使用，可提高生丝的柔软性和抱合力。

(4) 聚氧乙烯烷基胺。由烷基胺与环氧乙烷起加成反应可生成两种反应产物：

$$R-NH-(CH_2CH_2O)_n H \quad \text{和} \quad R-N\begin{matrix} \diagup (CH_2CH_2O)_x H \\ \diagdown (CH_2CH_2O)_y H \end{matrix}$$

由于聚氧乙烯烷基胺具有有机胺的结构，故同时具有非离子和阳离子表面活性剂的一些特性，如耐酸不耐碱，具有杀菌性能等。当环氧乙烷加成数多时，其非离子性增大，在碱性溶液中不析出，即在碱性溶液中也能表现出良好的活性，而且表现出与阴离子表面活性剂的相容性。可用作匀染剂，也常用于人造丝生产，以增强再生纤维素长丝的强度，并保持喷丝孔的清洁，防止杂质沉积。

(5) 聚醚类。代表性的聚醚类产品为美国 Wyandott 公司开发的 Pluronic 型表面活性剂，其分子结构式如下：

$$HO-(CH_2CH_2O)_a-(CH_2\underset{\displaystyle CH_3}{\overset{}{C}}HO)_b-(CH_2CH_2O)_c-H$$

$(CH_2\overset{CH_3}{C}HO)_b$ 是聚氧丙烯段，在分子中呈现疏水性质；$(CH_2CH_2O)_a$ 和 $(CH_2CH_2O)_c$ 是聚氧乙烯段，在分子中呈现亲水性质；a、b、c 代表氧乙烯基或氧丙烯数目，改变数目可以得到一系列亲水性不同的产物。氧乙烯基含量较低时作为低泡润湿剂，量高时用作分散剂。

聚醚的相对分子质量可达数千以上，显著地高于普通表面活性剂的相对分子质量(一般为几百)，因此也可将其归属于高分子表面活性剂中。聚醚具有独特的性能，一般不吸湿，在冷水中的溶解性比在热水中好，聚醚的毒性和起泡力均较低，有良好的去污力、分散力和强乳化力，可用作低泡洗涤剂、乳化剂、消泡剂以及匀染剂、抗静电剂。聚醚类非离子表面活性剂价格较高，但在一些特殊领域有更广泛应用。

4.2.4.2 多元醇型非离子表面活性剂

多元醇型非离子表面活性剂是由含多个羟基的多元醇与脂肪酸进行酯化反应而成。这些酯类与环氧乙烷加成后的产物也归为此类。

这类非离子表面活性剂的亲水性来自多元醇的羟基，其亲水性小，亲油性大，多数具有自乳化性。当其与环氧乙烷加成后，具有亲水性，亲水性大小取决于聚氧乙烯链长短。

多元醇型非离子表面活性剂安全性高，对皮肤刺激性极小，故广泛用于纤维工业中的纤维油剂成分，医药、化妆品和食品等工业的乳化剂、分散剂。

按多元醇的种类可分为甘油脂肪酸酯、季戊四醇脂肪酸酯、山梨醇脂肪酸酯、失水山梨醇脂肪酸酯等。

(1) 甘油脂肪酸酯和季戊四醇脂肪酸酯。甘油或季戊四醇与月桂酸或棕榈酸等脂肪酸进行酯化反应，即可生成相应的酯，如：

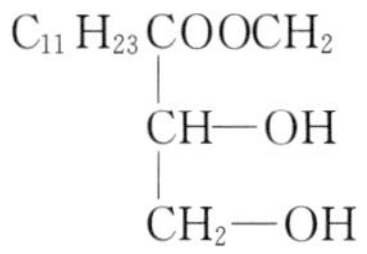

$$\begin{array}{l} C_{11}H_{23}COOCH_2 \\ \qquad\quad\;\; | \\ \qquad\quad\; CH-OH \\ \qquad\quad\;\; | \\ \qquad\quad\; CH_2-OH \end{array}$$

甘油月桂酸单酯

$$\begin{array}{c} \qquad\qquad\qquad\qquad\quad CH_2-OH \\ \qquad\qquad\qquad\qquad\quad | \\ C_{15}H_{31}COOCH_2-C-CH_2OH \\ \qquad\qquad\qquad\qquad\quad | \\ \qquad\qquad\qquad\qquad\quad CH_2-OH \end{array}$$

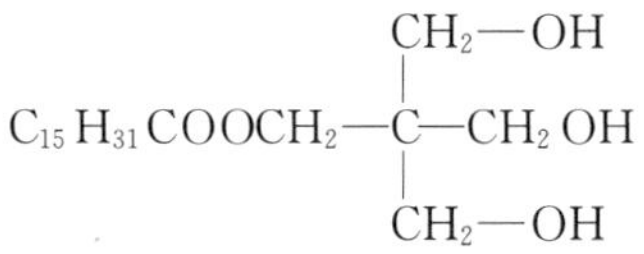

季戊四醇棕榈酸单酯

工业上也常采用油脂与甘油进行酯交换的方法来制备这类表面活性剂。一般产物都是混合酯，除单酯外还含有双酯和三酯。

甘油月桂酸单酯、甘油硬脂酸单酯和季戊四醇硬脂酸酯等具有良好的乳化性能，广泛用作纤维油剂。

(2) 山梨醇脂肪酸酯、失水山梨醇脂肪酸酯和聚氧乙烯失水山梨醇脂肪酸酯。山梨醇月桂酸单酯和失水山梨醇月桂酸单酯是此类酯的代表性产品，化学结构式如下：

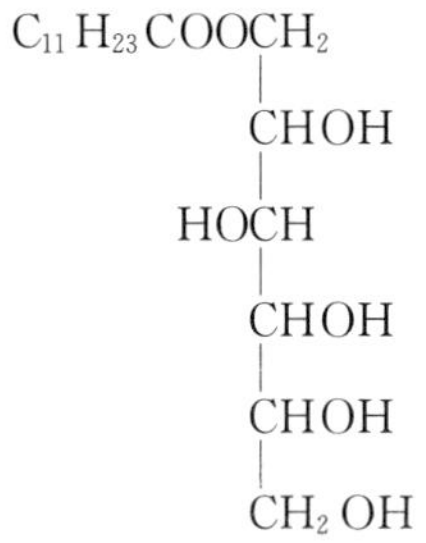

$$\begin{array}{l} C_{11}H_{23}COOCH_2 \\ \qquad\qquad\;\; | \\ \qquad\qquad CHOH \\ \qquad\qquad\;\; | \\ \qquad\quad HOCH \\ \qquad\qquad\;\; | \\ \qquad\qquad CHOH \\ \qquad\qquad\;\; | \\ \qquad\qquad CHOH \\ \qquad\qquad\;\; | \\ \qquad\qquad CH_2OH \end{array}$$

山梨醇月桂酸单酯

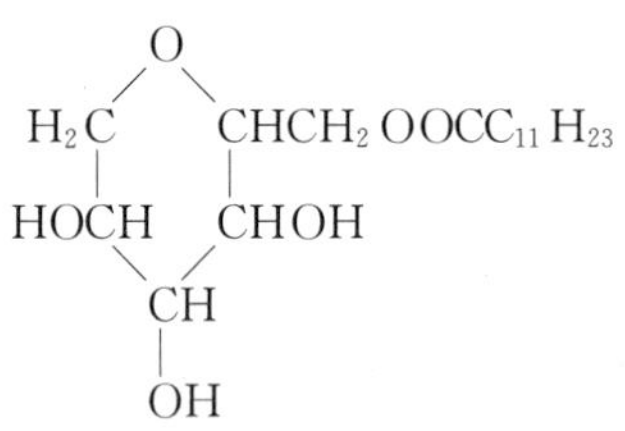

$$\begin{array}{ccc} & O & \\ & / \quad \backslash & \\ H_2C & & CHCH_2OOCC_{11}H_{23} \\ | & & | \\ HOCH & & CHOH \\ & \backslash \quad / & \\ & CH & \\ & | & \\ & OH & \end{array}$$

失水山梨醇月桂酸单酯

山梨醇月桂酸单酯不适合做乳化剂，适合做纤维柔软剂；失水山梨醇月桂酸单酯为油状物，溶于有机溶剂，适合做纤维油剂和乳化剂，但很少单独使用，一般与其他表面活性剂复配使用。

失水山梨醇脂肪酸酯商品名称为斯潘(Span)，失水山梨醇月桂酸单酯商品名称为斯潘20(Span 20)。为了增加亲水性，将失水山梨醇脂肪酸酯与环氧乙烷进行加成反应，则得到聚氧乙烯失水山梨醇脂肪酸酯，其商品名称为吐温(Tween)，反应式如下：

$$
\begin{array}{l}
\text{(斯潘型)}\ H_2C\overset{O}{\frown}CHCH_2OOCR,\ HOCH{-}CHOH,\ CH{-}OH \;+\; n\,\underset{O}{CH_2{-}CH_2} \longrightarrow \\
\text{(吐温型)}\ H_2C\overset{O}{\frown}CHCH_2OOCR,\ HOCH{-}CH{-}O{+}CH_2CH_2O{)_n}H,\ CH{-}OH
\end{array}
$$

（斯潘型）　　　　　　　　　　　　（吐温型）

聚氧乙烯失水山梨醇脂肪酸酯中，所用的脂肪酸种类和所加成环氧乙烷的数目不同可得到不同的品种，见表4-2。

表4-2　部分吐温系列产品

吐温系列产品名称	脂肪酸种类	环氧乙烷数目
吐温20	单月桂酸	21～22
吐温40	单棕榈酸	18～22
吐温60	单硬脂酸	18～22
吐温80	单油酸	21～26
吐温85	三油酸	22

吐温型的亲水性远远大于斯潘型，其亲水性的大小取决于氧乙烯的数目。具有乳化、增溶、润湿、分散、柔软、抗静电等性能，广泛用于纤维油剂的成分和纤维的柔软剂及抗静电剂等，也用作化妆品和药品中的乳化剂。

4.2.5　高分子表面活性剂

表面活性剂的相对分子质量一般为几百至几千。相对分子质量在数千以上（一般为10^3～10^6）并具有表面活性的物质，称为高分子表面活性剂。

高分子表面活性剂根据来源可分为天然、改性和合成三类。

4.2.5.1　天然高分子表面活性剂

动物和植物的组织中含有各种天然高分子表面活性物质，以维持其新陈代谢，保持各组织中的水分等。

（1）褐藻酸、褐藻酸钠。褐藻酸钠是由褐藻酸凝胶与碳酸钠起中和反应获得的钠盐，为浅黄色或乳白色粉末，具有强亲水性，在冷水和温水中都能溶解，形成非常黏稠的均匀溶液，具有很强的保护胶体作用和对油脂的强乳化作用。

（2）果胶。果胶是一类多糖类物质，常以柚子、柑橘类果实的果皮为原料制得。

果胶的相对分子质量大约为5×10^4～1.8×10^5，为白色至黄褐色粉末。可广泛用于纺织、造纸和食品工业，主要用作胶凝剂、增稠剂、乳化剂和稳定剂。

4.2.5.2　改性高分子表面活性剂

羧甲基纤维素（简称CMC）是将纤维素葡萄糖残基中的羟基被羧甲基醚化而成的产物，

无毒性，对皮肤无刺激性，常用作黏合剂、分散剂和增稠剂等。

甲基纤维素与乙基纤维素均属于此类改性高分子表面活性剂，具有较大的表面活性和保护胶体的性能，常用作黏合剂、分散剂和增稠剂。

4.2.5.3 合成高分子表面活性剂

合成高分子表面活性剂中，除聚醚外，还有高分子烷基聚氧乙烯醚硫酸盐；丙烯酸共聚物、顺丁烯二酸共聚物等。

（1）高分子烷基聚氧乙烯醚硫酸盐。将对烷基苯酚与甲醛缩合的线性高分子，与环氧乙烷反应，再硫酸化，即可得到高分子烷基聚氧乙烯醚硫酸盐，属于阴离子性高分子表面活性剂。例如：

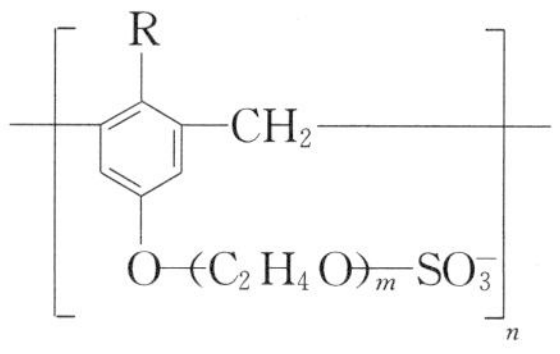

$$\left[\text{(R)C}_6\text{H}_2\text{—CH}_2 \text{—} \;\; \text{O}\text{—}(\text{C}_2\text{H}_4\text{O})_m\text{—SO}_3^- \right]_n$$

（2）丙烯酸共聚物、顺丁烯二酸共聚物。这两种表面活性剂均属阴离子型高分子表面活性剂。它们在水中溶解时，随 pH 值不同，其离解状态也不同，溶解度和溶液的黏度也有变化。例如，pH 值小时，由于羧基离解不充分，在水中溶解性变差，所以其分子是卷曲的；pH 值大时，离解性好，阴离子之间的排斥力增高，分子体积变大，黏度升高；pH 值更大时，如在碱性条件下，聚合体的阴离子吸引聚集阳离子，导致阴离子之间的排斥力减少，分子发生卷曲收缩，黏度降低。

浓度不同，起分散作用的能力也不相同。浓度低时，高分子表面活性剂的分子吸附在两个粒子上，将两粒子联结在一起，而导致凝聚作用；浓度高时，高分子表面活性剂分子包围住粒子，可防止粒子间凝聚，起分散作用。

对于疏水性固体粒子在水中分散时，使用阴离子高分子表面活性剂做分散剂最有效，表面活性剂分子在固体粒子上定向吸附后，分散粒子带有电荷，形成双电层，使分散体趋于稳定。

4.2.6 特殊类型表面活性剂

特殊类型表面活性剂主要有氟表面活性剂、硅表面活性剂、含金属的有机金属表面活性剂和生物表面活性剂等。下面主要介绍前两类：

4.2.6.1 氟表面活性剂

氟表面活性剂是指烃系表面活性剂分子中烷基上的氢原子全部被氟原子所取代的化合物。这种用氟原子取代的基团称为全氟烷基。与烃系表面活性剂相同，按亲水基的结构可将氟表面活性剂分为阴离子、阳离子、两性和非离子表面活性剂四种。例如：

带有全氟聚氧丙烯链的阳离子表面活性剂：

$$C_3H_7O\text{—}(\underset{\underset{CF_3}{|}}{CF}\text{—}CF_2O)_n\text{—}\underset{\underset{CF_3}{|}}{CF}CONH(CH_2)_3N^+(C_2H_5)_2CH_3I^-$$

全氟羧酸盐和全氟磺酸盐阴离子表面活性剂：

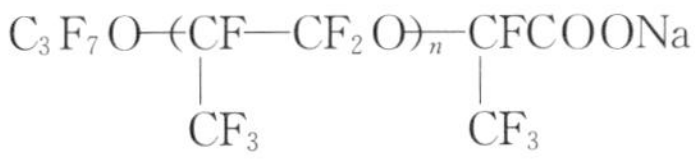

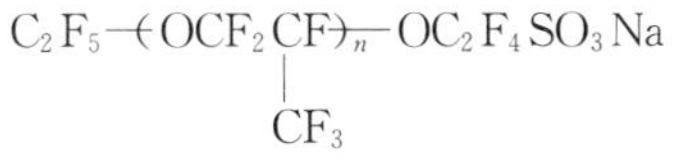

$$C_3F_7O\text{—}(\underset{\underset{CF_3}{|}}{CF}\text{—}CF_2O)_n\text{—}\underset{\underset{CF_3}{|}}{CF}COONa \qquad C_2F_5\text{—}(OCF_2\underset{\underset{CF_3}{|}}{CF})_n\text{—}OC_2F_4SO_3Na$$

与烃系表面活性剂相比，氟表面活性剂的亲水基结构没有差异，其特性主要取决于疏水基全氟烷基。它能更显著降低表面张力，既疏水又疏油，摩擦系数小，且具有较高的热稳定性和化学稳定性，可用作纺织物和纸的防水剂、防油剂和防污剂；油类火灾的灭火剂、颜料分散剂、塑料和橡胶等的表面改性剂等。

为改进氟表面活性剂水溶液的润湿性能，需将其与有良好降低水油界面张力的烃系表面活性剂加以复配使用。如将 $C_8F_{17}COONH_4$ 氟表面活性剂与 $C_{12}H_{25}N^+(CH_3)_2\cdot CH_2COO^-$ 两性表面活性剂以 1∶1 混合，它们表现出良好的协同效应，既能显著地降低水溶液的表面张力，又提高了润湿性能。

4.2.6.2　硅表面活性剂

以硅氧烷链为疏水基，聚氧乙烯链、羧基、酮基或其他极性基团为亲水基构成的表面活性剂称为硅表面活性剂。硅表面活性剂也可分离子型和非离子型表面活性剂。例如：

阴离子硅表面活性剂：

$$(C_2H_5)_3SiCH_2CH_2COONa \quad \text{(3，3，3-三乙基硅丙酸钠)}$$

非离子硅表面活性剂：

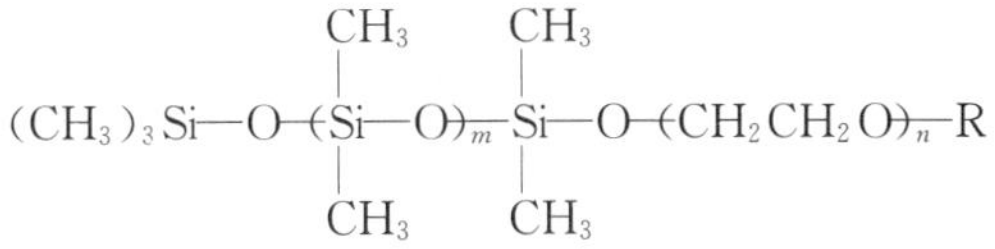

$$(CH_3)_3Si\text{—}O\text{—}(\overset{\overset{CH_3}{|}}{\underset{\underset{CH_3}{|}}{Si}}\text{—}O)_m\text{—}\overset{\overset{CH_3}{|}}{\underset{\underset{CH_3}{|}}{Si}}\text{—}O\text{—}(CH_2CH_2O)_n\text{—}R$$

硅表面活性剂降低表面张力的能力小于氟表面活性剂，而显著大于烃系表面活性剂。例如烃系表面活性剂水溶液的最低表面张力为 25 mN/m，而硅表面活性剂水溶液的表面张力可降至 20 mN/m。因此，硅表面活性剂具有极好的降低水油界面张力的性能，并有极佳的润湿能力。

硅表面活性剂可应用于许多领域，如在纤维工业中用作纤维的柔软、平滑剂或纤维和织物的防水剂。

4.3　表面活性剂的作用

表面活性剂的种类很多，不同的表面活性剂具有不同的作用。概括地说，表面活性剂具有润湿、渗透、乳化、分散、增溶、起泡、消泡、洗涤、匀染、柔软、杀菌、消除静电等作用，因此广泛应用于纺织印染、日用化工、石油工业、食品工业等领域。

4.3.1 润湿和渗透作用

4.3.1.1 润湿渗透原理

润湿是固体表面上的空气被某种液体所取代的过程。因此，润湿作用至少涉及三相，其中，一相是固体，另两相分别为气体和液体。水或水溶液是特别常见的取代气体的液体，所以润湿通常是指水或液体在固体表面上的铺展现象。

对纺织品而言，由于纤维是一种多孔性物质，具有巨大的表面积，使溶液沿着纤维迅速铺展并进入纤维的空隙，将空气取代，由原来的空气—纤维表面（即气固界面）的接触换成液体-纤维（即液固界面）表面的接触，这个过程称为润湿。所谓润湿剂是指能用来增加溶液在固体表面铺展能力的助剂。织物由无数纤维组成，纤维与纤维之间、纤维内部都存在无数的毛细管，如果液体润湿了毛细管壁，则液体能够在毛细管内上升到一定高度，从而使高出的液柱产生静压强，促使溶液渗透到纤维内部的过程称为渗透。所谓渗透剂是指能使溶液迅速而均匀地渗透至固体物质内部的助剂。在纺织、染整加工中，不但要润湿纤维和织物表面，还需要使溶液渗透到纤维空隙中，润湿渗透的好坏直接影响到染整加工产品的质量。

水或液体在固体上的润湿可用接触角（或润湿角）量度。在液体表面和固体表面的交点作液体表面的切线，切线与固体表面的夹角，称为接触角，如图 4-6 所示。

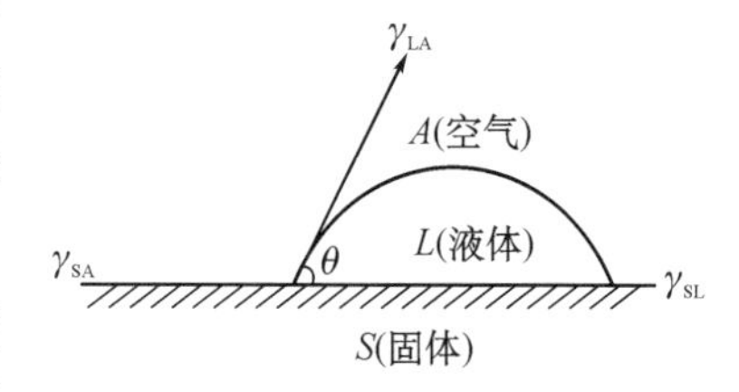

图 4-6 液体在固体上的润湿情况

θ 为液体的接触角，γ_{SA}为固体/空气界面上的界面张力，γ_{SL}为液体/固体界面上的界面张力，γ_{LA}为液体/空气界面上的表面张力。液体在固体上处于平衡状态时：

$$\gamma_{SA}=\gamma_{SL}+\gamma_{LA}\cos\theta$$

$$\cos\theta=(\gamma_{SA}-\gamma_{SL})/\gamma_{LA}$$

接触角 θ 越小（$\cos\theta$ 越大），润湿性能越好。$\theta=0°$（$\cos\theta=1$），液滴在固体表面铺平，表示完全润湿；$\theta=180°$（$\cos\theta=-1$），液滴呈球形，表示完全不润湿。

由于水有相当高的表面张力（72.8 mN/m），不易润湿固体表面。为了使水能自动对固体进行润湿，需要在水中加入表面活性剂，改变体系的界面张力。水中加入表面活性剂，不仅降低了水的表面张力 γ_{LA}，还能降低水和固体间的界面张力 γ_{SL}，结果使 $\cos\theta$ 增大，θ 减小，使水能够在固体上自行润湿。所以，表面活性剂的存在能促进润湿。

一些高分子固体和有机固体的界面张力 γ_{SA}值列于表 4-3。

表 4-3　一些高分子固体和有机固体的界面张力 γ_{SA}

固体表面	γ_{SA}(mN/m)	固体表面	γ_{SA}(mN/m)
聚四氟乙烯	18	聚酯	43
聚三氟乙烯	22	尼龙 66	46
聚乙烯	31	聚丙烯腈	44
聚苯乙烯	33	再生纤维素	44
聚乙烯醇	37	石蜡	26
聚甲基丙烯酸甲酯	39	正三十六烷	22
聚氯乙烯	39	—	—

与一般固体不同,织物由无数根纤维紧密地平行排列组成,纤维内部也存在大量的毛细管,液体润湿时会发生毛细管效应。水或液体进入毛细管产生的压强(ΔP)可由下式表示:

$$\Delta P = 2\gamma_{LA}\cos\theta/R = 2(\gamma_{SA} - \gamma_{SL})/R$$

式中:R 为毛细管半径;θ 为接触角。

由上式可知,当 $\cos\theta$ 为正值,即 $\theta<90°$时,ΔP 才能为正值,液体才能润湿毛细管。当水中加入表面活性剂时,在降低 γ_{LA}的同时会相应增加 $\cos\theta$(接触角变小),所以 $\theta>0°$时,ΔP 仅取决于($\gamma_{SA}-\gamma_{SL}$)值。水中加入表面活性剂后,γ_{SA}不变,水和固体间的界面张力 γ_{SL}则降低,ΔP 增加,所以促进了液体对毛细管的润湿,也就是促进了液体向织物内部的渗透。因此,凡是能促进液体表面润湿的物质,也能促使向织物内部渗透。从这种意义上来说,润湿剂也就是渗透剂,因此纺织染整行业在实际应用上常常把具有润湿渗透作用的表面活性剂称为润湿渗透剂或简称渗透剂。

纺织印染生产过程要求溶液将纤维中包藏的空气全部驱走,最终达到完全润湿。水难以润湿纺织品的原因,除了纤维中存在空气,主要是部分纤维本身比较疏水或者纤维表面被疏水的油脂沾污(γ_{SA}很小)。但如果水中加入润湿渗透剂,既降低了水的表面张力 γ_{LA},又降低了水和固体间的界面张力 γ_{SL},使 $\cos\theta$ 增大,θ 减小,如上所述,水就能够自行润湿纺织品。棉纤维经煮练和漂白后脱去了油脂蜡质,使 γ_{SA}增大,变得容易被水润湿。

4.3.1.2　影响润湿作用的因素

(1) 表面活性剂的分子结构。在疏水基为直链烷烃的表面活性剂中,如果亲水基在疏水基的末端,从 8 个碳原子开始,其表面活性随碳原子的增加而增加,碳原子数为 8~14 时表现出较佳的润湿性能。例如烷基硫酸酯 $R—OSO_3Na$ 的润湿性能在 C_{12}~C_{14}时为好,碳原子数的增加或减少,润湿性能均下降。直链烷基苯磺酸钠,碳原子数为 10 时润湿性能好。疏水基带有支链结构的表面活性剂润湿性能比相同碳数的直链结构好。比如 2-丁基辛基苯磺酸钠的润湿性较正十二烷基苯磺酸钠好。苯环位于烷基链的中央者,润湿力最佳,如拉开粉(二丁基萘磺酸钠)。

亲水基处于疏水基中央位置的表面活性剂具有优良的润湿性能,例如磺化琥珀酸烷基酯(渗透剂 OT)$ROOCCH_2CH(SO_3Na)COOR'$,亲水基在疏水链中央。硫酸化蓖麻油分子中,硫酸盐基团在甘油三蓖麻酸酯的中央。它们是特别好的润湿剂。亲水基位于疏水基中央或疏水基具有支链的表面活性剂均具有优良的润湿性能。这是由于它们在溶液中不利于形成胶束,更趋向于在表面层吸附,更有利于降低水溶液的表面张力所致。

当表面活性剂分子中引入第二个亲水基,一般不利于润湿作用,例如,蓖麻酸硫酸酯钠盐[$CH_3(CH_2)_7—\underset{\displaystyle OSO_3Na}{\underset{|}{C}H}(CH_2)_7COONa$]的润湿性不如仅含一个亲水基的蓖麻油硫酸酯钠盐(即太古油)。同样,在表面活性剂的疏水基和亲水基之间引入氧乙烯基团,如 $R(OC_2H_4)_nSO_4^-Na^+$,是不利于润湿的,润湿时间随着氧乙烯基团数的增加而增加。

对于聚氧乙烯型非离子表面活性剂,像脂肪醇、烷基苯酚与环氧乙烷的加成物,如 $RO(CH_2CH_2O)_nH$。当 R 为 C_8~C_{11} 的烷链,随着氧乙烯单元数 n 的增加,润湿速率提高。n 为 9 的氧乙烯加成物润湿性能最好,但 n 为 11 的氧乙烯加成物润湿性能迅速变差。

当氧乙烯单元数一定时,烷基较长则润湿性能降低。例如 6~9 分子氧乙烯的加成物,烷链从 C_8 增至 C_{12},润湿性下降。与相应的聚氧乙烯脂肪酸相比,聚氧乙烯脂肪醇和聚氧乙烯硫醇润湿性较好。

综上所述,表面活性剂分子结构与润湿渗透性的关系,概括起来有如下主要规律:

① 各类表面活性剂的同系物中,作为润湿剂的烷基碳原子数一般比作为净洗剂的碳原子数小得多。

② 具有支链烷基的表面活性剂较直链烷基的润湿性好。

③ 亲水基在分子链中央者,润湿性最好,越向分子链末端靠近的,其润湿性越差。

④ 表面活性剂引入第二个亲水基后,润湿性降低。

⑤ 非离子型聚氧乙烯类表面活性剂中,润湿性也随 EO 数增加而增大,但也有一个极限值。

⑥ 阴离子和非离子表面活性剂常用作渗透剂,阳离子和两性表面活性剂润湿性较差,很少用作渗透剂。

(2) 温度的影响。一般升高温度,有利于提高润湿性能。但温度升高时,短链表面活性剂的润湿性能不如长链。例如,25℃时 $C_{12}H_{25}OSO_3Na$ 的润湿性能比 $C_{16}H_{33}OSO_3Na$ 好,60℃时则反之,这可能是由于温度升高,长链的表面活性剂溶解度增加,其表面活性得以充分发挥,低温时长链表面活性剂的溶解度不如短链的。所以,随着水温上升,离子型表面活性剂最佳润湿的链长一般要增加。

对于聚氧乙烯型非离子表面活性剂,温度升高至接近浊点时,出现最佳润湿性能,这是由于较高温度下表面活性剂有较大的扩散速率移向界面。

(3) 其他物质的影响。在离子型表面活性剂溶液中加入适量中性盐,如 Na_2SO_4、NaCl、KCl 等可提高表面活性剂的润湿力。但阴离子表面活性剂疏水基的长度稍短才能发挥最佳的润湿性能，含有7～8个碳原子的疏水基最好。

在阴离子和非离子表面活性剂水溶液中，加入长链醇会增加它们的润湿力。如果把聚氧乙烯型非离子表面活性剂加入到某些阴离子型表面活性剂中，也会增加其润湿能力。这是由于非离子表面活性剂增加了阴离子表面活性剂的流动性。

4.3.1.3 常用润湿剂、渗透剂

润湿剂和渗透剂能促进水对纤维和织物的润湿和渗透，在纺织工业中主要用于上浆、上油、退浆、精练、丝光、漂白、染色、印花及后整理等各个工序，是应用最广泛的纺织助剂。适合作润湿剂和渗透剂的主要为一些阴离子表面活性剂和非离子表面活性剂。

阴离子表面活性剂如磺化琥珀酸烷基酯(渗透剂 T 和渗透剂 OT)、十二烷基硫酸酯钠盐、十二烷基苯磺酸钠、丁基萘磺酸钠、太古油等，其中以磺化琥珀酸辛酯钠盐即渗透剂 OT 为最佳，但要注意这类渗透剂不耐碱，不能用于棉、涤的高温煮练。

渗透剂 T 和渗透剂 OT 由于亲水基处于分子中央位置，同时疏水基烷链有支链，因而具有很高的渗透力，渗透均匀快速，润湿性、乳化性、起泡性也良好，可用于上浆、精炼、染色中的润湿渗透和还原染料的分散等。其主要缺点是不耐强酸、强碱、还原剂及重金属盐，也不耐高温。

十二烷基苯磺酸钠起泡虽高但易消失，而且耐酸耐碱，价格便宜，常用于煮练浴中作润湿剂。

非离子型表面活性剂中，作为润湿剂和渗透剂应用的主要有碳链比较短的脂肪醇环氧乙烷缩合物(如渗透剂 JFC，$C_{7\sim9}$)，以及烷基酚聚氧乙烯醚中的壬基苯酚和辛基苯酚的环氧乙烷缩合物。

渗透剂 JFC 具有良好的稳定性，能耐酸、耐碱、耐次氯酸盐、耐硬水及耐重金属盐等，能与阴离子、阳离子、非离子表面活性剂混用，具有较好的润湿、渗透、再润湿性，JFC 主要作渗透剂使用，尤其在不能用阴离子表面活性剂的场合更适合，可用于上浆、退浆、酸洗、煮练、漂白、炭化、染色和整理等各道工序中作为渗透剂。其主要缺点是不耐高温，因其浊点较低(45～50℃)。

织物在快速连续加工中，要求表面活性剂具有优异的润湿性能。为了复配所需要的润湿性，要求如琥珀酸烷基酯等阴离子表面活性剂和某些非离子表面活性剂以一定比例混合，使其更好地发挥协同和增效作用。使用磺化琥珀酸烷基酯会产生很多泡沫，抑制其泡沫的方法之一是与低起泡性非离子表面活性剂混合使用，这种混合物往往比单独使用时润湿速度快。

抑制高起泡性阴离子表面活性剂泡沫的另一种方法是采用低起泡性阴离子表面活性剂混合使用。

4.3.2 乳化和分散作用

两种互不相溶的液体，其中一相以极细的液滴均匀地分散于另一相中，形成乳状液，这种作用称为乳化作用。液滴大小对分散体系的外观有影响：一般液滴大小$<0.05\ \mu m$，则为完全透明的溶液；$0.05\sim0.1\ \mu m$ 的为灰色半透明溶液；$0.1\sim1\ \mu m$ 的为蓝白色乳状

液；>1 μm 则通常形成白色乳状液；超过几十微米则为可分辨的两相。因此乳状液中的液滴大小一般为 0.1 至几十微米。

乳状液体系中，以液珠形式存在的一相为内相，又称不连续相或分散相，另一相连成一片的称为外相，又称连续相或分散介质。大多数乳状液，一相是水溶液（称为水相），一相是与水不相溶的有机物（称为油相）。

乳状液主要分两类：油滴分散在水中的简称为水包油型（O/W），水滴分散于油中简称为油包水型（W/O）。

乳状液是高度分散的不稳定体系，原因是因为它具有巨大的界面，小液滴具有自相聚结以减小表面积的强烈趋势。为使体系稳定，必须加入起乳化、分散作用的表面活性剂，即乳化剂。要制备稳定的乳状液，选择适宜的乳化剂非常重要。

4.3.2.1 亲水亲油平衡值-HLB 值

乳化剂的选择通常以 HLB（Hydrophilic-Lipophilic Balance）值为依据。HLB 值又称亲水亲油平衡值，代表分子亲水基团和疏水基团对水溶性贡献的相对权重。HLB 值是一个相对值，规定亲油性强的油酸 HLB 值为 l，亲水性强的十二烷基硫酸钠的 HLB 值为 40，其余表面活性剂的 HLB 值与这两个分子比较而来。

表面活性剂在溶液中一系列的应用性质，如润湿、乳化、增溶、消泡、洗涤等作用都与 HLB 值有一定的对应关系，见表 4-4。

表 4-4　表面活性剂 HLB 值与应用性能之间的关系

HLB 值	1.5～3.0	3.0～6.0	8～18	11～15	8～12	13～15	15～18
用途	消泡	W/O 型乳化	O/W 型乳化	净洗	润湿	去污	增溶

实际工作中，可以参照上表选择和使用表面活性剂。不同类型的表面活性剂，其 HLB 值的计算方法有所不同。

（1）非离子表面活性剂。如聚乙二醇型和多元醇型非离子表面活性剂，其 HLB 值可以用下式计算：

$$\text{HLB 值} = (\text{亲水基部分的相对分子质量}/\text{表面活性剂的相对分子质量}) \times 100/5$$

由于石蜡没有亲水基，所以其 HLB=0，而完全是亲水基的聚乙二醇，其 HLB=20，其他非离子表面活性剂的 HLB 值在 0～20。

（2）离子型表面活性剂。由于亲水基种类繁多、亲水性大小不同，其 HLB 值的计算比非离子型表面活性剂要复杂，一般采用基值法，计算公式如下：

$$\text{HLB 值} = 7 + \sum(\text{亲水基的 HLB 基值}) + \sum(\text{亲油基的 HLB 基值})$$

把表面活性剂的结构分解为一些基团，每个基团对 HLB 值均有各自的贡献，HLB 值越大，亲水性越强。一些常见基团的 HLB 基值见表 4-5。

表 4-5　常见基团的 HLB 基值

亲水基	HLB 值	疏水基	HLB 值
$-SO_4Na$	38.7	$-CH_3$	−0.475
$-SO_3Na$	31.7	$-CH_2-$	−0.475
—COOK	21.1	$=CH_2-$	−0.475
—COONa	19.1	=CH—	−0.475
≡N	9.4	$-CF_2-$	−0.87
—COOR	2.4	$-CF_3$	−0.87
—COOH	2.1	—	—
—OH	1.9	—	—
—O—	1.3	—	—
$-CH_2CH_2O-$	0.33	—	—
$-CH_2CH_2CH_2O-$	−0.15	—	—

(3) 混合表面活性剂。若单一表面活性剂不能满足要求，可以根据 HLB 值的加和性，选择两种或多种表面活性剂复配使用。混合表面活性剂的 HLB 值可用加合的方法计算。

$$\text{HLB 值}=(W_A\times \text{HLB}_A+W_B\times \text{HLB}_B+\cdots)/(W_A+W_B+\cdots)$$

其中：W_i、HLB_i 分别为混合表面活性剂中 i 组分的质量和 HLB 值。

例如，63%的斯潘 20(HLB 值为 8.6)与 37%的吐温 20(HLB 值为 16.7)混合，其混合物的 HLB 值计算如下：

$$\text{HLB}=63\%\times 8.6+37\%\times 16.7=11.59$$

被乳化物的 HLB 值与乳化剂的 HLB 值要相近，两者的 HLB 差别越大，两者的亲和力就越差，乳化效果也就越差。但是必须注意，HLB 值只是使人们对表面活性剂的性质有了初步认识，可以作为初步选择的依据。每一个乳化体系还需要通过系统的实验确定其最为适宜的乳化剂种类和比例。

4.3.2.2　乳化剂的作用原理

表面活性剂作为乳化剂的作用主要有以下几个方面：

(1) 降低油—水界面张力，使油容易在水中分散，同时提高体系的稳定性。

(2) 阻止液滴聚结。表面活性剂加入后使内相液体吸附电离的乳化剂离子，乳化剂的亲油基伸向油相，带电的亲水基伸向水相，使液滴相互接近时产生排斥力，阻止液滴的聚结。

(3) 形成界面膜。在降低表面张力的同时，在油-水界面处发生表面活性剂的吸附，形成具有一定强度的界面膜，对分散相起保护作用，使乳液稳定。

4.3.2.3　影响乳状液稳定性的因素

(1) 界面张力。乳状液是热力学的不稳定体系，分散相有自发聚结，减少界面积，从而降低体系能量的倾向，因此降低油-水界面张力有助于体系的稳定。

(2) 界面膜的性质。低界面张力有利于形成稳定的乳状液，但并非乳状液稳定的唯一因素。例如：戊醇与水的界面张力(4.8 mN/m)较小，但不能形成稳定的乳状液；羟甲基纤维素钠盐(高分子化合物)不能有效降低油-水界面张力，但却有很高的乳化力，能使油水形成稳定的乳状液。主要是因为高分子化合物能吸附于油-水界面形成结实的界面膜，从而阻止了液滴间聚结的发生。

界面膜的强度和紧密程度是决定乳状液稳定性的重要因素，因此要注意两个方面：一是使用足量的乳化剂，保证有足够的乳化剂分子吸附于油-水界面上，形成高强度的界面膜；二是选择适宜分子结构的乳化剂，通常直链型的乳化剂分子在界面上的排列比带有支链的乳化剂更为紧密，界面膜更加致密，有利于乳状液的稳定。

(3) 界面电荷。分散相液滴表面的电荷对乳液的稳定性起十分重要的作用。大部分乳状液液滴表面都带有电荷，其来源主要有三种途径：一是使用离子型表面活性剂作为乳化剂，亲水基团伸入水相发生电离而使液滴带电，若乳化剂为阴离子型，液滴带负电荷，若乳化剂为阳离子型，则液滴带正电荷；二是使用不能电离的非离子型表面活性剂作为乳化剂时，液滴主要通过从水相中吸附离子使自身表面带电；三是液滴与分散介质发生摩擦也可以使液滴表面带电，带电性质与两相的介电常数有关，介电常数大的一相带正电荷，介电常数小的带负电荷。液滴表面带电后，在其周围会形成扩散双电层，两液滴互相靠近，由于双电层之间的相互作用阻止了液滴之间的聚结。因此，液滴表面的电荷密度越大，乳状液的稳定性也越高。

(4) 乳状液分散介质的黏度。根据 Stocks 沉降速度公式，液滴的运动速度 v 可表示如下：

$$v = 2r^2(\rho_1 - \rho_2)/9\eta$$

式中：r 为分散相液滴的半径；ρ_1、ρ_2 为分别为分散相和分散介质的密度；η 为分散介质的黏度。

可见，分散介质黏度越大，液滴布朗运动速度越慢，可减少液滴之间的相互碰撞，有利于乳状液的稳定。乳状液中加入高分子化合物或其他溶解于分散介质的增稠剂，可以提高乳液的稳定性。

(5) 固体粉末的加入。适当地加入固体粉末对乳状液能起到稳定的作用。因为固体粉末可增加界面膜的机械强度，固体粉末排列越紧密，乳状液越稳定。例如：在苯与水乳化过程中，$CaCO_3$、SiO_2 和氢氧化铁对 O/W 型乳状液有稳定作用。炭黑、松香等对 W/O 型乳状液有稳定作用。

4.3.2.4 常用的乳化剂

用作乳化剂的助剂主要有表面活性剂、高分子化合物、固体粉末等。其中表面活性剂类乳化剂以阴离子型和非离子型为主，它们主要是直链化合物(疏水基无支链)，亲水基位于疏水基末端，碳原子数一般在 12～18。例如：吐温 80 等吐温系列非离子型乳化剂，是常用的优良乳化剂，可与各类表面活性剂混合使用，尤其适合与斯潘型混用，具有很好的乳化作用及润湿、分散和柔软作用。平平加O属于聚乙二醇型非离子表面活性剂，耐酸、耐碱、耐硬水、耐高温（浊点>100℃），是一种优良的O/W型乳化剂。还有匀染、柔软平滑、润湿等作用。

能提高分散液稳定性的助剂叫分散剂，也常称扩散剂。分散剂能使固体絮凝团或液滴分散为细小的粒子，稳定悬浮于液体中。分散剂大多由阴离子表面活性剂组成，少数由非离子表面活性剂组成，也有部分高分子型表面活性剂。例如生产较早、用量较大的亚甲基萘磺酸类分散剂（分散剂N、分散剂CNF、分散剂MF等），以及酚醛缩合物磺酸盐类的分散剂SS均属于阴离子型，具有优良的分散性能；脂肪醇聚氧乙烯醚硅烷型的分散剂WA，属非离子型，分散力强，并能赋予织物抗静电性和改善手感；高分子分散剂主要有羧甲基纤维素、羟乙基纤维素、海藻酸钠、木素磺酸钠等天然产物的衍生物，以及聚乙二醇、β-萘磺酸甲醛缩合物、聚羧酸盐等。

在纺织工业，乳化剂和分散剂的应用很广。例如纺丝油剂、真丝浸泡助剂、浆液中柔软平滑剂、柔软整理剂、防水剂等乳液制品的制备，都需要靠乳化剂的作用将油脂类物质、矿物油等稳定地分散在水中。染色和后整理工序也需要应用各种乳化剂和分散剂。

4.3.3 柔软和平滑作用

柔软平滑作用是指柔软剂吸附于纤维表面，使纤维表面摩擦系数减小，从而增加纤维的柔软性和平滑性的作用。值得注意的是柔软性和平滑性是两个不同的概念，一般来讲，柔软剂主要降低纤维和纤维间静摩擦系数（μ_s），提高纤维的柔软性；而平滑剂主要以减小纤维与金属间在高速运转下的动摩擦系数（μ_d）为目的。由于两种作用不同，对助剂的结构要求也不同，比如甘油、聚乙二醇的柔软性好，但平滑性差；矿物油的平滑性好，但柔软性差。

柔软平滑剂很少是由单一化学结构的物质组成，大多是由几种组分复配形成。根据其主要成分的化学结构可分为三类，一类是表面活性剂柔软剂，一类是非表面活性剂柔软剂（其主要成分是除表面活性剂以外的对织物有柔软平滑作用的物质），这两类柔软剂吸附在织物上可起到柔软作用，但在洗涤过程中，会从织物上脱离，因此称为暂时性柔软剂。第三类为反应性柔软剂，它的分子中含有可与纤维发生化学反应的基团，可通过形成化学键而与纤维牢固地结合，因此这类柔软剂又被称为耐久性柔软剂。

4.3.3.1 表面活性剂的结构对于柔软平滑作用的影响

（1）疏水基。一般认为，疏水基具有近乎直链的脂肪族碳氢结构者具有良好的柔软平滑的作用，而带有支链的烃基或带有苯环基团的，则不适合作为柔软平滑剂。因为直链的脂肪族碳氢结构可以在纤维表面形成定向排列的、摩擦系数小的极薄的碳氢链“润滑油”层，其使纤维避免直接接触而降低摩擦，因此疏水基为直链结构的十六烷基和十八烷基都具有较好的柔软平滑性。另外，甲基聚硅氧烷中由于甲基的定向排列，也具有良好的柔软平滑作用。

（2）亲水基。表面活性剂的亲水基有阴离子、非离子、阳离子、两性离子之分。一般降低纤维静摩擦系数能力的顺序为阳离子（两性离子）>多元醇型非离子聚>阴离子>聚乙二醇型非离子(>矿物油)。因此,阳离子型表面活性剂对纤维的柔软性最佳。

反之,降低纤维动摩擦系数能力的顺序与上述正相反,即矿物油及聚乙二醇型非离子表面活性剂对纤维的平滑性最好。

4.3.3.2 常用的柔软平滑剂

纤维柔软整理用的柔软剂,大部分是阳离子型表面活性剂,与各种天然纤维、合成纤维均有较强结合力,能耐热、耐洗涤,可使织物获得优良的柔软效果和丰满、滑爽的手感,并可使合成纤维具有一定的抗静电性,缺点是对织物有泛黄现象,易使染料变色,另外,在纤维前处理时不宜使用,否则会在退浆精炼时与阴离子表面活性剂或肥皂形成“练斑”。叔胺盐、烷基季铵盐、烷基咪唑啉季铵盐都是重要的阳离子柔软剂。例如柔软剂 ES 就是性能优良的咪唑啉型阳离子柔软剂,结构式如下:

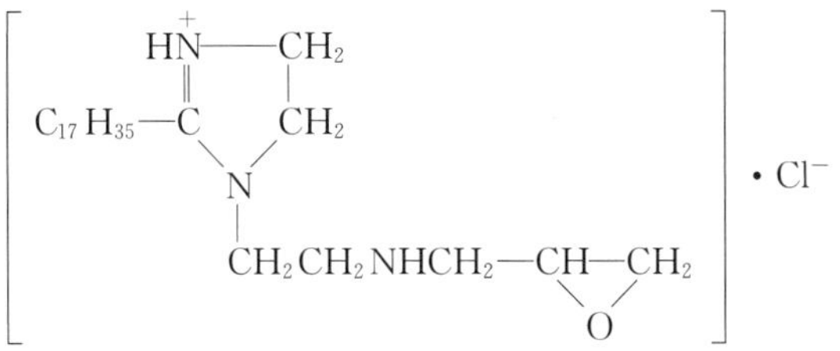

```
[        HN⁺——CH2                                  ]
          ‖      |                                  ]
C17H35—C        CH2                                 ]  · Cl⁻
          \     /                                   ]
            N                                       ]
            |                                       ]
            CH2CH2NHCH2—CH—CH2                      ]
                          \ /                       ]
                           O                        ]
```

阴离子型表面活性剂柔软剂适用于纤维前处理工序中。常用的阴离子型柔软平滑剂有蓖麻油硫酸化物、其他动植物油的硫酸化物、磺化琥珀酸酯、脂肪醇磷酸酯等;但因其在水中带有负电荷,而多数纤维在水中也带有负电荷,所以不易被纤维吸附,易被洗去,耐久性差,不适用于后整理。

非离子型表面活性剂中,柔软平滑剂 SG 是由一分子硬脂酸与六分子环氧乙烷缩合而成的聚氧乙烯酯类非离子表面活性剂,兼有渗透、柔软、平滑作用,在真丝浸渍处理时应用普遍,还能提高丝的集束性。结构式:$C_{17}H_{35}COO{-}(CH_2CH_2O)_6{-}H$。另外季戊四醇和失水山梨糖醇也是两类重要的柔软剂。

两性离子型柔软剂克服了阳离子型的泛黄和使染料色变等缺点,并可与其他离子型表面活性剂混用,同时还具有抗静电性,但价格较贵。比如柔软剂 SCM,化学名称为 N-羧甲基-N-羟基十七烷基咪唑啉钠盐。结构式如下:

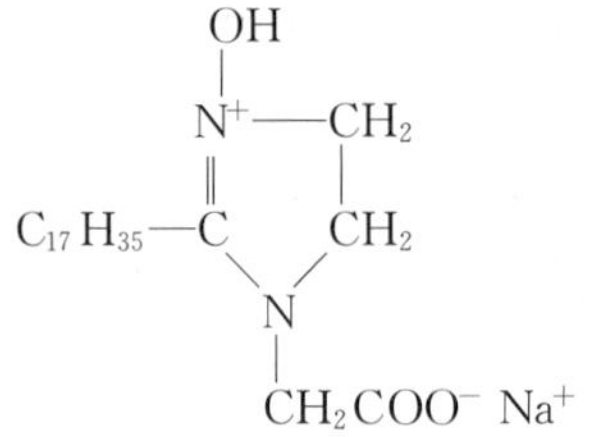

```
             OH
             |
             N⁺——CH2
            ‖      |
C17H35—C          CH2
            \     /
              N
              |
              CH2COO⁻ Na⁺
```

在高分子表面活性剂中,目前使用最多的是有机硅柔软剂。有机硅柔软剂由于不仅可使织物柔软、滑爽,而且可以赋予织物表面光泽、弹性、丰满、防皱、耐磨、防污、提高缝纫性能等特点,被广泛应用于各种天然纤维、再生纤维、合成纤维织物的柔软整理。第一代有机硅柔软剂产品是二甲基聚硅氧烷和含氢聚硅氧烷的混合物，第二代产品主要成分是含有羟基的二甲基聚硅氧烷，目前使用的是第三代产品，又称改性硅油，在硅氧烷链侧基或端基引入了氨基、酰胺基、酯基、氰基、羧基、环氧基、氟烷基等改性基团。这些改性基团，有的可与纤维上的羟基、氨基反应，使柔软剂与织物牢固结合，耐久性好，被称为反应型改性硅油，其中最主要的产品是氨基改性硅油和环氧基改性硅油。这类柔软剂必须配成乳状液使用，根据所使用乳化剂的离子性不同，分阴、阳、非离子和复合型四类。如乳液聚合时使用十六烷基三甲基氯化铵、十二烷基二甲基苄溴化铵等阳离子乳化剂可得到阳离子型乳状液柔软剂；而使用烷基酚聚氧乙烯醚作乳化剂可得到非离子型柔软剂的乳状液；离子型乳化剂与非离子型乳化剂复配则可得到复合型柔软剂。

近年来开始流行改性硅油的微粒子乳液（有机硅微乳）是对乳化剂选择及乳化工艺改进后得到的乳液聚合新产品，有机硅微乳的稳定性和使用性能比一般改性硅油更好。

4.3.4 洗涤作用

洗涤作用是表面活性剂应用最重要的基本特性之一，在纺织染整过程中的应用相当广泛，如合成纤维的去除油剂，棉布的退浆和煮练，羊毛的脱脂和洗呢，生丝的脱胶，织物染色和印花后清除未固着的染料等工序，都需要使用表面活性剂作净洗剂（洗涤剂）。

4.3.4.1 洗涤作用的基本过程

自古以来，肥皂就是一种重要的净洗剂，后来，合成洗涤剂如烷基苯磺酸钠、烷基硫酸钠以及聚氧乙烯非离子表面活性剂大量地代替了肥皂。净洗剂的作用之一是去除物品表面的污垢；作用之二是对污垢的分散、悬浮，使之不易在物品表面上再沉积。可以用下列关系式表示洗涤作用：

$$\text{物品·污垢}+\text{净洗剂}\rightleftharpoons\text{物品·净洗剂}+\text{污垢·净洗剂}$$

净洗剂与物品及污垢的结合，反映了洗涤过程的主要作用，即污垢与物品分开，脱离了物品表面，进而被分散、悬浮于水介质中，经冲洗后除去，完成了洗涤过程。上列关系式中的平衡双向箭头符号表示存在污垢再沉积于物品表面的可能性，也就是说若净洗剂性能差，则洗涤过程就不能很好完成。

污垢一般分为液体污垢（油污）和固体污垢（污粒）两类，它们的物理化学性质不同，除污机理也不相同。油污包括皮脂、矿物油、植物油等，污粒包括飞灰、尘土、皮屑、铁锈和炭黑等。油污和污粒往往混合在一起成为混合污垢。两类污垢与基质表面主要通过范德华力黏附。在水介质中，静电引力一般很弱。污垢与固体表面一般无氢键形成，但若形成后，用一般洗涤方法则难以去除。

（1）油污的去除。油污的去除主要通过卷缩机理实现。基质表面被洗涤液润湿后，原先铺展在表面的一层油膜被洗涤液作用而卷缩成油珠，最后被冲离基质表面，如图 4-7、图 4-8 所示。

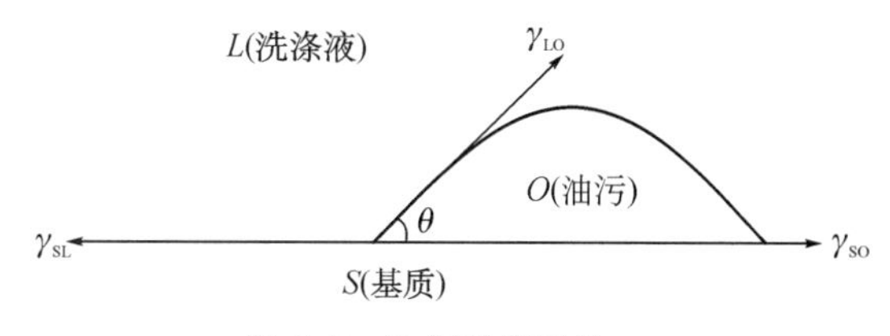

图 4-7 油污的接触角

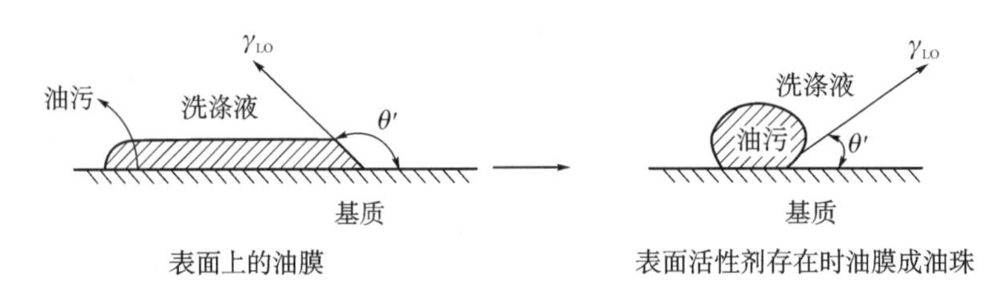

图 4-8　油污的去除

图 4-7 表示在固体基质表面上的油污的接触角为 θ(图 4-8 中,$\theta'=180°-\theta$),基质/洗涤液、油污/洗涤液、基质/油污的界面张力分别为 γ_{SL}、γ_{LO}、γ_{SO},在平衡条件下满足下列关系式:

$$\gamma_{SL}=\gamma_{SO}+\gamma_{LO}\cos\theta=\gamma_{SO}+\gamma_{LO}\cos(180°-\theta')=\gamma_{SO}-\gamma_{LO}\cos\theta'$$

$$\cos\theta'=(\gamma_{SO}-\gamma_{SL})/\gamma_{LO}$$

洗涤液中的表面活性剂能吸附在基质/洗涤液和油污/洗涤液的表面,其亲水基指向洗涤液,从而降低了 γ_{SL} 和 γ_{LO},而 γ_{SO} 不变,结果 $\cos\theta'$ 必然提高,θ' 角变小(即 θ 角增大),油污发生卷缩。当 $\theta'\to0°$ 时,$\theta\to180°$,洗涤液完全润湿渗透,使油膜卷缩成油珠除去。

当油污接触角为 $\theta=180°$ 时,洗涤液完全润湿织物表面取代油污与纤维的结合,油污自动被洗涤液置换去除;若 θ 在 90°～180°,则油污与纤维有一定的作用力,油污不会自行被洗涤液排出,但可以利用洗涤液的流动力冲走;若 θ 在 0°～90°,则油污与纤维有较强的作用力,即使有强有力的水流冲击,仍不能将油污完全去除,要除去残留的油污,需要更强的外加机械作用力和较浓的洗涤剂,通过乳化、增溶等其他机理去除。

(2) 污粒的去除。污粒的去除过程主要包括洗涤液对基质表面和污粒的润湿及洗涤剂在污粒和基质表面的吸附两个过程。首先,表面活性剂的疏水基同时吸附在污粒表面和基质表面,使污粒和基质都被洗涤液润湿、渗透而膨胀,使基质与污粒间引力削弱。当表面活性剂在基质和污粒上定向排列成单分子层(亲水基指向水,疏水基指向基质和污粒)时,再经机械搓洗,使基质上的污粒转移到水中,又因包有污粒的胶束表面带有同性电荷,使其稳定地乳化于水中,而使污粒除去。表面活性剂除去污粒如图 4-9 所示。总之,织物的洗涤作用是包括界面的吸附,界面张力的降低、增溶、乳化,以及表面电荷的形成等因素的综合效果。

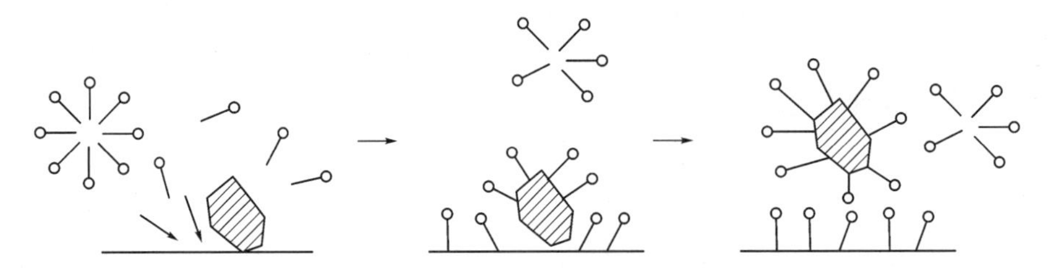

图 4-9　表面活性剂去污示意

4.3.4.2　表面活性剂的去污和织物的关系

在从涤纶、尼龙等疏水性纤维(非极性基质)上除去污垢时，非离子表面活性剂比离子型表面活性剂更为有效。

非离子表面活性剂和阴离子表面活性剂在疏水性纤维上的吸附，是通过碳氢链与碳氢链间的疏水效应实现的，表面活性剂的疏水基指向疏水性纤维，而亲水基则朝向水中，都能降低基质/水相的界面张力 γ_{SL}，促进除污。但除污效果以非离子表面活性剂为好。一方面是由于非离子表面活性剂 CMC 较低，易于形成胶束，对污垢增溶作用大；另一方面是由于非离子表面活性剂亲水基为聚氧乙烯链，空间障碍大，阻止了污垢的重新沉积。

对于较为亲水的纤维(如棉等)，阴离子表面活性剂的洗涤性优于非离子表面活性剂，而这两者又优于阳离子表面活性剂。

对于棉等纤维素基质，聚氧乙烯非离子表面活性剂通过聚氧乙烯链醚键和纤维素羟基之间进行吸附，这就导致表面活性剂的亲水基指向基质，疏水基指向水相，从而使纤维素基质更具疏水性，增加了 γ_{SL}，妨碍了污垢的除去并促进污垢的重新沉积。

这种不良的吸附取向也可以说明阳离子表面活性剂对棉的洗涤性更差的原因。由于棉纤维在中性或碱性条件下带有负电荷，阳离子表面活性剂通过带正电荷的亲水基和纤维上负电荷的静电吸引吸附在棉纤维上；吸附的表面活性剂以其疏水基指向水相。与此相反，除了相当高的表面活性剂浓度外，虽然阴离子表面活性剂不会很好地吸附在带负电荷的棉纤维上，但用带负电荷的亲水基背离同样电荷的基质而指向水相进行吸附，从而增加了基质的亲水性，降低了 γ_{SL}，促进了污垢的去除和阻止污垢的重新沉积。

因此对于污垢的去除，非极性基质用非离子表面活性剂最好，纤维素等亲水性基质用阴离子表面活性剂最好。

4.3.4.3　表面活性剂化学结构与洗涤性关系

纺织工业中使用的净洗剂，主要以阴离子型和非离子型表面活性剂为主。阳离子表面活性剂只有在织物纤维也带阳电荷的情况下使用，如在弱酸性溶液中洗涤丝和毛织物才有较好效果。两性离子型表面活性剂作为净洗剂应用更少。

表面活性剂化学结构与其洗涤性的关系相当复杂，因为受到许多因素的影响，例如不同的污垢和需要洗涤的基质、助洗剂的性质和数量、洗涤液用水的硬度和温度，不同的除污机理等，因此化学结构与其洗涤性的关系只有在这些因素被规定和控制的情况下才能成立。

(1) 表面活性剂疏水基的影响。由于表面活性剂在基质和污垢上的吸附强度及其疏水基指向吸附物的取向，对去污和防止污垢的再沉积十分重要，因此改变疏水基的长度就会改变其洗涤性。增加疏水基的长度会增加其吸附效率并增加疏水基吸附的趋势，而疏水基的支链化和亲水基处于其中央位置会降低吸附效率。因此，好的洗涤剂通常有一个长的直链疏水基和一个位于末端的亲水基。

大量研究证明，随着疏水基链长的增加(受到溶解度的限制)和亲水基从分子中部向一端移动，洗涤性得到增加。例如，C_{16} 和 C_{18} 脂肪酸皂的洗涤性，比 C_{12} 和 C_{14} 脂肪酸皂好。烷基硫酸盐和烷基苯磺酸盐系列也有同样的效果。又如脂肪酰胺烷基苯磺酸盐

$RCON(R')CH_2CH_2SO_3Na$，即胰加漂型表面活性剂作为洗涤剂时，R 以 C_{16} 较好，不饱和 R 以 C_{18} 为好。对胰加漂 T，R 为 $C_{17}H_{33}$，R' 为 CH_3，即 R 较长而 R' 较短，是性能优良的洗涤剂。

表面活性剂在洗涤液中的溶解度，使疏水基链长的增加受到了限制。特别是离子型表面活性剂，随着分子中疏水基链长的增加，在水溶液中的溶解度迅速降低，使洗涤性明显下降，溶液中存在多价阳离子时尤其如此。因此，最佳的洗涤剂是表面活性剂应有较长的直链而又以在多价阳离子存在下使用时要完全溶解为好。所以，在较大硬度的水浴中，具有末端亲水基的长链表面活性剂可能较难溶解，而亲水基处于中央部位的异构体或较短碳链的表面活性剂反而显示优良的洗涤性。

随着浴温的升高，离子型表面活性剂的溶解度随之增大，最佳洗涤的疏水链的长度也随之增加。

聚氧乙烯非离子表面活性剂，在同样数量的氧乙烯单元下增加疏水链的长度，由于降低了 CMC 而提高了去除油污的效率。随着疏水链的长度增加，洗涤性提高，并根据浴温达到最大值。但要注意，使用温度不可超过非离子表面活性剂的"浊点"。

(2) 表面活性剂亲水基的影响。离子型表面活性剂的电荷对洗涤性影响很大。由于亲水基对基质或污垢上相反电荷的静电吸引，引起表面活性剂的不良吸附取向(疏水基指向水相)，所以离子型表面活性剂不能有效地从带相反电荷的基质上除污，例如阳离子表面活性剂对带负电荷的基质，特别在碱性条件下不能除污，而阴离子表面活性剂对带正电荷的基质在酸性条件下不能除污。

对于聚氧乙烯非离子表面活性剂，亲水性聚氧乙烯链中增加氧乙烯单元数会降低对大多数物质的吸附效率，从而降低了洗涤性。例如聚氧乙烯壬基酚在 30℃以一定的摩尔浓度洗涤羊毛时，氧乙烯单元数从 9 增至 20，洗涤性下降。这与吸附情况一致，非离子表面活性剂对羊毛吸附越多，洗涤性越好。

但是，上述表面活性剂在 90℃下洗涤等规聚丙烯纤维时，随着聚氧乙烯链中氧乙烯单元数的增加，洗涤性随之增加，直至 12 个氧乙烯单元时达到最大值，然后降低。这主要与浊点有关，因为随着分子中氧乙烯单元数的增加，浊点上升，而通常在浊点附近，油污被表面活性剂胶束的增溶作用明显增大，所以洗涤性最佳。浊点低于浴温的表面活性剂会从溶液中分离出来，从而使洗涤性大大变差；而浊点高于浴温很多，由于它们在浴中溶解度很大，降低了对污垢的增溶和在污垢和织物上的吸附，洗涤性也不佳。

4.3.4.4 常用的净洗剂

最早使用具有净洗作用的表面活性剂是肥皂，在相当长时期内曾作为唯一的真丝绸精练剂，被广泛地应用。但由于制造肥皂须使用大量动、植物油脂，这些都是重要食品，再加上其不耐硬水、不耐酸、易"盐析"等缺点，所以从 18 世纪开始使用合成洗涤剂。

合成洗涤剂能耐硬水，在水中不产生游离碱，不会损伤丝、毛织物的强度；不仅能在中性或碱性溶液中使用，还可在酸性溶液中使用；洗涤过程较快，用量较少，低温也能洗涤。在纺织工业中，肥皂的用量不断减少，合成洗涤剂的使用量越来越大。

目前，用于纺织工业净洗的表面活性剂主要为阴离子型和非离子型，也有少量两性型。

棉织物烧碱煮练，一般应用硫酸盐、磺酸盐、磷酸盐阴离子表面活性剂。烷链较长的直链结构效果特别好，因为直链结构表面活性剂在结构上更似油脂和蜡质，有利于吸附。为了同时获得优良的润湿性和净洗力，目前使用的棉煮练助剂往往是阴、非离子表面活性剂的混合物。

我国在原毛洗涤中使用的表面活性剂，主要为烷基苯磺酸钠、烷基磺酸钠（如601洗涤剂）、雷米邦（613洗涤剂）等。烷醇酰胺型表面活性剂在洗涤羊毛时易被吸附，且吸附后的羊毛外观漂亮，洗后织物柔软、滑爽。

丝织物练漂中常用羧酸盐、磺酸盐类阴离子表面活性剂和酚醚、醇醚等非离子表面活性剂。如肥皂、雷米邦A、胰加漂T（209洗涤剂）、净洗剂YS（即ABS）、净洗剂LS（对甲氧基脂肪酰胺基苯磺酸钠）、平平加O（烷基聚氧乙烯醚）等。

合成纤维虽然不沾附天然污垢，但在加工过程中会带来油剂、上浆剂等污物。用于涤纶、尼龙等合纤织物清洗的表面活性剂主要为C_{12}～C_{18}疏水基上加有7～12摩尔环氧乙烷的非离子表面活性剂。

非离子表面活性剂作洗涤剂使用时，净洗力一般在偏碱性时特别显著，若呈醋酸酸性，则净洗力下降约50%。非离子表面活性剂宜与阴离子表面活性剂共用，即使在浊点以上，由于阴离子表面活性剂的加入能提高非离子表面活性剂的浊点，所以也有良好的洗涤效果。而非离子表面活性剂能提高阴离子表面活性剂的分散性和耐硬水性。

4.3.4.5 助洗剂

洗涤剂配方，除了表面活性剂，还含有大量其他物质。这些物质在洗涤过程中各有其特殊的作用，但其共同之处是提高洗涤效果，故称之为助洗剂。

一般洗涤剂中，表面活性剂占10%～30%，助洗剂占30%～80%。助洗剂中，主要是无机盐，如磷酸钠类、碳酸钠、硫酸钠及硅酸钠等，还有少量有机助洗剂，如羧甲基纤维素钠盐及烷基单乙醇酰胺等。

助洗剂的作用主要如下：

（1）螯合和沉淀多价阳离子。助洗剂可螯合和沉淀水中及基质和污垢上的多价阳离子，防止它们对洗涤的不良影响。为此，常使用聚磷酸盐，特别是三聚磷酸钠（$Na_5P_3O_{10}$），也可应用硅酸钠、碳酸钠沉淀多价阳离子。

（2）污粒的分散和悬浮。助洗剂能吸附在污粒上，增加它们的负电荷，从而增加它们之间的相互排斥。为此，带有多个负电荷的聚磷酸盐特别适用。无机盐通常能降低表面活性剂的溶解度，促进它们吸附在基质和污粒上，从而增加分散效率。

随着世界各国逐渐开始立法“禁磷”，无磷洗涤剂不断得到发展，无磷助洗剂的研究和开发也日益受到重视，目前主要使用偏硅酸钠、δ-层状结晶二硅酸钠、有机多元羧酸、丙烯酸共聚物等替代三聚磷酸钠。

（3）碱度和缓冲作用。高的pH值能增加污垢和基质的负电荷，促进洗涤，为了防止污垢和基质降低pH，而减少负电荷，需要缓冲作用。一般使用碳酸钠或硅酸钠，硅酸钠还可以防止水洗机铝质部件的腐蚀和瓷件釉面的腐蚀。

（4）防止污垢再沉积。应用低浓度（2%以下）羧甲基纤维素可以防止污垢在纤维素纤维上重新沉积。羧甲基纤维素会首先吸附在纤维上，因其具负电及空间障碍，防止污垢重新沉积。

4.3.5 起泡和消泡作用

起泡是表面活性剂的又一重要性质。啤酒、香槟、肥皂水、皂角等水溶液在搅拌下形成的泡沫称为液体泡沫，液体泡沫是气相分散在液相中形成的分散体系；面包、蛋糕、山药汁等弹性大的物质，以及饼干、泡沫水泥、泡沫塑料、泡沫玻璃等则为固体泡沫，是气相分散在固相中形成的分散体系。

决定液体泡沫稳定性的因素比较复杂，液体的表面张力是一个因素，但气泡液膜的强度、表面黏度的影响也很大。泡沫生成时体系的总表面积增大，体系的能量也相应增高；泡沫破灭时体系的总表面积减小，体系的能量也相应降低。液体的表面张力低有利于生成泡沫，这是仅就与表面张力高的液体相对而言的，即生成泡沫时，外部对其作功相对地较少。而体系由于总表面积增大，毕竟还是不稳定的，也就是说，不能保证泡沫有较好的稳定性。只有当泡沫的表面膜有一定强度、能形成多面体的泡沫时，低表面张力才有助于泡沫稳定。而高黏度溶液生成的泡沫，其液膜的黏度也必然大，液体不易流动，阻碍了液膜排液，其厚度变小的速率减慢，延缓了液膜破裂，泡沫的稳定性增高。

上述因素中影响最大的是表面膜强度这一因素。表面活性剂分子或离子在液膜上吸附得愈强烈，排列得愈紧密，液膜的强度愈高。此外，液膜上表面活性剂分子或离子排列得紧密还能使表面层下面邻近的溶液层中的液体不易流走，使液膜排液相对较困难，液膜不易变薄。另外，液膜的强度高、吸附分子排列紧密，还能减缓泡内气体透过液膜，使泡沫的稳定性增高。

起泡性能良好的表面活性剂称为起泡剂。作为起泡剂用的表面活性剂应该是长链的，链越长，膜的强度越高(以不影响水溶性为限)。疏水基中支链多的表面活性剂由于难以充分有效地定向排列，分子间作用力较直链疏水基弱，因而泡沫的稳定性差。一些阴离子表面活性剂，如脂肪酸钠、烷基苯磺酸钠、烷基硫酸钠等均具有良好的起泡能力。从起泡力看，阴离子表面活性剂的起泡力最大，聚氧乙烯醚型非离子表面活性剂次之，脂肪酸酯型非离子表面活性剂起泡力最小。因此，肥皂、十二烷基苯磺酸钠、十二烷基硫酸钠等阴离子表面活性剂适宜用作起泡剂。

在印染工艺中使用起泡剂可进行泡沫染色、泡沫印花、泡沫整理等节水节能型加工或获得特殊的印染效果。但在许多情况下，起泡和泡沫会给纺织染整生产以及日常生活带来很多麻烦。例如在印染工业，喷射染色机产生泡沫会造成织物上浮、缠结；印花浆中产生泡沫会导致印花病疵等；纺丝油剂、经纱浆液等也需要防止发泡。因此，有时需要防止泡沫的产生，可采取消泡法。

从理论上讲，消除使泡沫稳定的因素即可达到消泡目的。影响泡沫稳定的因素主要是液膜的强度，故只要设法使液膜变薄，就能起到消泡作用。因此消泡剂的要求是更容易在溶液表面铺展，同时带走临近表面的一层溶液；形成的液膜强度低，很快使液膜变薄并最终破裂，泡沫被破坏。

实际应用的消泡剂种类很多，一般可分为含硅和不含硅两大类：

(1) 含硅消泡剂：主要有硅油、硅油溶液（硅油溶于有机溶剂）、硅油乳液等。纺织工业应用的主要为硅油乳液，是由硅油、改性硅油或加无机硅（SiO_2）等添加剂制成。

(2) 非硅消泡剂：烃类及脂肪酸酯（如矿物油、低碳醇、脂肪酸及其酯等）、磷酸酯类和聚醚类等有机极性化合物。

矿物油系消泡剂如火油、松节油、液体石蜡等，是最廉价的消泡剂。为发挥其最大的消泡效果，常配合使用表面活性剂使其分散成适当大小的颗粒，也有配合使用不溶于水的金属皂。矿物油系消泡剂性能不如含硅消泡剂。

低碳醇类消泡剂因只有暂时破泡性能，故在工业生产中只在当泡沫增加时用它喷淋，以消除泡沫，常用于制糖、造纸、印染等工业中。

脂肪酸及脂肪酸酯类消泡剂有牛油、猪油、失水山梨醇单月桂酸酯、三油酸酯、甘油脂肪酸酯、硬脂酸异戊酯、硬脂酸乙二醇酯、双乙二醇月桂酸酯、蓖麻油、豆油、失水山梨醇三油酸酯、聚氧乙烯单月桂酸酯等，可用于染色、造纸、涂料、发酵等加工工业中。

有机极性化合物系消泡剂的消泡能力大多处于硅树脂和矿物油之间，价格也在两者之间。这类消泡剂广泛用于纤维、涂料、印染、金属、无机药品及发酵等加工工业中。

4.3.6 抗静电作用

纤维在纺织加工过程中（特别是合成纤维）不可避免地会产生静电。静电是由于在加工过程中摩擦产生的电荷不能及时逸散而产生的，静电会给合纤加工带来许多麻烦，如纺丝过程中使丝束飞散，不易卷绕，产生毛丝、断头使生产无法正常进行等，印染加工的烘燥工序也常常因为静电导致织物绕辊等现象。因此纺织加工和印染后整理加工都需要进行暂时或永久的抗静电整理。通常使用的抗静电剂是阴离子、阳离子表面活性剂或非离子表面活性剂。

表面活性剂的抗静电作用主要体现在两个方面：一是通过表面活性剂在纤维表面的吸附，增加纤维或织物的平滑性，减少运动时的摩擦系数，使电荷少产生；二是提高纤维或织物的表面电导率，使摩擦产生的电荷能很快逸散。

抗静电作用的机理与它在纤维表面形成定向吸附结构有关，如疏水性纤维涤纶，用阴离子表面活性剂烷基磷酸酯作抗静电剂处理时，它的非极性疏水基朝向疏水性的涤纶纤维表面，而亲水基指向空气，在纤维与空气界面形成一个具有吸湿性的定向吸附层，烷基磷酸酯的亲水基与水分子通过氢键形成一层水膜，而且水膜中含有钾、钠等离子，因此可以产生吸湿导电和离子导电而使积聚的电荷泄漏，起到抗静电作用。对锦纶、涤纶、腈纶等合成纤维用阳离子抗静电剂 SN（十八烷基二甲基羟乙基硝酸铵）处理时，由于这些合纤表面大都易带上负电荷，易与带正电荷的阳离子表面活性剂通过静电吸引而结合，相反电荷的中和使纤维表面聚集的静电得以消除，同时阳离子表面活性剂在纤维的表面形成疏水基朝向空气的定向排列，这样形成的疏水性油膜有降低纤维摩擦、减少静电产生的作用，还表现出柔软平滑的效果。因此阳离子表面活性剂的抗静电效果往往比阴离子和非离子表面活性剂更好。而非离子表面活性剂抗静电剂则因有很好的吸湿性能，其亲水基与水分子通过氢键结合，在纤维表面形成一层连续水膜而具有很好的吸湿导电作用。

4.3.7 表面活性剂的复配

如前所述，柔软剂、润湿渗透剂、净洗剂等纺织助剂常常是表面活性剂和其他物质的混合物，而且通常是几种表面活性剂的混合。这是因为单一的表面活性剂难以满足纺织染整加工的使用要求，多种表面活性剂混合在一起会发生协同增效作用，也可能产生对抗效应。

一定比例的双组分混合物，在各自的某种浓度限度内，浓度与效能呈现一定的关系。如果混合物的效能与线性组合的效能相同，则存在加和效应；如果混合物的效能高于线性组合的效能，或为达到相同效能，混合物中各组分的浓度低于二者线性组合所需浓度，则存在着协同增效作用；反之，如果混合物的效能低于线性组合的效能，则存在着对抗效应。

研究发现，从表面张力和临界胶束浓度 CMC 考虑，双组分混合表面活性剂的协同效应强弱的顺序为阴-阳离子＞阴-两性离子＞离子-非离子＞非离子-非离子。

(1) 同系同类型表面活性剂的复配。在表面活性较低的表面活性剂中，加入少量表面活性较高的表面活性剂，即可得到表面活性较高的混合体系，这在实际应用中非常重要。

(2) 阴离子与阳离子表面活性剂的相互作用。过去认为阴离子与阳离子表面活性剂在水溶液中不能混合使用，否则将失去表面活性。然而在一定条件下，阴离子与阳离子表面活性剂混合体系将具有很高的表面活性。单独用阳离子表面活性剂洗涤性不好，然而与阴离子复配后，可制成优良的化纤洗涤剂，同时具有洗涤、抗静电、柔软等作用。现在市场上的"防尘柔软洗衣粉"就是阴离子与阳离子表面活性剂复配的。

有人认为这种阴离子与阳离子表面活性剂的相互作用，不是一种简单的物理混合过程，而是形成了一种分子间化合物，在这种复合物分子中，表面活性剂的电荷彼此中和抵消，分子间的相互排斥减小，因此形成胶束的最低浓度也降低。

阴离子与阳离子表面活性剂之间的分子间化合物，一般很难制备，必须严格按一定的比例，并遵循一定的混合方式才行。否则，得到的将是性质彼此抵消的离子化合物，并从水溶液中沉淀析出，阴离子与阳离子表面活性剂均失去原本应有的作用。为防止阴离子与阳离子表面活性剂混合后产生沉淀，可以采用三种方法：一是非等摩尔复配，以阴离子表面活性剂为主，加少量阳离子表面活性剂；二是选择含有聚氧乙烯链的阳离子表面活性剂，有利于键入离子间的强静电作用；三是在复配体系中加入溶解度较大的非离子表面活性剂。

(3) 非离子表面活性剂与离子型表面活性剂的相互作用。非离子与离子型表面活性剂复配具有明显的增效作用，如阴离子表面活性剂溶液中加入少量非离子表面活性剂，因离子相斥作用力减小，疏水基链间的分子吸引力增加，促使混合胶束形成，使 CMC 降低。另外，在非离子表面活性剂溶液中加入少量阴离子表面活性剂，可以提高非离子表面活性剂的浊点。

(4) 表面活性剂与极性有机物的作用。少量有机物的存在，能导致表面活性剂在水溶液中的 CMC 发生很大的变化，也常常出现增加表面活性剂表面活性的现象。

高级醇可以提高表面活性剂的表面活性，这是普遍规律。其作用大小随碳氢链长增加而增大，一般呈线性关系。其原理是脂肪醇分子能插入表面活性剂胶团内，促使胶团的形成。如十二烷基硫酸钠中含有少量月桂酸,将提高产品的表面活性。实际上,醇对离子型表面活性剂所起作用与非离子表面活性剂所起的作用是相同的。其他与醇结构相似的长链烃的极性有机物,也有提高表面活性作用。在长链醇中加入少量氟表面活性剂就可制得高表面活性体系,因而可大大降低成本。

总之,单一表面活性剂往往难以满足实际使用要求,必须从协同效应和增效作用出发,通过表面活性剂之间的复配或与其他无机及有机助剂的复配,以获得性能更高的纺织助剂。例如,国内外常用的高效精练剂对表面活性剂的物理化学性能及应用性能要求比较全面,需要借助两种或多种表面活性剂的复配来充分发挥各自的特效性能和相互增效作用。通常把结构性能上预示具有良好的润湿、渗透、乳化、分散性能的非离子表面活性剂和阴离子表面活性剂以一定比例复配,在发挥各自性能的基础上弥补各自的不足,更好地提高润湿、渗透、乳化和净洗能力,且扩大了温度使用范围。如 BASF 公司的高效精练剂 Leophen U 的主要组分为烷基磺酸钠($C_{14-18}H_{29-37}SO_3Na$)、脂肪醇聚氧乙烯醚[$C_{12-13}H_{25-27}(CH_2CH_2O)_{6-7}H$]、烷基酚聚氧乙烯醚以及烷基膦酸酯等有机物。

4.4 助剂在纺织工业中的应用

纺织工业是表面活性剂的最大用户,在从纤维开始到织物成品中的纺丝、纺纱、织造、练漂、印染、后整理等各个工序,都大量地使用表面活性剂。本节主要介绍表面活性剂在纺织前处理和染整加工中的应用情况。

4.4.1 在纺织前处理中的应用

在纺丝(纱)、织造之前,对纺织原料进行的加工处理称为纺织前处理,例如经纱需要上浆,羊毛等纤维材料要用洗涤剂进行清洗、加油处理,化学纤维在纺丝及后加工中要使用纺丝油剂、润湿剂、乳化剂、洗涤剂等。这些加工助剂主要由各种表面活性剂组成。

4.4.1.1 **浆纱**

为了提高浆液对纱线的润湿渗透以及保证浆纱具有柔软平滑性、抗静电性、吸湿性,因此在配浆时,常需要加入渗透剂、柔软平滑剂、抗静电剂、吸湿剂等。另外,为使油脂在浆液中分散均匀以及消除浆液中的气泡,防止浆液和浆纱霉变,需要在浆液中加入乳化剂、消泡剂和防腐剂等。以上使用的上浆助剂应与浆料相溶性好,高温(100℃)时不挥发,不损伤纤维,对机器零件无腐蚀作用。同时还要求退浆容易,不影响印染后整理。另外还要求价低易得,使用方便。常用的上浆助剂有以下几种:

(1) 柔软剂。经纱上浆后经烘干成浆膜,此时的浆膜粗糙、弹性差,因此经不起织造中的反复拉伸、摩擦等,在织造时容易产生断头、起毛,影响正常的织造,降低织造速度和织物的质量。在浆料中加入柔软剂,可提高浆料的可塑性,使形成的浆膜润滑并且有弹性。常用的浆料柔软剂除矿物油、动植物油脂、蜡类、脂肪醇等天然油脂以及合成油脂的乳状液外,主要为非离子型表面活性剂,如柔软剂 SG、柔软剂 101;阴离子表面活性剂,如烷基磺酸盐、硫酸酯盐;两性型表面活性剂,如柔软剂 SCM;阳离子表面活性剂效果虽好,但不宜在纺织前处理中应用。表面活性剂柔软剂的加入还可提高浆液的乳化、分散效果,并改进外观质量。

(2) 乳化剂。乳化剂的主要作用是使油脂在浆料溶液中均匀乳化,以提高浆液的稳定性,减轻合成浆料黏着剂因表面具有聚凝性而发生结皮,以利于上浆,同时还可以提高浆液对黏胶纤维和合成纤维等化学纤维的润湿能力。因为它们虽不含有天然蜡(胶)质,但含有油剂。对浆料中乳化剂的要求是水溶性好,化学性质稳定,耐酸、碱、硬水,对各类纤维无亲和性、反应性。

常用的浆料乳化剂为非离子型表面活性剂,也可以和其他类型乳化剂,特别是阴离子型乳化剂共同配合使用。常用的品种如:

① 平平加 O。属于脂肪醇聚氧乙烯醚,亲水性能强,是优异的水包油型乳化剂,适用于中性油脂和脂肪酸配制油/水型乳液。

② MOA_3。属于脂肪醇聚氧乙烯醚,因氧乙烯数目仅为 3 个,因此不溶于水,易溶于油及其他有机溶剂,为油包水型乳化剂。常与平平加 O 复配使用。

③ 乳化剂 OP。属于烷基酚聚氧乙烯醚,耐硬水、耐酸、耐碱等性能良好,乳化能力强。烷基碳原子数为 8～12,环氧乙烷缩合分子数在 4～10 之间时,都具有良好的乳化作用。

④ 聚醚。是聚氧丙烯和聚氧乙烯的嵌段共聚物,乳化性能很强,在某些方面比烷基酚聚氧乙烯醚或拉开粉的乳化更迅速,而且起泡性能很低,是无泡沫的乳化剂。

(3) 润湿渗透剂。纺织物在加工过程中不但要润湿织物表面,还要使溶液渗透到纤维空隙中。因此,润湿剂和渗透剂的作用是促进纤维或织物表面加速被水润湿,并向纤维内部渗透。

经纱一般因其本身张力大,捻度较高,回潮率低,尤其是疏水性的合成纤维纱含油较多,浆液的浸透力又不够,再加上浆液本身呈胶体状态,表面张力大,所以在上浆时浆料在经纱上吸附并向内扩散、渗透时,使纱内空气逸出较为困难。因此,必须加入渗透性和乳化分散性好的表面活性剂,以降低浆液的表面张力,提高浆液与经纱界面的活性,促进浆液向经纱的渗透和扩散。

用作浆料中润湿渗透剂的表面活性剂主要有阴离子型和非离子型表面活性剂。如阴离子型的烷基硫酸酯钠、渗透剂 M、快速渗透剂 T、渗透剂 TX 等;非离子型的有渗透剂 JFC、平平加 O 等。某些表面活性剂如拉开粉 BX、土耳其红油等润湿渗透作用好,但易产生泡沫,对上浆不利,不宜单独使用,用量以少为好。快速渗透剂 T(琥珀酸二辛酯磺酸钠)具有很高的渗透力,作用快而均匀,同时润湿性、乳化性和起泡性能良好,但不耐强酸、强碱、还原剂和重金属,在高温碱性介质中水解,故仅适合 40℃以下、pH=5～10 的条件下使用。渗透剂 JFC(脂肪醇聚氧乙烯醚)稳定性好,并且还有平滑剂的作用,但不耐高温。胰加漂 T 不仅是优良的洗涤剂,也是优良的润湿渗透剂,对酸性、碱性介质、硬水和氧化剂等较稳定。

(4) 抗静电剂。经纱织造工序中因摩擦而带电时,将妨碍其正常操作。在浆料中加入少量抗静电的表面活性剂可以消除上述弊端。

离子型表面活性剂具有良好的抗静电效果，尽管阳离子型表面活性剂具有很好的抗静电性，但因退浆精炼剂大多为阴离子型，不利于精炼除尽，故不宜采用。常常采用磷酸酯型阴离子表面活性剂，如抗静电剂PK等。另外，可使用两性型表面活性剂，如SCM除具有良好的抗静电作用外，还有润滑、乳化、分散作用。用于羊毛、棉等天然纤维纺纱的抗静电剂一般使用平滑剂，以提高润滑性、减少摩擦产生静电而达到抗静电性，并且在空气相对湿度为60%时，天然纤维本身含有充足的水分，它有助于静电的泄漏。

(5) 消泡剂。黏性的浆液在上浆过程中易产生泡沫，妨碍浆液渗透，一般加入消泡剂以抑制泡沫的产生，这对于某些合成浆料极其重要。

通常使用不溶于水的低表面能力的液状有机消泡剂，例如脂肪酸酯(甘油单蓖麻醇酸酯、聚氧乙烯单月桂酸酯)、带有支链的脂肪醇(异辛醇、二异丁基甲醇)、磷酸酯(磷酸三丁酯、亚磷酸辛酸钠)及醚型表面活性剂等。这类消泡剂的使用浓度大，一般为0.1%～0.4%，消泡效果不易持久。

用有机硅油消泡型消泡剂只需用极少量就可起到良好的消泡、抑泡作用，所以是当前应用最广的一种。如302乳化硅油(由高纯度甲基硅油加适量乳化剂和水经乳化而成)、304乳化硅油(由多官能团的硅油加适量乳化剂和水经乳化而成)、消泡剂FZ-880(由硅油与非离子乳化剂、阴离子乳化剂发生乳化作用而成)等。

4.4.1.2 真丝浸泡

蚕丝由丝胶和丝素组成，丝胶包复在丝素外面，起保护丝素的作用，因此生丝织造时无需上浆，但丝素表面的丝胶分布不匀，且丝胶性状较硬，不利于织造加工。因此，在织造前，要按经、纬丝的不同要求对生丝进行浸泡，经丝浸泡的目的是使生丝具有润滑性、耐磨性，在织造过程中减少断头；纬丝浸泡的目的是使丝胶柔软，有利于进行络丝、并丝、捻丝等加工。

真丝浸泡助剂一般可分为三大类：一类是乳化蜡型浸泡剂，另一类是无蜡浸泡剂，还有一类是高速织机用丝浸泡剂。

(1) 乳化蜡型浸泡助剂。这类浸泡助剂的主要成分是固体石蜡(C_{28}～C_{33}的长链饱和烷烃)，能在丝条表面形成一层坚固的蜡膜，使其具有优异的柔软平滑和集束性，织造效果好。例如柔软剂101是由石蜡、硬脂酸、白油经乳化剂乳化而成的乳液，羧甲基纤维素(CMC)起乳液稳定作用。

乳化蜡型浸泡的生丝织造效果好，但因石蜡在织物的精炼过程中不易去除，易造成蜡跡、练斑等病疵，影响织物质量。因此，这类浸泡剂正逐步被取代。

(2) 无蜡浸泡剂。大多为油脂或液态白油与表面活性剂等的复配物。例如，某泡丝剂由白油(精制矿物油)、含硅咪唑啉柔软剂、高级脂肪酸聚氧乙烯酯、抗静电剂及乳化剂等复配而成。经这类泡丝剂浸泡的生丝毛效高，白度好，易精炼，但平滑性和集束性不如乳化蜡。

(3) 高速织机用丝浸泡剂。高速织机如剑杆织机用丝的浸泡剂与普通浸泡助剂不同，必须具有以下几方面的性能：很强的渗透性能，优良的平滑性、集束性和抗静电性能，并能显著增加丝的强力。为了同时满足上述要求，高速织机用丝的浸泡剂常采用矿物油或植物油、脂肪酸、合成平滑剂、集束剂、渗透剂，以及具有柔软性、抗静电性的各种表面活性剂进行复配。

4.4.1.3 洗毛

洗毛的目的是利用化学和机械作用除去羊毛上的羊毛脂、羊汗和部分杂质，使羊毛恢复原有的洁白、松散、柔软、弹性好的特性，保证羊毛加工过程中梳毛、纺纱、织造、染色、整理等工序的顺利进行。

因为羊汗可溶于水，洗去羊毛污垢的关键是去除羊毛脂，当羊毛脂从羊毛上被去除后，黏附在其上的砂土等污垢也会随之脱离。羊毛脂的主要成分是含碳原子数为 9～20 的饱和、不饱和脂肪酸与高级醇类如胆甾醇、异胆甾醇等形成的酯类混合物，羊毛脂类物质在不损伤羊毛纤维的条件下是较难用碱皂化的，但可以设法使其乳化，洗毛就是利用表面活性剂降低表面张力以及润湿、渗透、乳化、分散等作用，把羊毛脂等污垢从羊毛纤维上剥离下来，从而获得清洁的羊毛。

洗毛最早使用的表面活性剂是肥皂，用肥皂与纯碱配合的皂碱洗毛有较好的清洗效果。由于肥皂不耐硬水，后来改用烷基苯磺酸钠阴离子表面活性剂及壬基酚聚氧乙烯醚等非离子表面活性剂洗毛，因为这两类表面活性剂乳化能力和分散悬浮油污的能力强，去污效果更好，对毛纤维损伤也小。中国目前生产的羊毛专用洗涤剂一般是以脂肪醇硫酸酯盐等阴离子表面活性剂与非离子表面活性剂复配的产品，具有泡沫多、易消泡，洗后羊毛手感柔软的特点。德国汉高公司生产的 FORYL FK-N 羊绒羊毛专用高效洗涤剂的主要成分是脂肪醇硫酸酯盐，其中十八烯醇硫酸钠占总有效成分的 40%～60%，而且含有未反应的原料十八烯醇（油醇）的比例较高。这种产品具有易漂洗、洗后毛洁白柔软、手感丰满的特点。20 世纪 90 年代以来以表面活性剂为主的专用洗涤剂已逐步代替其他传统的洗涤剂。

4.4.1.4 上油

洗净羊毛的残留油脂一般为 0.4%～1.2%，由于残存的油脂在羊毛纤维表面分布不均匀，因此在精梳毛纺和粗梳毛纺中用的羊毛均需加和毛油。加油的目的是降低纤维之间，纤维与机械之间的摩擦系数，增加纤维间抱合力，减少飞毛、断头和罗拉皮辊的缠绕，不仅对确保羊毛梳理，纺纱顺利进行有重要作用，而且能提高后道工序及染色整理的加工质量，使织物光洁、色泽鲜艳。另外，还能防止静电的产生，使纤维柔软，保持弹性。

加油工序中使用的和毛油，其组成可以分成两部分：基础油剂和添加剂。基础油剂是油剂的主体成分，主要起到平滑作用，故又称平滑剂。添加剂仅占少量，起到抱合、抗静电、润湿渗透、吸湿、杀菌、消泡、防锈等作用，多为表面活性剂。随着科学技术的不断进步，和毛油剂的使用和选型经历了几代的演变，基础油剂的变化从最初的油酸发展到植物油、半中性油、矿物油，直至目前的合成和毛油。其选型亦由乳化型发展到非乳化型，即由纯表面活性剂复配再添加其他辅助物而成的非乳化型油剂，又称水剂型油剂。其中聚醚类表面活性剂为主体复配而成的非乳化型油剂，是当前和毛油剂的最新发展方向。

4.4.1.5 纺丝、织造

纤维油剂是纤维纺丝生产和加工过程中使用的一类助剂，主要降低纤维摩擦作用，防止或消除静电积累，赋予纤维平滑、柔软、抗静电等性能，使纤维顺利进行纺纱、织造等。不仅在棉、毛、麻、丝等天然纤维的生产加工过程中要使用油剂，而且黏胶纤维、涤纶、锦纶、腈纶等化学纤维在加工过程中更是离不开油剂，平均每生产加工 100 t 纤维制品要消耗 6～8 t 油剂。为提高浆纱的平滑性，又不影响浆料与纱线间的黏附力，常采用浆纱后上油剂，即上浆后的纱线再经油剂处理，使浆纱表面形成油膜而降低浆纱的摩擦作用而起到平滑效果，尤其是合纤浆纱。随着纺织工业特别是化纤工业的发展，油剂的需要量越来越大。油剂在纤维加工过程中的作用主要表现在以下几方面：

(1) 提高纤维的平滑性能。纤维的平滑性能一般靠在油剂中加入某些有润滑作用的组分来实现，纤维油剂的润滑剂成分包括天然原料制得的矿物油、动植物油和通过化学合成得到的合成酯类。由环氧乙烷与环氧丙烷嵌段共聚形成的聚醚化合物是一种具有润滑性能的高分子表面活性剂，它和其他润滑剂一样，具有很好的减少摩擦、增加油膜强度、保护纤维表面、防止对设备磨损和锈蚀的作用。

(2) 抗静电作用。当两种导电性能不良的绝缘体之间相互摩擦时，在两物体上可以带上不同性质的电荷，如氯纶、腈纶、涤纶等合纤摩擦时易带上负电，由于它们导电性差，产生的电荷不能迅速转移而发生集聚，结果产生了静电。因此，减少摩擦是避免产生静电的一种方法，而在纤维生产过程中使用油剂就是利用油剂中的润滑剂作用使摩擦大大降低，并且利用油剂中的抗静电剂使纤维表面产生的电荷迅速被消除。通常，油剂中使用的抗静电剂是阴离子表面活性剂或非离子表面活性剂。

(3) 提高纤维的抱合性(集束性能)。在纺织加工中，纤维的抱合性差会造成纤维卷蓬松直径大，条干拉伸不均匀，形成的纱线强力低，从而影响加工顺利进行。纤维抱合性与纤维的纤度、卷曲牢度、弹性及含油率有关。油剂通过对纤维的吸附、渗透和黏附作用可使纤维的抱合性提高。油剂中起提高纤维抱合作用的成分叫集束剂。根据纤维种类不同而使用不同的集束剂。常用的集束剂也是表面活性剂，如阴离子表面活性剂硫酸化蓖麻油、高级脂肪酸的三乙醇胺盐，非离子表面活性剂脂肪酸聚氧乙烯酯、脂肪醇聚氧乙烯醚、烷醇酰胺以及甜菜碱型两性表面活性剂等。

为了提高纤维油剂的使用效果和使用后易于清除，一般将纤维油剂配成水包油型乳状液使用，因此，油剂中使用的表面活性剂还包括乳化剂成分。通常乳化剂采用离子型表面活性剂，因为离子型乳化剂可使乳液颗粒表面带有相同电荷，相互排斥而增加乳液的稳定性，而选用与油剂中平滑剂有相似分子结构的乳化剂也对获得稳定乳液有利，因为此时，乳化剂既能溶解于平滑剂油性成分中又能保持最大的亲水性而使乳化效果更好。使用多种表面活性剂复配形成的复合乳化剂效果往往比使用单一乳化剂好，通常用非离子表面活性剂与阴离子表面活性剂复配，可得到不同 HLB 值的乳化剂，提高乳化效果。

由此可知，表面活性剂在油剂中起着重要作用。由于表面活性剂一般具有多种功能，在研制油剂配方中要尽量使一种表面活性剂发挥其多种功效，用较少的组分复配成综合性能好的油剂。

4.4.2 在染整加工中的应用

表面活性剂在棉、毛、丝及化纤纺织品染整加工中的应用也十分广泛，在退浆、煮练、漂白、染色、印花等工序中都需要使用，主要用作平滑剂、抗静电剂、渗透剂、净洗剂、乳化剂、匀染剂、促染剂、柔软剂等。

4.4.2.1 退浆

经纱上浆可使织造顺利进行，但坯布上残留的浆料又给织物的印染加工带来了困难，影响印染质量，所以必须除去浆料，此过程叫作退浆。退浆除使用退浆剂外还要加入少量表面活性剂，以促进退浆迅速进行和增强退浆效果，这类表面活性剂作为助剂主要起渗透作用，同时也起乳化、分散和净洗作用。退浆助剂多数为非离子表面活性剂，其中以壬基酚聚氧乙烯醚、辛基酚聚氧乙烯醚以及碳链较短的脂肪醇聚氧乙烯醚应用最广，适用于中性至酸性退浆液；少数为阴离子表面活性剂，如磺酸基琥珀酸辛酯钠（Aerosol OT）、十二烷基苯磺酸钠、十二烷基硫酸钠、烷基萘磺酸钠（拉开粉 BX）、油酸丁酯的硫酸化物等，它们适用于中性至碱性退浆液；另一类为非离子表面活性剂与阴离子表面活性剂的混合物。通常很少用阳离子表面活性剂和两性表面活性剂作退浆助剂。

退浆剂有硫酸、烧碱、淀粉酶、氧化剂，不同的退浆剂有不同的退浆工艺，选用何种退浆工艺应由纤维和所用浆料的种类、性能决定。目前，棉纺织生产中常用的退浆工艺有酶退浆、碱退浆和氧化剂退浆三种。

（1）酶退浆。对用以淀粉为主要浆料上浆的棉及化纤混纺织物，大多采用淀粉酶作退浆剂。酶退浆操作方便，分解淀粉能力强，退浆率高达 80％～90％，且对纤维无损害。我国主要采用耐热性强的 BF-7658 淀粉酶（枯草杆菌酶）。

配合酶退浆使用的退浆助剂主要是非离子表面活性剂，大多数使用聚氧乙烯醚型非离子表面活性剂，离子型表面活性剂对酶有抑制作用，不利于退浆。

（2）碱退浆。碱退浆适用于以合成浆料（如聚乙烯醇）或淀粉为浆料、上浆率较低的织物退浆。通常利用煮练废碱液或丝光淡碱做退浆剂，退浆成本较低。在碱退浆液中加入适量阴离子型表面活性剂作为渗透剂，可提高退浆效率。

（3）氧化剂退浆。氧化剂退浆也是目前采用较多的退浆工艺。一般利用亚溴酸钠、过氧化氢-氢氧化钠、过硫酸盐、过硼酸钠等退浆剂使织物上的浆料氧化、降解，形成易溶解物而被水洗除，适用于任何浆料。同时，纤维上的部分天然杂质也被氧化除去。

为提高退浆效果，减少纤维损伤，有助于煮练的进行，在以上氧化性退浆剂中，往往需加入阴离子与非离子表面活性剂作为润湿渗透剂和净洗剂，能使退浆剂快速润湿浆膜，加快退浆反应，并将浆料分解物除去，其中阴离子表面活性剂可采用烷基亚磷酸酯或烷基聚氧乙烯醚亚磷酸酯。例如德国 Hoechst 公司的 Leomil EB、GBJ、EBL，都是氧化剂与阴离子、非离子表面活性剂的混合物，为具有强渗透性能和良好乳化性能及分散性能的快速退浆剂，既保留了氧化剂高效退浆效果，又有效地克服了氧化剂退浆脆损棉纤维的缺点。

4.4.2.2 煮练

经退浆处理的棉及棉混纺织物在煮练液中煮沸数小时，以去除棉纤维上的蜡质、果胶、含氮物、棉籽壳等天然杂质和残余浆料，以及化纤纺丝油剂中的油脂等的精练过程称为煮练。煮练可以改善织物的渗透性能和白度，使其获得良好的外观和吸水性，有效地提高印染加工质量。

煮练液中的主练剂是烧碱，另外，还需加入表面活性剂、硅酸钠、亚硫酸氢钠、磷酸三钠为煮练助剂。用作煮练助剂的表面活性剂应具有良好的渗透、乳化、分散、悬浮、净洗等作用，还应具有耐高温、耐硬水的性能。

煮练剂中常采用的是非离子型表面活性剂（如脂肪醇聚氧乙烯醚或烷基酚聚氧乙烯醚），阴离子型表面活性剂（如肥皂、脂肪醇聚氧乙烯醚磷酸酯盐、琥珀酸双辛酯磺酸钠、十二烷基磺酸钠、蓖麻油硫酸钠等），以及两者的复配物。

硅酸钠（又称水玻璃或泡花碱）有助于提高织物的吸水性与白度。亚硫酸氢钠有助于棉籽壳的去除，利用亚硫酸氢钠的还原性还可以防止棉纤维在高温带碱情况下被空气氧化脆损。磷酸三钠具有软化水质作用，但目前欧美一些国家已禁止使用。

4.4.2.3 漂白

织物经退浆和精练以后，往往还残存一部分色素和杂质，为了使织物洁白，在印花或染色后色光较鲜艳，就需要对织物进行漂白。纤维上的色素可以通过氧化或还原反应分解为无色物质，因此漂白剂有氧化性漂白剂和还原性漂白剂两大类。棉常采用烧碱-双氧水漂白；亚麻采用纯碱-双氧水漂白；绢丝和羊毛采用氨水-双氧水漂白，氧化温度低并可添加纤维素保护剂如焦磷酸盐，以防过度氧化，断裂肽键，损伤纤维；合成纤维混纺织物可采用过醋酸氧化漂白剂；亚氯酸钠也属于氧化漂白剂，羊毛、真丝不可用含氯氧化剂漂白，可采用还原性漂白剂如硫代硫酸钠（保险粉），反应比较温和。

漂白工艺除使用漂白剂外，还常添加一些助剂，例如，抑制漂白剂分解起稳定作用的稳定剂、渗透剂和金属防腐蚀剂，这些助剂统称为漂白助剂。

双氧水漂白的稳定剂分为无机、有机化合物及表面活性剂。例如阴离子型的脂肪醇硫酸酯和磺酸盐，非离子型的烷基酚聚氧乙烯醚，脂肪酸胺与环氧乙烷缩合物等。表面活性剂作为稳定剂能阻止双氧水的分解，起稳定作用，可代替硅酸钠或减少硅酸钠的用量；又能使硅酸盐在溶液中均匀分散，避免“硅垢”形成；还能使织物手感柔软。

表面活性剂在漂白加工中还起着渗透作用，可以保证氧化漂白液均匀而快速地渗透到纤维中去。表面活性剂的选择应考虑对不同氧化剂漂白作用稳定的问题。当用双氧水漂白时可选用壬基酚聚氧乙烯醚作为渗透剂；以次氯酸钠漂白时可选用不与氯起反应的磺酸基琥珀酸酯、拉开粉 BX（烷基萘磺酸盐）等作渗透剂；使用亚氯酸钠漂白棉、涤/棉织物时，一般选择渗透力大、起泡小的非离子表面活性剂作渗透剂，也可使用非离子型与阴离子型表面活性剂的复配物。

4.4.2.4 染色、印花、后整理

织物或纤维的染色过程，是染料分子直接或间接地和纤维分子发生物理或化学作用而上染的加工过程（印花可视为局部染色）。染料在纤维上染着的过程包括染料均匀分散到染液中，向纤维表面扩散、润湿并吸附到纤维表面，向纤维内部扩散、渗透，最后牢固吸附在纤维上的一系列过程，为保证获得染色均匀、色泽鲜艳、并有一定牢度的效果，必须在染液中使用表面活性剂，如乳化剂、分散剂、匀染剂、固色剂、净洗剂等。

把各种颜色的染料或颜料制成色浆，涂敷在织物上印制成图案的加工过程称为印花。印花根据使用的色料不同可分为染料印花和颜料印花两类。虽然两种工艺有很大区别，但

印花色浆中一般都要加入助溶剂、吸湿剂和消泡剂等助剂，在颜料印花浆中还常常需要加入乳化剂、分散剂、柔软剂等表面活性剂。

在后整理工序中，如柔软整理、抗静电整理、防水防油整理、阻燃整理、防霉防菌卫生整理等，也大量使用含有表面活性剂的助剂。在织物缝制过程中，常使用缝纫性能提高剂，它是由蜡、硅油经烷基聚氧乙烯醚、聚醚等非离子表面活性剂乳化而成的乳液，其中使用高熔点聚乙烯蜡有更好的效果，不仅可使高速进入织物的缝纫针与纤维的摩擦降低，而且蜡在摩擦瞬间熔化，消除了摩擦热，对防止织物在缝制时发生熔融黏合有很好的效果。

第五章　浆料化学

5.1　浆料概述

经纱上浆是织造准备工程一个重要环节，它的好坏直接影响生产效率及产品质量。无论是棉、毛、丝、麻等天然纤维，还是黏胶、铜氨、醋酯等人造纤维以及腈纶、锦纶、涤纶等合成纤维的短纤纱、长丝、混纺纱或混纤长丝等各类经纱，除了厂丝、股线、强捻丝及某些变形丝(如:网络丝)外，大多数经纱在织造前都需要上浆。浆纱质量的好坏取决于选择的浆料、上浆设备和上浆工艺。本章主要讨论浆料的结构、性能和应用。

5.1.1　上浆目的

经纱(丝)在织造过程中由于织机的开口、投梭、打纬运动，纱(丝)与综、筘、停经片等之间的摩擦，纱之间的摩擦，以及纱受到张力、冲击力等作用而发生起毛以致断头现象。为使纤维能承受织造时弯曲、拉伸和摩擦等机械作用，提高经纱的可织性，降低经纱织造断头率而提高织造效率，保证织物的高质量，因此，都需要对经纱上浆。

短纤纱是短纤维的集合体，纱的表面毛羽多而强度差。短纤纱上浆的主要目的:一是使纱的表面毛羽伏贴而提高经纱的平滑性和耐磨性。如果毛羽多，会使邻纱之间互相纠缠，造成开口不清，增加断头。二是提高浆纱强度。当浆液渗透到纱的内部，使各单纤维黏附一起，防止纤维互相滑移而增加纱的强度。短纤纱经上浆后，其强度比原纱提高10%～25%。因此，上浆时必须选用黏附力强的浆料。三是保持浆纱伸度。一般随着浆纱强度的提高，其伸度会降低，要求浆纱伸度下降控制在一定限度内，而且还必须使伸度保持均匀。为防止伸度下降，应考虑使用形成柔软浆膜的浆料，短纤纱的上浆率一般控制在3%～15%。

长丝是多根单纤维的集合体，它是由连续的单纤维多根平行并列而成的，表面没有毛羽，因此它的上浆目的与短纤纱不同。长丝的上浆目的是使单纤维互相黏附、抱合成一根合绪长丝，即增加各单纤维之间的集束性，以防止单纤维断裂造成毛羽;能承受织造中的冲击、摩擦、张力而提高经纱可织性。单纤维间的集束性可用抱合力表征，抱合力是使浆纱纤维分离所需要的外力。为使单纤维集束性良好，浆液应具有适当的黏度和良好的渗透性、黏附性，要求浆纱的上浆率均匀适当。长丝纱的上浆率一般在3%～8%。

5.1.2　浆料必备的性能

为达到上浆目的，首先必须选择具有良好性能的浆料。在上浆、织造、退浆等工序中，对浆料各有要求，对理想的浆料必备的性能归纳如下：要求浆料具有良好的水溶性或水分散性。浆液的黏度必须适当和稳定，并具有良好的渗透性。上浆目的不同的纤维对浆液的黏度也有不同的要求，黏度低，有利于浆液向纤维内部渗透，使纤维相互紧密地黏附，增加浆纱的强力和抱合力。但是，为使经纱毛羽伏贴，就要求黏度增加。如果黏度过大，浆液的渗透性变差，在纱表面被覆着多量浆液导致浆纱发黏或落浆，影响织造。浆料对纤维应具有较强的黏附性。浆纱在织机上要受到综、筘、梭子等的摩擦，如果纤维间的黏附性不良，使长丝单纤维间的抱合力降低，产生毛羽或浆膜脱落，影响织造。浆料必须具有良好的成膜性能，形成的浆膜应有良好的力学性能。如果浆纱表面的浆膜强度小、耐磨性差，将会导致落浆等弊病。浆料具有适当的吸湿性对增加浆纱的柔软性和抗静电性都很必要。但吸湿过多，又会造成浆膜强度降低和浆纱表面发黏，降低可织性。另外，浆料应具有性质稳定，不易变质，与纤维不发生作用，容易退浆；具有良好的生物可降解性；无臭无味、对人体无害、价格便宜、调浆上浆操作简单等性质。

5.1.3 浆料的种类

浆料可根据其种类分成三大类：天然浆料、半合成浆料和合成浆料。天然浆料又可按天然来源分为植物类和动物类。具体分类如下：

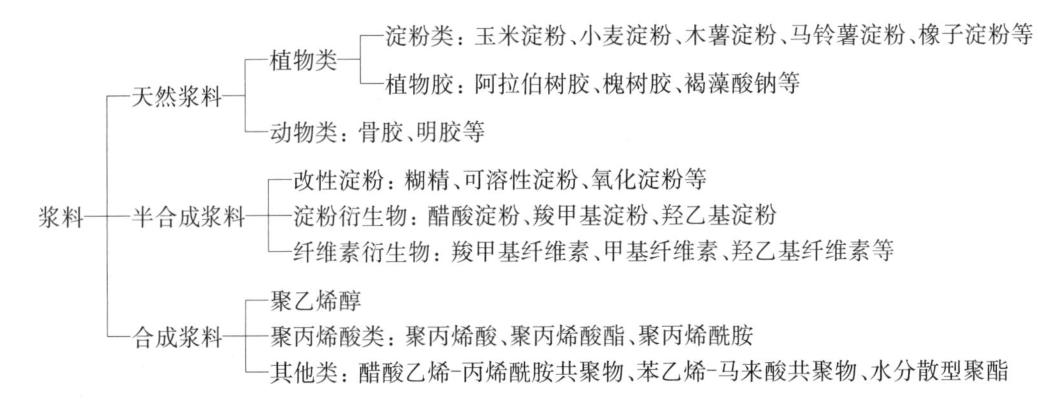

天然浆料中以淀粉使用量最多，主要用于棉纱及涤/棉混纺纱上浆。此外，还有动物胶类广泛用于黏胶长丝、绢丝的上浆。半合成浆料以天然物为原料经化学加工而成。如变性淀粉及纤维素衍生物分别以淀粉和纤维素为原料经化学加工而成。主要用于天然纤维和人造丝的上浆。合成浆料是由化工原料经一系列化学反应合成的。合成浆料具有强的黏附性，主要用于合成纤维的上浆，合成浆料中使用量最大的是 PVA，聚丙烯酸类浆料，它们是用于合成纤维最重要的浆料。

5.1.4 浆料的发展

我国在元代时为减少经纱断头，已经采用小麦淀粉作浆料。20 世纪 20 年代，英国开始使用糊精作浆料。40 年代，国内外广泛使用淀粉（天然淀粉及改性淀粉）作为棉纱上浆浆料，人造丝上浆主要采用动物胶。50 年代后，由于各种合成纤维的出现对浆料提出了新的要求，开始出现并使用了改性浆料及合成浆料。比如：60 年代初开始使用 CMC、PVA 等浆料。随着合纤长丝的发展，PVA 等合成浆料的需要量逐年增长，70 年代又出现了聚丙烯酸类浆料。80～90 年代开发并应用改性淀粉和改性 PVA 以及改性聚丙烯酸类浆料。90 年代至今，由于纺织原料的开发，纺织设备的更新，提出了新的浆料及上浆工艺要求。比如，出现水分散性好、吸湿性适中的聚酯浆料，对涤纶长丝和涤棉混纺纱有优异的黏附性。又出现了喷水织机专用浆料。

浆料的品种很多，主要是淀粉、PVA 和聚丙烯酸类三大浆料。然而，由于 PVA 具有生物降解性难、污染环境的弊病，20 世纪 80 年代就提出少用或不用 PVA 的建议，2003 年欧盟正式强制执行禁止使用 PVA 为上浆剂的规定。因此，研制 PVA 的替代物以解决环境保护问题已成为当今重要的研究课题。纤维原料种类的增多，织物品种的高档化及高速织机的广泛应用，更促进了浆料的发展。

5.2 浆料的结构

根据上浆的目的和要求，浆料必须是具有水溶性或水分散性、黏附性和成膜性良好的高分子化合物，浆料结构应是具有一定量的极性基团、柔顺的、线型长链的、相对分子质量适中的非晶态高聚物。

5.2.1 主链结构

浆料的主链结构对浆料的性能有重要的影响。其影响主要有两方面：一是对浆料分子柔顺性的影响。当主链中含有芳环和杂环时，因环不可自由旋转而使分子链的柔顺性下降，T_g 升高，刚性增加，形成的浆膜硬脆。当主链中完全由单键联结，因其链段容易旋转而使分子链的柔顺性提高，不仅利于纤维间的黏附和浆膜的形成，而且浆膜柔软。二是对浆料化学和热稳定性的影响。浆料主链联结方式分为两类：一类为碳均链高聚物，其共价键结合力较强，化学和热稳定性好，如 PVA、聚丙烯酸类等合成浆料；另一类为碳杂链高聚物，其共价键结合力较弱，易受热和化学试剂、酶分解，如淀粉、动物胶等天然浆料。

5.2.2 相对分子质量及其分布

浆料的相对分子质量直接与浆料的力学性能—抗拉强度、弹性以及浆液流动性有关。浆料的相对分子质量越高、分子链越长，则分子间力越大，弹性和强度增大，黏附力开始也随相对分子质量增大而增加。但相对分子质量过大，分子体积大，流动性差，黏度大，使其扩散、润湿困难，黏附力也会下降。对浆料既要求强度又要求流动性。因此，对于浆料的相对分子质量原则上是在满足足够的机械强度的前提下，尽可能使相对分子质量低一些。如：上浆用的 PVA 聚合度在 300 以上，但大于 1700 则不适用于上浆。一般浆用 PVA 的聚合度在 500～1700。

浆料的相对分子质量分布要求适当宽一些为好，即分子的多分散性适当大些好。因为分布宽的比窄的流动性好。低分子质量级分的分子对浆膜有一定的内增塑作用，使浆膜柔软。但分子多分散性不宜过大，否则低分子质量级分含量过多会出现浆膜机械强度过低和表面发黏等现象。

5.2.3 大分子链形状

浆料大分子链要求为线型或带有较少短支链的长链分子。这是由于线型分子间无交联，链段内旋转容易而显示良好的柔顺性。既有利于浆料分子在溶剂中移动而可溶于溶剂，又便于浆料分子向纤维内扩散而充分与纤维发生黏附；另外，线型分子还易于紧密排列而形成薄膜。当大分子链具有较多的长支链将直接影响浆料的水溶性、流动性、黏附强度和成膜性及浆膜的柔软性。支链淀粉是含较多长支链的浆料，其性能较差。网状大分子因分子链间存在化学键交联，既不溶解又不易变形，不可作浆料使用。

5.2.4 侧链基团

浆用高分子侧链上取代基的性质、大小和位置等对浆料性能有一定的影响。

首先，浆料的水溶性与取代基的极性有关。浆料分子中 C—C 共价键的主链是非极性的，只有在侧链上引入多量的极性基团，才使浆料大分子与水分子发生缔合而提高水溶性。但是，极性基团的引入，使浆料分子间作用力增大，链段内旋转所需能量大，浆料的 T_g 升高，则分子链的柔顺性降低，浆膜硬脆。当侧链基团极性小，使浆料分子间作用力减小，链段内旋转所需能量小，浆料的 T_g 降低，分子链的柔顺性提高，有利于上浆，浆膜柔软。因此，浆料侧链基团极性在满足水溶性前提下，极性不可过强。

当侧链基团为非极性基团，主要是取代基体积大小的影响。体积大的基团会使链段内旋转的空间位阻增加，导致 T_g 升高，分子链柔顺性降低。聚丙烯酸甲酯和聚甲基丙烯酸甲酯在结构上仅差一个侧链甲基，后者分子链段内旋转的空间位阻大，而 T_g 升高到 105 ℃，分子链柔顺性减小，浆膜变硬。侧链基团的位置也影响空间位阻。如巴豆酸（β-甲基丙烯酸）和 α-甲基丙烯酸，尽管侧链上都引入一个甲基，但后者的甲基与羧基处于同一碳原子上，其空间位阻大于前者，因此，选用巴豆酸共聚所得浆料的塑性和水溶性更好。

综上所述，浆料的侧链基团以体积小、极性较弱、位置分布均匀为好。常用浆料引入极性较弱的侧基有酰基（$R-\overset{\overset{\displaystyle O}{\|}}{C}-$）和酯基（$-\overset{\overset{\displaystyle O}{\|}}{C}-OR$），这类侧基呈线型伸展，对主链空间位阻小，分子链具有较大柔顺性，浆料具有较大的塑性和黏附能力。丙烯酸酯和部分醇解 PVA 浆料就具有这些结构特点和优良性能。聚丙烯酸酯的 T_g 随酯基中烷基的增长而降低，浆膜的柔软性提高，如甲酯、乙酯、丁酯的 T_g 分别为 10℃、−30℃、−70℃。

5.2.5 聚集态结构

线型高聚物可分成结晶高聚物和非结晶高聚物。结晶高聚物的分子规整有序，大分子链间排列平行紧密，分子间力大，与高聚物的强度和耐热性密切有关，如聚酯、聚酰胺、纤维素。非结晶高聚物的分子排列杂乱无序，大分子链卷曲、疏松、分子间力小，分子链可自由移动，赋予高聚物柔软性和弹性，如聚醋酸乙烯、聚丙烯酸酯等。作为浆料要求非晶态为主的高聚物，赋予浆料的水溶性、柔顺性、黏附性、浆膜柔软性和弹性。

5.3 浆料的性能

为满足上浆要求，浆料需具备以下主要性能：一是水溶性或水分散性；二是具有一定的黏度；三是良好的黏附性；四是成膜性并具有良好的浆膜性能。

5.3.1 浆料的水溶性及其溶液的特性

5.3.1.1 浆料的水溶性及水分散性

经纱上浆时，浆料大多数以其水溶液状态被使用，因此浆料必须具有良好的水溶性及水分散性。影响浆料水溶性的结构因素较多，除了大分子链上应有多量的亲水性极性基团外，相对分子质量分布略宽即分子的多分散性大，相对分子质量低的级分大，则水溶性好。柔顺的分子链易于运动、扩散、有利于溶解。

聚乙烯醇分子中含有大量羟基，能与水分子形成氢键而增加它的溶解度；聚醋酸乙烯分子中羟基被醋酸基取代，降低了极性，减少了氢键的生成，所以不易溶于水。完全醇解PVA和淀粉具有的羟基相近，但前者溶于水而后者只膨胀不溶解，这与前者分子链柔顺性好有关。高聚物的结晶度越高，溶解度越差，非晶型高聚物则水溶性好。这是由于结晶度大，分子排列整齐，水分子不易进入，溶胀慢。反之，分子排列疏松，溶剂水分子易进入大分子间而溶解。如：纤维素纤维结晶度大，羟基互相缔合而不溶于水，羧甲基纤维素(CMC)破坏了纤维素的结晶结构而可溶于水。淀粉结晶度小于纤维素纤维，在水中可发生溶胀，但因淀粉分子具结晶结构，分子内含大量羟基，导致分子间氢键的缔合而不溶于水，仅在水中分散。动物胶分子中含多量的极性基团(—OH—、NH_2、—COOH 等)，肽链结构以不规则的螺旋卷曲状存在。PVA 和聚丙烯酸类浆料都是线型非晶态为主的高聚物，分子中具有极性基团(—OH、—COOH 等)，相对分子质量具有多分散性，因此，它们都具有良好的水溶性。尽管 PVA 含大量羟基，具有良好的水溶性，但分子间形成的氢键缔合影响其溶解，只有高温下破坏氢键缔合才能溶解。因此完全醇解 PVA 一般是在冷水中先溶胀，再升温至 95 ℃以上搅拌 2 h 才完全溶解。动物胶也是先在冷水中溶胀，再升温溶解。

5.3.1.2 浆料溶液的特性

与低分子物溶液比较，浆料高分子溶液与其他高聚物溶液相似，存在一些特点。一是溶液的黏度比同浓度的低分子物溶液黏度高得多。这是由于高聚物分子间作用力大而相对稳定，高分子链内部摩擦力大而不易流动。所以，浓度在 10%以上的高聚物溶液显得特别黏稠。二是溶液能成膜。三是溶液具有胶凝性。高聚物浓溶液的黏度不稳定，当静置或冷却会使黏度增大，当冷却到某一温度时会凝结成冻胶状态。凝结成冻胶状态的作用叫胶凝作用，生成的物质叫凝胶。随着温度的升高，凝胶又回复为溶液，这种胶凝作用称可逆胶凝。如骨胶溶液在 30 ℃以下会胶凝，升温搅拌又会回复成溶液。另一种是不可逆胶凝作用，高聚物溶液发生大分子链间的交链，形成的凝胶不能回复成溶液。如 PVA 溶液与某些无机盐交联发生胶凝作用并不可回复。

5.3.2 浆液的流变性及黏度

上浆过程中，经纱以一定速度通过浆液，浆液先吸附在经纱上，再经压浆辊挤压，一部分浆液浸入经纱内部为浸透，另一部分被吸附覆盖在经纱表面为被覆，其余部分被挤掉。为使上浆均匀良好，需要研究浆液的流变性。

5.3.2.1 浆液的流变性

高分子溶液的流变性实质就是溶液受切应力作用所表现的流动和形变的特性。当流体受切应力（τ）作用发生剪切流动产生剪切形变（γ），$\gamma = dx/dy$。对时间的导数称为切变速率（$\dot{\gamma}$）即速度梯度（D），$D = dv/dx$。切应力即单位面积液层上所受的力（$\tau = F/A$），如图 5-1 所示。

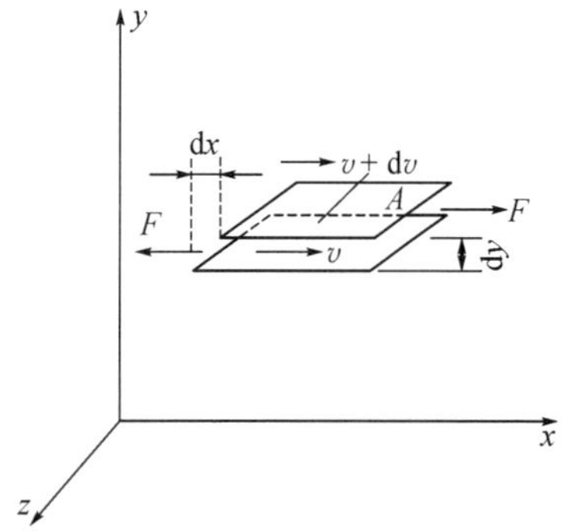

不同的流体有不同的流动行为。根据切应力 τ 和切变速率 $\dot{\gamma}$ 的相互关系，可将流体分为两类。一是牛顿流体。凡切应力与切变速率成正比并有一个恒定关系的流体，称为牛顿流体，它遵守牛顿黏流定律，它的流变状态方程如下：

$$\tau = \eta \cdot \dot{\gamma} = \eta D \quad \eta = \frac{\tau}{\dot{\gamma}}$$

式中：η 表示流体流动时黏流阻力。

图 5-1 切应力和切变速率的定义

牛顿流体的黏度只与流体分子的结构和温度有关，与切应力和切变速率无关。在此，η 为常数，称为黏度，η 不随 τ 或 $\dot{\gamma}$ 改变。它可作为该类流体的物理常数，水就属于此类。

二是非牛顿流体。凡切应力与切变速率间没有一个恒定关系，τ 与 $\dot{\gamma}$ 之比不是定值，而 η 随着 $\dot{\gamma}$ 变化而变化，不符合牛顿黏流定律的流体，叫非牛顿流体。绝大多数高聚物溶液属非牛顿流体。它没有确切的流变方程式，可采用幂律方程表示：

$$\tau = K \cdot \dot{\gamma}^a$$

式中：K 为流体稠度；a 为流变指数。（两者都为材料常数）

流体的流动行为常用 τ-$\dot{\gamma}$ 或 η-$\dot{\gamma}$ 曲线描述，如图 5-2 所示。

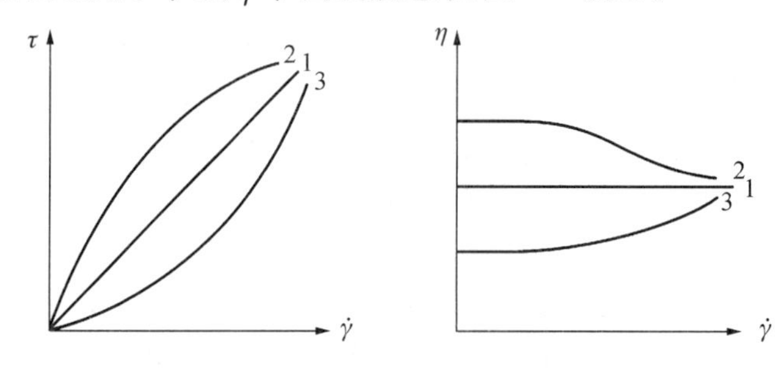

图 5-2 各种流体的流动曲线

曲线 1：$a=1$，τ 与 $\dot{\gamma}$ 成直线关系，它是牛顿流体的流动曲线，其斜率是黏度 η。

曲线 2：$a<1$，黏度 η 随 $\dot{\gamma}$ 增大而减小，这是非牛顿流体中的假塑性流体或切力变稀流体的流动曲线。

曲线 3：$a>1$，黏度 η 随 $\dot{\gamma}$ 增大而增大，这是非牛顿流体中的胀塑性流体或切力变稠流体的流动曲线。

由此可见，非牛顿流体的黏度不是一个常数，而是切变速率的函数。同一种流体在不同切变速率下会测得不同的黏度值，用它来衡量流体的流动性不正确。目前广泛采用表现黏度（η_a）。表观黏度是指给定切变速率下流体的黏度值。$\eta_a=\frac{\tau}{\dot{\gamma}}$ 在实际测定非牛顿流体的黏度时，大多是得到在某种切变速率下的表现黏度。

高聚物溶液大多是假塑性流体，其原因在于它具有大分子链而且是无规线团状，互相缠结。这种结构对流动的阻力较大，具有较大的黏度。当流速较大时，受到流线的剪切，卷曲缠结的结构将被拆散拉直，有利于相互滑动而导致黏度降低。高聚物流体的流动曲线表明，假塑性行为常出现在某一切变速率范围内，而在较低或较高的切变速率下为牛顿性行为。

一些非牛顿流体的表观黏度还表现出强烈的时间依赖性。它们大致可分为两类：一类是触变性流体，这种流体的黏度随流动时间延长而下降；另一类为流凝性流体，这种流体的黏度随流动时间延长而增加(图 5-3)。这两类流体中，有的具有可逆性，即停止流动后，黏度能回复；有的则为不可逆的，即停止流动后，黏度不可回复。

浆料是天然或合成的高聚物，它的水溶液与高分子溶液相同也具有流变性。有人曾对 CMC、PVA、变性淀粉和聚丙烯酸类等常用浆料做了流变试验。从流动曲线(图 5-4)来看，它们都属于 $a<1$ 的切力变稀的非牛顿流体，即它们的黏度随着切变速率增大而下降，因此，在提出浆液黏度值的同时必须注明其切变速率值。

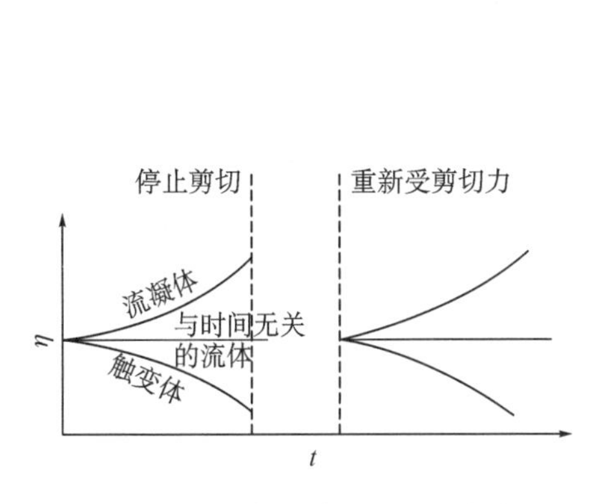

图 5-3　流体表观黏度与时间的关系

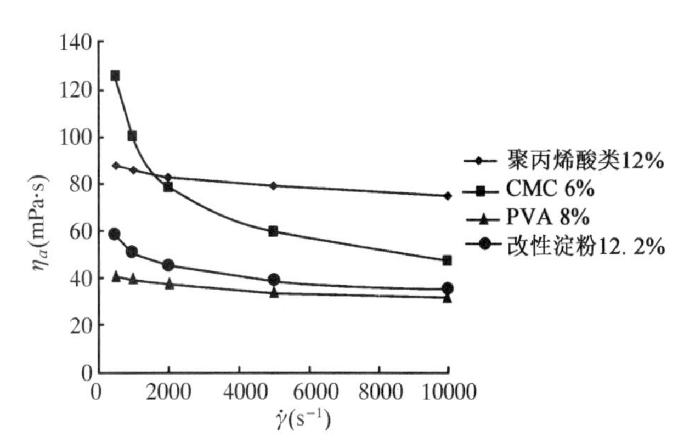

图 5-4　几种浆料溶液的流动曲线

在高速搅拌或浆纱机高速运转时，浆料黏度因切变速率的增大而下降，但下降的程度各不相同，由图 5-4 可知，淀粉、CMC 等浆料的黏度随切变速率的增大而明显下降，而 PVA、聚丙烯酸类合成浆料受高速搅拌的影响较小，在 2000 s^{-1} 时仍很稳定。

浆液在流动过程中，大部分浆料黏度下降后可以回复，如 CMC、PVA 和聚丙烯酸类浆料，而淀粉浆的黏度下降后不可回复，其原因一是分子链松弛能力差，二是长时间剪切（尤其是高温）导致淀粉大分子苷键断裂，聚合度下降。因此，淀粉浆需要小量调浆，不仅可防止过度热分解，也可防止因长时间受剪切作用而导致黏度下降太多。

5.3.2.2 浆液的黏度及其影响因素

浆料高分子溶液的黏度远大于小分子液体，在经纱上浆过程中，浆液的黏度直接影响到浆液对纱线的浸透和黏附，影响到上浆的均匀性，因此浆液的黏度是浆料重要的指标之一。

黏度是用来描述流体流动行为的物理量，是浆液流动时分子间的内摩擦阻力或黏滞阻力的物理量。根据牛顿黏流定律，相邻两层流体流动的黏度（η）可由下式表示：

$$\eta = \tau / D = \frac{F/A}{\mathrm{d}v/\mathrm{d}x}$$

黏度（η）的物理意义为相隔单位距离的两层流体，以单位速度差流动时，作用于单位面积上的内摩擦力。在 CGS 单位制中，黏度单位为泊（P）和厘泊（cP），1 P＝100 cP。20 ℃时，水的黏度为 1.008 7 cP，乙醇的黏度为 1.19 cP，甘油的黏度为 1499 cP。

在国际单位制中，黏度单位为帕斯卡·秒（帕·秒或 Pa·s），与 P 的换算关系为 1 P＝0.1 Pa·s，1 cP＝1 mPa·s。

浆料溶液在剪切流动中大多呈切力变稀的特性，其黏度受许多因素的影响。下面讨论浆料的分子结构、温度、浓度等因素对浆液黏度的影响。

（1）分子结构。浆料的相对分子质量越大，分子间作用力越大，则大分子链重心相对移动越难，浆料的黏度就越大。另外，相对分子质量越大，大分子链越长，大分子链发生缠结导致滑移困难而使黏度增加。大分子链的几何形状即分子链是直链型还是支链型，以及支链的多少和长短对黏度也有很大的影响。当支链较短时，浆料黏度比直链分子低，随着支链的增长，黏度增大，当支链长到一定值时，黏度急速上升，大于直链分子。在相对分子质量相同的条件下，支链多而短的浆料比支链少而长的浆料流动空间阻力小而黏度低，易流动。如支链淀粉因具有长支链，其浆液黏度远远大于直链淀粉。当相对分子质量相同时，相对分子质量分布对浆料的黏度也有影响。相对较均一的分子，黏度随切变速率的变化较小，分布宽的浆料随切变速率的变化较大，分布宽的浆料流动性好，黏度低。

（2）温度。当温度升高，浆料分子热运动加剧，分子间作用力减弱，从而使浆液黏度下降。因此，测定黏度时必须严格控制温度，在引用黏度值时必须注明温度。低分子液体可用阿累尼乌斯公式表示黏度（η_0）与温度（T）间的关系：

$$\ln \eta_0 = K + \frac{E_\eta}{RT}$$

式中：η_0 为零切黏度（切变速率趋近于 0 时的黏度）；E_η 为液体活化能；R 为气体常数；T 为绝对温度；K 为常数。

高聚物液体可用下式表示：

$$\frac{\eta_1}{\eta_2}=e^{-\frac{E_\eta}{R}\left(\frac{T_1-T_2}{T_1T_2}\right)}$$

由上式可知，高聚物浆料黏度的温度敏感性取决于液体活化能，活化能越高，黏度受温度的影响越大。

(3) 浓度。浆料溶液与其他高分子溶液相同，其黏度一般随着浓度增加而增大。浆料的零切黏度 η_0 与浓度 C 的关系式如下：

$$\lg\eta_0=A+BC^m$$

式中：A、B、m 为常数。

不同结构的浆料，浓度对黏度的影响是不同的。例如 CMC 和海藻酸钠在浓度较低时就有很高的黏度，属于低浓高黏度浆料，这类浆料在上浆工程中很难达到一定的上浆率。又如动物胶在浓度小于 4%时，浆液的黏度随浓度增加的上升率较小，当浓度大于 6%时，浆液的黏度随浓度的增加而急剧上升。因此，在上浆过程中必须控制好浆液的浓度和温度，保持浆液具有适当的黏度，以保证经纱上浆的均匀性和浆料与经纱的黏附性。在标明浆液黏度值时，必须注明测试时的温度、浓度。

5.3.3　浆料的黏附性及黏附机理

黏附性又称黏结性、黏着性或黏合性。它是指两个物体相互结合的能力，通常用黏附力或黏附强度表示。在上浆过程中，就是指浆料与纤维之间相互黏合的能力。显然，浆料的黏附性直接影响浆纱和坯布的质量及上浆效果和生产效率。

5.3.3.1　黏附的先决条件——润湿

要使浆料对纤维具有足够强的黏附性，首先要求浆料能很好地润湿纤维，即浆液能迅速均匀地铺展在纤维表面，实现两相间的紧密接触，以达到良好的黏合效果。因此，润湿是获得良好黏附的先决条件。浆液对纤维的润湿作用与纤维的组成结构及纤维表面状态有关。由润湿原理来看，当浆液的表面张力小于纤维的表面张力($\sigma_L<\sigma_S$)时，两者发生润湿，反之，则不润湿。如亲水性的棉纤维比疏水性的合成纤维的表面张力大，满足上述不等式而容易被浆液润湿。另外，表面粗糙多孔的短纤维比表面光滑的长丝容易被浆液润湿。

润湿只是一种宏观表面现象，而黏附力的实质是两者界面的结合力。浆液对纱线的润湿是两相间紧密接触的保证，是达到黏附的先决条件，但不是充分条件，两者具有结合力才是黏附的充分条件和黏附的本质。

5.3.3.2　黏附机理

浆料与纤维的黏附机理即两者的黏附过程及黏附力的本质。

(1) 吸附理论。吸附理论认为黏附过程分两个阶段：第一阶段是高分子溶液中的黏附剂粒子的布朗运动以及外界压力作用下，使它迁移到被黏物的表面，致使两者靠得很近发生表面润湿作用。第二阶段是吸附作用，当黏附剂与被黏物分子间的距离小于 0.5 nm 时，产生吸附力，这种吸附力包括范德华力和氢键。吸附理论认为黏附力就是分子间力。

吸附理论应用广泛但很不完善。剥离黏附剂薄膜所做的功比克服分子间力所需的功大几十至几百倍。由此说明，黏附剂与被黏物之间的黏附力不可能是单纯分子间力作用的结果。另外，剥离速度对黏附力的影响以及某些非极性高聚物之间有很强的黏附力。

（2）扩散理论。扩散理论是由吸附理论发展而来的，扩散理论包括两种论点。

① 扩散黏附层作用。黏附剂浆料首先以溶液的形式铺展到被黏物纤维表面，两者发生润湿吸附，产生分子间力。进一步的，浆料和纤维的大分子链相互扩散纠缠，相互渗透，使两相界限模糊，从而牢固地联结起来，形成扩散黏附层（图5-5）。随着接触时间的增加，使扩散更加深入。这种扩散黏附层具有很高的黏附强度。扩散理论认为黏附力包括分子间力和扩散层作用力。

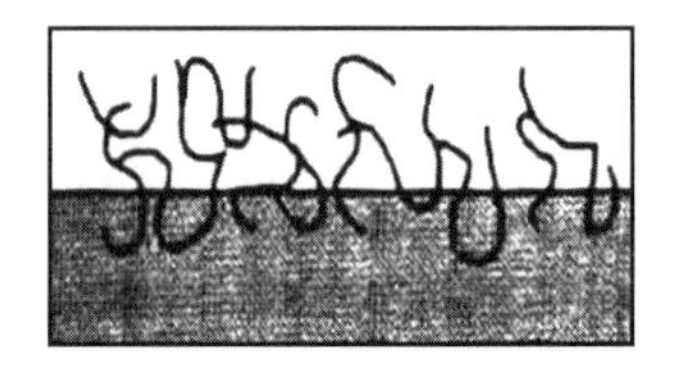

图5-5　扩散黏附层的形成

② 相似相容原理。扩散理论的基础是“相似相容”原理。大分子链相互扩散纠缠与其互容性有关，这种互容性由极性相似决定。如果两个高聚物都是极性或非极性的，它们的黏附力就高，反之一个是极性的而另一个是非极性的，则黏附力较低。这一论点对浆料选择有一定的价值，应当根据纤维的结构和性质来选择浆料。比如棉、麻等纤维素纤维应选用极性高的浆料。聚酯纤维宜用酯类浆料。从扩散理论可以看到，黏附作用主要取决于黏附剂的大分子链结构和分子柔顺性。此理论可解释接触时间的长短、剥离速度、温度及分子形状对黏附力的影响。

浆料的黏附机理可用扩散理论分析说明。从浆料的上浆过程来看，首先是经纱浸浆，它是一个经纱吸浆的过程，使浆液转移到经纱表面发生润湿。然后是挤压，经过压浆辊有力的挤压，使浆液与纤维的分子间距离下降，促进浆液对纤维的润湿和吸附，使浆液与纤维间产生分子间力而互相结合。同时，由于挤压，一部分浆液渗入经纱内部（图5-6），再利用浆料分子的柔顺性，加速浆液与纤维分子的互相扩散和纠缠，形成扩散黏附层，使浆液与纤维间的黏附更牢固。最后进行干燥，使经纱表面的浆液形成一层完整的浆膜。

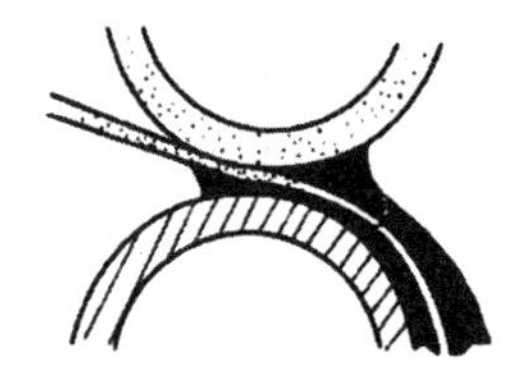

图5-6　经纱压辊吸浆过程

5.3.3.3　影响浆料黏附强度的因素

影响浆料黏附强度的因素很多，主要与浆料的结构和性质、纤维的结构和性质以及上浆工艺条件等有关。

（1）浆料的结构对黏附强度的影响。由扩散理论可见，影响黏附性能的关键因素是浆料与纤维的相容性与扩散层作用。扩散层作用的大小主要受浆料分子链柔顺性的影响，柔顺性好，则有利于扩散，可提高黏附强度。影响分子链柔顺性的结构因素有主链结构、大分子链形状、分子极性及相对分子质量。

浆料分子的主链结构和大分子链形状对分子的扩散能力以及被黏物间的黏附强度有很大影响，如果分子的主链以杂环、芳环所组成，则因链段内旋转难，柔顺性降低，不利于扩散而使黏附强度下降，如淀粉、褐藻酸钠、CMC浆料的黏附性不如PVA和聚丙烯酸酯浆。如果高聚物分子主链上带有大量短支链或带有环状结构的支链，由于空间位阻大，阻碍链段运动而使分子链的柔顺性下降，不利于浆料分子链的扩散，从而使黏附强度下降。

浆料分子的极性对纤维黏附强度的影响需从两方面分析。根据“相似相容”原理，一般极性大的黏附剂有利于对极性高的被黏物的黏附，极性小的黏附剂有利于极性低的被黏物的黏附。比如：完全醇解的 PVA 对合成纤维的黏附性低于部分醇解的 PVA，这是由于非极性的被黏物与极性高的黏附剂润湿不好而不能很好地黏附，因此选择浆料时要考虑到“相似相容”原则。第二，即使采用极性大的浆料对极性大的纤维进行黏合，如果浆料极性太大，浆料分子间作用力增大，导致分子链的柔顺性下降，扩散困难，反而影响黏附强度。

浆料的相对分子质量低，则其溶液黏度低，流动性好，有利于对纤维的润湿而形成两者分子间的紧密接触，提高黏附强度。但如相对分子质量太低，浆料分子间的内聚力小，容易引起浆料层内部的破坏，最终影响黏附性能。当浆料相对分子质量高，浆料内聚力大，浆膜强度高，但因黏度增大而不利于润湿。浆料分子间作用力大，分子链的柔顺性下降，扩散困难，同样得不到最佳的黏附强度。因此，对于某一类高聚物，只有相对分子质量在一定范围才能使它既有较大的内聚力又有良好的扩散性能来保证其有较高的黏附强度。

综合分析各种浆液对纤维黏附强度的顺序：对棉纤维，完全醇解 PVA＞部分醇解 PVA＞CMC＞天然淀粉＞聚丙烯酸酯＞水分散性聚酯；对聚酯纤维，水分散性聚酯＞聚丙烯酸酯＞部分醇解 PVA＞完全醇解 PVA＞CMC＞天然淀粉。

(2) 影响黏附强度的其他因素。黏附剂溶液的黏度与黏附剂对被黏附物的润湿有密切关系。黏附剂的黏度低，流动性好，有利于润湿。实际黏附时，被黏物表面不是平整的，黏附剂渗入被黏物表面的空隙驱出空隙中的空气，才能达到润湿。对于黏度大的黏附剂，需通过加热或加压来改善其润湿性能。

被黏物表面洁净，无油污、尘埃，则有利于润湿和黏附，比如棉纤上的蜡质和化学纤维上的纺丝油剂都不利于润湿而降低黏附强度。被黏物表面有一定的粗糙度，则有利于提高黏附强度，但粗糙度不宜过大，否则使浆层厚薄不匀，过厚处浆膜易折断。

黏附层厚度对黏附强度有密切关系，一般在保证黏附剂不缺少的情况下，黏附层厚度尽量小些，有利提高黏附强度。不同类型的黏附剂要求黏附层的厚度不同，常用合成黏附剂厚度以 0.05～0.25 mm 为宜。

油脂等辅助材料会使浆料与纤维分子隔离，削弱浆料分子的内聚力而使黏附强度明显下降，因此在上浆工程中应具体分析。

湿度对黏附强度也有影响，当湿度过高时，会使浆料发黏，失去黏附强度；湿度过低会引起浆膜发脆。因此，要求浆料在相对湿度 55%～85%时，应保持优良的黏附性能。

5.3.4 浆料的成膜性及浆膜性能

成膜性是浆料的又一重要性能。浆料的成膜性即浆料的成膜能力。上浆过程中，不仅要求浆料有良好的成膜能力，而且要求浆膜具有良好的物理力学性能。

5.3.4.1 成膜机理

浆料的成膜机理与浆料和纤维间的黏附机理相似，也可用扩散理论来解释，即可把成膜过程看成一种自体扩散过程。高分子链一般在溶液中自由运动,自发形成一个纳米球。两个高聚物分子链纳米球,因其链段的热运动而互相扩散,纠缠在一起,形成一个固体。能够增大分子热运动的因素都能使自缠结增强。比如:温度升高,分子链段热运动加剧而提高扩散速度,结果高聚物分子间的结合力增大。

经纱上浆后,部分浆液覆盖在经纱表面,经过烘燥而形成浆膜的过程可分成三个阶段,即水分蒸发,颗粒变形和高聚物分子的相互扩散。

成膜的第一阶段中,分散体中水分不断蒸发,使溶解在溶液中的物质浓度增大,分散体中高聚物纳米粒接近和接触,形成浓度极大的分散体层。

成膜的第二阶段中,高聚物纳米颗粒变形。当水不断从粒子间的空隙蒸发时,球型粒子因受各种力的作用而相互接触。接触越来越紧密,将球型粒子挤成多面体。高分子链柔顺性大,易变形,则容易成膜,反之,高分子链刚性大,不易变形,则难成膜。当温度高于其最低成膜温度时,高聚物颗粒具有足够的弹性,有利于变形,有利于形成连续性薄膜。反之,温度低于此温度,高聚物刚性大而不利于成膜。最低成膜温度与高聚物的玻璃化温度(T_g)相一致。只有在 T_g 以上时,链段才能够运动,有利于变形及分子间相互扩散,纠缠而成膜。

成膜的第三阶段是高聚物分子的相互扩散。由于水分子基本被蒸发,高聚物粒子间紧密接触变形,同时,高聚物分子间相互扩散,彼此纠缠在一起而发生自黏,最终形成大片的薄膜(浆膜)。

5.3.4.2 浆膜的主要性能

为提高经纱的可织性,要求浆膜具有较大的强伸度、耐磨性、屈曲强度等物理力学性能,即要求浆膜具有强韧性。另外,还要求浆膜具有良好的水溶性便于退浆及较低的再黏性。几种常用浆料的浆膜的物理力学性能见表 5-1。

表 5-1　几种常用浆料的浆膜的物理力学性能

浆料	断裂伸长率(%)	断裂强度(N/mm^2)	耐磨次数	屈曲次数
玉米淀粉	4.0	48.8	63.1	341
海藻酸钠	6.8	29.5	80.2	430
CMC	11.8	32.7	100	680
PVA(1799)	165	43.1	937	>10 000
聚丙烯酸酯	206	10.3	214	>2000

由表 5-1 可见,几种常用浆料的浆膜的物理力学性能顺序如下:

(1) 断裂强度:淀粉>PVA>CMC>海藻酸钠>聚丙烯酸酯。

(2) 伸度:聚丙烯酸酯>PVA>CMC>海藻酸钠>淀粉。

(3) 柔软性:聚丙烯酸酯>PVA>CMC>海藻酸钠>淀粉。

(4) 耐磨性与屈曲强度:PVA>聚丙烯酸酯>CMC>海藻酸钠>淀粉。

(5) 浆膜断裂强度主要取决于浆料分子间作用力。浆料的相对分子质量和分子极性大，则分子间作用力大，浆膜的断裂强度也增大。但是浆膜的断裂强度都小于原纱，浆膜的强度对提高浆纱强度的作用很小。因此在上浆过程中应当分析比较浆纱的强度，而浆纱强度的提高主要与浆液和纱线的润湿、黏附有关。如：淀粉浆膜的断裂强度最大，但由于其主链中含有杂环，相对分子质量和极性大，分子间作用力大，使浆料分子链柔顺性差，导致其对纤维的黏附性下降，因此，淀粉上浆的浆纱断裂强度并不大。浆膜的伸度、柔软性和弹性等指标对浆纱有很大影响，一般来讲，短纤纱上浆后的浆纱比原纱的断裂强度提高 10%～25%，伸度则降低 10%～25%；长丝纱上浆后的原纱强度增加较少而伸度变化不大。另外，浆液渗透入纤维并黏附成的浆纱，其柔软性和弹性都受影响。为使浆纱保持足够的伸度、弹性，要求浆膜具有优良的柔软性和弹性，要求浆膜的拉伸曲线与纱线拉伸曲线相近。

浆膜的伸度和柔软性主要取决于浆料分子链的柔顺性，影响柔顺性的因素也就是影响伸度和柔软性的原因。由上表可见，聚丙烯酸酯浆料的极性最小，分子链的柔顺性好，分子间作用力低。因此聚丙烯酸酯浆膜柔软且伸度大。淀粉浆膜硬脆且伸度小与其主链结构，分子极性，相对分子质量及分子链形状等结构因素导致分子链柔顺性差有关。

浆纱的耐磨性是浆料黏附力及强伸度的综合指标。浆纱在织造时，浆膜是摩擦力的主要承受者，因此，浆膜的耐磨性是一个重要指标。经纱在织造时要承受反复的弯曲，经上浆后的浆纱往往较僵硬，屈曲强度下降。由表 5-1 可知，聚丙烯酸酯浆膜柔软而不坚固，耐磨性和屈曲强度间于 PVA 和淀粉之间。淀粉浆膜硬脆，耐磨性和屈曲强度最差。因此，当淀粉浆纱在相对湿度较低时织造，淀粉浆膜会开裂脱落而出现大量的粉状落浆。PVA 浆膜的耐磨性和屈曲强度最好。这些性能与浆料大分子链的柔顺性和 T_g 有关。

水溶性好的浆膜有利于退浆。以冷水可溶性淀粉及聚丙烯酸酯浆膜的水溶性为最好。CMC 与 PVA 浆膜的水溶性较差。

再黏性是指浆膜在温湿度较高的环境下吸收水分而发黏的现象。由于浆膜的再黏性会使浆丝之间发生黏并，浆丝与机架发生黏搭。这会破坏浆膜的完整性，在织造时造成开口不清，影响织造效率和织物质量。引起浆膜再黏的原因是浆料玻璃化温度过低、浆膜过软以及浆膜的吸湿性强。合成浆料尤其是聚丙烯酸酯浆料的再黏性比较严重。

5.3.4.3 影响浆膜性能的因素

影响浆膜性能的因素很多，主要与浆料高聚物的相对分子质量、主链结构、分子形状、分子中的极性基团以及结晶状态等结构因素有关。

当浆料相对分子质量大，分子间作用力大，则浆膜的抗拉强度就高。如 PVA 聚合度为 2400 的浆膜比聚合度为 1700 和 500 的浆膜的抗拉强度高。每种高聚物都有一个最低聚合度，超过该临界值，其薄膜才具有机械强度，而且随着大分子链的增长不断增强。从浆膜的机械强度来看，相对分子质量高有利，但另一方面，相对分子质量过大，分子扩散较难，使黏附力反而削弱。比如：使用淀粉浆时往往要将其部分分解，目的是降低相对分子质量，增加浆液流动性，也有利于扩散，提高上浆效果。聚丙烯酸酯浆料也因聚合度的不同，有的浆膜非常强韧，有的浆膜就软而具有再黏性。实际上用作浆料的聚丙烯酸酯，一般具有 200～2000 的聚合度。

浆料的扩散能力取决于浆料分子主链结构，主链中含杂环、芳环的浆料（如淀粉），因其链段内旋转难而使分子链柔顺性差，不利于扩散而影响其成膜性且浆膜脆硬。另外，浆料分子形状也有很大影响。线型及具有规则结构支链的长链分子有良好的柔顺性，有利于分子间的相互扩散，因此具有较好的成膜性。相反，带有大量短支链的分子或带有大体积支链的高聚物成膜性差。比如：直链淀粉具有良好的成膜性，浆膜力学性能好。而支链淀粉的成膜能力及浆膜性能差。又如：聚丙烯酸酯浆料具有良好的柔顺性，成膜能力强，浆膜柔软。

在常温下，只有非极性和弱极性高聚物才具有优良的成膜能力，而极性高聚物因分子间作用力大而阻碍链段的热运动，使其成膜能力降低。形成的浆膜也刚硬，如：淀粉浆和PVA都是极性大的浆料，它们的浆膜都比极性小的聚丙烯酸酯浆的浆膜刚硬。晶态高聚物中的分子链排列有序规整，分子间作用力很大，很难发生分子的热运动，不具有成膜性，而非晶态高聚物在超过玻璃化温度时就具有高度自黏性而成膜。

浆膜具有吸湿性，各种浆料的吸湿性见表5-2。因此，浆膜力学性能除了受浆料结构影响，还受湿度的影响。水分子的进入相当于增塑剂，会降低浆膜的玻璃化转变温度。当外界湿度低时，浆膜硬、脆；湿度高，会使强度下降并出现再黏现象。浆膜的吸湿性与浆料分子中所含的亲水基团有关。为保持浆膜性能良好，织造车间温、湿度需根据所用浆料而进行调节以保证织造顺利进行。

表5-2　浆膜的吸湿性(相对湿度为70%)

浆料种类	玉米淀粉	海藻酸钠	CMC-Na	完全醇解PVA	部分醇解PVA	聚丙烯酸酯	聚丙烯酰胺
吸湿率(%)	15.6	18.2	25.5	12.4	15.1	9.3	21.3

5.4　淀　粉

淀粉是经纱上浆的主要浆料，在当前耗用的浆料中仍占最大比例(约70%)。淀粉是天然高聚物，存在于植物的种子，果实和块根中。如：小麦淀粉、玉米淀粉为种子淀粉；马铃薯淀粉、甘薯淀粉为根淀粉。玉米中淀粉含量最高，达79.4%。目前，全世界的淀粉产量中，玉米淀粉占70%以上。淀粉浆料具有许多优点，如：对亲水性的天然纤维有较好的黏附性和一定的成膜性，资源丰富、价格低廉、淀粉浆的退浆污水对环境污染程度小等。但是，因淀粉的结构原因，其上浆性能及其效果不太好，常需对它做改性处理或与其他浆料混合使用。

5.4.1　淀粉的结构

淀粉是由α-D-葡萄糖缩聚而成的多糖类高聚物。淀粉的分子式为$(C_6H_{10}O_5)_n$，与纤维素(β-D-葡萄糖缩聚)相同。

由于α-D-葡萄糖缩聚的方式和位置不同，淀粉有直链淀粉和支链淀粉两种。直链淀粉

是由 α-D-葡萄糖以 1，4-苷键联结而成的直链大分子，n 为 250～4000。在每个葡萄糖残基中有三个醇羟基，其中第二、三碳原子上是仲羟基，第六碳原子上是伯羟基。葡萄糖残基之间由苷键相连，大分子链末端有一个还原性的苷羟基，它在整个大分子中的比例很低。因此，淀粉不呈还原性。直链淀粉结构式如下：

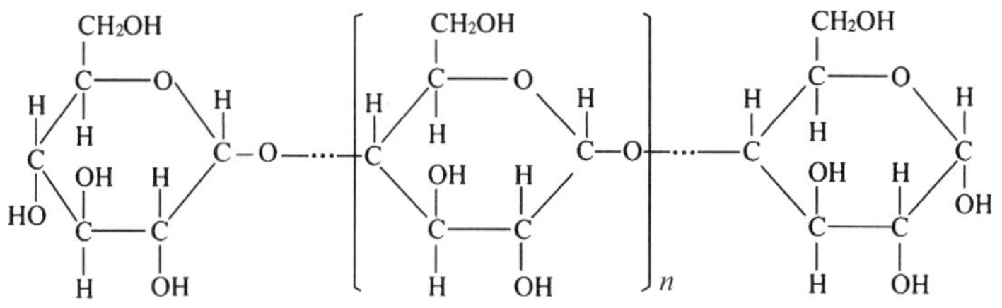

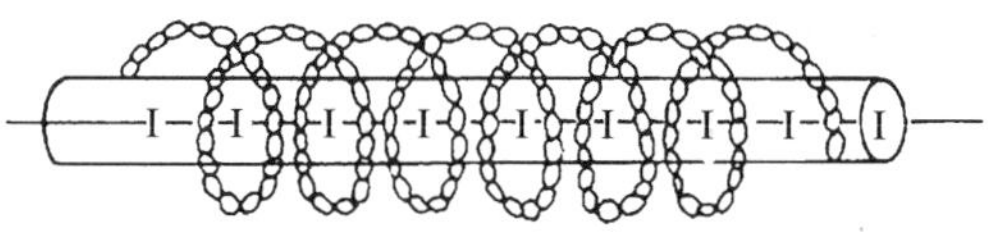

直链淀粉呈线型，分子中的羟基彼此可形成氢键链接，使淀粉在水中的溶解度较低，易沉淀变稠呈凝胶状。直链淀粉在水中呈螺旋结构，与碘分子形成蓝色络合物，用此方法可检测淀粉的存在。

支链淀粉的主链也由 α-D-葡萄糖以 1，4-苷键联结而成，另有很多 1，6-苷键或少量 1，5-苷键联结而成的支链，大分子呈支链型。它的平均聚合度为 600～6000。支链淀粉的结构式如下：

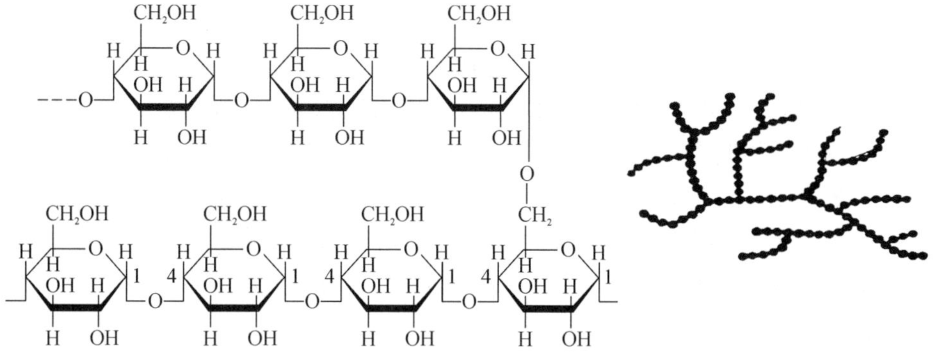

直链淀粉和支链淀粉的结构不同、性质也不同，两者的区别见表 5-3。

表 5-3　直链淀粉与支链淀粉的结构与性能的比较

性能项目	直链淀粉	支链淀粉
分子链形状	直链	支链

（续表）

性能项目	直链淀粉	支链淀粉
聚合度	200～4000	600～6000
构象结构	螺旋形	双螺旋形
聚集态结构	分布于非晶区	形成结晶部分
在水中状态	固液分离，易胶凝	成浆，胶凝
与碘反应	呈蓝色	呈红紫色
与 β 淀粉酶反应	100%水解	60%水解
浆液黏度	低	高
黏附性	差	较好
浆膜	弹性	脆性

由于两种淀粉的结构、性质不同，其在上浆工艺中所起的作用有差异。支链淀粉是组成胶凝状浆液的主体，淀粉浆的黏度主要由它起作用，它能促进纱线的毛羽伏贴，也能保证浆膜有一定厚度。它对纤维具有较好的黏附性以及增强经纱耐磨性的作用，但它的薄膜发脆。与此相比，直链淀粉浆膜柔软、坚韧、富有弹性。

5.4.2 原淀粉的上浆性能

浆料的上浆性能主要包括浆料的水溶性或水分散性、浆液流变性及黏度、黏附性、成膜性及浆膜性能等。

5.4.2.1 淀粉的水溶性以及在水中的变化

由淀粉分子结构分析，每个葡萄糖残基中含三个极性基团羟基，它应具有较强的亲水性。但实际上，原淀粉在水中并不溶解，其原因在于淀粉具有结晶结构以及分子间氢键缔合。原淀粉颗粒在水中的变化有两步：第一步是膨润，当淀粉在水中吸收水分并透过皮膜渗入内部后体积增大而发生膨润。这种膨润首先发生在非晶区，削弱分子间氢键，随着温度升高，结晶区的分子间力也开始破坏。一般将温度控制在 55～60 ℃，经 20～30 min 充分搅拌，淀粉即充分膨润。膨润的结果使原来稀薄的悬浊液黏度迅速上升，各种淀粉粒子外形变得模糊，形成了不透明的淀粉分散液。第二步是糊化。当膨润的淀粉继续加热，淀粉粒子迅速膨胀并破裂，使不透明的分散液变成透明的、具有一定黏度的浆液，这一状态叫糊化，糊化时的温度叫糊化温度。各种淀粉的糊化温度在 70 ℃左右。在糊化温度时，淀粉浆黏度急剧上升，当继续升温，浆液的黏度随着加热时间的延长反而降低，到某一时间，黏度达稳定状态，这种黏度稳定状态称“完全糊化”。

上浆工程中需要用完全糊化的浆液。因此，各种淀粉需经一定时间的煮沸并待黏度稳定后用于上浆。如小麦淀粉、玉米淀粉需经 1 h 煮沸，黏度趋稳定，达到完全糊化。

5.4.2.2 淀粉浆液的黏度

淀粉浆液具有较高的黏度。含支链淀粉的比例越高，则浆液黏度越高。煮浆温度高，淀粉糊化快。为使浆液黏度稳定,必须保证煮浆时间。淀粉浆液属于切力变稀流体,因此高速搅拌即高的剪切应力会引起黏度迅速降低,随着搅拌时间的延长,这种黏度的下降不可回复,会影响上浆效果。

上浆温度高,黏度下降,淀粉浆冷却会出现增稠及胶凝现象。小麦淀粉、玉米淀粉含直链淀粉多,冷却时胶凝快。pH 值对浆液黏度的影响随淀粉种类而异。种子淀粉的黏度在 pH 值为 5~7 时没有多大影响,根淀粉对酸性很敏感,玉米淀粉在 pH 值为 2.5 时,水解破坏明显,黏度显著下降。

5.4.2.3 淀粉浆液的渗透性和黏附性

淀粉浆是一种胶状悬浊液,在低温时,淀粉浆形成凝胶。原淀粉相对分子质量很高,因此其对纱线的渗透性差,上浆效果差。原淀粉须经分解或改性处理,升高温度或添加表面活性剂才可改善其渗透性。

淀粉大分子具有大量羟基,具有较强的极性,淀粉对极性强的纤维具有一定的黏附性,对疏水性合成纤维的黏附性差。与其他浆料相比,淀粉的黏附强度最低,这是由于淀粉大分子的主链中含杂环、具长支链、分子极性强以及相对分子质量大等结构因素导致大分子链柔顺性差的结果。常用浆料的黏附强度比较见表 5-4。

表 5-4 常用浆料的黏附强度比较

浆料	黏附强度(4%浓度)(cN/cm^2)
CMC	1052
海藻酸钠	778
玉米淀粉	399

5.4.2.4 淀粉浆的成膜性及浆膜性能

淀粉分子链是由环状结构的葡萄糖基构成的,分子极性大,大分子链柔顺性差,不利于形成扩散层,因此,成膜性差,浆膜硬脆,不耐磨,屈曲强度差。淀粉浆膜的力学性能与空气湿度有很大关系,当空气干燥时,浆膜硬脆;当空气湿度提高,浆膜吸湿后,柔软略有弹性。但空气湿度过高,会使浆膜发软、发黏,力学性能恶化。因此,使用淀粉浆纱线时,其织造车间的相对湿度控制非常重要。为提高浆膜的柔软性,也可以在淀粉浆液中加入油脂或柔软剂,但用量过多会使浆膜强度及其黏附力削弱。为降低浆液黏度,可用硅酸钠等分散剂使原淀粉的相对分子质量降低而有利渗透。目前上浆较少使用天然淀粉而多采用改性淀粉。

5.4.3 原淀粉的改性及改性淀粉

原淀粉浆料改性的主要目的:一是改善原淀粉的流变性能,降低黏度,提高浆液黏度的稳定性以及对纺织纤维的渗透性;二是提高淀粉浆的黏附性、成膜性及其浆膜的性能,以满足上浆的要求。

淀粉大分子结构中具有的羟基和苷键等活泼基团是淀粉改性的基础。苷键易发生断裂而使大分子降解,相对分子质量降低;淀粉分子中每个葡萄糖残基含有一个伯羟基和两个仲羟基，这些羟基非常容易发生化学反应，如：氧化、醚化、酯化等反应，由此可进行改性处理制得一系列淀粉衍生物。

5.4.3.1 酸水解

淀粉分子中苷键遇稀酸易水解断裂，大分子聚合度降低，最后水解产物为葡萄糖。酸水解过程先是酸浸透到淀粉粒子的非晶区，引起非晶区分子中 1，4-苷键和 1，6 苷键的水解。非晶区内的支链淀粉先水解，然后缓慢水解结晶区内的直链和支链淀粉。淀粉水解的程度可用淀粉碘反应来检查，随着水解程度的增加，与碘的显色反应由原来的蓝色→紫色→红色→无色。当达到酸解要求后应立即用碱中和以控制淀粉的水解程度。酸解淀粉是一种可溶性淀粉，相对分子质量低，浆液黏度低、流动性好，可作为棉纱、黏胶纱及苎麻纱的主体浆料。也可与 PVA，聚丙烯酸酯类浆料混用于涤/棉、涤/黏、涤/麻等混纺纱上浆。但因化学结构与天然淀粉相同，大分子链柔顺性差，浆膜仍硬脆，在使用时需配用柔软剂。

5.4.3.2 氧化作用

淀粉分子中的羟基及苷键容易受氧化剂的进攻而发生氧化作用，氧化作用分两步进行，先是分子中的伯羟基氧化成醛基、羧基；随后苷键受氧化剂作用而断裂，使淀粉聚合度降低，反应式如下：

$$\text{—O—[葡萄糖单元, C}_6\text{上 }CH_2OH\text{]—O—} \xrightarrow{[O]} \text{—O—[葡萄糖单元, C}_6\text{上 }-\overset{O}{\overset{\|}{C}}-H\text{]—O—} \xrightarrow{[O]} \text{—O—[葡萄糖单元, C}_6\text{上 }-\overset{O}{\overset{\|}{C}}-OH\text{]—O—}$$

普通氧化淀粉是由次氯酸钠作为氧化剂与淀粉作用而得的。氧化淀粉浆液黏度低、流动性好、渗透性强，不易胶凝。对棉纤维的黏附力比天然淀粉有提高，但浆膜仍脆硬。它在线密度小的纯棉纱、苎麻纱等上浆中可作为主体浆料应用。与 PVA、聚丙烯酸酯类浆料混用于涤/棉、涤/黏、涤/麻等混纺纱上浆。

5.4.3.3 热裂解

淀粉经高温焙烘(110～220 ℃)，首先使大分子分解成小碎片，然后碎片又重聚再结合成短分子形态的低聚物糊精。根据淀粉热裂解的条件和方式不同可得到白糊精、黄糊精和印染胶三种不同产物。糊精的聚合度太低，对纤维的黏附性和成膜性较差，不能单独用于上浆。可与 PVA，聚丙烯酸类浆料混用。其主要用途是胶黏剂。

5.4.3.4 酯化反应

淀粉分子中具有大量羟基，可与无机酸或有机酸发生酯化反应生成淀粉酯。羟基反应后，淀粉的规整性下降，结晶趋势减弱，水溶性增加。经纱上浆用的酯化淀粉主要有以下几种：

（1）淀粉醋酸酯——淀粉与醋酸酐或醋酸乙烯酯反应而形成。上浆用的淀粉醋酸酯的取代度较低。淀粉醋酸酯浆液稳定，流动性好，不易胶凝，对亲水性纤维黏附性高。另外，根据相似相容原则，酯基引入淀粉后，与聚酯结构的相似性，增强了两者的相容性，提高了对涤/棉混纺纱的黏附性。浆膜强度大，与原淀粉相比，强度相近但断裂伸长提高 2～4 倍，即浆膜柔韧可弯。这是由于酯基的引入削弱了淀粉大分子中羟基间的缔合，提高了分子柔软性。该上浆纱毛羽显著降低，具有很好的耐磨性。主要用于棉纱、苎麻纱、黏胶纤维及涤/棉混纺纱上浆，也可与合成浆料混用于涤/黏、涤/毛混纺纱上浆。

$$(\text{淀粉葡萄糖单元},\ CH_2OH) + (CH_3CO)_2O + NaOH \longrightarrow (\text{淀粉葡萄糖单元},\ CH_2OOCCH_3) + CH_3COONa + H_2O$$

（2）淀粉磷酸酯——淀粉分子中的伯羟基与磷酸盐作用生成的磷酸单酯，它对合纤的黏附力不及醋酸酯，主要用于棉纱上浆，与合成浆料混用于涤/棉、涤/黏混纺纱。

（3）淀粉氨基甲酸酯——淀粉与尿素作用而生成，又叫尿素淀粉，主要用于棉纱上浆。

5.4.3.5 醚化反应

淀粉分子中的羟基可与醚化剂反应而生成醚化淀粉，如羧甲基淀粉、羟乙基淀粉、阳离子淀粉等。淀粉经醚化反应后，其大分子的羟基上引入了以醚键结合的侧链，从而削弱了淀粉分子羟基间的缔合作用，降低了浆膜的硬脆性，提高了浆膜的柔韧性，也提高了淀粉的水溶性，浆液黏度稳定。可用于线密度小的棉纱、苎麻纱上浆，也可与 PVA 共用于涤/棉混纺纱上浆。羧甲基淀粉与羟乙基淀粉上浆效果相似。

$$\underset{\text{淀粉}}{R_{st}-OH} + \underset{\text{氯乙酸}}{ClCH_2COOH} \xrightarrow{NaOH} \underset{\text{羧甲基淀粉}}{R_{st}-OCH_2COONa}$$

$$R_{st}-OH + \underset{\text{环氧乙烷}}{CH_2-CH_2\ (\text{O 桥连})} \xrightarrow{OH^-} \underset{\text{羟乙基淀粉}}{R_{st}-O-OCH_2CH_2OH}$$

$$(CH_3CH_2)_2NH + ClCH_2CH_2Cl \xrightarrow{OH^-} (CH_3CH_2)_2N-CH_2CH_2Cl$$

$$R_{st}-OH + (CH_3CH_2)_2N-CH_2CH_2Cl \xrightarrow{OH^-} R_{st}-O-CH_2CH_2-N(CH_2CH_3)_2 \xrightarrow{HCl}$$

$$R_{st}-OCH_2CH_2\overset{+}{N}(CH_2CH_3)_2Cl^- \ (\text{N 上连 H})$$

二乙基胺乙基阳离子淀粉

阳离子淀粉是由淀粉与氯化三乙基胺、环氧丙基三甲基氯化铵或 2-二乙基胺、乙基氯等试剂作用得到的各种淀粉氨基醚化物。反应产物分子中引入了胺基，胺基氮原子可接受质子而形成阳离子,故称之阳离子淀粉。阳离子淀粉带有正电荷,作为浆料,可与负电性较大的纤维表面有较大的吸引力,提高浆料与合成纤维的黏附力。具有良好的成膜能力、黏度稳定性,并使合成纤维具有抗静电作用。工业上使用 DS＝0.01～0.1,水分散性好,黏度稳定,用于合成纤维混纺纱上浆,也适用于玻璃纤维纱上浆,浆纱具较高耐磨性及可弯性。

5.4.3.6 淀粉的接枝共聚

接枝淀粉是在淀粉大分子主链上通过游离基引发接枝共聚具有一定聚合度的合成高分子侧链而成,接枝淀粉可表示如下:

```
    ——AGU—(AGU)n—AGU——
        |             |
—M—M—M              M—M—M—M—
```

式中:AGU 表示葡萄糖残基,M 表示接枝共聚到淀粉上去的单体。接枝淀粉结构由淀粉分子主链和合成高分子支链两部分组成,因此具有天然淀粉和合成高分子的两重性能。通过接枝改善淀粉浆料的性质,主要表现在,一是提高淀粉的水溶性和水分散性并改善其浆液的流变性;二是提高浆膜的柔韧性和耐磨性;三是增大对合成纤维的黏附性。

为提高淀粉的水溶性,改善其流变性,常用亲水性单体形成接枝支链,如:丙烯酸、甲基丙烯酸、丙烯酰胺等单体。这些亲水性支链的引入,既削弱了淀粉分子中羟基间的缔合,又因亲水性基团易与水形成氢键而被水分子溶剂化,致使浆料在水中溶解,如果支链上有羧基遇碱形成羧酸盐,更大地增加淀粉的水溶性。浆膜的吸湿性也会增大,导致浆膜的再黏性增加,影响浆纱的分绞和织造。对此,可采用氨水作为碱剂与支链羧基作用成羧酸铵盐。既保证淀粉的水溶性,又能降低浆膜的吸湿性和再黏性。

为提高淀粉浆膜的柔韧性和耐磨性,增大浆料对合成纤维的黏附性,则常用分子链柔顺性好的、玻璃化温度较低的合成高分子作为接枝支链。接枝支链的单体常用丙烯酸酯类,如甲酯、乙酯、丁酯、辛酯。另外,根据相似相容原则,接枝支链中许多疏水性酯基的引入将极大的提高淀粉对合成纤维的黏附性。但是,随着接枝支链高分子的玻璃化温度下降,浆膜太软也会导致其再黏性增大。

接枝淀粉浆纱的耐磨性和强力高于其他改性淀粉,远高于原淀粉,是一种有发展潜力的改性淀粉浆料,适用于合成纤维混纺纱上浆,减少使用降解性能差的 PVA 浆料,具有明显的经济效益和社会效益。

5.5 褐藻酸钠

海藻是一种海生植物的总称,它可分为褐藻(如马尾藻、海带等)和红藻(如海罗等)。褐藻中的褐藻酸含量在 40%以上。褐藻酸与碳酸钠作用即得到粉状褐藻酸钠。

5.5.1 化学结构

褐藻酸是一种聚糖醛酸，属于多糖类物质，但与淀粉结构相比，除单糖组成不同外，每个单糖分子中还含有羧基，它是由D-甘露糖醛酸及L-古罗糖醛酸以β-1，4-苷键联结而成的线型高聚物。它的相对分子质量为$5\times10^4\sim18.5\times10^4$。

褐藻酸中存在三种大分子结构：一种是聚D-甘露糖醛酸，它在褐藻酸中含量为40%～20%；第二种是聚L-古罗糖醛酸，含量在20%～40%；第三种是两种糖醛酸的交替共聚物，占40%～20%。习惯上常用第一种结构式表示。

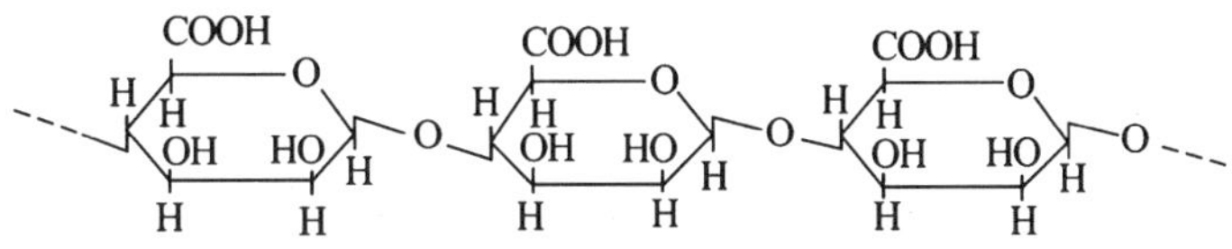

聚D-甘露糖醛酸

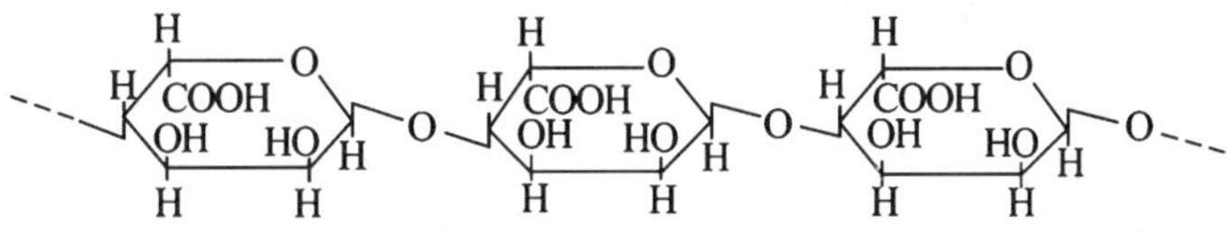

聚L-古罗糖醛酸

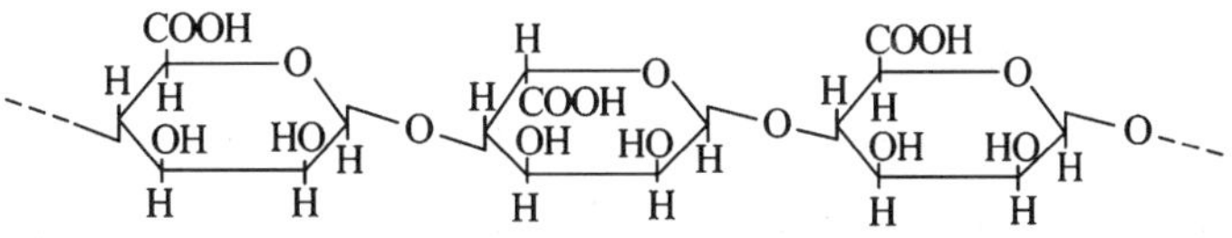

交替共聚物

5.5.2 褐藻酸钠浆料的性能

褐藻酸不溶于水，褐藻酸钠可溶于水，形成均匀的黏稠溶液，强酸、强碱会使其凝聚、析出。褐藻酸钠溶液属于假塑性流体，当其浓度高于1%时，溶液的黏度随切变速率的增加而降低，随温度的升高而降低。温度在20～60 ℃，黏度变化较大，每升高5 ℃，黏度约降低11%；当温度升到80 ℃以上时，黏度变化比较缓慢，因此，上浆温度在这范围可使上浆质量稳定。黏度随浓度增大迅速地升高，1%溶液在20 ℃时，黏度可达300～500 mPa·s。属于低浓度高黏度浆料，因此褐藻酸钠难以得到高的上浆率，一般只能达到3.0%～3.5%，属被覆性浆料。褐藻酸钠溶液在pH=5.0～11.0时，黏度较稳定，不受pH值的影响，在低于或高于此范围时，黏度随pH值变化而显著变化。

褐藻酸钠分子中具有许多羟基，与天然纤维分子链之间具有氢键及范德华力的结合，具有一定的黏附性，它的黏附力大于淀粉浆。褐藻酸钠浆具有一定的成膜能力，浆膜力学性能比淀粉好，但仍刚硬，弹性差，需加增塑剂，一般常用乳化油使浆膜柔软可弯。

褐藻酸钠浆料可适用于棉纱、黏胶短纤维和黏胶长丝上浆，也可与PVA或聚丙烯酸类浆料混用于涤/棉混纺纱上浆。但是，由于其价格高，又为低浓度高黏度浆料，上浆率难以提高，其在上浆应用中受到限制，尤其不能单独使用。目前广泛用作活性染料的印花糊料。

5.6 纤维素衍生物

纤维素衍生物属于半合成浆料。它由天然高聚物纤维素为原料经化学反应制得。利用纤维素大分子中羟基的活泼性，使纤维素发生醚化反应生成纤维素醚，降低纤维素的规整度，提高水溶性，使其能够用作浆料。

5.6.1 纤维素醚的结构与性质

制备纤维素醚时，首先用碱溶液溶胀纤维素，然后再与各种醚化剂反应使—OH 转变为—OR，生成纤维素醚。但是，碱浓度不宜过高，否则，发生醚化剂的水解的副反应。在碱液浓度为 35%～50%时副反应最慢，纤维素溶胀效果最好。

纤维素本身不溶于水，只略为膨胀，但纤维素醚则大部分可溶于水、稀酸、碱及有机溶剂。纤维素醚对酸、碱稳定，仅在浓酸下才发生醚键断裂、大分子水解作用。

纤维素醚的水溶性主要取决于三个因素，一是与醚化过程所引入的基团。在醚化反应中，引入的基团体积越小，则溶解度越大(如：甲基纤维素，乙基纤维素等)，引入的基团极性较强，则溶解度较大(如：羧甲基纤维素、羟乙基纤维素)。二是与取代度和醚化基团在大分子中的分布情况。与醚化淀粉相同，纤维素大分子中每个葡萄糖残基中被醚化基团所取代的羟基数叫取代度(DS)，如果三个羟基全被取代时，即 DS=3，DS 在 0～3。纤维素醚只能在一定取代度下，才溶解于水。由于分子中羟基极性基团减少，削弱了纤维素分子中羟基间的氢键缔合，使水分子能渗入到大分子链中形成水合物而显示水溶性。但是如取代度太大，则羟基大多数被醚化，极性基团羟基数目大大减少，使纤维素醚水溶性降低。表5-5 列出了几种重要的纤维素醚水溶性的取代度范围。另外，醚化基团在整个大分子内分布得越均匀，能溶于水的取代度范围越大，越有利于水溶性。纤维素醚的水溶性还与聚合度有关，聚合度越高，则越不容易溶解，聚合度越低，能溶于水的取代度范围越广。

水溶性纤维素醚可作浆料，经纱上浆和纺织工业中最常用的羧甲基纤维素、甲基纤维素、羟乙基纤维素及羧甲基—羟乙基纤维素等纤维素醚。

表 5-5 纤维素醚水溶性的取代度范围

名称	简称	醚化试剂	溶剂	水溶性的取代度范围
甲基纤维素	MC	一氯甲烷	水	1.5～2.4
乙基纤维素	EC	氯乙烷	水	0.8～1.3
羧甲基纤维素	CMC	一氯醋酸	水	0.4～1.2
羟乙基纤维素	HEC	环氧乙烷	水	0.5～1.5

5.6.2 羧甲基纤维素(CMC)

CMC是由碱纤维素与一氯醋酸反应制得,其反应式如下:

$$R_{Cell}—OH+NaOH \longrightarrow R_{Cell}—ONa+H_2O$$

$$R_{Cell}—ONa+ClCH_2COOH \xrightarrow{NaOH} R_{Cell}—OCH_2COONa+NaCl+H_2O$$

CMC是一种水溶性阴离子型线型高聚物,工业上常用的是其钠盐。为无味、无臭、无毒的白色粉状物。当取代度在0.4~1.2(中取代度)时,CMC即可溶于水。上浆用CMC的DS通常为0.7~0.8,这种CMC的溶解度高,溶解速率大,溶液稳定。CMC对碱较稳定,它的钾盐,铵盐均可溶于水,但钙盐使溶液混浊。AL^{3+}、Fe^{3+}等重金属盐类使CMC沉淀,因此调浆时要用软水。

CMC溶液属切力变稀非牛顿流体,黏度随切变速率增大及剪切时间延长而降低。与褐藻酸钠类似,CMC属于低浓高黏度浆料,即在浓度较低时,其黏度就很高。这种浆料上浆率低,不可单独用于上浆。CMC结构与纤维素相似,大分子结构中具有很多羟基,可与天然纤维以氢键结合,因此,CMC对亲水性纤维有一定的黏附性,黏附力大于淀粉浆和海藻酸钠(表5-4)。CMC能形成透明、坚韧、有一定弹性和较高强度的浆膜。根据其特性,可用于天然纤维、人造丝上浆。CMC浆料混溶性好,常用于混合浆,可与淀粉、PVA混用,与动物胶混用于人造丝上浆。CMC浆料还可以促进其他浆料的均匀混合,如当PVA与淀粉浆料混用时,CMC可起促进混溶作用。因此,CMC主要作辅助浆料使用,用量为主浆料的5%~10%。

5.7 动物胶

动物胶是一种胶原类蛋白质,由动物的骨、皮、肌腱和韧膜等结缔组织的胶原中提取。根据制备的原料和方法不同可分成骨胶、皮胶、明胶和鱼胶等几类。动物胶作为浆料应用于黏胶纤维与铜氨纤维等人造丝上浆。

5.7.1 动物胶的制备

骨胶由动物骨制取,干骨中含20%的骨胶原。骨胶制备的基本方法是将骨粉碎后先用有机溶剂提取骨油。接着将骨块预处理,清除骨块表面的杂质,促进骨块组织松懈便于出胶。然后进行蒸胶,蒸胶是利用蒸气蒸煮骨头,并以热水提炼出胶液的过程。胶液最后经蒸发,干燥制成固态骨胶。制备骨胶的方法比较剧烈,产品色泽发暗、杂质含量较高,相对分子质量较低。

制备明胶的方法较温和,产品色泽浅、透明、纯度高、相对分子质量略高。明胶有两种制备方法,即碱法和酸法,我国80%以上使用碱法。将粉碎后的骨料用热水或有机溶剂提取骨油,然后用石灰液浸渍处理,除去杂质、提净胶原并促使胶原纤维膨胀、分子间力减弱,便于熬胶时水解成明胶。再经水洗中和后进行熬胶，使不溶于水的胶原经水解作用而形成溶于水的明胶液。熬胶时必须严格控制温度(<70 ℃)、时间(3～8 h)和介质 pH 值(5.5)。否则将使胶原水解速度显著增加而生成一系列其他水解产物。酸法制备明胶就是在粉碎的骨料提油后浸入 pH 值小于 2.0 的稀酸溶液中数小时，再用水漂洗，然后经两次浸酸、两次水洗处理，不仅除掉了骨中的矿物质，而且还发生了一定的水解作用，形成明胶。此法制得的明胶含杂质多于碱法。

5.7.2 动物胶的化学结构

骨胶由骨胶原水解而成。经元素分析测得动物胶化学组成，它主要含有以下四种元素：

C 51.29%　　H 6.39%　　O 24.13%　　N 18.19%

动物胶所含的氨基酸很稳定，甘氨酸占总量近三分之一，脯氨酸和羟基脯氨酸占总量三分之一，其余氨基酸种类和含量随着胶原来源和制备方法不同而略有差异。动物胶分子肽链很长，肽链中每三个氨基酸为一链节，动物胶肽链中约含 300 多个这样的链节，因此，每条肽链实际由 1000 个左右的氨基酸组合而成。由于降解，动物胶相对分子质量分布较宽，属于多分散系统，其平均相对分子质量为 $2\times10^4\sim30\times10^4$。动物胶大分子呈线型直链分子，仅含少量小支链或环状侧基，大分子链呈无规则的螺旋卷曲状态。。

5.7.3 动物胶的上浆性能

骨胶、明胶分别为棕黄色或淡黄色半透明或透明的固体，呈片状、颗粒或粉末状，无臭，无味，无挥发性。干胶含水量一般在 16%以下，密度为 1.368 g/cm^3，灰分含量为 2.0%～4.0%。

5.7.3.1 水溶性

动物胶在冷水中不溶解，只发生膨润，体积膨胀形成坚固柔软而富有弹性的凝胶。当加热至 50℃以上，膨润增大，动物胶逐渐分散到水中，形成具有一定黏度的胶液。胶原蛋白不溶于水，这是由于胶原属纤维蛋白，其分子是由三条螺旋形的肽链互相盘绕而成的三链螺旋体。它是依靠肽链侧基的羟基、羧基、氨基、羰基形成的氢键、共价键和离子键联结而成的体型大分子。动物胶是由胶原受热后，三链螺旋结构松散而形成不规则的螺旋卷曲状线型肽链分子，因此动物胶能溶于水。动物胶不溶于稀酸、稀碱和有机溶剂中。动物胶水溶液中加入丹宁酸、硫酸铵或其他电解质，可析出沉淀。加入硫酸铝及硫酸铁使其增稠。

动物胶的等电点 pI=4.5～5.2。动物胶的许多性质如膨胀度、溶解度、黏度都与溶液 pH 有关。当溶液 pH 等于动物胶等电点时，它以双极离子存在，是电中性的，对极性水分子的吸引力小，而使其膨胀度和溶解度降低到最小。

5.7.3.2 浆液黏度

动物胶溶液属于切力变稀非牛顿流体。温度在 40 ℃以上，黏度随温度升高而降低。在

40℃以下大分子凝聚集结一起，黏度明显增加，在30℃以下发生胶凝形成凝胶，若加热又回复成流动溶液。当温度在65～80℃时，浆料的黏度变化较小，比较稳定。当温度超过90℃时，由于蛋白质水解而使黏度急剧下降，黏附性也丧失。因此，上浆温度应在80℃以下。

动物胶浆液的黏度随浓度的增加而增大，当浓度很稀时，动物胶浆液的黏度随浓度增加的上升率较小；当浓度增大到6%～8%时，浆液的黏度随浓度的增加急剧上升。这是由于浓度低时，溶液内分子长链互相分开如同低分子化合物溶液性质；而当浓度增大时，动物胶大分子长链之间发生纠缠，作用力增大而使黏度快速增加。浆液黏度大，对纤维的渗透性差，浆液被覆在纤维表面，出现表面上浆现象。因此，浆液浓度需要控制在6%以下。

5.7.3.3 浆料的黏附性和浆膜性能

动物胶分子中具有许多极性基团(如—OH、—NH_2、—COOH等)，从相似相容原则分析，它能与亲水性的天然纤维以及黏胶、铜氨纤维以氢键和范德华力结合。因此，动物胶与它们具有较强的黏附性，可作为黏胶长丝和绢丝上浆的主要浆料。动物胶液在纤维上经烘燥后形成浆膜，浆膜强度高，但伸长和弹性差，浆膜粗硬，缺乏韧性，容易脆裂。动物胶的分子是一种聚酰胺2的结构，分子间作用力大大，分子柔顺性差，需要添加助剂以提高其柔顺性。

5.7.4 动物胶的配浆和上浆条件

骨胶主要用于黏胶长丝的上浆。黏胶纤维表面光滑、捻度低或无捻度，单纤维之间集束性差。它要求一种渗透性和黏附性好而且在纤维表面能形成坚韧柔软浆膜的浆料，以增加单纤维间的抱合力和耐磨性。骨胶对黏胶纤维具有良好的黏附性，但是由于骨胶浆液对纤维的渗透性能差以及浆膜粗硬，弹性差而容易产生较多的落浆。为改善其吸浆性及浆膜性能，在调配浆液时必须添加适当的渗透剂(如太古油、渗透剂T等)、柔软平滑剂、增塑剂(如乳化油、乳化蜡等)和吸湿剂(如甘油)。也可适当配入少量PVA或聚丙烯酸盐和聚丙烯酰胺等浆料。另外，动物胶是天然蛋白质，容易被微生物腐殖，在使用时需加入防腐剂(如苯甲酸钠)。动物胶液的表面张力较低，很容易起泡。在调浆时必须控制升温速度和搅拌速度，也可适当加入消泡剂。骨胶对黏胶丝上浆的浆液配方见表5-6。

表5-6 骨胶对黏胶丝上浆的浆液配方

成分	配方1(%)	配方2(%)	配方3(%)
骨胶	5.0	6.0	6.0
PVA	1.5	—	—
CMC	—	0.4	—
渗透剂	0.3	0.3	0.4
柔软平滑剂	0.5	0.6	0.6
吸湿剂	0.4	0.5	0.5
防腐剂	0.2	0.2	0.2

注：以上为对水重量的百分数。

上浆条件需要根据骨胶和黏胶丝的性质而定。上浆温度宜控制在60～75℃。上浆液介质可控制pH值为7～8，上浆液浓度不宜过大，对浆液黏度的要求需根据不同织物确定。

铜氨丝上浆要求与黏胶丝相同。绢丝是一种蛋白质纤维，纤维中残留5%丝胶，其刚性大，毛羽多，结构蓬松，根据相似相容原则，可使用动物胶为主浆料，在浆液中仍需配入柔软剂和吸湿增塑剂。

5.8 聚乙烯醇

聚乙烯醇缩写PVA，美国杜邦公司于1939年商业生产，1940年首次用于经纱上浆。我国在20世纪60年代开始生产并用于涤/棉混纺纱上浆。现在不仅用于棉纱、合纤混纺纱等短纤纱，还大量用于合纤长丝的上浆。20世纪70年代初期，PVA在浆料中占重要地位，开始发展成为三大浆料（淀粉、PVA及聚丙烯酸类）之一。

5.8.1 聚乙烯醇的制备

PVA不能由单体乙烯醇聚合而成，只能由聚醋酸乙烯通过醇解反应制得。它的工艺流程是先由乙烯或乙炔合成醋酸乙烯，然后由醋酸乙烯聚合成聚醋酸乙烯，最后由聚醋酸乙烯经醇解制得PVA。

5.8.2 聚乙烯醇的化学结构

PVA的化学结构由醇解度而定。醇解度（DH）定义为聚醋酸乙烯分子中醋酸酯基被羟基取代的摩尔百分数（mol%）。根据醇解度的不同，PVA可分为完全醇解PVA和部分醇解PVA。完全醇解PVA是指DH为98 mol%以上，即大分子链侧基只有羟基，其结构式可表示为：$\text{-}[CH_2\text{—}\underset{\displaystyle OH}{\underset{|}{CH}}]_n\text{-}$。制造维纶的纺丝级PVA的醇解度为99.8 mol%以上。部分醇解PVA是指DH为98 mol%以下，大部分醋酸酯基被羟基取代但尚残存部分醋酸酯基。大分子侧基既有极性大的羟基，又有极性小的醋酸酯基。其结构式为

$$\text{-}[CH_2\text{—}\underset{\displaystyle OH}{\underset{|}{CH}}]_x\text{-}[CH_2\text{—}\underset{\displaystyle OOCCH_3}{\underset{|}{CH}}]_y\text{-}$$

。用作上浆的部分醇解PVA的醇解度一般为88 mol%。有部分DH为96 mol%的上浆剂，称为中等醇解PVA。

PVA根据其聚合度不同可分成，高聚合度PVA，中聚合度PVA，低聚合度PVA。高聚合度PVA的DP＝1700～2400，最高可达3000；中聚合度PVA的DP＝800～1500；低聚合度PVA的DP＝300～700。上浆用的PVA大多选用DP＝500～1700，生产纤维用的PVA大多选用DP为2400。

根据聚合度和醇解度不同，国内外有各种不同牌号和规格的PVA。可乐丽主要产品牌号见表5-7。

表 5-7　可乐丽聚乙烯醇主要产品牌号

牌号	聚合度(DP)	醇解度(DH)(mol%)	黏度(20 ℃,相对湿度 4%)(cP)
PVA-105	550±50	98.0～99.0	5.2～6.0
PVA-117	1725±25	98.0～99.0	25.0～31.0
PVA-124	2600	98.0～99.0	55.0～67.0
PVA-205	550±50	87.0～89.0	4.7～5.4
PVA-217	1725±25	87.0～89.0	19.0～23.0
PVA-224	2600	87.0～89.0	39.0～47.0

国内商品牌号主要有 PVA 1799,DH 为 (98±1)mol%，DP 为 1700，以及 PVA 1788,DH 为(88±1)mol%,DP 为 1700。

5.8.3　聚乙烯醇的化学性质

PVA 是一种非离子型的线型高聚物,大分子主链是碳-碳单键组成的碳均链,其柔顺性较好。但因 PVA 分子侧基羟基是个极性较强的基团,在室温下,大部分羟基以氢键互相缔合,柔顺性受一定影响，T_g 较高(85 ℃)。

与淀粉相比,两者所含羟基数目基本相近,完全醇解 PVA 中羟基含量 38.64%,淀粉为 31.84%(质量分数)。所不同的是 PVA 的羟基全是仲羟基,淀粉中有伯、仲羟基两种。另外，PVA 主链是碳-碳单键组成的线形大分子链,比淀粉具有高的柔顺性。PVA 具有多元醇的典型反应,能生成醚、酯;能与醛、酮反应,也能与碱、氧化剂及无机盐反应。

5.8.3.1　**碱作用**

PVA 对酸、碱一般较稳定。但当用氢氧化钠量达到 PVA 质量的 9%时,温度 80 ℃下,部分醇解 PVA 的醋酸酯基水解生成完全醇解 PVA。完全醇解 PVA 中羟基可与碱作用生成醇钠,黏度急剧上升。当 PVA 与较浓碱液(5% NaOH 溶液),在高温下(85 ℃)处理时,会呈凝胶状并析出絮状物。长时间加热可使大分子链断裂,聚合度下降,黏度显著下降。尽管调浆时所用的碱量不会使 PVA 发生显著降解,但使部分醇解物转化为完全醇解物。部分醇解物对合纤的上浆性能好,价格也高,因此,上浆时应控制用碱量适当。

5.8.3.2　**醚化、酯化反应**

PVA 很易成醚,环氧乙烷可与 PVA 反应生成羟乙基化 PVA,可用于制造冷水可溶性的薄膜。

$$n\underset{\diagdown\ O\ \diagup}{CH_2—CH_2} + \text{—}[CH_2—\underset{OH}{\underset{|}{CH}}]_n\text{—} \longrightarrow \text{—}[CH_2—\underset{OCH_2CH_2OH}{\underset{|}{CH}}]_n\text{—}$$

PVA 可与有机酸、酸酐或酰基化合物反应生成有机酯,也可与硝酸、硫酸、磷酸等无机酸生成无机酯。当 PVA 在甲酰胺或二甲基甲酰胺参与下,与异氰酸盐或尿素反应生成氨基甲酸酯。这种部分氨基甲酸酯化的 PVA 具有冷水可溶性,已用于合成纤维及特种纤维上浆。

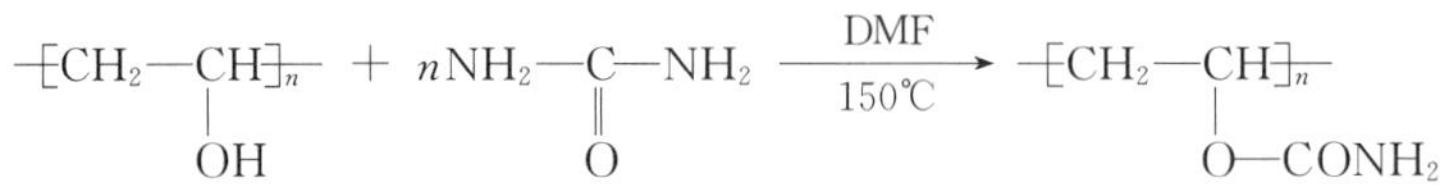

$$-\!\!\left[CH_2-\underset{\displaystyle OH}{\underset{|}{C}H}\right]_n + nNH_2-\underset{\displaystyle O}{\underset{\|}{C}}-NH_2 \xrightarrow[150℃]{DMF} -\!\!\left[CH_2-\underset{\displaystyle O-CONH_2}{\underset{|}{C}H}\right]_n$$

5.8.3.3 缩醛化反应

在酸性催化剂存在下，PVA 可与醛类发生缩醛化反应，在分子内相邻或分子间羟基之间形成分子内缩醛和分子间缩醛。维纶的生产即利用此反应（见第三章）。

5.8.3.4 与氧化剂作用

PVA 与强氧化剂（H_2O_2、臭氧、$K_2Cr_2O_7/H^+$、HNO_3 等）作用下，分子中的羟基被氧化成羰基（$\gt C=O$）和羧基（$-COOH$），致使大分子断裂，从而降低了 PVA 溶液的黏度，黏附性及薄膜强度。加热促使主链迅速断裂。这是印染厂用过氧化氢对 PVA 退浆的基本原理。

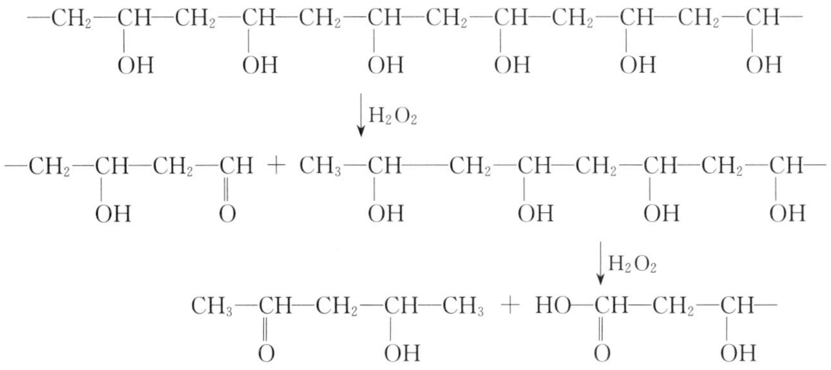

$$-CH_2-\underset{\displaystyle OH}{\underset{|}{C}H}-CH_2-\underset{\displaystyle OH}{\underset{|}{C}H}-CH_2-\underset{\displaystyle OH}{\underset{|}{C}H}-CH_2-\underset{\displaystyle OH}{\underset{|}{C}H}-CH_2-\underset{\displaystyle OH}{\underset{|}{C}H}-CH_2-\underset{\displaystyle OH}{\underset{|}{C}H}-$$

$$\downarrow H_2O_2$$

$$-CH_2-\underset{\displaystyle OH}{\underset{|}{C}H}-CH_2-\underset{\displaystyle O}{\underset{\|}{C}H} + CH_3-\underset{\displaystyle OH}{\underset{|}{C}H}-CH_2-\underset{\displaystyle OH}{\underset{|}{C}H}-CH_2-\underset{\displaystyle OH}{\underset{|}{C}H}-CH_2-\underset{\displaystyle OH}{\underset{|}{C}H}-$$

$$\downarrow H_2O_2$$

$$CH_3-\underset{\displaystyle O}{\underset{\|}{C}H}-CH_2-\underset{\displaystyle OH}{\underset{|}{C}H}-CH_3 + HO-\underset{\displaystyle O}{\underset{\|}{C}H}-CH_2-\underset{\displaystyle OH}{\underset{|}{C}H}-$$

5.8.3.5 与无机盐的胶凝作用

PVA 与某些无机盐形成凝胶。在 PVA 溶液中加入少量硼化物（如硼酸、硼砂和过硼酸盐），会显著提高 PVA 的黏度，起到增稠作用。加入量较大时，形成凝胶，进而生成絮状不溶性络合物。其原因是由于线型 PVA 被硼化物交联的结果，与硼砂的交联物结构如下：

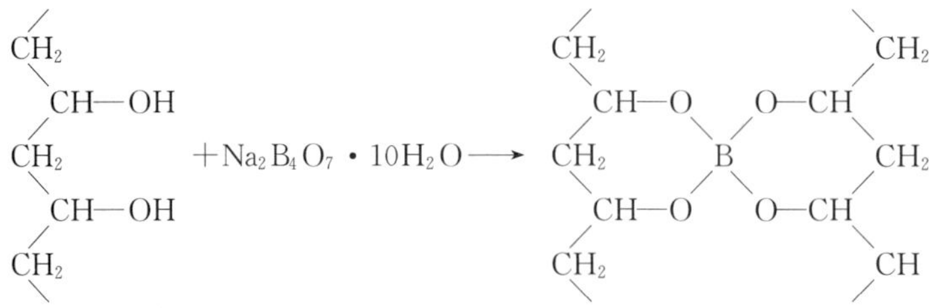

$$\begin{array}{l} \diagup \\ CH_2 \\ \quad \diagdown \\ \quad CH-OH \\ \quad \diagup \\ CH_2 \\ \quad \diagdown \\ \quad CH-OH \\ \quad \diagup \\ CH_2 \\ \quad \diagdown \end{array} + Na_2B_4O_7 \cdot 10H_2O \longrightarrow \begin{array}{ccccc} \diagup & & & & \diagdown \\ CH_2 & & & & CH_2 \\ \diagdown & & & & \diagup \\ CH-O & & & & O-CH \\ \diagup & \diagdown & & \diagup & \diagdown \\ CH_2 & & B & & CH_2 \\ \diagdown & \diagup & & \diagdown & \diagup \\ CH-O & & & & O-CH \\ \diagup & & & & \diagdown \\ CH_2 & & & & CH \\ \diagdown & & & & \diagup \end{array}$$

PVA 与钛盐、钒盐或铜盐等均可形成凝胶状络合物。胶凝作用受溶液 pH 值的影响，当 pH＞5.0 时，才发生胶凝作用；当 pH＜4.5 时，凝胶再溶于水。此性质可用于处理 PVA 污水及进行 PVA 的再生回收。PVA 水溶液中加入$(NH_4)_2SO_4$、Na_2SO_4、NaCl、$MgSO_4$等盐类使其沉淀析出，利用这种性质可进行湿法纺丝及制造薄膜。

5.8.3.6 与碘作用

碘与PVA能生成络合物而呈现颜色，这与碘使淀粉显色类似。PVA的显色反应与溶液的浓度及醇解度有关，完全醇解PVA溶液浓度在1%以上时，加入碘液(I_2-KI)立即显蓝色，对部分醇解PVA来说，醇解度在80 mol%以上显紫红色，小于80 mol%显红色。当PVA浓度较低(0.1%以下)时，必须在碘液中再加硼酸作试液才能显示各种颜色，因为硼酸可使PVA凝聚，提高显色的灵敏度。当有色物加热至50 ℃，颜色消失，恢复为碘液的颜色。

利用PVA与碘液的显色反应可来检验PVA的存在以及鉴别完全醇解型还是部分醇解型。

5.8.4 聚乙烯醇的上浆性能

5.8.4.1 水溶性

PVA易溶于水，不溶于一般有机溶剂。PVA在水中的溶解度主要受其聚合度和醇解度的影响，尤以醇解度的影响为大。

聚合度越高，溶解速率越低，越难溶解。如聚合度为500的PVA在室温下即可溶解，而聚合度为1700的PVA需在80 ℃以上才能溶解。

图5-7列出了聚合度为1700的PVA的溶解度与醇解度的关系。醇解度为85 mol%～88 mol%的PVA水溶性最好，无论在冷水或热水中都能很快溶解。醇解度在89 mol%～90 mol%的PVA需要加热到60 ℃才能完全溶解。醇解度为90 mol%～95 mol%的PVA需加热到80 ℃才溶解于水。醇解度为99 mol%的PVA在冷水中不溶解，只溶于95 ℃ 以上的热水中。醇解度为87 mol%以上时，随着醇解度的提高，PVA在水中的溶解度减小，水溶性下降。

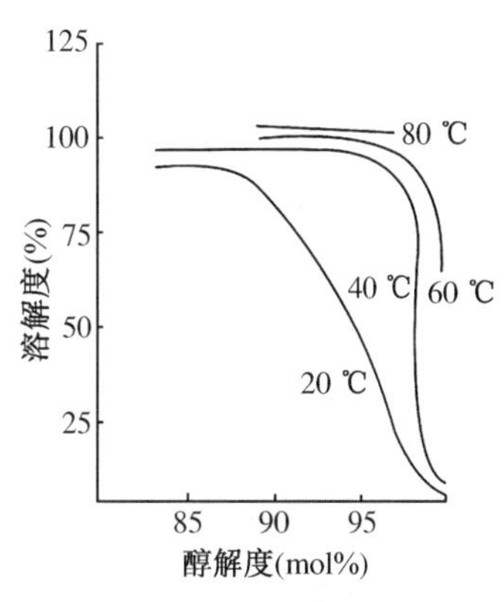

图5-7 PVA溶解度与醇解度的关系

羟基是极性基团，为什么醇解度越高，羟基越多，反而水溶性下降呢？其原因是，PVA分子中虽含有大量的极性基团羟基，但已在分子内或分子之间形成氢键缔合而不利于溶解，因此，醇解度越高，羟基缔合越多，水溶性反而下降。当醇解度降低时，少量的醋酸酯基削弱了分子间羟基的缔合作用，又降低了PVA的结晶度(聚醋酸乙烯是非晶态聚合物)，因此有利于溶解。当然，并不是醇解度越小，水溶性越大，当醇解度小于80 mol%时，溶解度下降，当醇解度小于60 mol%时，则失去水溶性。这是由于醋酸酯基的极性小。因此，浆丝用的部分醇解PVA的醇解度常选87 mol%或88 mol%。

5.8.4.2 黏度

PVA水溶液的黏度与其他浆料相似，随着聚合度、浓度的升高而提高，随温度的升高而降低。此外，PVA的醇解度对其水溶液黏度有很大影响。4% PVA水溶液在25 ℃时的黏度，醇解度为87 mol%时黏度最小(图5-8)。当醇解度低于87 mol%时，黏度随醇解度降低而增加，这是由于 PVA 醇解度下降，浆料没有充分溶解。当醇解度高于 87 mol%时，黏度随醇解度升高而提高，这是由于醇解度升高，分子间氢键缔合增强而使黏度提高。另外，醇解度高的 PVA 水溶液的黏度随时间的延长而上升（图 5-9），最终成为凝胶。醇解度为 87 mol% 的 PVA 水溶液黏度稳定。这是由于高醇解度 PVA 经长时间放置，大分子发生定向排列，而使分子间的关联点增加所致。部分醇解 PVA 中，由于醋酸酯基的空间障碍，阻碍了大分子发生定向排列，所以黏度稳定。

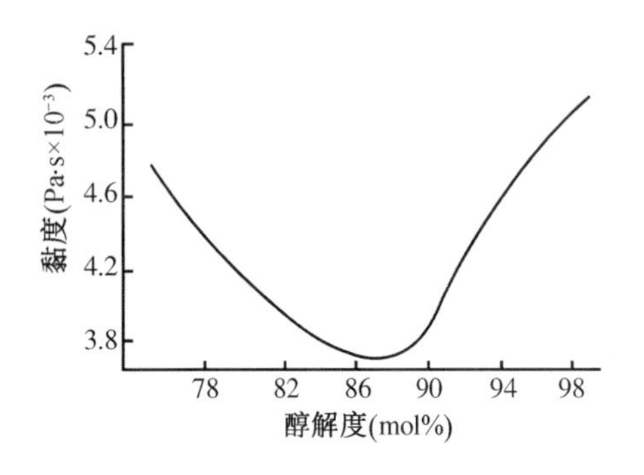

图 5-8 PVA 溶解度与黏度的关系

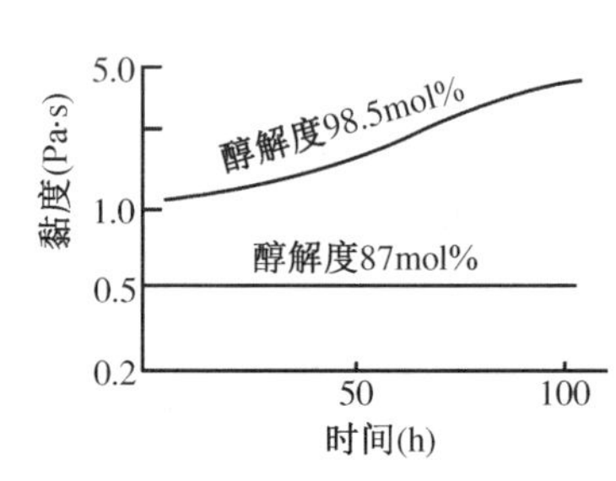

图 5-9 PVA 黏度与时间的关系

5.8.4.3 黏附性

PVA 对各种纤维的黏附性比淀粉和 CMC 浆料好，PVA 醇解度对纤维的黏附性有很大的影响。不同醇解度的 PVA 对不同纤维的黏附性有明显的差异（表 5-8）。部分醇解 PVA 对纤维的黏附力优于完全醇解 PVA，尤其对疏水性强的聚酯及醋酸酯纤维，差异更显著。

表 5-8 PVA 与各种纤维亲和性对比

纤维	完全醇解 DP＝1700	部分醇解 DP＝1700	完全醇解 DP＝500	部分醇解 DP＝500
棉	1	0.90	0.95	1.15
黏胶丝	1	0.95	0.95	0.99
铜氨丝	1	1.30	0.90	1.10
维纶	1	1.05	1.00	1.30
醋酯纤维	1	3.00	1.20	3.00
锦纶	1	1.50	0.70	1.20
涤纶	1	1.90	1.50	2.50

高聚合度的 PVA 对于棉和黏胶纤维上浆时，完全醇解 PVA 的黏附性略大于部分醇解 PVA。对其余纤维的黏附性，部分醇解 PVA 大于完全醇解 PVA。低聚合度的 PVA 无论对何种纤维上浆，都是部分醇解 PVA 的黏附性大于完全醇解 PVA，尤其是对疏水性的醋酯纤维、涤纶、锦纶等，差异更明显。这可利用黏附机理中有关“相似相容”原则及分子链的柔

顺性和扩散层作用加以分析。部分醇解 PVA 大分子中含有的疏水性基团醋酸酯基多于完全醇解 PVA，由“相似相容”原则可得出，对于疏水性纤维上浆，部分醇解 PVA 上浆效果优于完全醇解 PVA。当聚合度小时，即使对于亲水性纤维上浆，也优于完全醇解 PVA。这是因为部分醇解 PVA 大分子具有较多疏水性基团，使其分子链柔顺性和扩散层作用大于完全醇解 PVA。当聚合度大时，对于亲水纤维上浆，“相似相容”原则又占主要位置，因此，对棉纤维上浆时可考虑使用完全醇解 PVA。

5.8.4.4　成膜性及浆膜性能

PVA 具有良好的成膜性和浆膜性能。PVA 浆膜抗拉强度高、弹性以及耐磨性好。浆膜的抗拉强度随着聚合度的增加而增加。断裂伸长也随之增加。由图 5－10 可见，醇解度在 85 mol%～95 mol% 时，浆膜强度变化不大，但在 95 mol%以上时，浆膜强度明显增加。这是由于 PVA 大分子中醋酸酯基减少，PVA 大分子结晶度提高，羟基的氢键缔合所致。聚合度小于 500 的 PVA，无论醇解度高低，其抗拉强度和断裂伸长均较小，力学性能变差。

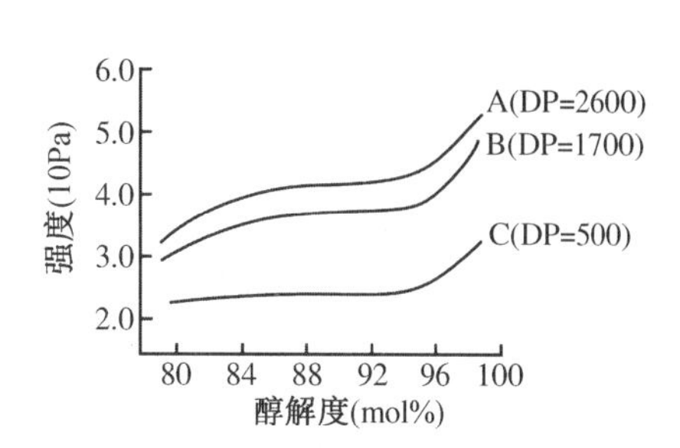

图 5－10　PVA 浆膜强度与醇解度的关系(21 ℃，相对湿度 62%)

PVA 浆膜的吸湿性适中，既能使浆膜吸湿后保持浆膜柔软强韧，又能防止浆膜吸湿过度而使浆纱再黏。PVA 浆膜的吸湿程度随醇解度增加而降低，其原因是羟基的氢键缔合作用。低聚合度 PVA(DP＝500)的吸湿性比高聚合度 PVA 强。PVA 浆膜的吸湿性还与环境相对湿度有关，当相对湿度大于 65%，浆膜才显示柔软和强韧，若相对湿度小于 40%，浆膜硬脆，因此必须控制好织造车间的温湿度。也可使用乙二醇等增塑剂，浆膜增塑效果良好。

浆膜的再溶性直接影响退浆的难易。尽管 PVA 浆料的水溶性很好，但经过高温烘燥，会使 PVA 浆膜的水溶性变差。薄膜 PVA 比粉状 PVA 难以溶解，这不仅是因为薄膜的比表面积远小于粉状，而且由于烘燥热处理，使 PVA 结晶程度提高以及 PVA 脱水分子内成醚键，化学结构变化所致。部分醇解 PVA 浆膜的再溶性大于完全醇解 PVA。

PVA 浆料溶液在静置时，表面会形成一层薄膜，这种现象叫结皮现象。结皮会使上浆质量受严重的影响。结皮现象是一种表面成膜性，PVA 比淀粉浆结皮现象严重，皮膜强度高。部分醇解 PVA 浆液比完全醇解 PVA 出现结皮现象的时间延长。低聚合度 PVA 比高聚合度的结皮程度轻。浆液温度高，因水分蒸发快而比温度低的容易结皮。因此低温上浆可减轻结皮现象。

5.8.4.5　与其他水溶性高分子化合物的混溶性

在上浆中，PVA 经常与其他水溶性高分子化合物混合使用，如：淀粉、褐藻酸钠、聚丙烯酸酯等。各种组分之间的混溶性对上浆效果以及浆膜性能有密切关系。混溶性好坏与各浆料的混合比率有关，比如：PVA 与可溶性淀粉混溶时，PVA/可溶性淀粉＝7∶3 时，混溶性最好，而 3∶7 和 4∶6 时，混溶性较差。混溶性的好坏还与浆料的种类有关，比如 PVA

与 CMC 除了以 1∶1 比例混合时有分离现象，在其他混合比例时，混溶性很好。PVA 与海藻酸钠混溶性也较好，无分离现象。PVA 与各种浆料混溶性好坏的顺序如下：

聚丙烯酸甲酯＞CMC＞聚丙烯酸乙酯＞羟乙基纤维素＞可溶性淀粉

PVA 的聚合度和醇解度对混溶性也有一定影响。当 PVA 聚合度较高时，与可溶性淀粉以及甲基纤维素和羟乙基纤维素等浆料有较好的混溶性。PVA 聚合度减小，相分离加速。这是因为随着 PVA 聚合度的减小，混合浆液的黏度降低，有利于浆料大分子的运动，从而使混合浆液的分离速度加快。另外，PVA 与以上浆料混合时，随着 PVA 醇解度的提高，分离速度降低。但是，PVA 与聚丙烯酸酯的混溶性随聚乙烯醇醇解度的降低而增大，当 PVA 醇解度为 88 mol%时，与聚丙烯酸酯浆料的混溶性好。

PVA 与聚丙烯酸酯浆料混合使用，使浆料的黏附力和浆膜的伸长率都比 PVA 提高，可广泛用于合成纤维。但是，混合浆会使某些性能（如强度）有所下降，因此，在使用混合浆时要注意参加混合的浆料越少越好，各浆料的混溶性越高越好。

5.8.4.6 生物可降解性

聚乙烯醇无毒无刺激性，进入人体后，经新陈代谢可以排出体外，但不能被降解。它是一种难以短时间内被生物降解的高聚物，这给聚乙烯醇上浆废水的处理造成较多困难。目前，各国除了研究 PVA 浆料的代用品外，还尽量采用混合浆，用于经纱上浆，以少用甚至不用 PVA 浆料。醇解度高的 PVA 分解性较好。

5.8.5 聚乙烯醇浆料的选用

对短纤纱上浆，要求浆液既能浸透到纱线内部，使纤维间黏附在一起，又要求浆液能形成完整的浆膜被覆于纱的表面，以使毛羽伏贴及承受摩擦，其中，后者更重要。因此宜用高聚合度（1700）的 PVA 浆料，DP 高，浆液黏度大，有利于毛羽伏贴。对长丝上浆要求浆液能渗透到单纤维之间，将它们黏合起来，增加抱合力。这就需要渗透性好、集束性强的浆料，因此一般用低聚合度（300～500）的 PVA 浆料，DP 低，浆液黏度小，有利于渗透。对于亲水性强的棉、麻、黏胶等纤维，用含有多量羟基的完全醇解 PVA。对疏水性强的涤纶、锦纶、腈纶或醋酯纤维等，宜用部分醇解 PVA。

5.8.6 聚乙烯醇的改性

PVA 浆料具有优良的上浆性能，但存在着结皮、起泡、退浆难以及对合成纤维的黏附性不足等缺点。PVA 改性的原理是利用醋酸乙烯的双键与其他单体共聚成为以乙烯醇为主体的共聚物；或利用酯基和醇解后羟基的化学活泼性，改变侧链基团或引入新官能团来改变 PVA 的化学结构。

5.8.6.1 PVA 的丙烯酰胺改性

以醋酸乙烯为主体与少量丙烯酰胺共聚，再对共聚物部分皂化。改性 PVA 产物是多种单体的共聚物。其结构式如下：

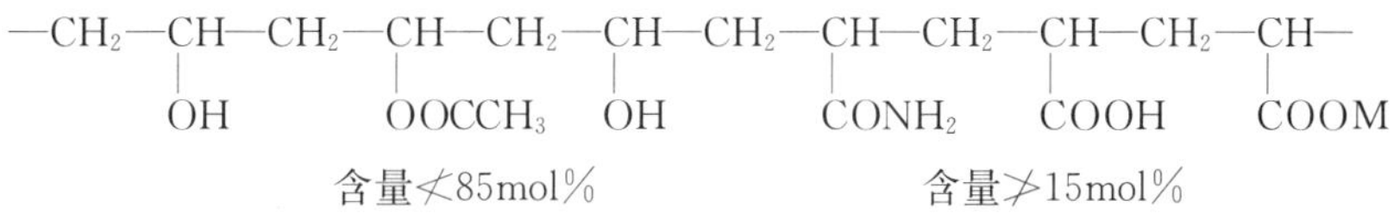

$$-CH_2-\underset{\underset{OH}{|}}{CH}-CH_2-\underset{\underset{OOCCH_3}{|}}{CH}-CH_2-\underset{\underset{OH}{|}}{CH}-CH_2-\underset{\underset{CONH_2}{|}}{CH}-CH_2-\underset{\underset{COOH}{|}}{CH}-CH_2-\underset{\underset{COOM}{|}}{CH}-$$

含量≮85mol%　　　　含量≯15mol%

式中:M 表示一价阳离子(Na、K、NH_4 等)。

这种改性物的特点是水溶性好,在 40～50 ℃的水中 1 h 即全部溶解。浆液表面不易结皮,不易起泡,溶液均匀、稳定性好;浆料黏附性、成膜性好;能保持 PVA 浆膜的强伸度,比 PVA 浆膜更柔软,耐磨性好,再黏性低,易退浆,用 95 ℃热水可全部退净。适用于涤纶、涤棉、涤黏等合成纤维及其混纺纱等。

5.8.6.2 PVA 的内酯化改性

以含量为 99 mol%～87 mol%的醋酸乙烯与 1 mol%～13 mol%丙烯酸酯共聚,共聚物经皂化后再进行内酯化,使羧酸盐与羟基转化为内酯,其反应式如下:

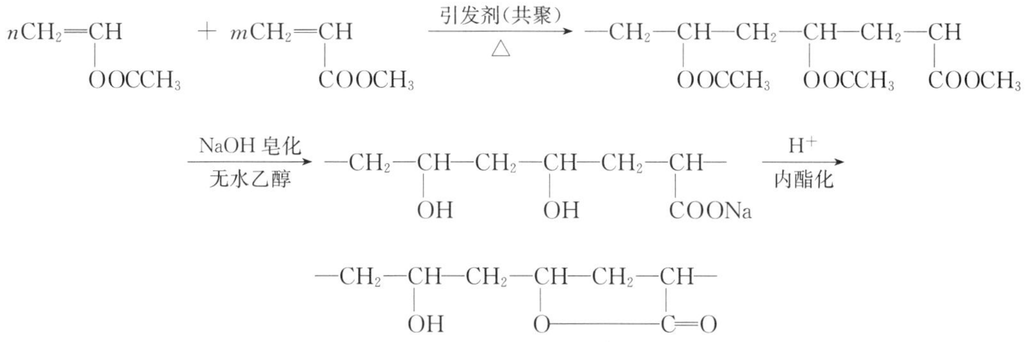

$$n\,CH_2=\underset{\underset{OOCCH_3}{|}}{CH} + m\,CH_2=\underset{\underset{COOCH_3}{|}}{CH} \xrightarrow[\triangle]{\text{引发剂(共聚)}} -CH_2-\underset{\underset{OOCCH_3}{|}}{CH}-CH_2-\underset{\underset{OOCCH_3}{|}}{CH}-CH_2-\underset{\underset{COOCH_3}{|}}{CH}$$

$$\xrightarrow[\text{无水乙醇}]{\text{NaOH 皂化}} -CH_2-\underset{\underset{OH}{|}}{CH}-CH_2-\underset{\underset{OH}{|}}{CH}-CH_2-\underset{\underset{COONa}{|}}{CH}- \xrightarrow[\text{内酯化}]{H^+}$$

$$-CH_2-\underset{\underset{OH}{|}}{CH}-CH_2-\underset{\underset{O}{|}}{CH}-CH_2-\underset{\underset{C=O}{|}}{CH}- \quad (\text{O}—\text{C=O 成环})$$

内酯化改性 PVA 水溶性很好,常温下即溶解,浆液流动性良好,渗透性强。适用于低温上浆(40 ℃)。对合纤有优良的黏附性,适用于涤棉混纺纱上浆,其最大优点是不易起泡。内酯化改性共聚单体,除了丙烯酸甲酯外,还可采用马来酸酯、巴豆酸酯、甲基丙烯酸酯、衣康酸酯等。

5.8.6.3 PVA 磺化改性

以醋酸乙烯与丙烯基磺酸共聚,再经皂化而制得,反应式如下:

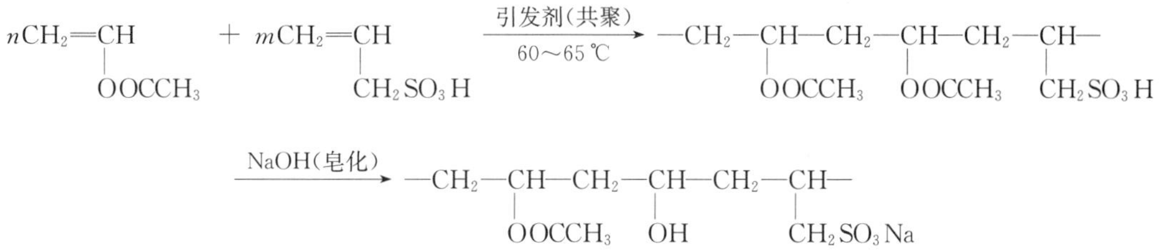

$$n\,CH_2=\underset{\underset{OOCCH_3}{|}}{CH} + m\,CH_2=\underset{\underset{CH_2SO_3H}{|}}{CH} \xrightarrow[60\sim65\ ℃]{\text{引发剂(共聚)}} -CH_2-\underset{\underset{OOCCH_3}{|}}{CH}-CH_2-\underset{\underset{OOCCH_3}{|}}{CH}-CH_2-\underset{\underset{CH_2SO_3H}{|}}{CH}-$$

$$\xrightarrow{\text{NaOH(皂化)}} -CH_2-\underset{\underset{OOCCH_3}{|}}{CH}-CH_2-\underset{\underset{OH}{|}}{CH}-CH_2-\underset{\underset{CH_2SO_3Na}{|}}{CH}-$$

共聚物的醇解度为 58 mol%～78 mol%,引入的磺酸基含量为 0.5 mol%～7 mol%。

磺化改性物的水溶性好,对合纤的黏附性良好,再黏性、吸湿性与 PVA 浆相近,上浆效果好,落浆少。但仍有起泡现象,调浆时需加消泡剂。

5.8.6.4 接枝改性

利用PVA大分子中羟基的活泼性来改变侧基结构。将丙烯酰胺接枝到侧链羟基上形成新的PVA接枝改性浆料，其在冷水中很快全溶，机械强度、黏附性无明显降低，吸湿性增加。

$$\left[\mathrm{CH_2-CH}\underset{\mathrm{OH}}{}\right]_n + m\mathrm{CH_2{=}CH(CONH_2)} \xrightarrow[65^\circ\mathrm{C}]{\mathrm{NaOH}} -\mathrm{CH_2-CH(OH)-CH_2-CH(OH)-CH_2-CH(O-CH_2-CH_2-CONH_2)}-$$

因为PVA具有优良的成膜性、黏附性及与其他浆料相溶性的特点，一度被以为是“理想”的浆料。在经纱的增强、耐磨、减伸等综合指标上，至今没有任何一种自然或合成浆料能与之匹敌。然而因为其短时间内难以被生物降解，造成一定的环保问题，被人们称为“不洁浆料”，欧洲一些国家已明令禁止含PVA浆料的坯布入口。另一个问题是PVA退浆不易完全退净，这也阻碍了它的使用。因此，它很少单独使用，常与淀粉混用于涤/棉混纺纱，与聚丙烯酸类浆料混用于涤纶、锦纶长丝。

5.9 聚丙烯酸及其酯类浆料

聚丙烯酸类浆料与淀粉和聚乙烯醇浆料被国内外公认为三大浆料。1930年曾试用于长丝上浆，但至20世纪50年代才较大规模用于上浆。国内丝绸行业于20世纪60年代中期开始研制聚丙烯酸酯浆料并试用于合纤无捻丝上浆；1970年代棉纺行业已用于涤棉混纺纱上浆并研究应用于低弹涤纶变形丝的上浆；20世纪80年代后，涤纶加工丝和长丝仿毛产品的畅销，使该类浆料用量剧增；20世纪80年代末，新型织机喷水织机的大量使用，将聚丙烯酸酯浆料全面改性以满足喷水织机用浆丝的上浆要求，出现了防水浆料，降低了浆料的黏度，改善了吸湿再黏性，提高了浆料的耐水性。聚丙烯酸类浆料的水溶性好，调浆方便，可适用于各种类型纤维上浆的需求，退浆容易。因此在浆料及纺织行业非常受重视，不断完善和改进，以替代PVA浆料。

聚丙烯酸及其酯类浆料是指以丙烯酸及其酯为主要单体的共聚物。通过选择不同单体及其配比来调节浆料性能，以满足各种纤维上浆的要求。

聚丙烯酸类浆料的种类很多。从化学结构分类，主要可分成三类：以丙烯酸及其盐为主体、以丙烯酰胺为主体以及丙烯酸酯为主体的共聚浆料。

5.9.1 丙烯酸及其盐为主体的共聚浆料

聚丙烯酸可与碱发生中和反应生成聚丙烯酸盐，常用的有聚丙烯酸钠和聚丙烯酸铵盐。聚丙烯酸稍溶解于水中，在水中的溶解度随溶液pH值升高而增加。聚丙烯酸盐的水溶性、吸湿性和再黏性大于聚丙烯酸，而盐类中钠盐比铵盐的吸湿性和再黏性大(图

5-11)。

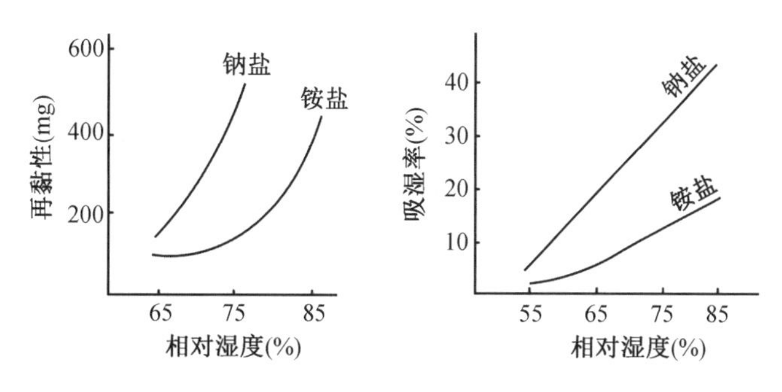

图 5-11 聚丙烯酸钠盐和铵盐的再黏性和吸湿率

聚丙烯酸及其盐都具有稳定的黏度,盐的黏度远远大于酸。聚丙烯酸的黏度随着浓度的增加而增加,随聚合度的增加而增加,随温度增加而降低。pH 值的影响很大,当 pH=10 时,黏度最大;当 pH<10 时,黏度随 pH 值增加而增加;当 pH>10 时,黏度随 pH 值增加而降低(图 5-12)。聚丙烯酸铵盐的黏度与浓度的关系见图 5-13。

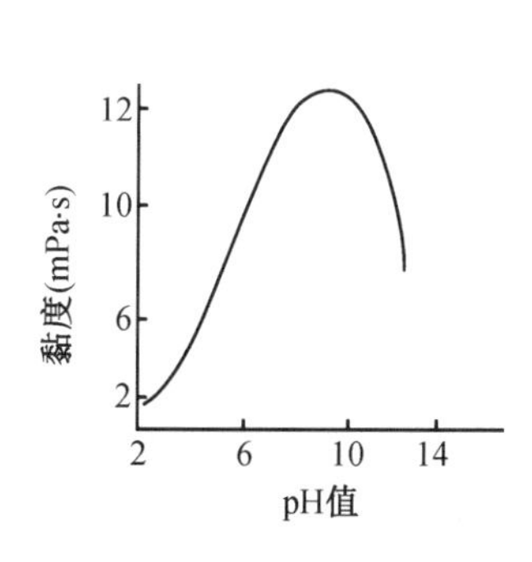

图 5-12 聚丙烯酸溶液(5%)的黏度与 pH 值的关系

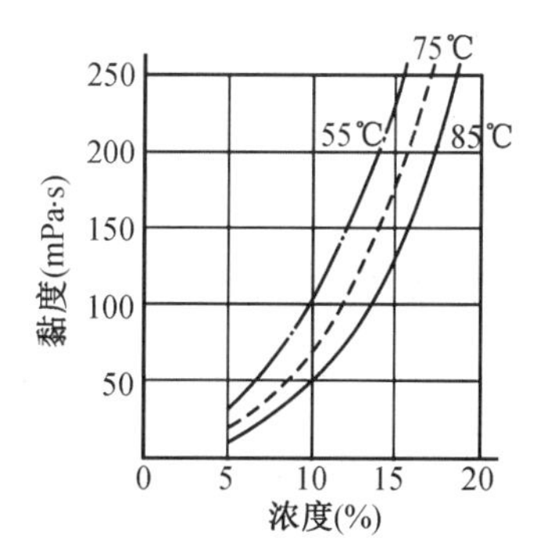

图 5-13 聚丙烯酸铵盐的黏度与浓度

由于聚丙烯酸及其盐的吸湿性和再黏性大,难以单独用作浆料,一般采用以它们为主体的共聚浆料。比如:德国巴迪许公司的 CB 浆料,采用聚丙烯腈部分水解制得,由丙烯腈、丙烯酰胺、丙烯酸及其铵盐组成的共聚体。

$$-CH_2-\underset{\displaystyle CN}{\underset{|}{CH}}-CH_2-\underset{\displaystyle CONH_2}{\underset{|}{CH}}-CH_2-\underset{\displaystyle COOH}{\underset{|}{CH}}-CH_2-\underset{\displaystyle COONH_4}{\underset{|}{CH}}-$$

重量比: 20% 25% 5% 50%

CB 浆料的水溶性好、成膜性好、浆膜柔软但浆膜强度较低,吸湿性、再黏性仍较大。可与淀粉浆混用于涤棉混纺纱,也可用于锦纶长丝上浆。对锦纶纤维具有优异的黏附性。

5.9.2 丙烯酰胺为主体的共聚浆料

聚丙烯酰胺浆料是以丙烯酰胺为原料,采用水溶液聚合法聚合而成。它的相对分子质量为 150 万~250 万,含固量为 25%,反应式如下:

$$nCH_2{=}CH(CONH_2) \xrightarrow{\text{过硫酸铵}} {-}\!\![CH_2{-}CH(CONH_2)]_n\!\!{-}$$

聚丙烯酰胺是丙烯酰胺的均聚物，它是一种极性较强的非离子型线型高聚物，易溶于水和极性溶剂中。它属切力变稀流体，黏度随 pH 值增加而增加。遇多价金属离子(Ca^{2+}、Mg^{2+}等)会生成絮状沉淀。聚丙烯酰胺对合成纤维的黏附性不足，上浆效果远不及聚丙烯酸酯浆料。对棉、麻、羊毛等天然纤维及黏胶纤维纱具有较好的黏附性。它的成膜性较好，机械强度高于 PVA，但柔软性、弹性、伸长及耐磨性较 PVA 差。因为它具有强极性基团酰胺基，T_g 高达 165 ℃，大分子链柔顺性差，浆膜手感硬挺。但因其吸湿性强，浆纱在空气中放置会使手感变软，吸湿后发生再黏现象。聚丙烯酰胺具有较好的混溶性，常与淀粉或 PVA 混用于细号高密织物的棉纱上浆，也可用于涤/棉混纺纱上浆。

由于聚丙烯酰胺相对分子质量很大，容易发生表面上浆，因此近年来已研制成专用于浆纱的产品，相对分子质量为 10 万的无色黏稠液体。以丙烯酰胺为主体的，与丙烯酸或与醋酸乙烯的共聚浆料，具有高浓低黏特性，可用于细号高密织物的棉纱上浆。

聚丙烯酰胺是一种很容易被生物降解的水溶性高聚物。它与蛋白质一样都具有酰胺键，可被多种微生物侵蚀而降解，其生物降解产物可作为细菌的营养物质。反过来营养物质又促进其降解。因此，人们称聚丙烯酰胺浆料为一种绿色浆料。

5.9.3 丙烯酸酯为主体的共聚浆料

聚丙烯酸酯类浆料是指以丙烯酸酯为主体的浆料。聚丙烯酸酯分子中不具备水溶性基团，它是疏水性的，因此，它不能单独作为浆料使用，而必须形成以丙烯酸酯为主体与亲水性结构单元(如丙烯酸、甲基丙烯酸、丙烯酸盐及丙烯酰胺)的共聚物，使其具有水溶性。

$$-CH_2-\underset{COOCH_3}{CH}-CH_2-\underset{COOH}{CH}-CH_2-\underset{COONH_4}{CH}-$$

重量比：80%　　20%

这是一种以丙烯酸甲酯为主体，由三种结构单元组成的共聚浆料(简称三元共聚浆料)。工业上用乳液聚合法生产此类浆料的流程如下：

$$\text{丙烯酸酯}\xrightarrow[\text{乳化}]{\text{乳化剂}}\xrightarrow[\text{聚合}]{\text{引发剂}}\xrightarrow{\text{氨水}}\xrightarrow{\text{过滤}}\text{成品(含固量 14\%～25\%)}$$

以上流程中，乳化剂可用十二烷基硫酸钠，引发剂为水溶性的过硫酸铵等。乳液聚合法具有聚合速度快、反应平稳、聚合度高等优点。乳液黏度低，可直接使用。它的缺点是产品贮存稳定性差，薄膜干燥时间长、吸湿性及再黏性大。聚丙烯酸酯浆料具有水溶性和流动性好的特点，对涤纶纤维具有优异的黏附强度，浆膜柔软可弯，对涤纶等合成纤维的上浆效果远好于 PVA 浆料，但存在浆膜强度和弹性差及吸湿性和再黏性较大的缺点。

5.9.3.1　聚丙烯酸酯类浆料的上浆性能及其影响因素

（1）水溶性和吸湿性。影响此类浆料水溶性和吸湿性的主要因素是结构中丙烯酸盐的比率和种类。当分子中含羧酸盐(—COOMe)比率越大，浆料的水溶性和吸湿性越大。当羧酸盐比率小于5%时，则不溶于水，一般要求浆料中含亲水基(—COOH、—COOMe)10%～15%。当分子中羧酸盐比率相同时，水溶性和吸湿性还受聚合度的影响。聚合度大，分子的自由运动受到约束，水分子与藏在分子链内的亲水基的接触需要较长时间而溶解速度慢，又因分子链上的亲水基团被包围在内而使吸湿速度减慢；反之，聚合度小，则溶解速度和吸湿速度快。

（2）浆液黏度。此类浆料溶液的黏度比较稳定，在室温下贮存1个月，黏度无变化。浆料属于切力变稀非牛顿流体，与一般的浆料相似，在剪切速率较低时，黏度随着浓度成指数关系增加。室温时，当浓度达到8%～15%时，浆液已呈胶体状。浆液的黏度随着温度的升高而降低。当聚合度相同时，羧酸盐比率越大，黏度越大。聚合度越大，浆液的黏度越大。与聚丙烯酸相似，其黏度受到浆液pH值的影响，当pH=10时，黏度最大，pH>10时，黏度随pH值增加而下降，这是由于高聚物降解，聚合度降低而黏度下降。当pH<10时，黏度随pH值增加而增加，这是由于随pH值增加形成羧酸盐而起增稠作用。

（3）黏附性。浆料对纤维具有较高的黏附性，尤其是对疏水性强的合成纤维更为明显。根据“相似相容”原则，由于分子中具有较多的酯基，与疏水性纤维(涤纶分子内也含酯基)结构相似，所以这种浆料对涤纶的黏附性最好。当分子中羧酸盐比例增加，对疏水性纤维的黏附性下降。

（4）成膜性及浆膜性能。聚丙烯酸酯浆料具有良好的成膜性。它的浆膜强度较低，但断裂伸长率高。浆膜柔软可弯，浆膜强度随着聚合度的增加而增加，浆膜变得坚韧。当羧酸盐比率增大，则浆膜的强度增大但断裂伸长率减小，浆膜柔软性降低，刚性增大。当聚合度高、硬单体含量多时，浆膜强度提高，伸度降低；当聚合度低、软单体含量多时，使浆膜强度降低，伸度提高。

表5-9　几种浆料薄膜性能比较

性能	聚丙烯酸甲酯	完全醇解PVA	部分醇解PVA	聚丙烯酰胺
断裂强度(N/mm^2)	9.1	38.7	28.6	44.6
断裂伸长率(%)	284	195	124	3.2
急弹性形变(%)	10	66.7	66.0	66.7
缓弹性形变(%)	40.3	30.5	33.1	16.7
塑性变形(%)	49.7	2.8	0.9	16.6
吸湿率(%)(相对湿度70%)	9.1	12.4	15.1	21.3

再黏性是聚丙烯酸酯浆料的最大缺陷。该类浆料形成的浆膜在温湿度较高的环境下

就会吸收水分而发黏，浆丝与浆丝之间发生黏并，浆丝与综筘等金属机件发生黏搭。会破坏浆膜的完整性，在织造时造成开口不清，降低织造效率和织物质量。几种浆料的黏附性与再黏性比较见表5-10。

表5-10 几种浆料的黏附性与再黏性比较

浆料	对涤纶薄膜黏附力（cN/cm）	黏并力（$\times10^{-5}$N）	
		相对湿度65%	相对湿度85%
部分醇解PVA（聚合度500）	60	3.9	9.7
部分醇解PVA（聚合度1700）	78	2.6	10.1
丙烯酸酯为主体的共聚浆料	565	59.3	108

影响聚丙烯酸酯类浆料再黏性的主要原因：一是浆料的玻璃化温度低，分子链柔顺性好，浆膜太柔软。如丁酯、丙酯、乙酯、甲酯的 T_g 分别为－70℃、－51℃、－30℃、10℃，丁酯薄膜非常软，室温时就发黏。从体积上看，丁基＞丙基＞乙基＞甲基，为什么丁酯的柔顺性反而增加呢？因为—$COOC_4H_9$基团呈线型伸展，本身就能内旋转。这些长支链不仅不使主链柔顺性下降，反而因支链增长使分子间结合松散而导致 T_g 下降，链柔顺性增大而使浆膜发软发黏。二是浆料吸湿性强。该类浆料分子中具有羧酸和羧酸盐，有较强的吸湿性，吸湿后，水分子的增塑效果使浆料 T_g 下降到更低。

改善浆料再黏性的途径是降低浆料的吸湿性，提高浆料的 T_g。当浆料分子内含羧酸（—COOH）和羧酸盐（—COO^-）比率增加，吸湿性增加。因此，在保证浆料水溶性的条件下，尽量减少分子中的亲水基团（—COOH、—COO^-），一般不超过15%，尤其要控制羧酸盐含量（—COO^-），以此降低浆料的吸湿性，减少再黏性。羧酸盐种类也直接影响浆料的再黏性，通常使用氨水中和优于氢氧化钠。因为钠盐的吸湿性比铵盐高2倍左右，铵盐浆料经上浆后烘干，氨气逸出，使浆料中—COO^-转变为水溶性小的—COOH，降低吸湿性。而钠盐则会使浆丝在高温高湿条件下吸湿、黏并。

提高浆料的 T_g，适当降低浆膜柔软度，提高其硬度。如果浆料的 T_g 过低，浆膜在常温下就发生分子链段运动，显出较大的形变。丙烯酸酯均聚物的 T_g 较低，因此，浆膜非常柔软，容易发生黏并。但是，浆料的 T_g 不能过高，否则使浆料硬、脆，浆丝干燥时减弱浆膜对纤维的黏附性和抱合力，降低浆膜的耐磨性，使浆丝在织造时增加落浆现象，降低织造效率。因此，只能适当提高浆料的 T_g，略为增加浆膜硬度。一般浆料 T_g 可选在12～20℃。可以丙烯酸酯为主体，与均聚物 T_g 高的单体进行共聚。这种促使高聚物 T_g 提高的单体叫硬单体。如甲基丙烯酸甲酯。由于甲基的引入，分子链运动受到空间障碍，大分子链柔顺性下降，T_g 提高到105℃。这些硬单体参予共聚，使浆膜强度、硬度增加，再黏性下降。

5.9.3.2 聚丙烯酸酯浆料的改性

改性聚丙烯酸酯浆是四元共聚物，即在分子中加入硬单体进行共聚而成。硬单体有甲基丙烯酸、甲基丙烯酸酯、丙烯腈、丙烯酰胺、苯乙烯等，其均聚物的 T_g 见表5-11。

表 5-11 某些高聚物的玻璃化温度

高聚物	T_g(℃)	高聚物	T_g(℃)
聚乙烯醇	85	聚丙烯酸甲酯	10
聚醋酸乙烯	28	聚丙烯酸乙酯	−30
聚丙烯腈	101	聚丙烯酸丁酯	−70
聚丙烯酸	87	聚甲基丙烯酸甲酯	105
聚丙烯酰胺	165	甲基纤维素	150
聚乙烯甲基醚	−17	乙基纤维素	140
聚乙烯吡咯烷酮	80	三醋酸纤维素	157
聚氧乙烯	−67	三醋酸直链淀粉	167

改性聚丙烯酸酯浆料的通式如下：

$$\cdots-CH_2-\underset{\displaystyle COOR}{\underset{|}{CH}}-\overset{\displaystyle R_1}{\overset{|}{CH}}-\underset{\displaystyle COOH}{\underset{|}{CH}}-CH_2-\underset{\displaystyle COO^-}{\underset{|}{CH}}-CH_2-\underset{\displaystyle R_2}{\underset{|}{CH}}-\cdots$$

$R_1=CH_3$；$R_2=CN$，$CONH_2$，$OOCCH_3$，OH 等

改性浆料的分子中引进了能增加分子链刚性的硬单体，导致浆料的 T_g 提高，浆膜坚牢，硬度提高而不易发生再黏现象。改性浆料与普通三元浆料的性能比较见表 5-12。

表 5-12 改性浆料与普通浆料的性能比较

浆料	结构特点	应用	断裂强度(N/mm²)	断裂伸长率(%)	肖氏硬度(度)	黏附力(N/m)	吸湿再黏性	浆丝抱合力(次)		
								锦纶	涤纶	低弹涤纶
普通三元浆	丙烯酸酯为主体，丙烯酸及其盐	涤纶长丝、涤棉纱	20	700	40	500	0.58	120	25	150
改性浆料	甲基丙烯酸及其酯改性	涤纶长丝、低弹涤纶丝	40	550	70	460	0.36	150	40	250

由表 5-12 可知，改性浆料的强度、硬度增加，解决了再黏性问题，但其塑性、黏附力下降。图 5-14 展示了甲基丙烯酸甲酯(MMA)对丙烯酸乙酯 (EA)的共聚比与再黏性(黏并力)的关系。不同改性单体对聚丙烯酸酯浆料上浆丝的抱合力也有影响。由图 5-15 中曲线上出现的抱合力峰值可知，尽管改性浆料的内聚力增大，但其黏附力下降，会影响浆丝抱合力。但只要改性单体选择适当，可使浆料的内聚力和黏附力取得合理的平衡，从而增强最终的黏附效果。一般硬单体用量不可超过 20%。

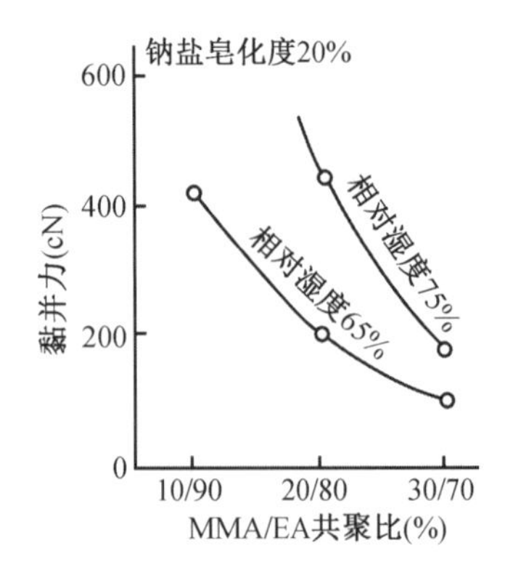

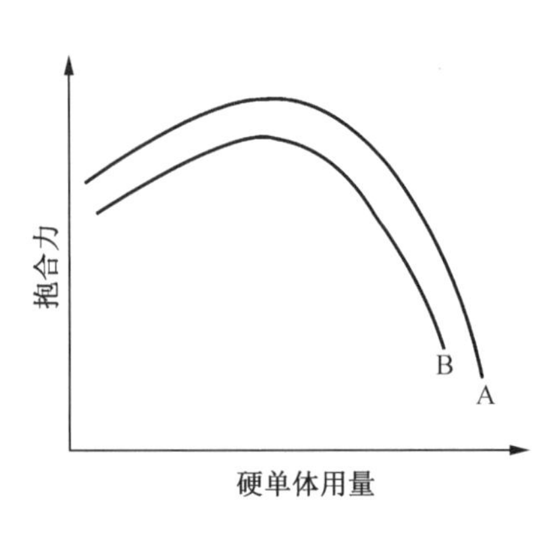

图 5-14 MMA/EA 共聚比与黏并力的关系 图 5-15 改性浆料中硬单体用量和抱合力的关系

以丙烯酸酯为主体的共聚浆料可与 PVA 和改性淀粉混合用于涤棉混纺纱和涤纶纱的上浆，也可与 PVA 混合用于涤纶或锦纶长丝以及涤纶低弹丝和醋酯长丝的上浆，涤纶长丝或其网络丝也可仅用此类共聚浆料上浆。

5.9.4 喷水织机浆料(防水浆料)

喷水织机是一种利用水的喷射力输送纬纱的织机，具有织造速度快、效率高、噪声低的特点，每投纬一次，喷水量为 0.5～0.7 mL。喷水织机的车速是普通织机的 3 倍左右。由于使用喷水织机织造时需要承受水的喷射，因此不能使用普通的聚丙烯酸酯浆料，而需要使用喷水织机专用浆料(下称防水浆料)。

5.9.4.1 防水浆料的结构及其使用原理

根据喷水织机织造特点，对防水浆料提出使用要求：在上浆时，为了便于调浆而要具有水溶性；在织造时，为了承受和抵抗喷射水而需要具有耐水性；在退浆时，为了便于退浆而需要具有水溶性。淀粉或 PVA 等浆料不具备这些特点；普通丙烯酸酯及丙烯酸类为主体的共聚浆料也无法胜任。目前，使用的防水浆料大多是改性丙烯酸酯为主体的共聚浆料。

防水浆料的结构特点，一是浆料分子中为丙烯酸铵盐而不是钠盐，这是因为前者吸湿性、再黏性小于后者；二是浆料分子中具有硬单体，以提高浆料的 T_g，提高浆膜刚性；三是浆料分子中所含的羧酸及羧酸盐总含量小于少于普通浆料。一般小于 10%，但是如果含量小于 5%，会影响浆料的水溶性。在保证水溶性前提下，含量尽量小。防水浆料的基本结构如下：

$$-\!\!\left[CH_2-\underset{\substack{|\\COOR_1}}{\overset{\substack{R\\|}}{C}}-CH_2-\underset{\substack{|\\COOR_2}}{CH}-CH_2-\underset{\substack{|\\COOH}}{\overset{\substack{R\\|}}{C}}-CH_2-\underset{\substack{|\\COONH_4}}{CH}\right]_n\!\!-$$

防水浆料的使用原理：由于浆料分子中具有亲水性强的羧酸铵(—$COONH_4$)，因此在上浆时具有水溶性而便于调浆上浆；浆丝经烘燥后因羧酸铵(—$COONH_4$)受热分解放出氨气并生成羧酸(—COOH) 状态,使浆料具有一定的防水性而在织造时即使沾水仍然不溶,可承受水的喷射;当织造完毕退浆时,加入碱,浆料分子中的羧酸又中和成羧酸钠盐而增加水溶性,便于退浆。变化过程如下:

$$\underset{\text{溶于水(上浆时)}}{\text{—}CH_2\text{—}\underset{|\atop COOCH_3}{CH}\text{—}CH_2\text{—}\underset{|\atop COOC_2H_5}{CH}\text{—}CH_2\text{—}\underset{|\atop COONH_4}{CH}\text{—}} \xrightarrow[\text{烘燥}]{NH_3\uparrow} \underset{\text{耐水性(织造时)}}{\text{—}CH_2\text{—}\underset{|\atop COOCH_3}{CH}\text{—}CH_2\text{—}\underset{|\atop COOC_2H_5}{CH}\text{—}CH_2\text{—}\underset{|\atop COOH}{CH}\text{—}}$$

$$\xrightarrow[\text{退浆}]{NaOH} \underset{\text{水溶性(退浆时)}}{\text{—}CH_2\text{—}\underset{|\atop COOCH_3}{CH}\text{—}CH_2\text{—}\underset{|\atop COOC_2H_5}{CH}\text{—}CH_2\text{—}\underset{|\atop COONa}{CH}\text{—}}$$

5.9.4.2 防水浆料的性能

为适应喷水织机织造特点,浆料必须具有较好的耐水性。如果浆料耐水性差,在喷水织造时,由于浆丝表面的浆膜被水膨润,不仅减小浆料本身的内聚力,而且降低浆料与纤维之间的黏附力,使在织造时发生浆膜剥离而造成浆丝落浆;耐水性差还会促使浆丝的湿抱合力下降,降低浆丝的集束性,使在织造时发生起毛断头等现象,影响织造正常进行。浆料的耐水性可由浆膜的膨润率、溶解率表示。两者小,表示浆料的耐水性好。下面列表介绍几种防水浆料的性能。

表 5-13 几种防水浆料的性能

浆料	水溶性	浆膜膨润率(%)	浆膜溶解率(%)	浆膜吸湿率(%)	黏附力(N)		抱合力(次)		落浆性能
					涤纶纱(湿)	锦纶纱(湿)	干	湿	
A	好	5.07	0.41	0.87	42.4	23.7	15	22	落浆量极少,落浆
B	好	5.02	0.40	1.62	45.9	22.3	14	19	呈细软糊状
C	好	5.10	0.51	1.58	73.8	55.3	18	14	落浆量多,落浆
D	好	全溶	全溶	3.59	25.2	4.0	11	10	呈坚韧胶状

喷水织机高速运转,要求浆丝具有良好的平滑性和耐磨性。为提高浆丝的平滑性,除了在浆料中加入平滑剂或采取浆丝后上油工艺外,还需要控制浆液的黏度。一般防水浆料上浆液的黏度都应小于普通浆料。黏度低的浆料对纤维的润湿浸透能力大,有利于提高浆丝的抱合力和耐磨性。反之,黏度高的浆液被覆在经丝外表,产生表面上浆,不仅降低了浆丝的耐磨性,而且经丝表面的浆膜在屈折时容易产生裂纹而造成落浆。

根据"相似相容"原则,聚丙烯酸酯浆料对涤纶长丝的黏附性较好。对锦纶长丝的黏附性取决于浆料分子中羧酸的含量,羧酸含量多可提高对锦纶丝的黏附。但防水浆料分子中控制羧酸量较少,为提高浆料对锦纶丝的黏附,在合成浆料时,还需选择适当单体来提高浆料与纤维之间的亲和性。浆料对纤维的抱合力与浆料对纤维的黏附力以及浆液对纤维的渗透性都有关。抱合力有干、湿之分,以喷水织机来说,浆丝的湿抱合力尤为重要,它标志着喷水织造时浆丝的集束性。浆丝的湿抱合力大，浆丝的织造效果好。

丙烯酸酯为主体的浆料的浆膜具有较好的柔软性。一般来说，防水浆料浆膜的柔软性要比普通浆料略减小，刚硬性略有提高，这可减少浆丝在高湿状态下的再黏性。甲基丙烯酸及其甲酯都是防水浆料中不可缺少的硬单体。使用羧酸钙或镁盐部分代替铵盐也可提高浆料的 T_g，增加浆膜的硬度。

防水浆料存在两大问题，一是浆丝再黏性，二是浆丝的落浆性。浆丝的落浆性就是指浆丝上的浆膜从纤维表面剥落，形成坚韧浆块堵塞综筘的现象。浆丝的落浆性能可根据织造时的落浆量和落浆性状来判断。落浆性能好是指落浆量少，脱落的浆料能溶于水而呈细软糊状物，不易堵塞综筘，对织造影响较小；落浆性能差是指落浆量多，脱落的浆料不再溶于水而呈粗硬胶状物，容易堵塞综筘。

影响浆丝落浆性的因素包括两方面。一是浆料本身结构性能的影响。浸透性好的浆料对长丝可避免表面上浆而减少落浆。浆丝的湿抱合力大，则不易落浆。浆料的耐水性差，浆丝的再黏性大，会增大落浆程度。二是外界因素对浆丝落浆性有很大影响。喷水织机对水质要求较高，如水偏酸性或水中含 Cl^- 、SO_4^{2-} 偏高，则容易出现硬落浆；偏碱性则造成软落浆。一般要求水质 pH＝6.5～7.5，Cl^- 、$SO_4^{2-}<100\times10^{-6}$，硬度$<30\times10^{-6}$。水温和织造车间的温湿度要严格控制。当水温高于 26 ℃，落浆明显增加，车间温度超过 28 ℃、相对湿度大于 90%时，落浆严重。这是由于水温高，浆丝的吸湿、吸水能力提高，浆料与纤维的黏附力、抱合力下降，容易产生落浆。通常水温控制在 16～22 ℃；车间温度控制在 16～24 ℃，相对湿度在 74%～80%。夏季气温高，需用冷冻设备调节水温和室温。

长丝原料含油率过高，会降低浆料与纤维的黏附力，导致落浆。对含油率较高的丝，可适当升高浆温。另外，在上浆时，要严格控制上浆量，杜绝表面上浆，浆丝必须烘干。

5.10 聚酯浆料

以丙烯酸酯为主体的共聚浆料可用于聚酯等合成纤维及醋酯人造纤维，但仍然缺乏足够的黏附性，尤其是对纯的聚酯纤维，如无捻涤纶长丝、涤纶纯纺丝及高比例的涤纶混纺丝，都有黏附性不足等弊病。

聚酯浆料是一种含固量为 30%的水分散性聚酯，对纯聚酯纤维具有优异的黏附性并形成坚韧浆膜。但是，这种浆料的水溶性较差，仅能分散于水中，其水分散性取决于聚乙二醇的比例。若比例低，则水分散性差；若比例过高，则浆料的吸湿性和再黏性很大。

5.10.1 合成聚酯浆料所选择的单体及其作用

聚酯浆料的基本结构与聚酯纤维如涤纶相似，因此，聚酯浆料也是由二元酸与二元醇酯化，再与水溶性单体缩聚而成的。芳香族二元酸可使聚酯浆料浆膜的强度、硬挺度、耐高温性提高，芳香族二元酸二元醇酯对涤纶的黏附性高。水溶性单体赋予浆料水溶性，如聚乙二醇和琥珀酸二甲酯磺酸钠。前者使聚酯浆料常温下就有再黏性，影响浆料上浆质量。

阴离子性聚酯浆料浆膜的硬度高，再黏性低，但阴离子单体过多将影响浆料与涤纶纤维的黏附性。

5.10.2 聚酯浆料的上浆性能

完全醇解 PVA 不易退浆，其浆膜的溶解温度 85 ℃，溶解时间较长，当在其中混合 10% 的聚酯浆，则浆膜的溶解温度降为 72 ℃，溶解时间减少一半以上。聚酯浆料的混合可提高浆膜的水溶性，有利于退浆。

由于聚酯浆料分子中水溶性单体含量较少，分子中亲水基团比例较小，因此其浆液的黏度较低，低于聚丙烯酸酯和 PVA 等合成浆料，更低于淀粉浆料。黏度低，有利于浆液对纱线的渗透性，提高单纤维间的抱合力。在改性淀粉浆液中混合聚酯浆料，不仅可降低浆液的黏度，而且可提高浆液黏度的稳定性。

由于聚酯浆料的结构与涤纶纤维相似，因此对涤纶纤维具有优异的黏附性，它使纯涤纶及涤棉混纺纱的抱合力大幅度提高，远优于淀粉、PVA 甚至聚丙烯酸酯浆料。淀粉浆膜强力大、伸长率小，当混合聚酯浆料后不仅保持较大的强力而且伸长率大大提高。由于聚酯浆料使纤维间的抱合力提高，因此，该浆纱的耐磨性很好，耐屈曲强度较高。

聚酯浆料适合于无捻涤纶长丝、涤纶变形丝、纯涤纶短纤纱上浆；也可与 PVA、改性淀粉等浆料混合用于涤棉混纺纱上浆。

5.11 浆料性能的测试与控制

上浆性能的好坏不仅与上浆工艺条件有关，更与浆料的性能有着密切关系。浆料性能包括浆液性能、浆膜性能和浆丝性能。无论是研究制造浆料还是选择使用浆料都必须充分地全面地检测浆料的性能。现简单介绍浆料性能常用的测试方法及其基本原理。

5.11.1 浆液性能的测试

5.11.1.1 浆液浓度

浆液的浓度与黏度之间有密切关系，在黏度一定时，上浆率与浆液的浓度成正比，浆液浓度越高，纤维的上浆率越高。

(1) 重量法。测定浓度简单而准确的方法就是重量法，它测量的是浆液的含固率，是干燥浆料重量与浆液重量的百分比。一般烘干法。先称出定量的浆液，置于沸水浴上蒸出大部分水后再放入烘箱内于 105～110 ℃下烘干。根据烘干前后的重量计算出浆液的含固率。

$$C=\frac{B}{A}\times 100\%$$

式中：C 为浆液含固率；B 为浆液试样烘干后重量；A 为浆液试样烘干前重量。

重量法的最大缺点是速度慢，生产时为及时掌握浆液浓度，一般采用测定浆液折射率的方法。

（2）折射率测定法。取少量浆液于折射仪研磨过的玻璃棱镜上，光线通过棱镜及浆液层发生折射，折射率与浆液的浓度成正比。光线进入附有刻度的、不透明的遮蔽层，光线折射的程度使遮蔽层一部分明亮，一部分黑暗的分界线在刻度尺上即指出浆液的浓度，见图 5-16 所示，在刻度尺上可直接读出浓度值。由于不同的浆料，即使浓度相同也会显示出不同的测定值，因此，必须根据浆料的不同加以修正。这一种方法是通过测出的折射率再根据不同的浆料的经验值来计算百分浓度值。各种浆料的经验值可由已知浓度的浆液经折射仪测得折射率来确定，也可查看折射仪使用说明书而知。

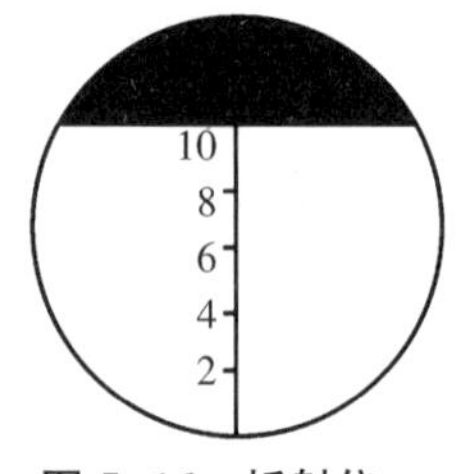

图 5-16　折射仪
（图中指示浓度为 10 格）

用折射仪测定浆液浓度快速、方便，但此法不如重量法精确；对混合浆料测定经验值比较困难；另外，此法适用于低浓度的浆液，不适用于高浓度的原浆或浆液的测定。目前，丝织厂在 PVA 和聚丙烯酸类浆料的配浆调浆中经常使用此法来确定浆液的浓度。

5.11.1.2　浆液黏度

黏度表示浆液流动时的内摩擦力。浆液黏度的测定不仅是日常管理的需要，也是对浆料性能考核的重要指标。对不同规格的浆料可用不同的仪器测定。

（1）流出型黏度计。该黏度计是以一定体积的液体流过一定规格的管道所需的时间来表示液体黏度。黏度单位为秒。恩氏黏度计就属此型。这种黏度计仪器构造简单，操作方便，但精确度不高，而且不宜测黏度过高、浓度过大的液体。

（2）回转式黏度计。以同轴圆柱体型黏度计用得最普遍，它的使用原理是在一圆筒内放入浆液，再放入一个圆柱体，圆柱体以圆筒轴线为旋转轴作等速旋转，使浆液旋转。旋转轴所受的阻力矩与其黏度有一定的函数关系，根据测得的力矩 M 和角速度可计算出浆液的黏度。黏度单位为厘泊（cP）或国际通用单位帕斯卡秒（Pa・s），两者可换算。这种黏度计精确度比恩氏黏度计高，而且可以测定黏度高、浓度大的液体。丝织厂原浆及棉纺厂黏度高的浆液都可用此法测定。测定浆液黏度时，必须严格控制温度并注明测定温度、浆液浓度及测试转速。

5.11.1.3　浆液的润湿性能

关于浆液对经纱的润湿渗透作用，目前尚无定量关系，其原理就是毛细管现象。浆液的渗透速率可用下式表示：

$$\frac{\mathrm{d}h}{\mathrm{d}t}=\frac{m}{k}\cdot\frac{\gamma\cos\theta}{\eta}\cdot\frac{1}{h}$$

式中：h 为被浆液浸透的距离（深度）；γ 为浆液的表面张力；θ 为浆液对纱的接触角；η 为浆液黏度；$\gamma\cos\theta$ 为润湿功；m，k 为常数。

由上式可知，影响浆液对纤维润湿渗透性的主要因素是浆液的表面张力，接触角以及黏度。黏度的影响见上面所述。这里主要介绍浆液的表面张力和接触角。

(1) 表面张力。浆液的表面张力越小则越容易渗透纤维内部,表面张力越大,渗透性差,被覆性大。如PVA浆表面张力较大,渗透性较差,属于被覆性浆料,尤其是完全醇解PVA 117,DP=1700, $\gamma=62.4\times10^{-3}$ N/m,以及部分醇解型PVA 217, DP=1700, $\gamma=49.9\times10^{-3}$ N/m。浆液的表面张力可用界面张力仪测定。

(2) 接触角。浆液与薄膜之间的接触角可用接触角仪测定。在一块薄膜上滴一滴浆液,置接触角仪样品匣上。调节仪器可测得液滴切线与水平线的夹角为接触角 θ, θ 越小,则浆液在薄膜上的铺展程度越好,润湿越好。

浆液的渗透性还可通过扫描式电子显微镜观察浆丝判断。方法如下:先用浓度为8%的浆液上浆,浆料可能被覆在丝线表面,也可能渗透到丝线内部。再用扫描式电子显微镜观察浆丝,从浆丝横截面的电镜照片中能清楚地显示出浆液的渗透情况。

5.11.1.4 浆料的黏附力

浆料的黏附力测定方法较多,可归纳为两类:一种是以直接指标表示的方法。用一定量的浆料均匀涂在两块被黏物上(被黏物可以是锦纶织物或高聚物薄膜),在一定压力下将两者黏合、干燥。然后在单纱强力机上测定剥离所需的功,用黏附强度(N/mm^2)表示。这种方法是通过对由浆黏结的两层织物剥离强度的测定来评定浆料的黏附性。

第二种是用上浆后的粗纱断裂强度来表示浆料的黏附性。由于粗纱本身强度低,在比较上浆粗纱的强度时,粗纱本身的强度忽略不计。用粗纱浸泡在浆液中,经晾、烘后在单纱强力机或织物强力机上测定其拉伸断裂强度。湿态黏附力测定时,可将上浆纱放入清水中室温下浸泡数十分钟后测试。这种方法测得的黏附力是浆料与纤维之间的黏附力和浆料本身内聚力的综合。为便于比较,常可用"比黏附力"来表示黏附性能,"比黏附力"是在1%上浆率时,粗纱的断裂强度。

5.11.1.5 浆液的pH值

浆液的pH值对浆液黏度、黏附力、渗透性以及织物力学性能均有密切关系、pH值过低或过高对上浆机件有腐蚀作用。各种纤维对pH值的适应性不同,如纤维素纤维不耐酸,宜用中性或弱碱性浆;蛋白质纤维不耐碱,宜用中性或弱酸性浆;黏胶纤维、醋酯纤维宜用中性浆;合成纤维不宜用碱性较强的浆液。

测定浆液pH值的方法有几种:一是用广泛pH值试纸测定;二是用广泛pH的溶液比色测定;三是用酸度计测定,测定结果更精确。

5.11.2 浆膜性能的测试

浆膜的浇制方法:按照原浆的含固量,将其配成一定浓度的浆液。取一块平板玻璃,先校正好水平,然后贴上一张聚乙烯薄膜,把配成的浆液均匀地浇在平板玻璃上面,保持浆膜厚薄均匀,在温度20~25℃、相对湿度75%的环境下自然干燥3~4 d。聚丙烯酸酯浆料黏度小,可以直接浇铸; PVA和CMC浆料黏度大,需用玻璃棒括浆而成。

5.11.2.1 浆膜强伸度

浆膜强伸度是反应浆料的内聚力、弹性和柔软性的指标。强度大,浆料内聚力大,伸度大，浆膜弹性、柔软性大。测定方法：把浇制好的浆膜经恒温恒湿平衡 24 h，用织物侧厚仪测定浆膜厚度。然后将浆膜裁成一定长和宽的试样在单纱强力机上进行测试。因为浆膜厚度有偏差，所以，浆膜强力可用比强力表示。

比强力＝浆膜强力/浆膜厚度

5.11.2.2 浆膜耐磨性

浆膜的耐磨性和屈曲强度（平磨、曲磨）可判断浆料的落浆性能。可用织物耐磨仪来测定浆膜的平磨、曲磨性能。

5.11.2.3 浆膜硬度

浆膜需要柔软但也需要适当硬度，否则“柔而不坚”。用微硬度仪在 20 ℃，相对湿度 65％下测定浆膜表面硬度，以单位面积（mm^2）上致损所需的应力（N）表示，数值越大说明浆膜硬度大。另外，也可用肖氏硬度表示，单位为度。

5.11.2.4 浆膜溶解性

浆膜溶解性是反映织物退浆难易程度的，用单位厚度浆膜的溶解时间表示。单位厚度浆膜的溶解时间越短，表示其溶解性越好，越易退浆。测试方法：把裁成一定尺寸的浆膜浸入恒温水浴中，加热至规定温度，测定浆膜全部溶解所需的时间（s）。

5.11.2.5 浆膜吸湿性

浆膜吸湿性是表示浆膜吸收空气中水分的性能。测试方法：将浆膜放入 60～70 ℃恒温烘箱内烘 2～3 h 后取出，在干燥器内冷却数分钟后称其重量 G_1，然后将浆膜置于一定温度和湿度的房间内内平衡一天再称其重量（G_2）。

$$浆膜吸湿性=[(G_2-G_1)/G_1]\times 100\%$$

5.11.2.6 浆膜的耐水性

喷水织机浆料必须具有耐水性能。浆膜的膨润率、溶解率、白浊度是衡量浆膜耐水性的主要指标。

（1）膨润率和溶解率。浆膜膨润率和溶解率是表示浆膜在水中的膨润程度和溶解程度。测试方法：将浆膜放入烘箱内烘至恒重（F_1），浸渍于 50 ℃水中，恒温 30 min，取出用吸水纸吸去薄膜表面的水滴，再称重（F_2）。再将膨润浆膜放入烘箱烘至恒重（F_3）

$$膨润率=[(F_2-F_1)/F_1]\times 100\%$$

$$溶解率=[(F_1-F_3)/F_1]\times 100\%$$

（2）白浊度。白浊度是指浆膜在水中的泛白程度，它以浆膜放入水中后泛白所需的时间表示。泛白时间越短，耐水性能越差。测试方法：将一块载玻片浸入配好的浆液中，1 min 后取出，放入烘箱恒温干燥（110 ℃），再将烘后的载玻片放在 30 ℃清水中，测定该载玻片上浆膜呈白色状态的时间（min），以此作为白浊度指标。

5.11.3 浆丝性能的测试

先配成一定浓度的浆液，加入一定量的助剂，在一定温度下上浆、烘干，上浆可在小型浆丝机或整浆联合机上进行。

5.11.3.1　上浆率

上浆率常用退浆失浆重量法计算。取上浆丝置于烘箱烘至恒重（G_1），再经退浆处理后烘至恒重(G_2)。

$$上浆率=[(G_1-G_2)/G_2]\times 100\%$$

5.11.3.2　回潮率

回潮率是表征浆丝吸湿性的指标。它是以浆丝内含水量与干燥重量之比的百分率表示。测试方法:先将上浆丝迅速用天平称重量(W)，再放入烘箱中烘至恒重(105 ℃)(w')。

$$回潮率=[(W-w')/w']\times 100\%$$

工厂也有使用回潮率测定仪对浆丝机上运行中的浆丝的回潮率进行连续测定。

5.11.3.3　浆丝强伸度

长丝上浆后强度增加很少，伸度几乎无变化。由于丝的条干不匀会造成很大误差，因此测试次数尽量多些。测试仪器可用单纱强力仪或 Instron 强伸仪。

5.11.3.4　浆丝耐磨性(抱合力)

可用摩擦试验的结果来判断浆液对长丝的抱合力。浆丝的抱合力表示浆料黏结的纤维对外力的抵抗能力。一定条件测定纱与纱、纱与钢筘之间的摩擦，测定在上浆丝磨断时的摩擦次数。湿抱合力测定是将浆丝置于水中经浸渍处理后再测定。

5.11.3.5　浆丝落浆性

落浆性能有两种测试方法。一种是在工厂运转中进行测定，它是以浆一定量丝后浆丝机上落浆量与织一定量丝后织机上落浆量之和与上浆量之比的百分率来表示。这种方法对短纤纱不适合，因为短纤纱上脱落的毛羽混入落浆中引起落浆量不精确。长丝纱没有大量的毛羽脱落，可使用此法计算。另一种方法是用落浆试验仪测定。将一定长度的浆丝在恒温恒湿条件下，在一定张力下等速移动并与钢筘接触，将落在钢筘上的浆料量按五个等级评定。喷水织机浆料落浆性的测试更为重要，测定时需将浆丝在水中发生接触摩擦，最后对接触针排上的落浆量和性状按五个等级评定。

5.12　浆料在纺织工业中的应用

上浆工程中，很少使用单一浆料，通常都要选择几种浆料和助剂复配使用，以满足上浆要求。但是必须控制浆料种类不宜过多并要充分考虑他们的相容性。

5.12.1　纤维素纤维

纤维素纤维中最重要的品种是棉纱、麻纱及再生纤维素黏胶纱和黏胶长丝、铜氨长丝。

5.12.1.1 棉纱

棉纤维分子中含有大量极性基团羟基，亲水性好、易吸浆，与淀粉、CMC浆、完全醇解PVA、聚丙烯酰胺等极性浆料具有较好的亲和力，上浆后能提高其强度和耐磨性。棉纱上浆一般采用降解淀粉和改性淀粉。细特高密度织物的棉纱上浆时，需混合少量的PVA或聚丙烯酰胺浆料。棉纱表面有蜡质，在较高温度下有利于润湿吸浆，因此上浆温度要高些（75 ℃以上）。另外在浆液中加些渗透剂和乳化剂以增加浆液的渗透性，有利于棉纱表面蜡质的乳化。

5.12.1.2 麻纱

苎麻和亚麻纱纤维粗硬，毛羽多且长、强力大但弹性差。通过上浆使毛羽伏贴，增加耐磨性，保持弹性和伸长，因此，麻纱采用被覆性浆料表面上浆。一般采用天然淀粉或氧化淀粉浆。对细支纱可配入一定量的PVA和少量的丙烯酸酯为主体的浆料，后者可改善其浆纱的柔软性。另外需加入一定量的乳化油以提高浆纱的柔软平滑性

5.12.1.3 黏胶纱及黏胶长丝、铜氨长丝

黏胶短纤纱的上浆目的是使毛羽伏贴，提高浆纱的耐磨性和强力。通常使用氧化淀粉和羧甲基淀粉等改性淀粉，对细特纱可配入一定量的PVA和聚丙烯酰胺浆料。黏胶和铜氨长丝表面光滑，单丝间集束性差。因此，上浆时要求黏度低、渗透性好、黏附性强而且在纤维表面能形成坚韧浆膜的浆料。一般采用动物胶，也常混入一定量的PVA或CMC浆料。另外，为提高动物胶浆液的渗透性和浆膜的柔软平滑性，在浆液中添加少量的渗透剂、柔软平滑剂和吸湿剂。黏胶长丝、铜氨长丝的上浆温度在50～70 ℃。温度太高，使原来强力低的再生纤维素强力更下降，动物胶发生水解而丧失黏附性；温度太低，使动物胶发生胶凝失去流动性不利于上浆。

5.12.2 蛋白质纤维

蛋白质纤维中的蚕丝因有丝胶对丝素的黏附抱和作用，一般不需要上浆。绢丝是由茧衣以及煮茧缫丝过程中产生的下脚料经一系列处理后纺制而成的，它是一种蛋白质纤维。与蚕丝长丝不同的是它属于短纤纱，毛羽多；在一系列处理过程中已脱去大部分的丝胶，仅残留3%～5%；绢丝刚度大，柔软性差，纤度粗细不匀，集束性差，因此需要上浆以提高织造效率。根据“相似相容”原则，蛋白质纤维使用蛋白质浆料动物胶较好，也可混合一定量改性淀粉上浆。如单独使用淀粉浆料会出现落浆现象。

毛纤维中最重要的是羊毛纤维，其弹性好，纤维长。但是，纤维粗，捻度少，毛羽难以伏贴，因此需要上浆。羊毛纤维表面含有大量鳞片而有拒水性，浆液渗透不良。为使浆纱具有优异的黏附性以使毛羽伏贴和强力增加，通常使用动物胶并混合水溶性的改性淀粉上浆。

5.12.3 合成纤维

合成纤维包括聚酯纤维（涤纶）、聚酰胺纤维（锦纶）、聚丙烯纤维（丙纶）等。对于短纤

纱或混纺纱，上浆主要目的是毛羽伏贴。长丝由于捻度低，甚至无捻集束性差，其上浆目的是提高单丝间的抱合力。醋酯丝虽不属于合成纤维，属于人造纤维，但醋酯长丝和合纤长丝具有共同的特点，如疏水性强，表面光滑，吸浆性差，静电积聚严重，因此上浆也困难。在选择浆料和配合助剂时需严加控制。以下介绍涤纶、锦纶和醋酯纤维选用的浆料。

5.12.3.1 涤纶

按照“相似相容”原则，含有大量酯基的涤纶，无论是纯涤纶短纤纱还是涤纶长丝上浆通常选用黏附性最佳的丙烯酸酯为主体的共聚浆料以及水分散性聚酯浆，也可将改性聚丙烯酸酯浆料与低聚合度的部分醇解 PVA 混合使用。在浆液中需加入抗静电剂和柔软平滑剂。上浆温度在 40～60 ℃。涤棉混纺纱可使用改性淀粉与部分醇解 PVA、聚丙烯酸酯的混合浆料，浆料的混合比，需根据纤维的混纺比而定。涤纶长丝和锦纶长丝采用喷水织机织造时，通常使用喷水织机专用浆料（防水浆料），以丙烯酸酯铵盐为主体与硬单体共聚而成的浆料，在浆液中需加入渗透剂、抗静电剂和柔软平滑剂等助剂。

5.12.3.2 锦纶

锦纶纤维的疏水性小于涤纶，吸浆能力大于涤纶，上浆比涤纶容易。根据“相似相容”原则，可使用部分醇解 PVA，聚丙烯酸盐为主体的共聚浆料，具有更好的黏附性；也可将 PVA 与聚丙烯酸酯混合使用。

锦纶长丝采用喷水织机浆料时，可与涤纶用同种防水浆料，也可选择锦纶专用浆，浆料的组成和结构相近，只是一般锦纶用浆略硬些（T_g 略高）而涤纶用浆略软些。

5.12.4 再生纤维

醋酯丝是一种醋酯纤维素经纺丝而成、具有真丝样光泽的长丝，其强力低，难于织造，分子中含大量疏水基酯基，疏水性较强，上浆困难。需采用黏附性强的合成浆料，通常将部分醇解 PVA 与聚丙烯酸酯浆料混合使用，既提高纤维的黏附力，又可在丝的表面形成柔软而坚韧的浆膜，提高耐磨性。日本曾选用 PVA 和苯乙烯-马来酸酐共聚浆料的混合浆料。

以上是根据纤维原料不同选择浆料的。根据纤维性状不同（短纤纱、长丝）选择浆料，见表 5-14 和表 5-15。由于短纤纱与长丝的上浆目的完全不同，因此，选择浆料也有差异。

表 5-14 各种短纤纱使用的浆料

纤维	棉纱	麻纱	绢丝	羊毛	黏胶纱	锦纶纱	涤纶纱	涤棉混纺纱
浆料	① 改性淀粉 ② 改性淀粉加少量完全醇解 PVA 或聚丙烯酰胺	① 天然淀粉或氧化淀粉 ② 淀粉、完全醇解 PVA 和少量聚丙烯酸酯浆料的混合浆	① 动物胶 ② 动物胶与改性淀粉混合浆	① 动物胶 ② 动物胶与水溶性改性淀粉混合浆	① 氧化淀粉或羧甲基淀粉 ② 淀粉与完全醇解 PVA 或聚丙烯酰胺混合浆	① 部分醇解 PVA 与聚丙烯酸酯混合浆 ② 丙烯酸及其盐为主体的共聚浆料	① 改性聚丙烯酸酯浆料 ② 改性聚丙烯酸酯浆料与低聚合度的部分醇解 PVA 混合浆	改性淀粉与部分醇解 PVA、聚丙烯酸酯的混合浆

表 5-15　各种长丝使用的浆料

纤维	黏胶长丝 铜氨长丝	醋酯长丝	涤纶加工丝	锦纶长丝	涤纶长丝
浆料	① 骨胶浆 ② 骨胶与 PVA 混合浆	① 部分醇解 PVA 与聚丙烯酸酯混合浆 ② 马来酸-苯乙烯共聚浆料	① 改性聚丙烯酸酯浆料 ② PVA 与聚丙烯酸酯混合浆 ③ 聚丙烯酸酯浆料	① 无捻上浆用改性聚丙烯酸酯浆料 ② 加捻上浆用丙烯酸及其盐为主体的共聚浆料	① 改性聚丙烯酸酯浆料 ② 水分散型聚酯浆料

第六章　纺织用水化学

纺织工业是我国用水量较大的工业部门之一，同时也是我国工业排污大户之一，尤以各种产品生产过程中排放的印染废水造成的污染最为严重。纺织工业用水中，80%为印染用水，其他包括化纤工业在内的纺织工业用水量将近 $8\times10^{8}\ m^{3}$，主要用于生产过程中的工艺用水、洗涤用水和空调用水等。

纺织工业包括棉、毛、丝、麻和化学纤维行业，纺织生产工艺包括纤维的生产、纺纱、织造、染整等全过程，但是不同纺织行业的生产工艺及其包括的工序有许多不同之处，用水量和水质要求也有所不同。不同纺织行业的纤维原料的生产以及预处理就有许多不同之处，用水量也有所不同。例如，毛纺业的洗毛工序用水量比较大，1 t 原毛需要洗毛用水达 35 t 左右。而丝绸业的制丝生产中煮茧和缫丝工序需要消耗大量的水，生产 1 t 桑蚕丝需要用水约 280～300 t。除了印染企业需要使用大量用水之外，用喷水织机进行织造时也需要大量用水。

水质直接影响企业的生产效率和产品的质量，在纺织厂设计和纺织生产过程中，必须重视生产用水，尽量减少用水量。通过科学合理的处理使用水的水质达到纺织生产的基本要求，使生产顺利进行，达到优质、高产、低耗的目的。同时，对企业产生的废水必须进行处理，确保排出的废水水质达到国家工业废水排放标准的基本要求，以免直接排放后污染环境。

为了了解纺织企业生产用水和纺织废水处理技术，本章主要介绍水中常见的杂质、水质分析方法、水质改良、水质对纺织生产的影响和废水处理等方面的知识。

6.1　天然水中的杂质

受太阳照射和地心引力等的影响，自然界的水不停地流动和转化，通过降水、径流、渗透和蒸发等方式循环不止，构成水的循环，形成了不同的水源或者不同类型的水体。天然水可分为地下水和地面水。地下水有井水和泉水，地面水有江水、河水、湖水和水库水。水在自然界中不断地循环流动和转化，无时无刻不与自然界接触，而且水对自然界中的许多物质有很强的溶解能力，所以任何天然水体都不同程度地含有各种各样的物质，因此可以认为自然界的水实际上是一种含有各种杂质的水溶液。

天然水中的杂质种类繁多，一般按杂质粒度大小和存在的状态可以分为三大类：悬浮物质、胶体物质和溶解物质。图 6-1 为天然水中可能含有的杂质。

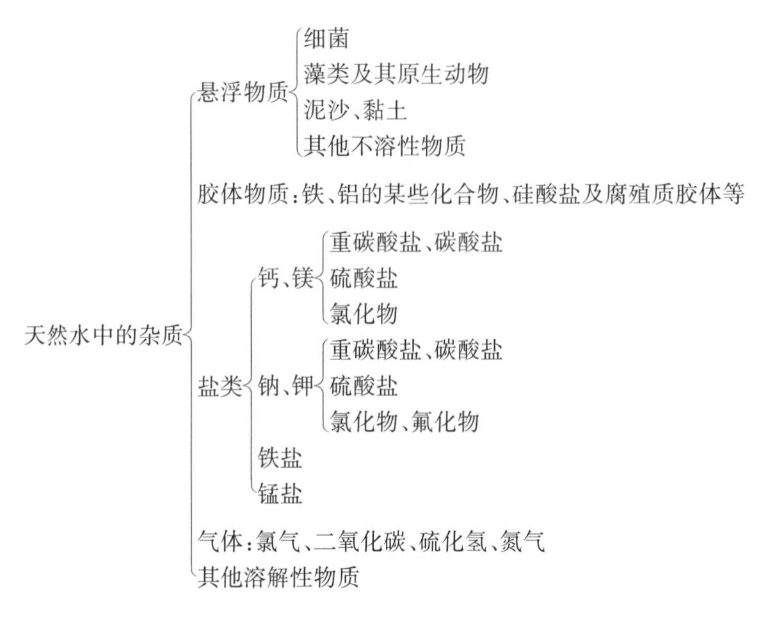

图 6-1　天然水中可能存在的杂质

6.1.1　悬浮物质

悬浮物质是指水中颗粒直径大于 100 nm 的杂质。天然水中，泥沙、黏土是悬浮物的主要成分，其次是动植物及其遗骸、微生物、有机物等。悬浮物质在水中是不稳定的，分布也是不均匀的。在静水中，相对密度大于 1 的悬浮物会沉于水底，如泥、沙等相对密度较大的无机物质。相对密度小于 1 的悬浮物会浮于水面，主要是动植物碎片或其生存过程中产生的物质及死亡后的腐败物等有机化合物。在流动水中，这些杂质在一定时间内可以悬浮于水流中并随着水流流动。

悬浮物质的存在会使水浑浊。水中的这些悬浮物质可以不均匀地黏附在纤维、纱线或者面料上，导致制成品色泽不一，手感粗糙，影响产品的外观质量。因此存在较多悬浮物质的水不能直接用于纺织生产。

6.1.2　胶体物质

胶体物质为颗粒直径在 1～100 nm 的杂质。胶体颗粒是许多分子和离子的集合体。天然水中，无机物胶体主要是铁、铝及硅的化合物，有机物胶体则是动植物体腐烂及其分解产生的腐殖质。由于颗粒直径很小，所以这些胶体具有大的比表面积，其表面吸附离子而带有一定的电荷，天然水中的胶体一般带负电荷。同类胶体颗粒因为带有相同电荷而相互排斥，所以它们在水中不能相互结合，也不会自行聚集下沉。此外，带电的胶体微粒还会吸引极性水分子，使其周围形成一个水化层，进一步阻止胶体微粒相互接触，使胶体在水中维持比较稳定的分散状态。胶体物质的颗粒直径比较小，所以一般不能用过滤的方法去除。温度是影响胶体物质分散稳定性的另一重要因素，当水加热后，胶体容易被破坏而聚结成较大的颗粒沉淀下来。

胶体物质是使天然水产生浑浊的另一个主要原因。含有胶体物质的水也不能直接用于纺织生产，因为这些胶体物质有可能被纤维或纺织制成品吸附，影响产品的质量。

6.1.3　溶解物质

溶解物质为溶解于水中的物质，颗粒直径在 1 nm 以下，在水中以分子或离子状态存在。水中的溶解物质可以分为三种类型：盐类、气体和有机物。

6.1.3.1　**盐类**

溶解于水中的盐类物质，又称矿物质，以离子状态存在于水中，表 6-1 为天然水中溶有离子的概况。主要的阳离子是 Ca^{2+}、Mg^{2+}、Na^{+}、K^{+}，其次还有 Fe^{3+}、Mn^{2+} 等。阴离子主要为 HCO_3^-、Cl^-、SO_4^{2-}，其次为 CO_3^{2-}、NO_3^-、$HSiO_3^-$ 和 PO_4^{3-}、F^- 等等。

这些离子大多来自于地层中的矿物质，不同地区的水源含有的离子成分及其数量往往不同。例如，Ca^{2+} 主要是由于地层中的石灰石（$CaCO_3$）和石膏（$CaSO_4 \cdot 2H_2O$）的溶解造成的。石灰石在水中的溶解度虽然很小，但是当水中含有二氧化碳时，石灰石就会生成溶解度较大的碳酸氢钙，因此水中 Ca^{2+} 的含量不能忽视。天然水中的镁离子大都是由于白云石（$MgCO_3 \cdot CaCO_3$）溶解于含有二氧化碳的水中而产生的。在含盐量少的水中，钙离子是最常见的阳离子，镁离子的含量一般为钙离子的 25%～50%。在含盐量大（>100 mg/L）的水中，有时镁离子的浓度和钙离子浓度大致相等，甚至超过钙离子。

天然水中主要的阴离子是 HCO_3^-，它是钙、镁的碳酸盐溶解于含有二氧化碳的水中时形成的。天然水中的氯离子是天然水流经地层时溶解了地层中的氯化物而产生的。天然水中还含有硫酸根离子，一般地下水中的硫酸根离子的含量比河水、湖水要高。地层中石膏（$CaSO_4 \cdot 2H_2O$）的溶出是水中硫酸根离子的主要来源。在我国北方有些地区的地下水中含氟量较高。含氟量过高的水不适合生产和生活。一般来说，表 6-1 的第Ⅰ类阳离子和阴离子在天然水中比较常见。

表 6-1　天然水中溶有离子的概况

类别	阳离子		阴离子		浓度的数量级（mg/L）
	名称	符号	名称	符号	
Ⅰ	钠离子	Na^+	重碳酸根	HCO_3^-	$1\sim10^5$
	钾离子	K^+	氯离子	Cl^-	
	钙离子	Ca^{2+}	硫酸根	SO_4^{2-}	
	镁离子	Mg^{2+}	硅酸氢根	$HSiO_3^-$	
Ⅱ	铵离子	NH_4^+	氟离子	F^-	0.1～10
	亚铁离子	Fe^{2+}	硝酸根	NO_3^-	
	锰离子	Mn^{2+}	碳酸根	CO_3^{2-}	
Ⅲ	铜离子	Cu^{2+}	硫氢酸根	HS^-	<0.1
	锌离子	Zn^{2+}	硼酸根	BO_3^-	

（续表）

类别	阳离子		阴离子		浓度的数量级(mg/L)
	名称	符号	名称	符号	
Ⅲ	镍离子	Ni^{2+}	亚硝酸根	NO_2^-	<0.1
	钴离子	Co^{2+}	溴离子	Br^-	
	铝离子	Al^{3+}	碘离子	I^-	
	—	—	磷酸氢根	HPO_4^{2-}	
	—	—	磷酸二氢根	$H_2PO_4^-$	

6.1.3.2 气体

溶解于水中的气体常见的有氧气、二氧化碳，其次还有硫化氢、二氧化硫和氨等。天然水中的溶解氧主要来源于空气中的氧气，其含量与水温、气压、水源及水中有机物含量有关。天然水体中氧的含量一般在 0～14 mg/L，污染严重的水体中含氧量会减少，地表水的含氧量比地下水高。天然水中二氧化碳主要是水中或泥土中有机物分解氧化及地质化学过程而生成的，也有些是空气中的二氧化碳溶解于地表水中。一般来说，地下水的二氧化碳含量比较高，而地面水的二氧化碳含量较低，一般不超过 20 mg/L。

6.1.3.3 有机物

天然水溶解的有机物主要为腐殖质酸和富维酸，其他还有有机碱、氨基酸、糖类等。当天然水体受到工农业废水的污染时，水中有机物的组成就更为复杂。

6.2 水质指标及水质分析

不同纺织行业的生产对水质都有一定的要求，水中各种杂质，即使有些含量甚微，也会对纺织行业的某些工序生产和产品质量带来相当不利的影响。因此各纺织行业分别制订出一些行业生产必须满足的水质指标来指导生产。为了准确、全面地了解所用水源的水质状况和废水的水质情况，需要对源水、生产用水和废水进行科学的水质检测和分析。

6.2.1 水样的采集和保管

为了使水质检测及分析的结果合理可靠，除了必须采用合适的容器、精密仪器和准确的分析技术之外，还应该重视水样的采集与保存，一个基本原则就是采集的水样必须能真正代表水体的质量。根据水源，使用正确的采样方法和很好地保管水样是保证分析结果准确地反映水中被测物质真实含量的必要条件。采样的基本方法如下：

（1）分析时所取水样的体积应根据所用分析方法、待测成分浓度及测定指标多少而定。在选择样品容器时必须考虑水样与容器可能发生的问题，例如容器本身溶出的微量化学物质是否会影响检测和最终的分析结果等等问题。采样瓶通常可用硬质玻璃瓶或高压聚乙烯瓶。

(2) 取样时，水应该缓缓注入瓶中，避免用力搅动水源，并注意不要使砂石、浮土颗粒或植物等进入瓶中。水样注入瓶中时，不要将瓶子完全装满，水面离盖子不少于 2 cm。

(3) 采集自来水或抽水设备中的水时，应先放水数分钟，确保积留在水管中的杂质及陈旧水已经完全排出去，然后才取水样。

(4) 采集河、湖的水样时，表层水一般要求采集水面以下 20～25 cm 的水样，再将水样装入瓶中。湖泊、水库里的水有分层现象，水质可能会出现明显的不均匀性，往往要在不同深度处进行采样。如遇水面较宽时，应在不同的地点分别采集，这样才能得到具有代表性的水样。采集这类水样时，最好在采样器下系上适宜重量的坠子令其自然沉于水中合适的位置。

(5) 从井水中采集水样时，必须充分抽汲后再进行，以保证水样能代表地下水源的真实水质状况。

采集好的水样在测试之前必须妥善保存，确保样品在保存期间不发生明显的变化。各种水质的水样，从采集到分析需要经历一段时间，由于物理的、化学的和生物的作用会发生一些变化，例如浑浊度、pH 值改变，溶解气体逸出和增加，铁、锰盐类由于氧化还原作用改变其在水中的溶解度而析出，水中某些成分由于微生物的作用而发生改变等。为了使这些变化降低到最小的程度，所以应根据实际情况采取必要的保护措施，采集到的水样应尽早进行分析。有些测定项目如浑浊度特别容易发生变化，所以应尽量在采样现场及时进行测定。除了现场进行水的浑浊度测定之外，应尽量用适当孔径的滤器过滤掉水样中的悬浮物、藻类和细菌，这样可以确保过滤后的水样稳定性更好。

6.2.2　水质指标及其测定方法

水质分析指标可达四十多个项目，在纺织工业生产中并不需要对所有项目进行检测分析，一般只需按照生产上要求的水质指标进行水质检测和分析。不同用途的水，水质分析项目也不相同，所定的水质指标有很大的差异。工业用水的种类繁多，各行各业对水质的要求各不相同，即便是同一行业中，不同工序、不同产品涉及的工序对用水的水质分析项目也有所不同，因此本节仅介绍纺织生产用水的一些主要水质分析项目及其测定方法。

6.2.2.1　温度

水的温度习惯上用摄氏温度(℃)表示。温度对水样的一些理化分析指标有影响，在保存水样和进行水样分析时，应注意温度的变化对水质的影响。用于悬浮物、色度、浊度、硬度、碱度、氯化物、化学需氧量(COD)等指标项目测定的水样通常需要在 2～5 ℃下冷藏。

6.2.2.2　色度

水的颜色是水的一个重要性能指标，用色度表示。纯水为无色透明的液体。天然水中存在腐殖质、泥土、浮游生物以及铁等金属离子，这些物质或离子均有可能使水体着色。纺织印染企业产生的工业废水中，常含有大量的染料、生物色素和有机悬浮微粒等，因此纺织印染厂排出的废水常常成为使环境水体着色的主要污染源。一般水质分析中的色度指的是水的真实颜色即"真色"，即去除悬浮物质等浊度物质后水的颜色，也就是说在测定色度前水样需要进行适当的过滤。

对于具有黄色色调的水，用氯铂酸钾（K_2PtCl_6）与氯化钴（$CoCl_2$）配成一系列标准溶液。每升水中含有相当于 1 mg 铂所造成的色度，被定为 1 色度单位。一般用色度计测定水的色度。一般情况下，工业废水的水质与天然水相比有非常大的差别，难以用上述的标准溶液来定量测定其色度。对工业废水进行色度测定时，需先用文字描述废水的颜色种类，然后用稀释倍数法表示色度。

6.2.2.3 浑浊度和透明度

水的清浊程度既可以用浑浊度（mg/L）表示，也可以用透明度（cm）表示。浑浊度也称为浊度，表示水体中因存在均匀分布的悬浮颗粒和胶体物质而使水的透明度降低的程度。水的透明度与混浊度正好相反，水中悬浮物质和胶体物质的含量愈大，浑浊度愈大，透明度愈小。

（1）浑浊度

浑浊度实际上表示水中悬浮物质和胶体物质对光线透过时所产生的阻碍程度。天然水中悬浮颗粒总是大小混杂的，所以一般情况下可以认为浑浊度主要决定于悬浮物质的含量。为统一标准起见，以 1 升蒸馏水中含有 1 mg 二氧化硅（一般以精制高岭土即漂白土为标准，粒度为 74～62 μm）定义为 1 个浑浊度单位或者 1 度。

可以用简单的目视比浊法来测定水的浊度，即取水样与标准浊液在比浊管中进行目视比较而测得浑浊度。也可以用光电比浊法来测定，即先用一套标准浊液在光电比浊计中测定其读数，并绘制出标准曲线，再在同样条件下测得水样的读数，就可对照标准曲线求出相应的浑浊度。此外还有一种专门的浑浊度计，它的刻度盘读数与标准浊液的浑浊度数值相对应，所以根据刻度盘的读数，就可求出水的浑浊度。

（2）透明度

用十字法测水的透明度比较方便，所用的仪器为透明度计。在一根长度为 50 cm 或 100 cm、内径为 3 cm 的玻璃管上刻以 cm 为单位的刻度。管底放置一个白瓷片，瓷片上标有宽度为 1 mm 的黑色十字和四个直径为 1 mm 的黑点，形成 ⁜ 状。测定时，将水振荡均匀，缓慢倒入玻璃管内，眼睛自管口垂直向下看。直到随着高度的增加，黑色十字完全消失不见为止。然后慢慢将水从管底放出，直到明显地看到十字，而四个黑点尚未见到为止。记录此时的水柱高度，即为水的透明度。水柱高度在 100 cm 以上的水样即算透明。水愈清，透明度愈大，水愈浊，透明度愈低。十字法测定的透明度可以与浊度进行换算。

6.2.2.4 电导率

水的电导率用电导率仪测定。电导率是指电极面积为 1 cm^2、极间距离为 1 cm 时溶液的电导值，常用 κ 表示，单位为 S/cm。由于一般的天然水源的电导率都比较小，所以天然水的电导率单位为 μS/cm。电导率可以比较方便地表征水的含盐量。因为水中溶解的大部分盐类是强电解质，它们在水中溶解后全部电离成离子，故可以利用离子的导电能力（或称为电导率）来评定水中含盐量的高低。

水的电导率和水的温度也有很大关系。水温越高，离子活动能力就越强，电导率就越大，因此实际测量时必须进行温度校正。温度为25℃时，1 μS/cm相当于0.55～0.9 mg/L含盐量。在其他温度时，需要加以校正。低于25℃时，每变化1℃，含盐量大约变化2%；温度高于25℃时，校正值为负值。电导率仪一般均有温度校正（或补偿）功能。

测定天然水的电导率后，可以大致推算出此种水的近似含盐量，但是不能根据电导率推算出水中含有哪些离子以及它们各自的量。对于普通的纺织企业来说，生产用水的电导率是一个参考指标，电导率值越大意味着含盐率越高，并不需要换算成含盐率。

6.2.2.5 pH值

水的pH值为水中氢离子浓度的负对数，可间接地表示水的酸碱度。水的pH值与水中溶解物质的性质及其含量有关，尤其是天然水的pH值与水中游离的CO_2、HCO_3^-及CO_3^{2-}的相对含量有很大的关系。天然水中，主要以HCO_3^-与CO_2共存，其pH值接近中性，多在6～9。可用pH计测定水的pH值，用此法测水的pH值不受水样的浑浊度、水中存在的氧化剂、还原剂等的影响，准确度可达0.01 pH值单位。在纺织工业用水中，也常用比较精密的pH试纸进行测定。但是，有些浑浊度高或带色的水样，以及水中存在氧化剂、还原剂时，就不能用pH试纸来测定pH值。

6.2.2.6 酸度

酸度是衡量水质的一项重要指标，表示水中含有能与强碱作用至一定pH值的物质的量，以mmol/L表示。一般情况下，酸度不能解释为具体的物质。

酸度数值的大小因所用指示剂指示终点pH值的不同而有所不同。用NaOH溶液滴定到pH值为8.3（以酚酞作指示剂）的酸度，称为“酚酞酸度”，称为总酸度，包含强酸和弱酸。用NaOH溶液滴定到pH值3.7（以甲基橙作指示剂）的酸度，称为“甲基橙酸度”，代表较强的酸产生的酸度。在进行滴定前，需要根据水质的状况，采取必要的措施消除一些离子或气体对酸度滴定结果的影响，例如三价铁离子、二价铁、锰离子等会影响指示剂准确显示滴定终点。水的酸度是由游离二氧化碳、有机酸、无机酸、强酸弱碱盐所构成的，它们的总浓度称为总酸度。

6.2.2.7 硬度

水的硬度表示的是水中除碱金属以外的钙、镁、铁、锰等金属离子的总量，用H（Hard）表示。天然水中，Ca^{2+}、Mg^{2+}的含量远比其他金属离子的高，所以通常天然水的硬度就从Ca^{2+}、Mg^{2+}的含量求得，即：

$$\text{水的总硬度 } H=[Ca^{2+}]+[Mg^{2+}]+[Fe^{2+}]+\cdots\approx[Ca^{2+}]+[Mg^{2+}]$$

Ca^{2+}、Mg^{2+}在天然水中以碳酸氢盐、硫酸盐、氯化物和硝酸盐等形式存在，因此水的硬度又可以分为碳酸盐硬度和非碳酸盐硬度，碳酸盐硬度常用符号H_C表示，非碳酸盐硬度常用符号H_f表示。由于碳酸盐硬度主要是由碳酸氢盐组成，且钙、镁的碳酸氢盐可在水煮沸后分解生成碳酸钙和氢氧化镁沉淀而除去，所以通常又把碳酸盐硬度称为暂时硬度。非碳酸盐硬度主要是钙、镁的硫酸盐、氯化物和硝酸盐等所形成的硬度，这类硬度物质在普通气压下将水煮沸时不能除去，所以称非碳酸盐硬度为永久硬度。

硬度常用的单位是mmol/L，表示水中钙、镁等硬度离子的含量。此外，还可用°dH（德国硬度或德度)和 ppm $CaCO_3$(美国硬度)作为硬度单位。德国硬度的定义:1 L 水中含有与 10 mg CaO 相当的硬度物质时,称为 1 °dH。ppm 是百万分率。常温下,水的密度接近 1 g/cm²,即 1 L 水重 1 kg,故每升水中如含 1 mg 杂质,即为 10^{-6}(即百万分之一),所以 1 mg/L 几乎与 1 ppm 相等。当一百万份水中含有 1 份相当于 $CaCO_3$ 的硬度物质时,便称为 1 ppm $CaCO_3$ 硬度。当 Ca^{2+}、Mg^{2+} 等硬度物质以 $CaCO_3$ 表示时,三种硬度单位之间存在如下换算关系:

$$1\ \text{mmol/L}=100\ CaCO_3=5.6\ ^\circ\text{dH}$$

必须注意的是,在进行硬度计算和不同硬度单位之间进行换算时,必须以 $CaCO_3$ 或者 CaO 为硬度标准物质,相应的硬度离子浓度(mmol/L)应该换算成二价金属离子的摩尔浓度,因为钙离子是二价金属离子。

Ca^{2+}、Mg^{2+} 等硬度离子能够阻碍肥皂等表面活性物质产生泡沫,在工业生产中会增加表面活性剂的消耗,而且易与一些阴离子生成难溶性的化合物,引起结垢(如锅炉结垢)情况,对蒸汽锅炉和工业生产带来非常不利的影响,甚至带来生产安全方面的隐患。因此,硬度是工业生产用水和锅炉用水的一个非常重要的水质指标,是水质分析的必测项目之一。

采用 EDTA 络合滴定法来测定水中 Ca^{2+}、Mg^{2+} 的含量简单快速,准确度能够满足工业分析的要求,是最常选用的方法。EDTA 是一种羧酸络合剂,是乙二胺四乙酸的简称。因为乙二胺四乙酸在水中的溶解度比较小,所以在分析测定时常采用乙二胺四乙酸的二钠盐,分子式为 $C_{10}H_{14}N_2O_8N_2\cdot 2H_2O$,基本结构式如下:

```
NaOOCCH2                 CH2COONa
        \               /
         N—CH2—CH2—N
        /               \
HOOCCH2                  CH2COOH
```

EDTA 可以用 H_4Y 表示,EDTA 二钠盐则以 Na_2H_2Y 表示,习惯上二者统称为 EDTA。

EDTA 能离解出 H^+,所以它的水溶液呈酸性。EDTA 能在适当的 pH 值范围内与很多金属离子生成络合物, EDTA 与金属离子络合后生成可溶性的络合物。EDTA 有 6 个供给电子的配位原子,即两个氮原子和四个带负电荷的氧原子, EDTA 与金属离子络合后可以形成稳定螯合物,其配位数一般为 4 或 6。EDTA 与金属离子络合时有一个重要特点,即不论金属离子是二价、三价、四价,都是 1∶1 与 EDTA 结合,计算也比较方便。反应式如下:

$$M^{2+}+H_2Y^{2-}\rightleftharpoons MY^{2-}+2H^+$$

$$M^{3+}+H_2Y^{2-}\rightleftharpoons MY^{-}+2H^+$$

$$M^{4+}+H_2Y^{2-}\rightleftharpoons MY+2H^+$$

EDTA 与金属离子络合时会产生 H^+,使溶液中 H^+ 浓度增加。为了滴定时溶液稳定在特定 pH 值范围内，一般在被滴定的溶液中加入缓冲溶液，以保持溶液的 pH 值不变。EDTA 与无色金属离子络合时生成的络合物也是无色的，所以在用 EDTA 滴定 Ca^{2+}、Mg^{2+} 等硬度离子时，需要借助指示剂指示滴定反应的终点。测定水的总硬度时，常用 $NH_3—NH_4Cl$ 缓冲溶液使水的 pH 值保持在 10 左右，选用铬黑 T 作为指示剂。在 pH 值为 10 时，铬黑 T 指示剂本身为蓝色，而铬黑 T 指示剂能与 Mg^{2+} 形成红色络合物，涉及的颜色反应如下：

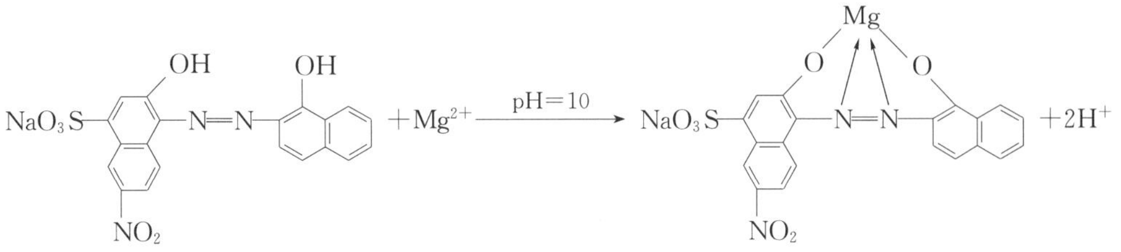

铬黑 T(蓝色) $+ Mg^{2+} \xrightarrow{pH=10}$ 铬黑 T 与 Mg^{2+} 的络合物(红色) $+ 2H^+$

络合滴定时，先加入铬黑 T 指示剂，溶液显红色。滴加的 EDTA 能与 Ca^{2+}、Mg^{2+} 等硬度离子络合称更稳定的螯合物，将硬度离子从与铬黑 T 指示剂的络合物中夺取出来，生成游离的铬黑 T，使溶液的颜色由红经红紫变蓝，滴定终点为蓝色。用这种方法测定得到的硬度为水的总硬度。

如果在 pH＝12(加入 NaOH 溶液使水样的 pH＝12)时，使水样中的 Mg^{2+} 变成难溶的氢氧化镁沉淀，再选用一种在 pH 值为 12 时能与钙离子络合的钙指示剂作指示剂，就能测出水样中 Ca^{2+} 的含量。当 Ca^{2+} 含量测得后，从总硬度与 Ca^{2+} 含量之差就可求得水中 Mg^{2+} 的含量。

用 EDTA 络合滴定法还可以测定水中的 SO_4^{2-} 的含量。虽然 SO_4^{2-} 不能与 EDTA 作用，但可先加入已知量的(过量的)氯化钡溶液，使 SO_4^{2-} 全部生成 $BaSO_4$ 沉淀，剩余的 Ba^{2+} 在 pH＝10 时用 EDTA 标准溶液滴定，然后根据加入的 Ba^{2+} 量与剩余 Ba^{2+} 量的差值，可以间接计算出 SO_4^{2-} 的含量。指示剂仍然用铬黑 T，虽然铬黑 T 与 Ba^{2+} 生成的络合物不显色，但在氯化钡溶液中同时加入了已知量的 $MgCl_2$，即可较明显地判断滴定终点。在反应中由于水样中本来含有的的 Ca^{2+}、Mg^{2+} 也与 EDTA 反应，所以滴定后在 EDTA 的消耗量中还应扣除水样中本来含有的 Ca^{2+}、Mg^{2+} 所消耗的 EDTA 用量(相当于水的总硬度)。

滴定某种硬度离子如 Ca^{2+} 的含量时，对水样中某些金属离子的干扰，需要采用合适的方法加以消除，例如铁离子的干扰可在滴定前加入数毫升三乙醇胺进行掩蔽，同时能减少铝离子的干扰，微量铜的干扰可加硫化钠溶液消除。如果不能完全排除其他金属离子的干扰，则可以改用原子吸收法测定。

水中如果有机物较多的话，就会影响终点观察。对于这种情况，如水质硬度较高而经稀释后干扰物质的浓度可降低至允许浓度以下时，最好采用稀释的办法来解决有机物的干扰。如有机物量多时，则可取适量水样蒸干，在 600 ℃下灼烧至有机物完全氧化，再用 HCl 溶解，然后调节 pH 值进行测定。

6.2.2.8 碱度

碱度是指水中含有的能与强酸相作用的物质的量。水中碱度主要是由碳酸氢盐、碳酸盐及氢氧化物的存在所造成的。硼酸盐、磷酸盐和硅酸盐也会产生一些碱度,但它们在天然水中含量往往不多,常可忽略不计。

碱度有碳酸氢盐碱度、碳酸盐碱度及氢氧化物碱度之分,这些碱度的总和称为总碱度,用符号 A (Alkalinity)表示。表示碱度的单位是 mmol/L(以 $CaCO_3$ 作碱度的标准物质来计算,相应地也可以用 ppm $CaCO_3$ 及德度表示)。可以用酸碱指示剂滴定法测定水的碱度。碱度的测定值因使用的终点 pH 值不同而有很大差异,只有当试样中的化学组成已知时,才能推定为具体的物质。对于天然水来说,可直接用酸滴定至 pH 值为 8.3 时消耗的量,此时用酚酞作为指示剂,得到的碱度为酚酞碱度。以酸滴定至 pH=4.4~4.5 时消耗的量,此时用甲基橙作为指示剂,得到的碱度为甲基橙碱度。在实际测定碱度时,可先加酚酞,滴定至由红色变为无色时,记下滴定时标准酸液消耗的体积,此时测得的碱度值为酚酞碱度。再滴加甲基橙指示剂,用标准酸溶液继续滴定,直至由桔黄色变为桔红色时为止,这一步测得的数值为甲基橙碱度。这样就可根据标准酸溶液消耗的量分别计算出 OH^-、HCO_3^- 和 CO_3^{2-} 离子的含量。如果一开始就用甲基橙作为指示剂,那么所测得的碱度为水样的总碱度 A。

6.2.2.9 化学需氧量

化学需氧量(COD),是指在一定条件下水样与强氧化剂作用时所消耗氧化剂的量,以水中氧气含量 mg /L 表示。化学需氧量反映了水中还原性物质的含量。水中还原性物质包括有机物和无机物(S^{2-}、Fe^{2+}、NO_2^- 等)。大多数情况下,化学需氧量可以作为反映水中有机物相对含量的指标之一。

天然水的化学需氧量测定可以采用高锰酸钾作氧化剂,需氧量(耗氧量)以 O_2 mg/L 为单位表示,称为高锰酸钾需氧量(耗氧量)。用高锰酸钾法测定化学需氧量比较简单,应用较广,其缺点是对有机物的氧化不完全,所得结果常低于实际含量,并不是理论上的需氧量,但依然可以作为水质分析的一项指标。

对于工业废水,我国规定用重铬酸钾法测定化学需氧量,需氧量(耗氧量)仍以氧气的 mg/L 为单位表示,但称为重铬酸钾需氧量,用 COD_{Cr} 表示。一般情况下,化学需氧量指的就是重铬酸钾需氧量(COD_{Cr})。在强酸性溶液中,一定量的重铬酸钾将水中还原性物质氧化,过量的重铬酸钾以试亚铁灵作指示剂,用硫酸亚铁胺标准溶液回滴,从消耗的重铬酸钾与空白值之差,就可以计算出氧化水样中有机物质所消耗的毫克数。

酸性重铬酸钾氧化性很强,可将大部分有机物氧化,加入硫酸银作催化剂时,可将原先难以氧化的直链烃氧化,但是芳香族有机物依然难以被氧化。氯化物在此氧化条件下也能被重铬酸钾氧化生成氯气,这就要消耗一部分重铬酸钾,而且能与硫酸银作用产生沉淀,因而影响测定结果。因此,当被测水样中氯离子大于 30 mg/L 时,须加硫酸汞以消除氯离子的干扰。氯离子含量高于 2000 mg/L 的样品应先定量稀释后,再进行测定。若废水中有机物含量比较高时,对水样需要适当稀释后再进行测定。

6.2.2.10　生化需氧量

生活污水与工业废水中常含有大量的各类有机物，这些有机物在水体中分解时会消耗大量溶解氧，从而破坏水体中氧的平衡，使水质恶化。生化需氧量(BOD)是指在规定条件下微生物分解水中的某些可氧化物质特别是有机物所进行的生物化学过程中消耗溶解氧的量。目前一般采用稀释接种法测定生化需氧量。生物氧化过程进行的时间一般比较长，因此有短期 BOD 和长期 BOD 之分。目前，国内外普遍规定(20±1)℃培养 5 d，分别测定样品培养前后的溶解氧，二者之差即为 BOD_5，表示五天生化需氧量，以氧的毫克/升(O_2 mg /L)表示。

6.2.2.11　Cl^- 及其含量的测定

Cl^- 或者氯化物是水和废水中比较常见的一种无机阴离子，Cl^- 含量的测定是水质分析中经常要做的项目之一。测定 Cl^- 含量有四种方法可供选择：(1)硝酸银滴定法；(2)硝酸汞滴定法；(3)电位滴定法；(4)离子色谱法。

其中，硝酸银滴定法比较简单，因此常用此法测定 Cl^- 的含量。在中性或弱碱性溶液中，以铬酸钾为指示剂，用硝酸银滴定氯化物时，由于氯化银的溶解度小于铬酸银的溶解度，氯离子首先被完全沉淀后，铬酸根离子才与硝酸银的银离子生成砖红色的铬酸银沉淀，指示氯离子滴定的终点。涉及的沉淀滴定反应如下：

$$Cl^- + Ag^+ \longrightarrow AgCl\downarrow$$

$$CrO_4^{2-} + Ag^+ \longrightarrow Ag_2CrO_4\downarrow$$

当铬酸根离子才与硝酸银的银离子生成砖红色的铬酸银沉淀显示滴定终点时，加入的 Ag^+ 已经开始过量，因此在测定 Cl^- 的计算中，必须把滴定显示终点时刚过量的 Ag^+ 除去，为此，需要做空白滴定，一般是拿蒸馏水做空白滴定。硝酸银滴定法虽然简单，但为了使测定准确、可靠，必须考虑或者消除如下几个干扰因素：

(1) 水中溴化物、碘化物和氰化物均能起与氯化物相同的反应。

(2) 溶液的 pH 值是一个重要影响因素，pH 值太大，Ag^+ 容易生成 AgOH 并转化成 Ag_2O 沉淀，而 pH 值太低，Ag_2CrO_4 会溶解，因此在测定时必须注意把溶液的 pH 值调节到 6.3～10。

(3) CrO_4^{2-} 的浓度影响滴定终点的确定。为了使 Cl^- 沉淀完全后立即产生 Ag_2CrO_4 沉淀，在 100 mL 水样中需要加入 5%的 K_2CrO_4 指示剂 2 mL，而不同于酸碱指示剂，只需几滴就够了。

(4) Ag_2CrO_4 的溶解度随温度升高而增大，所以 CrO_4^{2-} 对 Ag^+ 的灵敏度随着温度的升高而降低，为此实验必须应在室温下进行。

(5) 银盐容易感光而分解，所以硝酸银滴定不应在日光下进行测定，滴定操作也应尽快进行，并应使用棕色滴定管和棕色试剂瓶存放标准溶液。

(6) 硝酸银滴定法适用于天然水中氯化物测定，适用的浓度范围为 10～500 mg/L。如遇水样中 Cl^- 含量过高时，则可取少量水样稀释滴定，以减少滴定时间。

6.2.2.12 铁离子及其含量的测定

天然水中铁离子的含量一般并不高,但有的水体中铁离子含量有可能超过生产用水的水质要求。含铁量高的水往往带黄色,如果作为纺织、印染等工业用水时,会在产品上形成黄斑,影响产品的质量。工业用水的铁含量必须在 0.1 mg/L 以下。天然水中微量铁离子的测定方法常采用邻啡罗啉($C_{12}H_8N_2 \cdot HCl \cdot H_2O$)比色法,该法灵敏度高,在 50 mL 水中含 2 μg 铁也可以测出。

邻啡罗啉在 pH 值为 2～9 的溶液中能与亚铁离子生成稳定的橙红色络离子 $[(C_{12}H_8N_2)_3Fe]^{2+}$,此络合物溶液的颜色在避光时可稳定保持半年。当一定体积的溶液中邻啡罗啉的加入量一定时,产生的络合物溶液的颜色与亚铁离子 Fe^{2+} 含量成正比关系。因此可以用分光光度法测其在 λ=510 nm 处的吸光度,根据标准曲线计算出水中亚铁离子的含量(mg/L)。若水中有高铁离子时,可用还原剂盐酸羟胺将高价铁还原成低价铁再测定。

6.2.2.13 总含盐量的测定

含盐量指的是水中各种矿物质离子含量的总和。水的含盐量是水中总阳离子含量 ΣC_{S+} 和总阴离子含量 ΣC_{S-} 之和,即:含盐量 $\Sigma C_S = \Sigma C_{S+} + \Sigma C_{S-}$。

表示含盐量可以有两种方法。一种是溶解固体法,即将 1 升水样过滤蒸干后,将残渣称重即得溶解固体的重量,其结果可用来近似地表示水中含盐量。用此法得到的含盐量的单位为 mg/L。

另外一种方法是离子交换测定法。取水样通过强酸性阳离子交换树脂柱,水样中的阳离子交换形成氢离子。然后取一定量的流出水,测定此水中氢离子的浓度为酸度 S。因为水中一般都含有碱度,在发生离子交换时,交换下来的 H^+ 即和碱度离子反应,生成水和二氧化碳。这个反应使交换下来的氢离子与原水中的碱度先反应掉一部分。剩余的氢离子为测得的酸度,也就是说离子交换后的水的酸度比实际值小。因此,实际含盐量为流出交换树脂柱的水的酸度 S 与原水样的总碱度 A 之和,即含盐量 $=S+A$ (mmol/L)。用离子交换法测得的含盐量实际上为水中总阳离子浓度。

6.2.3 硬度与碱度的关系

硬度表示水中某些阳离子(主要是 Ca^{2+}、Mg^{2+})的含量,碱度表示水中某些阴离子(HCO_3^-、CO_3^{2-})的含量,两者之间存在一定的联系。阳离子和阴离子在水中都是单独存在的,但出于判断水质的需要,有时将水中已知的主要阳离子和阴离子组合成假想化合物。其组合顺序是按照水在加热蒸发浓缩时,阴、阳离子优先组合成溶解度小的化合物,再依次组合成溶解度大的化合物。天然水中阳离子组合成假想化合物的顺序是:钙离子优先组合,镁离子次之,钾、钠离子最后组合。阴离子的组合顺序是:重碳酸根优先组合,硫酸根离子次之,氯离子最后组合。表 6-2 所示为根据这个组合顺序得出的天然水中阴、阳离子的组合关系。

表 6-2 天然水中主要阴、阳离子的组合关系

指标名称	阳离子组合顺序	组合关系	阴离子组合顺序	指标名称
硬度	Ca^{2+} Mg^{2+}	$1H_C$ $2H_f$ $3H_u$ 4中性盐	HCO_3^-	碱度
钠、钾离子含量	Na^+、K^+		SO_4^{2-} Cl^-	强酸根离子浓度

注：H_C ——碳酸盐硬度；H_f ——非碳酸盐硬度；H_u ——负硬度，即钠、钾碱度。

从表 6-2 可以看出，天然水中常见的阴、阳离子按照如下规律组合成假想化合物：

(1) 钙离子和碳酸氢根首先组合成 $Ca(HCO_3)_2$ 之后，多余的碳酸氢根和镁离子组合成 $Mg(HCO_3)_2$。这类化合物属于碳酸盐硬度 H_C。

(2) 如果钙、镁离子与碳酸氢根组合成化合物之后，钙、镁离子有剩余，余下的钙、镁离子与硫酸根组合成 $CaSO_4$，其次是 $MgSO_4$。当钙、镁离子还有剩余时，与氯离子依次组合成 $CaCl_2$、$MgCl_2$。这些化合物均属于非碳酸盐硬度 H_f。

(3) 如果钙、镁离子与碳酸氢根组成化合物后，碳酸氢根离子有剩余，则与钾、钠离子组合成 $NaHCO_3$、$KHCO_3$，形成的碱度称为负硬度 H_u，这种水称为负硬水。

(4) 最后，钾、钠离子与硫酸根、氯离子组合成溶解度很大的中性盐。

根据这种分析可以总结出硬度与碱度之间的相互关系，根据测定出的总硬度 H 和总碱度 A，可以计算出水中各种硬度存在的情况。

6.2.4 碱度与 pH 值的关系

pH 值表示溶液酸碱性强弱的程度，直接反映水中 H^+ 或 OH^- 的含量。碱度除了包括水中 OH^- 的含量以外，还包括水中 HCO_3^- 和 CO_3^{2-} 等碱性物质的含量。天然水的 pH 值与碱度存在联系是由于水中存在着如下酸碱平衡：

$$CO_2 + H_2O \rightleftharpoons H_2CO_3 \rightleftharpoons H^+ + HCO_3^- \rightleftharpoons 2H^+ + CO_3^{2-}$$

$$H_2O \rightleftharpoons H^+ + OH^-$$

在任何天然水中，与上述酸碱平衡有关的各种离子都是同时存在的，只是在不同 pH 值下，它们的含量不同而已。表 6-3 所示为不同 pH 值的天然水中 $CO_2 + H_2CO_3$、HCO_3^-、CO_3^{2-} 的摩尔分子(离子)百分数。

表 6-3 不同 pH 值时水中 $CO_2 + H_2CO_3$、HCO_3^- 及 CO_3^{2-} 的摩尔分子(离子)百分数

pH 值	4.0	4.5	5.0	5.5	6.0	6.5	7.0	7.5	8.0	8.5	9.0	9.5	10.0
$CO_2 + H_2CO_3$	99.6	98.7	95.9	88.0	69.9	42.3	18.9	6.8	2.3	0.7	0.2	0.0	0.0
HCO_3^-	0.4	1.3	4.1	12.0	30.1	57.7	81.1	93.0	97.3	97.8	95.3	87.0	68.0
CO_3^{2-}	0.0	0.0	0.0	0.0	0.0	0.0	0.0	0.2	0.4	1.5	4.5	13.0	32.0

根据表 6-3 和水样的 pH 值可以判断水中主要存在哪些碱度物质。水的 pH 值在 8.3

以下时,水中碱度物质以 HCO_3^- 为主。水的 pH 值在 8.3 以上时,开始有 CO_3^{2-} 碱度。水的 pH 值在 10 以上时, HCO_3^- 碱度与 CO_3^{2-} 碱度共存,它们各含多少,则可用不同指示剂对碱度进行测定计算求得。

例 某天然水经分析,结果为,pH=7.4,总硬度 5.6°dH,总碱度 1.5 mmol/L, SO_4^{2-} 含量为 48 mg/L, Cl^- 含量为 35.5 mg/L(不考虑水中的其他微量离子)。计算水的:(1)碳酸盐硬度;(2)非碳酸盐硬度;(3) 钠钾碱度(单位为 mmol/l);(4)该水样以什么碱度为主?

解 总硬度 H=5.6 °dH=1.00 mmol/L, A=1.5 mmol/L

因为 $H<A$,所以 碳酸盐硬度 $H_C=H=1.0$ mmol/L

非碳酸盐硬度 $H_f=0$ mmol/L

钠钾碱度 $H_u=A-H=1.5-1.0=0.5$ mmol/L

因为水样的 pH=7.4,根据表 6-3 可以判断,该水样的碱度以 HCO_3^- 碱度为主,可以认为不存在 CO_3^{2-} 碱度。

6.3 水质改良

源水进厂后,一般要经过一定的处理才能满足纺织生产的要求,这种处理实际上就是水质改良的过程。采用哪种处理方法,应根据源水的水质状况和工业生产用水的水质指标标准来确定。如果按照常规的水处理工艺处理后的水依然有一些指标不符合某些生产工序用水的水质要求时,则须设法加以调整,使生产用水的水质在最佳指标范围内。水质改良是针对进入工业生产前的源水而进行的,大体分为两类:一是除去水中悬浮物和胶体,使水的透明度达到水质标准的要求,这可以通过净化处理来达到;二是改变水中溶解物质的质与量,调整某些溶解物质的浓度,通常是对净化后的清水再进一步处理,以减少某些溶解物质的含量或者加入一些必要的物质,这就是软化、去盐及调整碱度等。一般水处理的基本流程如下:

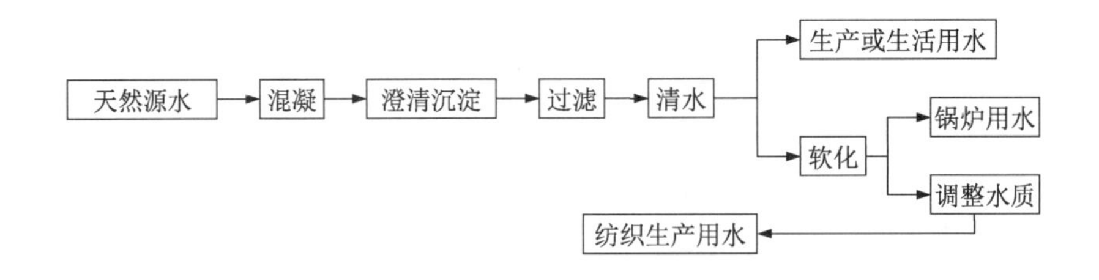

这个水处理流程实际上包含如下主要步骤和方法:

(1) 预处理。进水中的悬浮物、胶体、微生物等杂质,在离子交换处理时会附着在离子交换树脂颗粒的表面,降低树脂的交换容量,在电渗析水处理中会黏附于膜表面,影响处理效果,所以进入离子交换、电渗析等处理设备的进水必须进行适当的净化处理,去除悬浮物等杂质。针对进水进行预处理的主要目的是把进水处理到后续处理装置所允许的进水水质指标，从而保证后续处理装置的安全、稳定运行。水的预处理主要涉及下列方法：

① 混凝、澄清。如果直接从自然界取水的话，大多需要采用混凝、澄清处理方法去除水中的悬浮物和胶体物质。向源水中加入化学药剂，使水中的这类杂质形成大颗粒絮状物，并使之在重力作用下和水分离，沉淀下来。这种处理可使水中悬浮物和胶体物质的含量降低，从而使水的浊度降低。如果源水为自来水的话，一般不需要进行这种预处理。

② 过滤。在进行预处理时，有时需要利用各种过滤设备去除水中的大部分颗粒物质，甚至可以去除水中的部分微生物。

③ 吸附。用活性炭等合适的吸附剂以去除水中的有机物、胶体、微生物、游离氯、臭味和色素等杂质。

④ 初步软化。对一些硬度高的源水，若直接进入离子交换器进行软化，往往运行成本过高。这时，可以考虑先用较便宜且易得的石灰与纯碱对水进行预处理，这样可以去掉大部分硬度离子。石灰能除去水的碳酸盐硬度，纯碱能除去水的非碳酸盐硬度。反应式如下：

$$Ca(HCO_3)_2 + Ca(OH)_2 = 2CaCO_3 + 2H_2O$$

$$Mg(HCO_3)_2 + 2Ca(OH)_2 = 2CaCO_3 + Mg(HO)_2 + 2H_2O$$

$$CaCl_2 + Na_2CO_3 = CaCO_3 + 2NaCl$$

$$MgCl_2 + Na_2CO_3 = CaCO_3 + 2NaCl$$

$$CaSO_4 + Na_2CO_3 = CaCO_3 + Na_2SO_4$$

$$MgSO_4 + Na_2CO_3 = MgCO_3 + Na_2SO_4$$

在较高的 pH 值下，$MgCO_3$ 又和 H_2O 作用：

$$MgCO_3 + H_2O = Mg(OH)_2 + CO_2$$

从反应式可看出，去掉的硬度离子是以 $CaCO_3$、$MgCO_3$、$Mg(OH)_2$ 的形式沉淀的。但因 $MgCO_3$、$Mg(OH)_2$ 在水中还有一定的溶解度，故硬度不能完全除去。用这种方法处理会产生大量的沉淀物，这个问题可以结合混凝处理加以解决。

(2) 水中溶解物质的处理。水中溶解物的处理方法有两种。一是除盐，其目的是去除水中溶解的盐类物质，电渗析和反渗透方法是工业除盐的两个重要方法。二是软化，一般通过利用离子交换树脂去除水中钙、镁等硬度离子，当然，有时为了降低软化处理成本，也可以通过先加入化学药剂使大部分硬度物质转化成溶解度小的盐类而除去，再用离子交换树脂进行软化。

(3) 后处理。某些工业系统对水质要求很高或有特殊的要求，需要对经过预处理和除盐软化后的水进一步处理，例如精密过滤。对于有些纺织行业如缫丝业来说，水的后处理实际上可以认为是一个水质调整过程。对水进行水质调整后，使水的某些重要水质指标如碱度能够满足某些纺织生产工序对用水的水质要求。

本节主要介绍有关水的净化处理和离子交换软化的基本知识。

6.3.1　水的净化

水中颗粒直径较大的悬浮物一般可以通过静置沉淀和过滤去除，见表 6-4，而颗粒直径较小的胶体物质难以通过过滤方法去除，需要采用混凝、澄清和过滤等处理方法进行处理。混凝、澄清和过滤处理是工业用水处理的必要步骤。

表 6-4 颗粒直径与沉降的关系

颗粒直径(mm)	颗粒种类	沉降 1 m 所需的时间
1.0	粗砂	10 s
0.1	细砂	2 min
0.01	泥砂	2 h
0.001	细菌	5 d
0.000 1	黏土	2 年
0.000 01	胶粒	210 年

6.3.1.1 混凝

(1) 混凝的基本概念。水中存在的胶体颗粒一般带负电荷，容易吸附电性相反的离子，而在其表面一定范围内会形成一个双电层，它们之间既互相排斥，又在水中不断作布朗运动。所以胶体颗粒在水中较为稳定，不易自行下沉。当水中加入适量的混凝剂后，经过搅拌，水中的微小胶体颗粒就能够脱稳，絮凝成大的絮状物而迅速下沉。整个混凝过程可分为投药、混合、反应几个阶段。

(2) 混凝机理。水的混凝处理实际上是使胶体脱稳而凝聚沉淀的过程。在水处理中，水的混凝包括凝聚和絮凝两个过程。凝聚是指胶体双电层被压缩脱稳而聚结成较大颗粒的过程。絮凝是脱稳后的胶体聚结成更大絮粒的过程，这个过程实际上还包含了未经脱稳的胶体形成大的颗粒的过程。化学药剂扩散到水中后，凝聚可以瞬时完成，而絮凝需要一定的时间和条件才能完成。一般情况下，凝聚和絮凝不能截然分开，因此常把能起凝聚和絮凝作用的药剂统称为混凝剂。

按照机理，混凝可以分为压缩双电层、吸附电中和、吸附架桥和沉淀物网捕四种。

① 压缩双电层机理。反离子的浓度在胶粒表面处浓度最大，随着离胶粒表面距离的增大，反离子的浓度呈递减的趋势，最终与溶液中反离子的浓度相等。当向水中加入某种电解质，由于电解质电离出大量的反离子或电解质水解形成带有相反电荷的聚合物。加入的反离子将原有部分反离子挤压到吸附层中，从而使扩散层厚度减小，胶体颗粒间的静电斥力随之减弱或消除，导致胶体颗粒在水中不能稳定存在。各种电解质离子破坏胶体稳定性的作用是不同的，随着离子价的增大而加大，而且速度也加快，这种能力几乎与离子价的六次方成正比例。因此三价的铝盐和铁盐对天然水中带有负电荷的黏土胶体有较好的凝聚能力，所以水处理中最常见的混凝剂是铝盐和铁盐。但是，加入的电解质不是越多越好。在混凝处理时，三价铝盐和铁盐等电解质投入量过多，凝聚效果反而下降，甚至使胶体重新稳定。

② 吸附电中和机理。胶粒对电性相反的离子或胶粒等有比较强烈的吸附作用。胶粒

表面通过这种吸附作用而使部分电位离子被中和，减小了静电斥力，使胶体脱稳而发生凝聚。但是，当三价铝盐和三价铁盐等电解质投入量过多时，胶粒会吸附过多的反离子，甚至使胶粒带有与原来相反的电荷，排斥力变大，从而发生再稳现象。

③ 吸附架桥作用。吸附架桥作用主要指链状高分子化合物在静电引力、范德华力和氢键等作用下，通过分子链上的活性部位，与胶粒、悬浮物微粒等发生吸附桥连的过程，如图6-2所示。

三价铝盐、铁盐等无机化合物溶于水后，经水解、缩聚反应可以形成线形高分子聚合物。溶于水中的其他有机高分子混凝剂分子也具有线形结构。这类高分子物质分子链上有活性部位或者基团，可被胶粒强烈吸引。如图6-2所示，因其线形长度较大，当其一端吸附某一胶粒后，另一端吸附另一胶粒，在相距较远的两胶粒间进行吸附架桥，使颗粒逐渐变大，形成更大的絮凝体，称为凝絮或矾花。显然，在吸附架桥过程中，胶粒本身并不一定需要脱稳，也不一定需要直接接触。在水处理时，高分子混凝剂投加量也不能过多，因为投加量过多会导致胶粒被若干高分子链包围，反而使得胶体产生再稳现象。

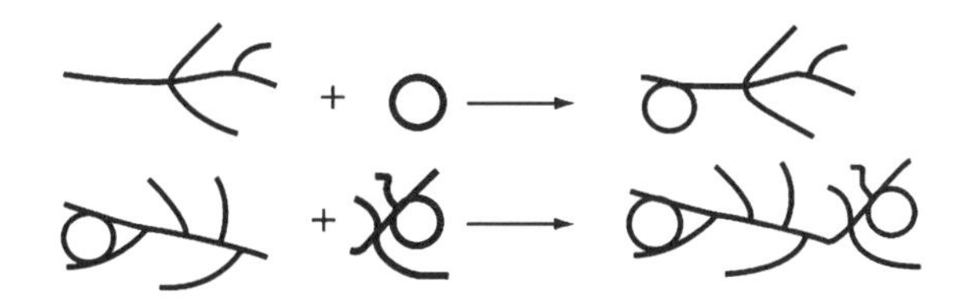

图6-2 吸附架桥作用示意

④ 沉淀物的网捕作用。当水中的悬浮物和胶体杂质含量很少时，加入的混凝剂与微粒接触机会很小，此时投加的混凝剂依然是正常量的话，就难以通过反离子的压缩和吸附架桥作用达到使胶体等微粒脱稳而凝聚的目的。在这种情形下，必须增大混凝剂的投加量，当投加量大到混凝剂自身足以形成沉淀时，水中的胶粒和微细悬浮物杂质可被这些沉淀物在形成时作为吸附剂所网捕。

从以上四种机理可以看出，需要根据水中胶粒或微细悬浮物的含量多少来确定水处理时混凝剂的投入量。胶粒越多，混凝剂投加量反而可以适当减少，这时可以通过混凝剂对水中胶粒的压缩双电层和吸附架桥作用而使胶粒脱稳。水中胶粒含量很少时，需要增加混凝剂的投加量才能够使胶粒脱稳而除去。

混凝效果与混凝剂和水力条件有关。为使混凝过程达到高效能，技术上的关键在于结合原水水质，选用优良的混凝剂及助凝剂，创造适宜的水力条件，以保证混凝过程各阶段的作用能顺利进行。

(3) 常用的混凝剂与助凝剂。

① 硫酸铝，即 $Al_2(SO_4)_3 \cdot 18H_2O$。它使用方便，混凝效果较好，一般不会给处理后的水质带来不利影响。但是必须注意硫酸铝可能会明显增加水中硫酸根的含量而影响水质。如果将硫酸铝混凝处理后的水用于制丝生产，必须考虑水中明显增加的 SO_4^{2-} 离子对生丝品质的影响。水温比较低时，硫酸铝水解困难，形成的絮体比较松散，混凝效果会受到影响。

② 三氯化铁，即 $FeCl_3 \cdot 6H_2O$。它极易溶解于水，形成的矾花沉淀性好，低温时混凝效果比铝盐的好。但是，三氯化铁对金属设备和混凝土有腐蚀作用，此时应该考虑用耐腐蚀材料。

③ 硫酸亚铁，即 $FeSO_4 \cdot 7H_2O$。俗称绿矾，为半透明的绿色晶体。因 Fe^{2+} 只能生成简单的单核络合物，所以使用时应同时加氯将 Fe^{2+} 氧化成三价铁，然后再起混凝作用。这样既可杀菌消毒，还可以杀死水中其他微生物。

④ 聚合氯化铝（碱式氯化铝）。化学式可以写为$[Al_2(OH)_nCl_{6-n}]_m$，n 可取 1 到 5 之间的任何整数，m 为$\leqslant 10$ 的整数。聚合氯化铝对各种水质适应性较强，混凝过程中 pH 值适应范围较广，絮粒形成快且颗粒大而重，沉淀性能好，投药量一般比硫酸铝低。

⑤ 聚合硫酸铁。化学式可表示为$[Fe_2(OH)_n(SO_4)_{3-n/2}]_m$，式中 $n<2$，$m>10$。在混凝处理中，具有用量少、效果好、适用 pH 值范围广等特点。

⑥ 聚丙烯酰胺。这是一种有机高分子混凝剂。用于混凝处理时，其优点在于分子上的链节与水中胶体微粒有强烈的吸附作用，可以通过吸附架桥作用使胶体脱稳。相对分子质量越大，吸附架桥作用越强。缺点是价格比较贵，而且具有一定毒性，必须引起注意。

⑦ 助凝剂。指与混凝剂一起使用可以促进水的混凝过程的辅助药剂，主要有 pH 调整剂、絮体结构改良剂、氧化剂三种。

6.3.1.2 沉淀

沉淀过程是将原水中的泥沙或经投药与混凝所生成的絮粒，依靠重力从水中沉降分离，使水变清的过程。根据原水中是否投加混凝剂，沉淀可分为自然沉淀和混凝沉淀两种。自然沉淀不投加混凝剂，一般只能去除颗粒较大并且比重较大的泥沙和杂质。混凝沉淀需要投加混凝剂，可去除悬浮物和胶体。沉淀过程一般在沉淀池中完成。

6.3.1.3 澄清

澄清是利用原水中的颗粒和池中积聚的活性泥渣相互碰撞接触、吸附、结合，然后与水分离，使原水较快地得到澄清的过程。一般在澄清池中完成。澄清池是综合利用混凝和泥水分离作用，在一个池内完成混合、反应、悬浮物分离等过程的净水构筑物。由于澄清池重复利用了有吸附能力的絮粒来净化原水，因此可以充分发挥混凝剂的净水效能。澄清池具有处理效果好、生产率高、占地面积小、节约药剂用量等优点，但也存在对进水水温、水质、水量变化敏感，结构复杂，管理要求高等缺点。

6.3.1.4 过滤

经过混凝沉淀或澄清处理的水，在水质方面已大有改善，大部分悬浮物已经去除，水的浑浊度一般在 10 mg/L 以下，一部分细菌也已去除，但还达不到饮用水和工业用水的要求。过滤的目的就在于去除残留在沉淀池或澄清池出水中的细小悬浮物以及部分细菌，同时为消毒创造良好的条件。

按照过滤速度，基本可以分为慢滤池和快滤池两大类。不管采用哪一类滤池，其起过滤作用的滤料一般主要为石英砂和无烟煤，有时也会用一些硬质胶粒、石榴石等过滤材料。经过过滤后形成了清水，可以用于一般的生活用水与工业用水。

6.3.2　水的软化

一般的清水难以满足纺织用水的需求，还需要调整某些溶解物质的浓度，对净化后的清水再进一步处理，以减少某些溶解物质的含量。水的软化就是将水中的钙、镁等可溶性盐除去的过程。硬水软化的方法很多，常用的有煮沸法、化学软化法、离子交换软化法等。

采用离子交换法可以制取软水、纯水与超纯水，在工业用水处理领域有比较广泛的用途。离子交换软化法必须借助离子交换剂来进行，主要通过利用离子交换剂在水中能以其所含的可交换离子与溶液中电性符号相同的离子进行交换来实现的。

离子交换剂种类很多，有天然和合成之分，有无机和有机之分，还有阳离子型和阴离子型之分，如表 6-5 所示。

表 6-5　离子交换剂的分类

树脂名称	交换基团		酸碱性
	化学式	名称	
阳离子交换树脂	$—SO_3^- H^+$	磺酸基	强酸性
	$—COO^- H^+$	羧酸基	弱酸性
阴离子交换树脂	$—NR_3^+ OH^-$	季铵基	
	$—NR_2H^+ OH^-$	叔胺基	弱碱性
	$—NRH_2^+ OH^-$	仲胺基	
	$—NH_3^+ OH^-$	伯胺基	
海绿砂	—	钠交换基团	—
合成沸石	—	钠交换基团	—
磺化煤	—	阳离子交换基团	—

在表 6-5 所列的离子交换剂中，天然的海绿砂和合成沸石有许多缺点，特别在酸性条件下无法使用，而磺化煤存在交换容量低、机械强度差、化学稳定性差等缺点，已经被离子交换树脂取代。

6.3.2.1　离子交换树脂的结构

离子交换树脂外形大多呈球状颗粒，微观上看具有三维网状结构。离子交换树脂不溶于水，也不溶于酸碱和有机溶剂。离子交换树脂由母体和交换基团两大部分组成。母体即树脂的骨架，在交换过程中不参与交换反应。另一部分为联结在骨架上的活性基团，活性基团所带的可交换离子能与水中的离子进行交换。

在离子交换树脂的具有三维网状结构的母体上以化学键结合着许多交换基团，这些基团中的一部分被束缚在母体上，不能移动，称为固定离子，与固定离子以离子键结合的电荷相反的离子称为反离子。反离子在溶液中电离而成为自由离子，在一定条件下，它能与电荷相同的其他离子发生交换反应，故称可交换离子。在磺酸型离子交换树脂中，固定离子为$—SO_3^-$，可交换离子为 H^+，合称为交换基团，即$—SO_3H$。为方便书写起见，母体用符号

R(resin)表示，因此磺酸型离子交换树脂表示为 R—SO_3H，也可简单表示为 RH。在树脂网状结构的孔隙里充满着水，它和可交换离子共同组成一个高浓度溶液。离子交换树脂微细孔隙中的水应该看作是树脂的组成部分，因为树脂孔隙中如果没有水，它就不能起交换作用。

常见的离子交换树脂的母体骨架是交联聚苯乙烯，以最常见的苯乙烯系离子交换树脂为例，用苯乙烯和二乙烯苯为原料制备离子交换树脂的反应过程如下：

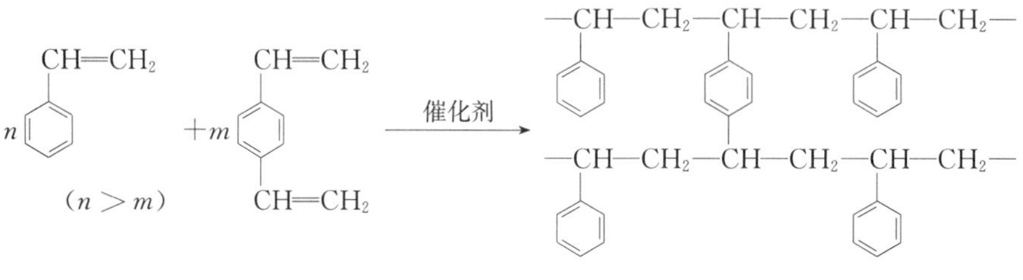

($n > m$)

催化剂

交联聚苯乙烯

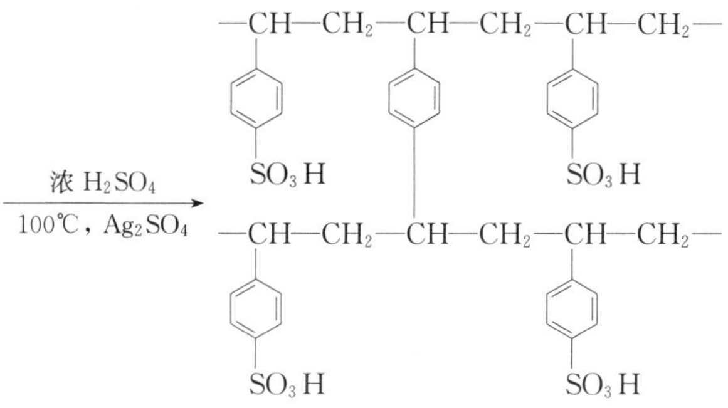

浓 H_2SO_4

100℃，Ag_2SO_4

磺酸型阳离子交换树脂

在这个反应过程中，交联聚苯乙烯用浓硫酸磺化，可以得到磺酸型阳离子交换树脂(RH)。如果对交联聚苯乙烯进行氯甲基化和胺化后，可以得到季铵型强碱性阴离子交换树脂或者弱碱性阴离子交换树脂。

6.3.2.2 离子交换树脂的分类

根据离子交换树脂交换基团的性质，可以分为两大类。与溶液中阳离子进行交换的树脂，称为阳离子交换树脂，阳离子交换树脂中的可交换离子是氢离子或金属离子。与溶液中阴离子进行交换的树脂，称为阴离子交换树脂，阴离子交换树脂中的可交换离子是氢氧根或酸根离子。离子交换树脂同低分子酸、碱一样，根据它们电离度的不同，阳离子交换树脂可以分为强酸性阳离子交换树脂和弱酸性阳离子交换树脂，阴离子交换树脂可以分为强碱性阴离子交换树脂和弱碱性阴离子交换树脂。

6.3.2.3 离子交换树脂的主要性能

(1) 外观。凝胶型离子交换树脂为透明或半透明的珠体，大孔树脂为乳白色或不透明珠体。优良的树脂圆球率高，无裂纹，颜色均匀。

(2) 粒度。树脂常规粒度标准为 0.315～0.125 mm 的颗粒体积应占全部树脂体积的

95%以上，树脂对粒度的均匀性有比较高的要求。树脂颗粒粒度大小对水处理有一定的影响，粒度大，交换速度慢，树脂的交换容量低；粒度小，水流阻力大，因而要求粒度适当。

(3) 含水率。在离子交换树脂骨架的空间里都充满着水，含水率表示在水中充分溶胀的湿树脂中所含水分的百分数。

树脂的含水率与树脂的类型、交联度、结构、交换基团的数量、酸碱性等因素有关。树脂的交联度低，则树脂的空隙率大，含水率就高。交换基团中可交换离子的水合能力强，其含水率就高。离子交换树脂的含水率一般在50%左右。

(4) 密度。与水处理工艺有关的树脂密度有湿真密度和湿视密度两种。

湿真密度指树脂在水中充分溶胀后的颗粒密度，即：

$$\text{湿真密度}(g/cm^3)=\frac{\text{湿树脂质量}(g)}{\text{湿树脂真体积}(cm^3)}$$

湿树脂真体积是指经水充分溶胀后树脂颗粒所占的体积，但不包括树脂颗粒之间的空隙体积。离子交换树脂的湿真密度一般在1.04～1.30 g/cm^3。树脂的湿真密度具有重要的实用意义，如交换器反洗强度的确定和混合床树脂的选择都要用到湿真密度。

湿视密度是指树脂在水中膨胀后的堆积密度，即：

$$\text{湿视密度}(g/cm^3)=\frac{\text{湿树脂质量}(g)}{\text{湿树脂的堆积体积}(cm^3)}$$

湿树脂堆积体积包括颗粒体积和树脂颗粒之间的空隙体积。树脂的湿视密度一般在0.60～0.88 g/cm^3。在设计离子交换器时常用来计算树脂的用量。

(5) 机械强度。树脂在实际运行过程中由于相互摩擦、挤压和涨缩，会发生破裂。在进行离子交换时，破碎的树脂会增加水流阻力，还会影响出水质量。因此，离子交换树脂应具有一定的机械强度，使其在运行中虽受到冲击、碰撞、摩擦等机械作用和胀缩影响后，仍能保持每年树脂的耗损量不超过3%。树脂的机械强度主要取决于交联度，交联度越大，机械强度就越高。

(6) 离子交换的选择性。离子交换树脂对水中各种不同离子的吸附交换性不一样，有的离子容易被吸附，但难以被交换，有些离子很难被吸附，却容易被交换，这种性能称为离子交换的选择性。树脂的离子交换选择性有一定的规律。

阳离子交换树脂对水中阳离子的交换选择性顺序如下：

$$Fe^{3+}>Al^{3+}>Ca^{2+}>Mg^{2+}>K^{+}\geqslant NH_4^{+}>Na^{+}>H^{+}$$

对于强酸性阳离子交换树脂来说，选择性顺序遵循这个规律，但是对于弱酸性阳离子交换树脂，H^+的选择性顺序排在Fe^{3+}之前。

阴离子交换树脂对水中阴离子的交换选择性顺序如下：

$$SO_4^{2-}>NO_3^{-}>Cl^{-}>HCO_3^{-}>HSiO_3^{-}$$

对于强碱性阴离子交换树脂，OH^-的位置介于Cl^-和HCO_3^-之间。对于弱碱性阴离子交换树脂，OH^-的选择性位置排在SO_4^{2-}之前。

当离子所带电荷相同时,原子序数愈大,离子的水合半径愈小,则愈容易被离子交换树脂所交换。

(7) 交换容量。交换容量是离子交换树脂的一个重要性能指标,它能定量地表示树脂交换能力的大小。交换容量有两种表示方法,一是总交换容量,又称全交换容量,指的是树脂中所有可交换离子的总量,通常用 mmol/g(干树脂)表示。二是工作交换容量,指树脂在给定的工作条件下实际的交换能力,以 mol/m^3(湿树脂)表示。其数值随树脂的工作条件不同而异,一般只有总交换容量的 60%～70%。

6.3.2.4 离子交换反应和离子交换速度

离子交换反应与许多化学反应一样,它也服从质量守恒和质量作用定律,并且是可逆的。在离子交换反应中,正反应称为交换反应,其逆反应则称为再生反应,如图 6-3 所示。

$$RNa_2 + Ca^{2+} \rightleftharpoons RCa + 2Na^+$$

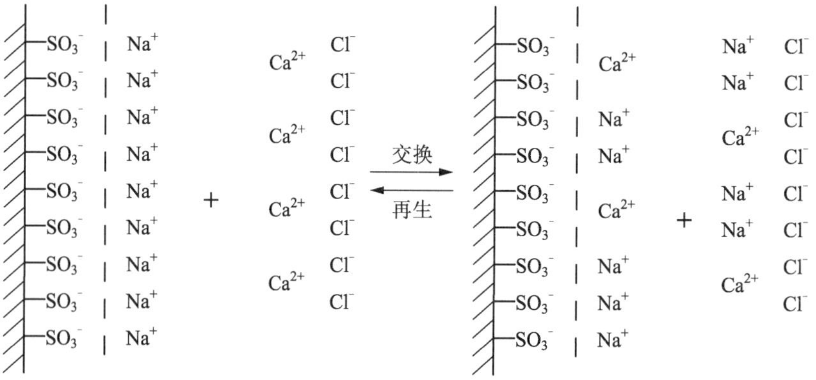

图 6-3 离子交换反应示意

图 6-4 所示的以钠型离子交换树脂与水中 Ca^{2+} 的交换反应为基础的离子交换过程,可以分解为如下五个步骤:

第一步:Ca^{2+} 首先在水中扩散,到达树脂颗粒表面的边界水膜。

第二步:Ca^{2+} 在树脂孔道里移动,到达交换点。

第三步:Ca^{2+} 与树脂骨架上的交换基团接触,并与其上的 Na^+ 进行交换反应。

第四步:被交换下来的 Na^+ 从交换点上通过孔道向树脂表面扩散。

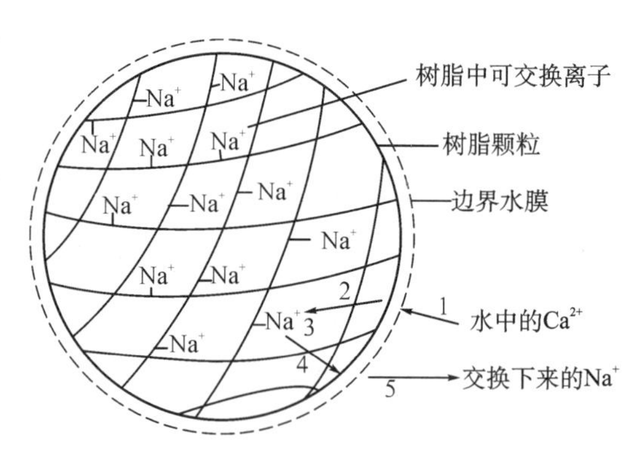

图 6-4 离子交换过程示意

第五步:Na^+ 扩散通过树脂表面的边界水膜,进入树脂颗粒外的水溶液中。

在上述五个步骤中,第三步是一个离子交换反应,可瞬间完成。其他四个步骤均是扩散过程,第一与第五步骤是离子在边界水膜中的扩散,属于膜扩散。第二与第四步骤是在树脂颗粒内部网孔或孔道里扩散,属于内扩散。决定离子交换速度的是上述五个步骤中最慢的一步，以致离子交换的时间大部分消耗在这个步骤上，这个步骤称为控制步骤。与离子间的化学反应相比，扩散过程是比较缓慢的，因此离子交换树脂内离子交换的控制步骤是膜扩散或内扩散。

影响离子交换速度的主要因素如下：

(1) 溶液浓度。由于浓度梯度是扩散过程的推动力，所以水中离子浓度是影响扩散的重要因素。浓度越大，扩散速度越快。在进行离子交换软化水时，膜扩散是控制步骤。在树脂再生时，交换速度的控制步骤是内扩散。

(2) 树脂的交联度。树脂交联度大，其孔隙就小，则孔道内扩散就慢，交换速度越慢。

(3) 树脂颗粒的大小。树脂颗粒越小，由于孔道扩散距离缩短和膜扩散的表面积增大，使两种扩散都处于有利条件，因而交换速度较快。但树脂颗粒不宜太小，因为树脂颗粒太小会增加对水流通过树脂层的阻力。

(4) 水流速度。树脂表面的水膜厚度随着流速的增加而减小，因此，水流速度增加，可以加快膜扩散，但不影响内部的孔道扩散。水流速度必须适当，过快的流速可以导致水流在流经交换剂层时未能完成交换而影响出水水质。

(5) 水的温度。在一定范围内，提高水温能同时加快内扩散和膜扩散。离子交换器运行时，应尽量使进水的水温适当提高，可以得到比较好的交换效果。

(6) 被交换离子的本性。被交换离子水合半径越大或所带电荷越多，孔道扩散速度就越慢。试验证明，阳离子每增加一个电荷，其扩散速度就减慢到原来的十分之一。

由此可见，选用适当的树脂交联度、粒径、水温和适当的流速，可以加快离子交换速度。

6.3.2.5　离子交换器中树脂的工作过程

先以离子交换树脂 RNa 与水中单种离子 Ca^{2+} 的交换说明离子交换器中树脂的分层失效原理。源水自上而下通过树脂层时，水中的 Ca^{2+} 首先和树脂柱最上层的树脂进行交换，当这层树脂上的可交换离子 Na^+ 被水中的 Ca^{2+} 完全交换后，这层树脂即失效，离子交换逐渐下移。继续通水一段时间后，树脂柱就分成了三个区域，如图 6-5 所示。上部分树脂的可交换离子 Na^+ 已经全部被交换而失效，这个区域称为失效层或者已饱和的树脂层。失效层以下的部分树脂与水中的 Ca^{2+} 进行交换，这部分树脂称为工作层。水流通过工作层以后，水中的 Ca^{2+} 已经全部除去，这时水流流过工作层以下的树脂层时，水质和树脂形态均不发生变化，这部分树脂称为尚未参加交换的树脂层。在离子交换器树脂柱的底部还有一个称为保护层的区域，其厚度一般依源水含盐量、水流速度和要求的出水水质而不同。

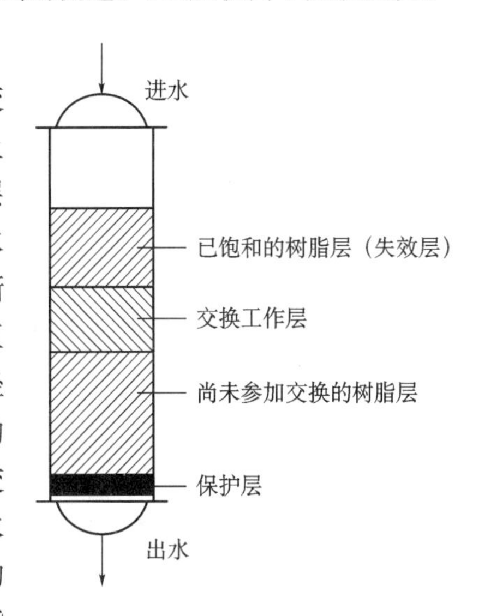

图 6-5　交换柱中树脂层的分层失效

交换进行区中树脂的离子交换工作过程，实际上就是树脂工作层沿水流方向以一定速度逐渐向下推移的过程，这就是一般所说的分层失效原理。

离子交换器在实际运行中，因为源水中并非只有一种盐类离子，而是含多种盐类离子，这时在交换器中的离子交换除依分层失效原理外，尚有更复杂的交换过程。图 6-6 为 RH 与水中 Fe^{3+}、Ca^{2+}、Na^{+} 的交换示意图。

当含有 Fe^{3+}、Ca^{2+}、Na^{+} 这三种离子的水通过刚再生好的树脂层时发生的离子交换情况，分如下三个阶段进行说明：

开始阶段：进水初期，水中所有阳离子都能与树脂 RH 进行离子交换。在这一层树脂中，树脂交换的离子种类是依离子被树脂交换的顺序，即按 Fe^{3+}、Ca^{2+}、Na^{+} 的次序分层的，Fe^{3+} 在最上层，Na^{+} 在最下层，如图 6-6(a)所示。相应地，这三层树脂分别变成了铁型树脂、钙型树脂和钠型树脂。

中间阶段：当进水继续进入时，进水中的 Fe^{3+} 可与钙型树脂层进行交换，使交换了 Fe^{3+} 的树脂层即铁型树脂层不断扩大。钙型树脂上的 Ca^{2+} 被 Fe^{3+} 置换下来后，连同进水中的 Ca^{2+} 一起，又进入钠型树脂层，与钠型树脂层上的部分树脂进行交换，使钙型树脂层向下推移并且扩大。同样，钠型树脂层向下推移并且也会有所扩大。这个过程如图 6-6(b)所示。

失效阶段：当交换进行区推移到保护层上部时，即达交换终点。此时保护层以上的树脂已经交换饱和。在整个树脂柱形成自上而下的铁型树脂、钙型树脂和钠型树脂三层，如图 6-6(c)所示。三者高度的比例基本与进水中这三种离子的比例相符。如果进水中含有更多种类的离子，按离子交换顺序，同样出现类似上述的规律。

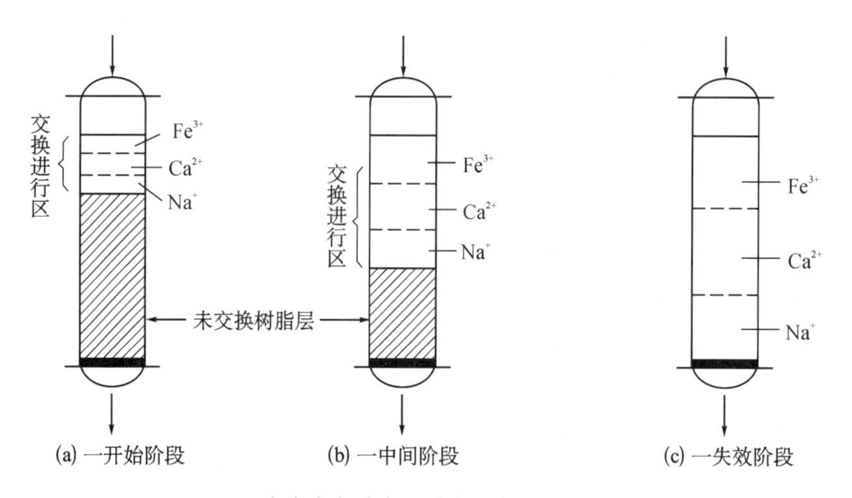

图 6-6　水中含多种离子时离子在树脂层中的分布

6.3.2.6　离子交换在水处理中的应用

(1) 钠离子交换软化系统。钠离子交换软化系统一般用于进水碱度不高的源水，软化的主要目的只是为了降低水中 Ca^{2+}、Mg^{2+} 等硬度离子的含量，不要求降低碱度。软化后，水中的绝大部分硬度离子被交换成 Na^{+}，因而水的硬度降低，可低至 0.015 mmol/L 左右，但水的碱度基本不变。

钠型离子交换软化法的交换反应式表示如下：

$$4RNa+\begin{matrix}Ca^{2+}\\Mg^{2+}\end{matrix}\longrightarrow\begin{matrix}R_2Ca\\R_2Mg\end{matrix}+4Na^+$$

这里：RNa 表示钠型离子交换树脂，Ca^{2+}、Mg^{2+} 为进水中的硬度离子，R_2Ca、R_2Mg 表示与水中 Ca^{2+}、Mg^{2+} 离子交换后的离子交换树脂。

图 6-7 所示为钠离子交换软化系统。

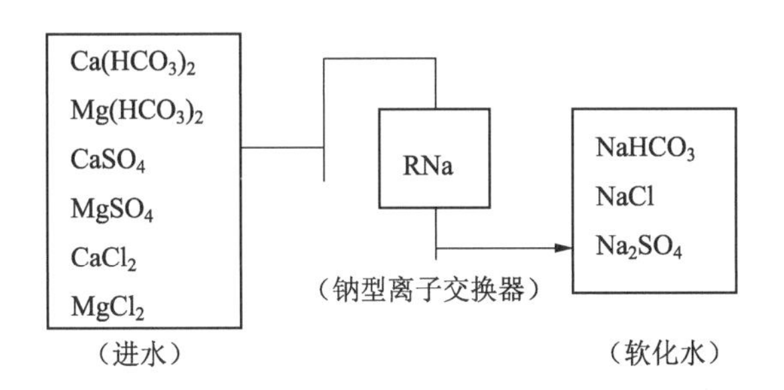

图 6-7　钠型离子交换软化系统示意

(2) H-Na 并联型脱碱软化系统。在某些场合，如低压锅炉和制丝用水，单纯的钠离子交换软化不能满足水质的要求，除了需要降低或除去水中的硬度外，还需要使源水的碱度降低。如果既要降低水的硬度，又要降低碱度，当然最简单的办法是在经过钠离子交换器的出水中加酸，用以中和水中的碱度，反应式如下：

$$2NaHCO_3+H_2SO_4\longrightarrow Na_2SO_4+2H_2O+2CO_2\uparrow$$

反应产生的 CO_2 可用脱 CO_2 器去除，但因加酸时不易控制酸量，又会使水中溶解总固体物增加，反而不利于水质，所以常采用氢-钠型离子交换法处理。H-Na(氢-钠)并联型离子交换系统是比较常用的软化系统，如图 6-8 所示。

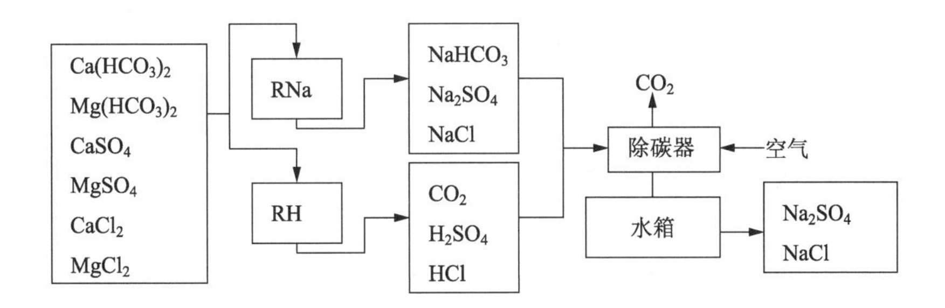

图 6-8　H-Na(氢-钠)并联离子交换系统

基本原理：将进水分成两部分，一部分水进入强酸型氢型离子交换器，另一部分水进入钠型离子交换器，将这两个离子交换器的出水混合后，氢型离子交换器出水中的 H_2SO_4、HCl 与钠型离子交换器出水中的 $NaHCO_3$ 反应，产生的 CO_2 用脱 CO_2 器除去，可以达到软化和除碱的目的。

在氢—钠型离子交换系统中，应使两个交换器的进水量有一定的比例关系，这样可以保证出水中含有一定的残留碱度。该比例可以用下式估算：

$$H = \frac{A_0 - A'}{A_0 + S} \times 100\%$$

$$N = \frac{A_0 + A'}{A_0 + S} \times 100\%$$

式中：H 为经 H 型离子交换器软化的水占总水量的百分数（%）；N 为经 Na 型离子交换器软化的水占总水量的百分数（%）；A_0为进水的碱度；A'为混合后出水的残留碱度；S 为进水中$[SO_4^{2-}] + \frac{1}{2}[Cl^-]$(mmol/L)。

6.3.2.7 离子交换树脂的再生

当离子交换器运行到一定阶段后，离子交换树脂会失去继续软化水中硬度的能力，需要通过再生处理使其恢复离子交换能力。再生就是用一定浓度的再生剂溶液流过失效的树脂，使其还复成原型。钠型树脂失效后，可用浓度为 8%～10%的 NaCl 溶液进行再生，使 Ca 型树脂还原成 Na 型树脂。H 型树脂失效后，可用 5%～10%的盐酸或 1%～2%的硫酸再生，还原成 H 型树脂。再生过程中的离子交换反应依然遵循化学反应规律。对树脂进行再生处理时，为达到一定的效果，再生剂用量一般比理论用量大，钠型树脂为 2.0～3.5 倍，H 型树脂为 2～5 倍。

离子交换器的再生处理方式可分为顺流再生和逆流再生两种。顺流再生是再生液流向与软化水流向一致的方式，再生液的流向自上而下。逆流再生是再生液流向与软化水流向相反的方式，再生液的流向是自下而上。在再生剂用量相同的条件下，它们的再生效果是不相同的，逆流再生一般优于顺流再生，所以通常采用逆流再生。

混凝处理和离子交换软化是两种常用的水处理方法，利用这两种方法对水进行处理得到的水基本上可以满足大多数纺织企业生产的水质要求。但是，缫丝厂的煮茧(真空渗透)和缫丝工序对水质有一些特殊的要求，一般不建议直接使用软水，需要对经过净化和软化处理后的水进行适当的水质调整才能满足生产的要求。

6.4 水质对纺织生产的影响

纺织行业按照原料类别可分为棉、毛、丝、麻和化学纤维等行业，这些行业的生产一般包括纤维或纱线的预处理、上浆、织造、印染等工序，这些工序中需要消耗比较多的水，而且对水质都有一定的要求。

用于纺织生产的水都需要经过净化处理成清水。纺织生产用水和锅炉用水一般均要求是经过软化处理后的水。经过离子交换软化系统处理之后，水中大部分硬度离子可以去除，但是利用不同软化系统获得的水的水质未必能满足某些纺织生产或生产工序的要求。例如，低压锅炉用水和制丝用水对碱度有比较高的要求，经过 Na 型离子交换器处理后的水的硬度已经被降低了，但是碱度没有变化，经过这样软化处理后的水依然有比较高的碱度，一般不能直接用作锅炉用水和制丝用水。

大多数纺织行业的生产工序对水质有一定的要求，本节仅对用水量较大且水质有较高要求或明确要求的部分纺织行业所用水的水质对其生产的影响作以介绍。

6.4.1 制丝行业生产对水质的要求

6.4.1.1 温度

温度对纺织生产用水有一定的重要性，主要体现在两个方面。首先，温度的变化会影响水中杂质成分的变化。例如，溶解于水中的氧气、二氧化碳，由于受热，溶解度降低，均要逸出，而二氧化碳的逸出会使水的 pH 值升高。如果以深井水作为制丝用水的话，尤其应该重视温度对水质的影响。水的 pH 值会影响制丝生产过程中茧层丝胶的膨润溶解，温度升高，pH 值增大，pH 值离丝胶的等电点越远，越有利于丝胶的膨润溶解。因此，制丝厂用水，不仅要注意冷水的 pH 值，更要注意升温后的 pH 值，一般水升温后的 pH 值都要上升，上升多少则与水中溶解物质有关。

6.4.1.2 色度

制丝生产用水要求色度值为 0，因为如果水中存在色度物质的话，色度物质容易被吸附到生丝及其制品上，影响产品的外观质量。

6.4.1.3 透明度

制丝生产对用水的透明度有一定的要求，透明度越高越好。制丝用水规定标准值为 100 以上，因为水的透明度低意味着水质比较差，水中不溶性物质和胶体物质含量比较多，这些物质在制丝生产过程中可直接沾染到生丝纤维上，而且也容易造成微生物繁殖，严重影响生丝质量。

6.4.1.4 电导率

为了控制水的含盐量，制丝生产经常采用电导率这个指标。制丝用水水质暂行标准中，电导率以 200 μS/cm 为标准值，50～500 μS/cm 为允许范围。在制丝用水中，电导率的标准值和许可值一方面需要与碱度、硬度的标准值和许可值相匹配，另一方面还起着限制水中 Na^+、K^+ 含量的作用，因为 Na^+、K^+ 含量过大，将损害丝色，不符合制丝生产的要求。当水中含盐量不高时，煮茧和缫丝时茧层丝胶溶失率随制丝用水电导率的增大而增加，两者成正相关关系。但当水的含盐量比较高时，水的电导率虽然也相应增大，但茧层丝胶溶失率并不会随之增大。

但是，电导率只能大致反映水的含盐状况，对制丝生产的影响必须结合其他水质指标综合考虑才行。当水的电导率相同或接近时，并不表示其所含电解质相同，甚至可以完全不一样，因此它们对茧层溶失率的影响亦不相同。

6.4.1.5 pH 值

pH 值是制丝生产用水的一个重要指标。

制丝生产中，只是要求蚕丝纤维表面的丝胶适当的膨润溶解，并不需要丝胶过多溶解，而水的 pH 值对丝胶的膨润溶解有比较大的影响。当水的 pH 值在丝胶等电点附近，丝胶膨润溶解性最小。若水的 pH 值远离丝胶的等电点时，无论是大于或小于等电点，均会增加丝胶的膨润和溶解。因此，对于制丝用水来说，需要重视源水和生产过程中水的 pH 值的变化。天然水的 pH 值在冷水时差异不大，但因水中溶解存在的物质不同，升温后 pH 值会有比较大的差异，升温后，有的 pH 值在 8 左右，有的甚至可达 9 以上。深井水从井中抽取到地面进入生产车间一般会经历一个温度由低到高的变化过程，水的 pH 值会有明显升高。如果直接用深井水作为生产用水的话，应尽量让抽取到地面的深井水暴晒后再进行水质分析，尤其是 pH 值。制丝生产中煮茧和缫丝工序用水都具有一定的温度，升温后水的 pH 值上升多少，对丝胶的膨润溶解影响较大。制丝生产过程中，水的 pH 值也会发生一些变化，尤其是采用钠型软水煮茧时，由于软水中含有负硬度，升温后 pH 值上升比源水要大，就易造成煮茧时茧层丝胶溶失偏多而影响出丝率。

6.4.1.6 碱度

制丝生产用水对总碱度有比较高的要求。总碱度对茧层丝胶溶解率有很大的影响，水的总碱度每提高 1 德度，茧层丝胶溶解率就提高 0.60%左右。制丝生产只要求茧层丝胶膨润和适当的溶解，使茧丝能从茧层上顺利解离。总碱度过高，则丝胶溶失过多，造成缫折增大，生丝抱合力下降，所以制丝用水的碱度并不是越大越好。水的总碱度也不能太低，总碱度过低，则解舒率下降，缫折也可能增大。制丝生产用水的碱度只允许在一定范围内，目前认为以 4 德度左右比较适宜，允许范围在 2～8 德度之间。此外，因为硬度有抵消碱度的作用，所以在制丝生产中不能孤立地考虑总碱度对生产的影响，必须注意碱度与硬度相适应更有利于制丝生产。

6.4.1.7 硬度

硬度是制丝生产用水的一个重要指标，水中硬度物质的存在对制丝生产有利有弊。一方面，总硬度是可能影响生丝光泽和手感的有害因素。制丝生产过程中，钙离子、镁离子或者由碳酸盐硬度物质转化而来的沉淀物在丝条上附着，会使丝的品质下降，如手感粗糙、光泽发暗，这是硬度物质对制丝生产不利的方面。

另一方面，硬度对制丝生产也会产生比较有利的影响。在制丝生产过程中，包含丝胶的膨润、溶解、凝聚、吸附等一系列复杂的过程。在现代制丝生产技术的发展过程中，一度认为硬度物质的存在不利于煮茧，所以曾经在比较长的时间里认为应该将煮茧用水的总硬度降低到离子交换器的残留硬度，一般在 0.084～0.14 °dH。硬度对制丝生产的有利影响是通过硬度离子抑制碱度对丝胶溶解的促进作用来实现的。一方面，部分碳酸盐硬度也是碱度，当水受热时碳酸盐硬度物质可分解生成 $CaCO_3$、$Mg(OH)_2$ 沉淀，从而降低了碱度。另一方面，由于 Ca^{2+}、Mg^{2+} 硬度离子与已经膨润或溶解的丝胶的可反应基团结合或者络合，形成网状结构，这是硬度离子对丝胶的再凝聚过程。而 HCO_3^- 等碱度离子的存在促进丝胶的溶解。丝胶的膨润溶解和丝胶的再凝聚吸附之间只有达到一个合适的平衡才比较有利于制丝生产，所以水的总硬度必须控制在一定范围内，而且必须与碱度相适应，才能获得最佳的煮茧、缫丝效果。试验表明，煮茧时水的硬度、碱度均为 3.6～4.2 °dH 时最好（硬度接近或稍大于碱度为好）。此时缫折最小，解舒丝长最长，生丝的品质也好。

6.4.1.8 酸度

在制丝生产中，应当注意制丝用水的酸度。天然水的酸度一般都是水中含有游离的二氧化碳造成的。二氧化碳本身对生丝的品质没有影响，但水中游离 CO_2 过多的话，对生产车间的铁管或设备的易锈蚀部位有腐蚀作用，铁锈一旦进入水中，将污染生丝。深井水中所含的二氧化碳常高于地面水，为使井水水质稳定，常把井水抽上后，在空气中暴露适当时间，促使二氧化碳逸出，这样可以避免水的酸度对制丝生产的不良影响。

6.4.1.9　金属离子

水中许多常见的金属离子对生丝的品质有影响。用铁离子含量较多的水缫制的生丝常带黑色或褐色，色泽暗淡，呆滞无光，所以制丝生产用水的总铁含量规定在 0.1 mg/L 以下。制丝用水中，锰离子的含量就算低至 0.012 mg/L，也会使生丝白带微绿，丝色暗淡，影响生丝的外观质量，所以不允许制丝用水中含有锰离子。钙离子对生丝的影响是使丝色白，光泽暗，手感粗硬，所以制丝生产用水中钙离子的含量不能过高，一般来说符合硬度标准的制丝用水基本上能够满足这方面的要求。制丝用水中微量的铜、铝离子对生丝的手感没有可以察觉的影响。

6.4.1.10　硫酸根

当硫酸根含量过高的水用于制丝生产，缫制得到的生丝色泽略差，解舒不良，生丝手感粗糙。硫酸根是水中最常见的阴离子之一，除在水源中含有外，在水处理过程中，若使用的混凝剂为硫酸盐，那么水中就引入了比较多的硫酸根离子。制丝用水中硫酸根的含量不宜多，因为硫酸根会抑制丝胶的膨润溶解。制丝用水水质暂行标准中，把硫酸根含量的标准值定为 10 mg/L 以下，最大允许值为 30 mg/L。

6.4.1.11　氯离子

水中含有适量氯离子有利于制丝生产，含量为 40 mg/L 的水比蒸馏水对茧层丝胶溶失率要略高些，这是因为适量阴离子的存在对丝胶的膨润润溶解有促进作用的缘故。但是氯离子含量过高，煮茧后茧的外观质量不好，手感硬，丝色不好，缫丝时有绪率下降，生丝回潮率较高。水质暂行标准规定氯离子含量许可值在 80 mg/L 以下。

6.4.1.12　有机物

当制丝用水中的有机物含量过高，因有机物易被丝条吸附，使生丝色泽恶化，外观质量大大下降。在制丝用水水质标准中，反映水中有机物的指标为高锰酸钾需氧量，标准值在 3 mg/L以下，许可值是 8 mg/L 以下。

表 6-7 和表 6-8 所示分别为浙江省和日本的制丝用水水质标准。

表 6-7　浙江省制丝用水水质试行标准

项目	标准值	许可值
透明度(cm)	100 以上	70 以上
pH 值	7.0	6.8～7.6
电导率(μS/cm)	200	50～500
总硬度(°dH)	5 以下	8 以下

（续表）

项目	标准值	许可值
总碱度(°dH)	4	2～8
游离 CO_2(mg/L)	14	44
$KMnO_4$耗氧量(O_2 mg/L)	3 以下	8 以下
总铁(mg/L)	0	0.31 以下
锰(mg/L)	0	0.1 以下
Cl^-(mg/L)	—	80 以下
SO_4^{2-}(mg/L)	10 以下	30 以下

表 6-8　日本的制丝用水水质标准(日本蚕丝科学研究所提出)

项目	标准值	许可值
色及清浊度	清	—
臭味	无	—
悬浮物、沉淀物	无	—
pH 值	7.0	6.8～7.6
煮沸后 pH 值	8.6	8.4～9.2
电导率(μS/cm)	100	30～300
总硬度(°dH)	2.4	5 以下
沸腾后 $CaCO_3$沉淀(ppm $CaCO_3$)	25	15～60
蒸发残渣(ppm)	90	30～300
游离 CO_2(ppm)	6	3～20
$KMnO_4$耗氧量(ppm)	2	10 以下
铁(Fe_2O_3，ppm)	0.1	0.3 以下

6.4.2　染整用水

染整用水量很大，例如平均每生产 1000 m^2 印染棉布约需消耗 20 t 左右。染整用水的水质对产品的质量和成本都有很大关系。若水质控制不当，不仅会造成药品的浪费，而且还会影响到成品的质量，如外观和手感等，甚至在漂白过程中引起纤维的脆损，因此对水的质量不容忽视。

染整用水中，半数以上消耗在练漂过程中，全部采用软水费用很大，只能根据工序生产要求而使用不同质量的水。例如在水洗过程中的用水，只要水是无色、无臭、透明、pH 值接近中性，重金属离子含量极微，硬度中等就可以满足要求。但是，在配制练漂液或者染液时，一般仍以采用软水为宜。

在漂染加工时，如无软水供应不得不使用硬水时，为避免钙、镁盐产生的不良影响，往往可以在硬水中加入一些磷酸盐型软水剂(例如六偏磷酸钠)或醋酸盐衍生物(如 EDTA)便可达到目的。

6.4.3 洗毛用水

毛纺业的洗毛生产工序也需要使用大量的水,对水质的基本要求为无色、无臭、透明,但是对水的硬度有一定的要求。

洗毛是一个利用洗剂即表面活性剂去除经过选拣后的原毛纤维表面的羊毛脂、汗以及夹杂于原毛中的沙土和羊粪等杂质的过程。水质的软硬程度不仅影响洗剂的用量,还会影响洗后毛的质量。试验表明,用皂碱洗毛时,水质硬度每增加 1 德度,将多消耗 0.17 g/L,而且肥皂与水中的钙离子和镁离子等硬度离子作用生成钙皂和镁皂,会黏附在羊毛上,影响洗净毛的质量。洗毛用水应尽量使用软水,洗毛用水的硬度一般应控制在 4 德度以下。

羊毛脂的熔点为 37～45 ℃,而且不同品种羊毛的羊毛脂的熔点也有所不同,因此需要根据羊毛的羊毛脂的熔点确定毛纺业的洗毛用水的温度,洗毛水的温度一般应高于羊毛脂的熔点。

6.4.4 喷水织机织造用水

喷水织机在织造中对水质有比较严格的要求,水质是一个主要的控制指标,因为水质不符合要求,短时期内会发生部件生锈、水泵柱塞与缸套轧刹拉毛、经丝落浆、水箱细菌孳生、喷嘴堵塞、织物发霉等问题,影响喷水织机的运转效率、产品质量和机器的使用寿命。

供喷水织机用的水温最好能基本稳定,尽量控制水温接近车间温度,最佳水温为 16～20 ℃,冬天为 12～18 ℃,夏天为 25 ℃以下,主要原因:当水温高于 26 ℃时,落浆明显增加,车间温度超过 28 ℃、相对湿度大于 90%时,落浆严重,会造成部分浆料沉积在织机的喷水管中。

如将透明度低的水用于喷水织机,水中悬浮物或其他不溶性物质容易堵塞喷水织机的喷水管,最终会影响喷水织造生产的顺利进行。

喷水织机对水的 pH 值也有一定的要求,如果水的 pH 值偏酸性,容易造成硬落浆,而水的 pH 值偏碱性,则造成软落浆。喷水织机用水的 pH 值允许范围在 6.7～7.5。

尽管水质适当含量的硬度离子可能会提高防水浆料的防水性能,但喷水织机用水的总硬度应适当控制在一定范围内,一般在 30 mg/L 以下。

喷水织机织造用水对其他水质指标也有一定的要求。表 6-9 所示为喷水织机织造用水的水质标准。

表 6-9　喷水织机织造用水的水质标准

项目	最佳标准值	容许值
浓度(mg/L)	1.5 以下	2.0 以下、70 以上
pH 值(25 ℃)	6.8～7.2	6.7～7.5
电导率(μS/cm)	100～150	80～200

（续表）

项目	最佳标准值	容许值
总硬度（mg/L）	25 以下	30 以下
总碱度（mg/L）	50 以下	60 以下
蒸发残渣（ppm）	100 以下	150 以下
$KMnO_4$耗氧量（O_2 mg/L）	2 以下	3 以下
总铁、锰（mg/L）	0.15 以下	0.3 以下
游离氯素（mg/L）	0.1 以下	0.3 以下
Cl^-（mg/L）	12 以下	20 以下
水温（℃）	16～20	14～20

6.4.5 锅炉用水

在纺织生产中，许多生产工序经常需要大量的蒸汽，而锅炉是产生蒸汽的设备。锅炉用水的水质好坏与锅炉安全运行、燃料消耗、蒸汽质量有密切的关系。水质对锅炉安全运行的主要影响有两个因素：水垢和腐蚀。

锅炉中若使用硬水，暂时硬度在加热时会迅速转变为碳酸钙和氢氧化镁沉淀，能在锅体的内表面和管子内形成水垢。硫酸钙的溶解度也不高，能在锅炉的加热面上析出。暂时硬度能形成较疏松的水垢，而硫酸钙却能形成黏着比较牢固的坚硬水垢。水垢沉积在锅炉的加热面上，降低了其导热系数，容易造成锅炉爆炸。

水质不良的水会对锅炉造成腐蚀，也会造成锅炉安全事故。

水中含有氧和二氧化碳，在锅炉中二氧化碳和铁作用形成碳酸亚铁，然后进一步水解为氢氧化亚铁，反应式如下：

$$Fe+H_2O+CO_2 \rightleftharpoons FeCO_3+H_2 \tag{1}$$

$$FeCO_3+H_2O \rightleftharpoons Fe(OH)_2+CO_2 \tag{2}$$

$$Fe(OH)_2++O_2+2\ H_2O \longrightarrow 4Fe(OH)_3 \downarrow \tag{3}$$

反应（1）和（2）是可逆的，但水中的氧能使微溶于水的氢氧化亚铁转变为氢氧化铁，因而破坏了平衡，使铁继续与二氧化碳反应而发生腐蚀现象。

锅炉进水中的氧和二氧化碳并不是导致锅炉腐蚀的唯一因素，水中的碱度物质同样也可以造成锅炉腐蚀。经过软化后，依然含有较多碱度物质的水不能作为锅炉用水，这是因为当源水碱度较大时，经过 Na 型离子交换器软化得到的软水中含有大量 $NaHCO_3$，进入锅炉后，$NaHCO_3$会按下式进行分解：

$$2NaHCO_3 \longrightarrow Na_2CO_3+CO_2\uparrow+H_2O$$

$$Na_2CO_3+H_2O \longrightarrow NaOH+CO_2\uparrow$$

结果是一方面炉水碱性过高，另一方面会使凝结水系统产生 CO_2腐蚀，严重的话，会造成锅炉爆炸。

锅炉用水的水质要求与纺织生产用水的要求不同，其水质标准应严格参照国家最新修订的相关锅炉水质标准。

6.5　纺织工业废水处理

纺织企业在进行生产时需要消耗大量的水，必然会产生大量的废水。纺织生产工艺包括纤维的生产、织造、染色、印花和整理等。每个工艺一般包括若干个工序，每个工序会产生一种特殊类型的废水。纤维的生产和预处理、纱线的上浆、精练、退浆、漂白、水洗、丝光、染色与印花等工序都会产生废水。在纺织工业废水中，量大且污染严重的主要是印染废水和化纤（如黏胶纤维和涤纶仿真丝）生产废水。有些纺织行业的生产包含上浆和退浆工序，因此会产生上浆废水和退浆废水，喷水织机织造时也会产生大量的废水，麻纺、毛纺和丝绸业的制丝生产中的许多工序需要使用大量的水和化学药剂，因此会产生大量成分复杂的废水。

不同纺织行业企业和不同工序产生的废水的水质千差万别，化学物质的组成及其含量变化范围比较大。因此，必须根据各个企业的生产规模和废水状况设计废水处理方案，投资建立必须的废水处理设施对本企业产生的废水进行处理，也可以根据当地市政工业废水处理设施的状况就企业是否需要建立独立的废水处理设施进行科学、合理的决策。

6.5.1　纺织工业废水的主要来源

6.5.1.1　麻纤维的脱胶

麻纤维的化学脱胶工艺包括碱煮、浸酸、酸洗、漂白过程，产生的废水负荷比较大，而且水的 pH 值变化比较大，一般含有麻胶质、碱、酸、次氯酸盐类漂白剂等等。微生物脱胶产生的废水中，除了胶质及其分解产物外，还含有大量的微生物。麻纤维脱胶产生的废水具有一定的可生化性。

6.5.1.2　制丝生产

制丝生产中产生废水比较多的工序为煮茧（或真空渗透）和缫丝两道工序。制丝产生的废水中含有比较多的丝胶蛋白，一般带有丝胶和蚕蛹产生的特殊气味。废水的 pH 值一般近于中性，废水的色度较浅。BOD_5 与 COD_{Cr} 的比值为 0.3 左右，因此有利于采用生化法处理。

6.5.1.3　漂白

由双氧水漂白产生的废水负荷比较小，大部分是水溶性或纤维状固形物。由次氯酸盐漂白产生的废水负荷要大一些。

6.5.1.4　退浆

退浆产生的废水中一般含有悬浮物、溶解物和油脂。因此，机织物退浆可能使废水中总固形物含量高达50%甚至更高。合成浆料中,聚乙烯醇的生物降解过程非常缓慢,可生化性比较低,在废水处理时必须非常关注这类浆料。

6.5.1.5 印染

染色工艺产生的废水占纺织行业产生的废水的大部分。因为印染企业经常用碱洗剂,所以染色废水碱性一般都很强。印染废水的化学需氧量很高,COD平均为800~2000,甚至达2500~4500 mg/L。染料的生化需氧量一般较低,印染废水的 BOD_5/COD_{Cr} 比值一般低于0.3,因此印染废水可生化性比较低。雕刻废水中还含有三氧化铬,其三价铬含量在500 mg/L以上时,必须考虑进行回收处理。染整废水中,溶解性固形物含量很高。色度高是印染废水的一大特点。

6.5.1.6 整理

对纤维或者面料进行树脂整理、防水、阻燃和去污整理时产生的废水量较少。整理加工时加入的化学药剂部分会进入废水中。

6.5.1.7 丝光

丝光处理产生的废水的主要组分是所用的烧碱,含有少量纤维与蜡质,其pH值可达12~13,BOD含量较低。

6.5.1.8 精练

棉布精练产生的废水中含有烧碱、表面活性剂和蜡质。丝绸精练废水中,除了含有化学药剂外,还含有比较多的丝胶蛋白。

6.5.1.9 洗毛

毛纺业洗毛产生的废水中主要含羊毛脂、毛纤维、表面活性剂及其他化学药剂。

6.5.1.10 化纤生产

化学纤维生产所产生的废水成分比较复杂,水量比较大。其中,湿法纺丝产生的污染比较严重,而且有的化学成分毒性较大。如采用老工艺生产腈纶,废水中含有二甲基酚胺,如果用硫氰酸钠法生产腈纶,废水中会含有硫氰酸钠,这些化合物均具有毒性。生产黏胶纤维也会产生大量的废水。

涤纶仿真丝碱减量处理工序产生的废水,主要含涤纶水解产物对苯二甲酸和乙二醇,其中对苯二甲酸含量高达75%。废水不仅pH值高(>12),而且有机物含量高,COD_{Cr} 的质量浓度可高达 9×10^4 mg/L。

表6-10所示为纺织行业废水的主要来源及污染物。

表6-10 纺织行业废水的主要来源及污染物

行业类别	产生废水的主要工序	主要污染物
棉纺织厂	纤维生产、上浆、喷水织机	化学药剂、油脂、果胶、浆料等
毛纺织厂	洗毛、煮呢、缩绒	羊毛脂、化学助剂、浆料
苎麻纺织厂	脱胶、上浆	苎麻胶质、化学药剂、浆料

（续表）

行业类别	产生废水的主要工序	主要污染物
丝、绢纺厂	制丝、精炼、整理、上浆	丝胶、化学药剂、浆料
针织厂	煮练、碱缩、后整理	化学药剂
黏胶纤维厂	纺丝、蒸煮、漂洗、原液、后处理	木质素、锌离子、化学药剂等
涤纶厂	后处理(油剂废水)	对苯二甲酸、乙二醇、油剂
锦纶厂	萃洗、后处理	己内酰胺、油剂
氨纶厂	纺丝、溶剂精炼	二甲基乙酰胺、油剂
腈纶厂	原液、纺丝、后处理	硫氰酸钠、丙烯腈
维纶厂	原液、纺丝、后处理	甲醛、硫酸、油剂
丝织厂	上浆、织造、退浆	浆料、油剂
印染厂	退浆、煮练、漂白、染色、印花等	浆料、染料、化学药剂等

6.5.2 纺织工业废水的主要特性

在整个纺织行业中，废水的水量和成分的变化极大，主要是加入的化学药剂、天然杂质和染整药剂。总的来说，纺织行业产生的废水有如下几个主要特性：

6.5.2.1 废水量大

纺织行业用水量很大，例如每吨羊毛约需洗毛用水 30～40 t，生产 1 t 黏胶长丝耗水约 2000 t，每 100 m 窄幅棉布印染需用水 2.5～3.0 t。2000 年，国家经贸部、水利部、建设部等五个部门制定的“十五”工业用水规划中纺织工业总用水量为 9.2×10^9 m^3，其中新鲜用水量为 6.6×10^9 m^3。在纺织工业中，纺织业、服装加工和部分化学纤维生产过程中用水量合计为 2.81×10^9 m^3，印染业总用水量为 6.4×10^9 m^3。因此，纺织行业产生的废水量非常大。

6.5.2.2 以有机污染为主

纺织工业废水中的污染物有浆料、染料、化学药剂、纤维水解或降解产物，整理加工过程中使用的各种化学药剂，以及天然纤维表面的胶质或者蜡质。其中，以有机物为主要污染物。

大量有机物排入天然水体将消耗溶解氧，破坏生态平衡，危害鱼类生存。除此之外，腈纶生产废水中的丙烯腈、维纶生产中的甲醛、氨纶生产中的 N·N-二甲基乙酰胺、锦纶生产中的己内酰胺等均有毒性，这些物质不能随意排放到环境中。

6.5.2.3 废水的 pH 值有变化

有些纺织染整加工需要在强酸性条件下进行，而有的需要在强碱性条件下进行，所以废水的 pH 值在一段时期内可能有剧烈的变化。

6.5.2.4 存在一定量的固形物

在纺织废水中往往会出现由纤维原料、化学药剂以及生物处理等生成的固形物。这样的固形物一旦进入自然水体中，会阻止氧在水中的传输并减少日光进入水中，因而影响了水体中水生动植物的天然环境。当沉积在水体的底部时，固形物可能覆盖在动植物的上面形成一层厌氧性污泥。

6.5.2.5 大部分废水中含有产生色度的物质

纺织工业废水中大多含有一定量的色度物质。煮茧和缫丝过程中溶解下来的大量丝胶使制丝生产废水带黄色。染整废水的色度很高，其颜色随染料不同而异。

6.5.2.6 废水 BOD_5 和 COD_{Cr} 值变化很大

不同纺织行业企业和不同工序产生的废水中污染物的组成和含量差异非常大，所以 BOD_5 和 COD_{Cr} 值变化也非常大。表 6-11 所示为部分纺织行业企业的部分工序产生的废水的 BOD_5 和 COD_{Cr} 值。

表 6-11 部分纺织行业企业的部分工序产生的废水的 BOD_5 和 COD_{Cr} 值

排放水名称	COD_{Cr} (mg/L)	BOD_5 (mg/L)	排放水名称	COD_{Cr} (mg/L)	BOD_5 (mg/L)
苎麻煮练废水	15 000～18 000	5500～7000	黏胶生产浆粕废水	1500～2000	400～500
制丝煮茧废水	1500～2000	700～1000	精毛纺废水	600～1000	250～350
缫丝废水	150～200	70～80	预处理洗毛废水	2000～2500	600～1200
丝绸印染废水	250～450	80～150	毛纺印染全能废水	2000～2500	200～400

6.5.3 主要废水处理方法

工业用水处理是为了使生产用水水质达到企业生产用水水质标准的基本要求而必须进行的处理过程，而废水处理是为了使工业企业排出的废水水质达到国家相关的水污染物排放标准要求而必须进行的处理过程。工业用水处理和废水处理涉及的水处理方法有部分相似之处，例如两者都会采用混凝、澄清处理方法。两者不同之处主要在于需要处理的水的水质存在很大差异，选择作为工业用水的源水一般是已经达到了一定水质标准的天然水，与废水处理相比，工业用水的处理（BOD_5 和 COD_{Cr}）负荷一般要低得多，因此两者在处理工艺及其复杂性方面有很大的不同。

废水处理方法可以分为两类：一是通过各种外力作用，将有害物从废水中分离出来，称为分离法；另一类是通过化学或生化的作用，使有害物转化成无害的物质或可分离的物质，后者再经过分离予以除去，称为转化法。通常将废水处理方法分为物理法、化学法、物理化学法和生物化学法四类。

6.5.3.1 分离法

废水中污染物以多种形态存在，大致可以分为悬浮物、胶体、溶解性物质三类。这三类物质的物理化学特性是多种多样的，因此分离方法也具有多样性。

针对废水中的悬浮物，可以采取重力分离法、离心分离法、筛滤法和气浮法等物理方法。

针对废水中的胶体物质，可以采取混凝法、气浮法、吸附法等方法。

针对废水中的溶解性物质，可以采用离子交换法、电解法、电渗析法、离子吸附法、反渗透法、蒸发法等方法。

6.5.3.2　转化法

废水处理中的转化法可以分为化学转化法和生化转化法两类。化学转化法有中和法、氧化还原法、化学沉淀法和电化学法。生化转化法有活性污泥法、生物膜法、厌氧生物处理法和生物塘等方法。

pH 值偏强酸性或强碱性的废水一般需要先进行酸碱中和处理后才能进入下一步的净化处理装置。废水中呈溶解状态的无机物和有机物，可以通过化学反应被氧化或还原为微毒、无毒的物质，或者转化成容易与水分离的形态，从而达到处理的目的，这种方法为化学氧化还原法。与生物氧化法相比，化学氧化还原法需要较高的运行费用，一般仅用于有毒工业废水处理等比较有限的场合。

活性污泥法是利用悬浮生长的微生物絮体处理有机废水的一种好氧生物处理方法。向污水中连续鼓入空气，经过一段时间后，由于污水中微生物的生长与繁殖，将逐渐形成带褐色的污泥状絮凝体，即活性污泥，由好氧性微生物及其代谢的和吸附的有机物、无机物组成。活性污泥具有降解废水中有机污染物的能力，显示生物化学活性。活性污泥法净化废水主要包括吸附、微生物代谢和凝聚沉淀三个过程。活性污泥法是处理高浓度有机废水的一种常见方法。

生物膜法是另一种好氧生物处理方法。生物膜法的基本原理是，废水与表面载有微生物的生物膜接触，在固相和液相间发生物质交换，利用膜内微生物将有机物氧化，从而使废水获得净化。在这个过程中，生物膜内微生物不断生长与繁殖，因而生物膜具有生物活性。基于生物膜法用于废水处理的装置主要有生物滤池和生物转盘两种。

厌氧生物处理法是指在无分子氧条件下通过厌氧微生物（包括兼氧微生物）的作用，将废水中的各种复杂有机物分解成甲烷和二氧化碳等物质的过程。与活性污泥法等好氧处理法相比，厌氧生物处理法可以用于处理有机污泥和高浓度有机废水，也可以用于处理中、低浓度有机废水，这是其优点。但是厌氧生物处理法存在厌氧微生物增殖速度慢、出水难以达到排放标准的缺点，一般在厌氧处理后需要再串联好氧处理。

生物塘可以分为好氧型、厌氧型和好氧—厌氧结合型。好氧型生物塘是一种极浅的塘，面积极大，废水停留时间可长达数月之久，主要利用水中藻类等微生物氧化分解废水中的有机物，经过好氧型生物塘处理，纺织废水的 BOD_5 去除率可以达到 85%～95%。厌氧型生物塘比好氧型生物塘更深，深度可达 6 m。在厌氧型生物塘中，厌氧性微生物可以将有机物转化成 CO_2、CH_4 等气体，可以使废水成为无害的水。

6.5.3.3　废水处理程度

现代废水处理技术，按处理程度划分，可以分为一级、二级和三级处理。

一级处理，主要去除水中悬浮固体和漂浮物质，同时还通过中和或均衡等预处理对废水进行适当调节以便排入受纳水体或二级处理装置。一级处理主要包括筛滤、沉淀等物理处理方法。经过一级处理后，废水的 BOD 一般只能去除 30%左右，达不到排放标准，仍然需要进行二级处理。

二级处理，主要去除废水中呈胶体和溶解状态的有机污染物质，主要采用各种生物处理方法，所以也称为生物处理。生物处理方法可以是好气性或者好氧性的，也可以是厌气性或厌氧性的。经过二级处理后，废水的 BOD 去除率可达 90%以上，处理后的水一般可以达标排放。

三级处理，是在一级、二级处理的基础上，对难降解的有机物、磷、氮等营养性物质进行进一步处理。采用的方法有混凝、过滤、离子交换、反渗透、超滤、消毒处理方法。

在废水处理中，化学氧化还原和消毒处理采用臭氧化和氯氧化处理方法比较常见。

纺织工业废水的组成相当复杂，往往需要根据废水的水质、废水量以及废水处理的目标或者需要达到的处理程度，采用几种方法进行组合，形成一个合理、科学的废水处理流程，才获得比较理想的处理效果。

图 6-9 所示为纺织废水处理的典型流程之一。

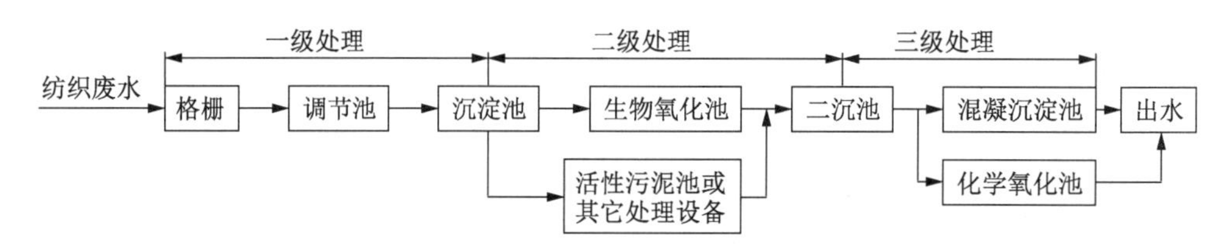

图 6-9　纺织废水处理的典型流程

6.5.4　纺织工业废水处理

纺织工业耗水量大，产生的废水量也非常大，废水处理任务艰巨，废水处理成本也日益上升。为了满足国家节能减排和环境保护的要求，任何一个纺织企业必须对废水进行严格控制和适当的处理。为实现这一目标，必须遵循一些基本原则。

6.5.4.1　减少用水量

生产用水越少，产生的废水量也越少。为了减少废水处理的成本，纺织企业必须节约用水。以下措施有助于纺织企业实现节约用水的目标：

(1) 对设备只供应需要的用水量。

(2) 根据物料处理量调节用水量。

(3) 生产过程中产生的冷却水和蒸汽凝结水尽量回用。

(4) 经过简单处理后能够使用的废水应尽量回用。

(5) 对环境污染程度小的废水尽量收集作为生活用水，如冲厕用水。

(6) 改革生产加工方法，也可以减少用水量。

以下具体介绍几个节约用水的实例：

(1) 非水溶剂染色、液氨、超临界二氧化碳染色法和转移印花等加工方法的采用能够显著减少用水量。例如，比利时采用非水溶剂洗毛，溶剂可以回收重复利用，完全消除了洗毛废水的污染。在黏胶纤维生产上，国外采用的低污染工艺有二次浸渍与连续磺化等，可大幅降低二硫化碳用量,这样可以减少废水及空气中的二硫化碳及硫化氢污染。德国研究人员发现,采用超临界二氧化碳染色法,对尼龙和其他高分子化纤织物进行染色,可以达到传统的以水为介质的染色效果,这种方法的用水量接近为0。

(2) 采用高效水洗机可以节省大量用水。其基本原理是强迫洗涤水从一面或两面通过织物,这比较有利于高效去除织物上的过剩染料、烧碱或其他药剂,能够获得减少设备台数和用水量的效果。国内黏胶厂从国外引进压洗设备,每吨长丝耗水量大致可降低1/3。

(3) 对于需要完成大量丝光处理业务的大型染整厂来说,进行碱液的循环与回收可以明显减少用水量和废水量,而且造成的废水处理负荷有所降低。

6.5.4.2 对水进行科学回用,提高循环用水率

尽管水的回用可以减少用水量,但是降低用水量与水的回用不是一回事。水的回用是将同样的水使用多次,例如将一个工序操作中的洗涤水用作另一个操作中的补充水,结果是生产中的总用水量减少,但不一定降低每个工序操作中的用水量。

空调用水、间接冷却水、蒸汽锅炉产生的冷凝水可以作为某些生产场合的补充用水,其回用率一般可以达到90%以上。

毛纺业的洗毛废水通过循环回用,不但可以降低用水量,而且可以节省化工原料和能源,同时使水中羊毛脂含量增加,可以提高羊毛脂的回收率。

目前,越来越多的缫丝厂采用真空渗透设备替代以往高耗能、耗水的煮茧设备,可以大幅降低用水量和废水量,而且可以节约煮茧设备的投资和能源。

6.5.4.3 对废水进行适当的预处理

对 $pH<5.5$ 的酸性废水,一般需要进行酸碱中和预处理,主要是为了防止酸性过强的废水腐蚀水泥、灰浆、管道、泵站和处理设备的金属构件。此外酸性过强可能对肥皂、油脂有脱乳作用,生成黏性的胶质,形成浮渣,堵塞管道。一般可以通过加入石灰、烧碱、氨水、碳酸氢钠的方法将pH值调节到6.5～8.5范围内。

如果废水中混有量比较多的纤维、破布等固形物的话,需要用合适的过滤装置过滤去除这些固形物,以免堵塞管道。

蜡印废水中含有大量的蜡质,其污染物含量特别高,其 COD_{Cr} 质量浓度平均可达30 000 mg/L左右,是一种极难处理的废水。蜡印主要原料是松香,是一个27碳链的羧酸,具有在酸性条件下析出、碱性条件下发生皂化反应的特点。因此,先将蜡印废水单独分离出来,进调节池调节pH值,然后经气浮将废水中的蜡脂除去,除去蜡脂的废水再与其他废水混合进行处理。

上浆以PVA为主的退浆废水可生化性较差。当废水中PVA含量比较高时,有必要考虑对此类废水单独处理或预处理,优先考虑采用吸附、超滤或凝结沉淀等方法回收PVA。

6.5.4.4 尽量回收废水中的有用物质

纺织工业生产包含许多工序,尽管整个纺织工业产生的废水污染物组成非常复杂,但是每个工序产生的废水的化学组成一般来说相对简单,所以纺织企业可以根据工序建立相对独立的废水收集系统,因地制宜采用适当的技术和设备,尽量回收部分污染物,这有利于

降低纺织企业的生产成本和减少废水处理负荷。

丝光废水中烧碱含量可高达 40～60 g/L,可以采用烧碱回收装置或其他方法回收进行综合利用,回收得到的浓度较低的碱可以用于织物退浆、煮练及织物脱蜡。碱的耗用量可以减少约 30%～40%。

煮茧、缫丝和丝织物精练产生的废水中丝胶含量比较高,可以采用酸析和超滤等方法回收丝胶,丝胶回收率可达 70%以上。回收的丝胶可以用于纺织、日化等许多领域。

羊毛脂素有“软黄金”美誉,是日用化工、医药、皮革等行业急需的天然油脂,每年我国毛纺业产生的羊毛脂约 6 万吨,价值估计约达 18 亿元人民币,如果任凭这些羊毛脂随废水一起排放流失,非常可惜,而且造成的污染难以处理。将膜分离技术和萃取技术结合开发出提取羊毛脂的技术,精制羊毛脂回收率可达 85%。

6.5.4.5 全面规划,综合处理

如前所述,废水处理方法一般有活性污泥法、厌氧-好氧、兼氧-好氧、物化-生化等处理方法,在对采用哪一种处理工艺进行决策之前,首先必须对本企业的废水水质进行可靠的测定和分析,对废水的特性进行全面评价。纺织工业废水的特性项目包括下列参数:流量变化、温度变化、pH 值、碱度、酸度、BOD、COD、金属离子、阴离子、氮、磷、染料等有机物组成、油脂、固形物、色度等等,可以根据生产工艺的具体情况和所用的化学药剂,对这些项目进行适当的取舍。了解必须处理的废水水质状况之后,确定废水处理工艺。

在目前国内和国际环保标准日益严格的形势下,对工业废水进行高标准处理后再排放是非常必要的,但投资建设工业废水处理设施均需要大量资金,而且废水处理设施的日常维护和正常运行需要高素质的专业技术人才和大量资金,才能使企业的废水排放达到日益严格的国家环保排放标准,这构成了利润率比较低的纺织企业比较大的成本压力。对于大型或超大型纺织企业来说,可以考虑建立专门的废水处理厂对企业产生的纺织工业废水进行处理,达到国家工业废水排放标准后再排出。但是,对绝大多数中小纺织企业来说,投资废水处理设施和日常运行维护是一笔非常大的开支,而且目前大多数纺织企业利用废水处理设施处理废水的效果并不十分理想,一般难以达到国家工业废水的排放标准,所以有必要按如下原则或者途径考虑废水处理的决策及其处理方法的选择:

(1) 在工厂内处理。大型或者超大型纺织企业可以考虑建立专门的废水处理厂对废水进行处理,达到国家水污染物排放标准后排出。

(2) 在工厂内先进行预处理,然后将废水排入市政工业废水处理厂。对于中小纺织企业来说,可以优先考虑先对本企业各工序产生的废水分类独立收集,进行预处理,尽量回收部分可以再利用的污染物,降低废水色度,减少废水污染负荷,然后排入市政工业废水处理厂。

(3) 直接将废水排入市政工业废水处理厂或者行业废水处理厂集中处理。

参 考 文 献

[1] 纺织应用化学.张幼珠等编.上海:东华大学出版社,2009.

[2] 制丝化学.苏州丝绸工学院编.北京:中国纺织出版社,1996.

[3] 有机化学基础.3 版.李瑛,张骥主编.北京:科学出版社,2020.

[4] 有机化学.上册.刘庆俭编著.上海:同济大学出版社,2018.

[5] 有机化学.下册.刘庆俭编著.上海:同济大学出版社,2018.

[6] 有机化学教程.2 版.姜文凤,于丽梅,高占先编.北京:高等教育出版社,2019.

[7] March 高等有机化学——反应、机理与结构.7 版.[美]迈克尔 B.史密斯(Michael B. Smith)编著.李艳梅,黄志平译.北京:化学工业出版社,2018.

[8] 纺织有机化学.2 版.黄晓东,李成琴主编.上海:东华大学出版社,2014.

[9] 有机化学.2 版.冯骏材,郑文华,王少仲编.北京:科学出版社,2021.

[10] 有机化学.3 版.董宪武,马朝红主编.北京:化学工业出版社,2021.

[11] 有机化学.2 版.姜建辉,马小燕,赵俭波主编.上海:华东理工大学出版社,2020.

[12] 有机反应机理概览.李效军编著.北京:化学工业出版社,2021.

[13] 有机化学.5 版.吉卯祉,黄家卫,沈琤.北京:科学出版社,2021.

[14] 有机化学.5 版.罗美明.北京:高等教育出版社,2020.

[15] 高分子化学.5 版.潘祖仁主编.北京:化学工业出版社,2014.

[16] 高分子化学.周其凤,胡汉杰主编.北京:化学工业出版社,2001.

[17] 高分子物理学.2 版.刘凤岐,汤心颐.北京:高等教育出版社,2004.

[18] 高分子物理学.方征平,宋义虎,沈烈.杭州:浙江大学出版社,2005.

[19] 高分子物理.2 版.高炜斌,侯文顺,杨宗伟.北京:化学工业出版社,2017.

[20] 高分子物理.5 版.华幼卿,金日光主编.北京:化学工业出版社,2019.

[21] 高分子物理——“结构与性能”背后的概念.[德]斯特罗伯.北京:机械工业出版社,2012.

[22] 高分子化学与物理基础.2 版.魏无际,俞强,崔益华主编.北京:化学工业出版社,2011.

[23] 高分子材料.2 版.贾红兵,宋晔,杭祖圣主编.南京:南京大学出版社,2013.

[24] 高分子材料.2 版.黄丽主编.北京:化学工业出版社,2010.

[25] 纤维化学与物理.2 版.蔡再生编.北京:中国纺织出版社,2020.

[26] 化学纤维概论.3 版.肖长发主编.北京:中国纺织出版社,2015.

[27] 新型纤维材料学.何建新主编.上海:东华大学出版社,2014.

[28] 纤维化学及面料.杭伟明主编.北京:中国纺织出版社,2009.

[29] 合成纤维.[英]J.E.麦金太尔编著.付中玉译.北京:中国纺织出版社,2006.

[30] 纺织加工化学.邵宽主著.北京:中国纺织出版社,1996.
[31] 纺织材料学.2版.于伟东主编.北京:中国纺织出版社,2018.
[32] 纺织应用化学与实验.2版.伍天荣主编.北京:中国纺织出版社,2007.
[33] 天然纺织纤维初加工化学.王春霞,季萍主编.北京:中国纺织出版社,2014.
[34] 现代棉纺技术.常涛主编.北京:中国纺织出版社,2012.
[35] 棉纺基础.3版.上册.北京:首都经济贸易大学出版社,2007.
[36] 天然纺织纤维原料过程工程原理与应用.陈洪章,彭小伟.北京:科学出版社,2012.
[37] 新型再生纤维素纤维.逄奉建编著.沈阳:辽宁科学技术出版社,2009.
[38] 棉花检验学.刘从九,徐守东编著.合肥:安徽大学出版社,2007.
[39] 竹纤维及其产品加工技术.张世源主编.北京:中国纺织出版社,2008.
[40] 蚕丝加工工程.陈文兴,傅雅琴主编.北京:中国纺织出版社,2013.
[41] 蚕丝、蜘蛛丝及其丝蛋白.邵正中著.北京:化学工业出版社,2015.
[42] 蚕丝生物学.向仲怀主编.北京:中国林业出版社,2005.
[43] 丝绸材料学.李栋高,蒋惠钧编.北京:中国纺织出版社,1994.
[44] 毛纺工程.平建明主编.北京:中国纺织出版社,2007.
[45] 表面活性剂和界面现象.Milton J. Rosen,Joy T. Kunjappu 著.崔正刚,蒋建中等译.北京:化学工业出版社,2015.
[46] 纺织助剂化学.董永春主编.上海:东华大学出版社,2010.
[47] 纺织印染助剂实用手册.邢凤兰,王丽艳等编著.北京:化学工业出版社,2014.
[48] 表面活性剂原理与应用.杨继生编著.南京:东南大学出版社,2012.
[49] 表面活性剂基础及应用.刘红主编.北京:中国石化出版社,2015.
[50] 表面活性剂应用技术.张天胜主编.北京:化学工业出版社,2001.
[51] 染整材料化学.任冀澧主编.北京:高等教育出版社,2002.
[52] 新编丝织物染整.陈国强主编.北京:中国纺织出版社,2006.
[53] 纺织助剂化学与应用.董永春编著.北京:中国纺织出版社,2007.
[54] 轻化工助剂.沈一丁主编.北京:中国轻工业出版社,2004.
[55] 染整助剂应用测试.刘国良编.北京:中国纺织出版社,2005.
[56] 绿色纤维和生态纺织新技术.朱美芳,许文菊编著.北京:化学工业出版社,2005.
[57] 纺织品上浆原理与技术.陈一飞编著.北京:化学工业出版社,2012.
[58] 纺织浆料学.周永元编著.北京:中国纺织出版社,2004.
[59] 纺织浆料检测技术.范雪荣,荣瑞萍,纪惠军编著.北京:中国纺织出版社,2007.
[60] 经纱上浆材料.朱谱新,郑庆康,陈松,吴大诚编著.北京:中国纺织出版社,2005.
[61] 制丝用水.张时康编著.北京:纺织工业出版社,1983.
[62] 喷水织造实用技术.裘愉发,吕波主编.北京:中国纺织出版社,2003.
[63] 纺织染整废水处理技术及工程实例.陈季华主编.北京:化学工业出版社,2008.
[64] 纺织工业用水定额.张继群,陈莹,杨书铭编著.北京:中国标准出版社,2014.